高等学校土建类专业"十三五"规划教材

# 建筑工程
# 质量与安全事故分析

高向阳　编著

化学工业出版社

·北京·

本书重点针对工程建设的设计和施工等阶段,从大量工程事故中提炼出常见的事故问题,进行细致分类,并从多角度分析事故底层原因,让学生从最初的基本隐患理解事故原因,避免形成事故重复发生。

本书分为绪论、建筑工程质量事故、建筑工程施工生产安全事故、工程事故检测四个方面。在"绪论"中介绍了质量与安全、隐患、事故等的基本概念,阐述了事故处理的报告、分析、认定和处理的基本程序和要求;在"建筑工程质量事故"中分析讨论了工程设计和施工阶段常见的错误认识和做法引发的各类质量事故原因、后果和预防措施等;在"建筑工程施工生产安全事故"中分析讨论了工程中主要安全事故类型、原因、危害、预防措施等;在"工程事故检测"中阐述了事故检测的概念和原则,以及混凝土结构、砌体结构、钢结构和建筑物变形等方面的事故检测原理、方法、技术要点等。

本书提供了大量简要事故案例、多种灵活叙述形式(释、例、讨论、说明)、丰富的插图和工程实例图片,配合简洁明了的表格和框图;每章开始都有教学提示(教学要点、技能要点、导入案例),每章结尾都有教学总结(本章小结、关键术语、知识链接、习题、实际操作训练或案例分析),部分习题给出参考答案,以方便读者自学自修时使用。

本书可作为安全工程专业、土木工程专业(建筑工程、岩土工程、水利工程、道路桥梁工程等各个专业方向)的本科、高职高专教材,也可供相关专业师生学习和工程技术人员培训参考。

**图书在版编目(CIP)数据**

建筑工程质量与安全事故分析/高向阳编著. —北京:化学工业出版社,2017.7
高等学校土建类专业"十三五"规划教材
ISBN 978-7-122-29548-4

Ⅰ.①建… Ⅱ.①高… Ⅲ.①建筑工程-工程质量-质量管理-高等学校-教材②建筑工程-工程事故-事故分析-高等学校-教材 Ⅳ.①TU71

中国版本图书馆 CIP 数据核字(2017)第 087910 号

---

责任编辑:陶艳玲       文字编辑:云 雷
责任校对:吴 静        装帧设计:关 飞

---

出版发行:化学工业出版社(北京市东城区青年湖南街 13 号 邮政编码 100011)
印  刷:三河市航远印刷有限公司
装  订:三河市骏发装订厂
787mm×1092mm 1/16 印张 19½ 字数 496 千字 2017 年 8 月北京第 1 版第 1 次印刷

---

购书咨询:010-64518888(传真:010-64519686)   售后服务:010-64518899
网  址:http://www.cip.com.cn
凡购买本书,如有缺损质量问题,本社销售中心负责调换。

---

定  价:49.00 元

前言

　　本书是根据教育部颁布的专业目录和面向 21 世纪土木工程专业培养方案，并考虑培养创新型应用本科人才的特点和需要编写的。

　　全书内容基本涵盖建筑工程生产中质量事故与安全事故各主要方面的基本知识。以工程建设参与各方主体的生产事故责任为主线，以设计、施工生产过程为全书阐述的重点，把"事故原因"与"事故预防"有机结合，从理论、技术和管理上做广泛论述；并充分考虑到初学者对土木工程专业知识准备不足的情况，对有关问题进行了细致的表述和展示。

　　建筑工程事故分析，是一门对管理能力和技术能力要求都很强的课程，编者在编写时注意了两者的结合，通过对工程问题的分析，将有助于提高读者分析解决实际问题的能力。

　　本教材编写拟体现的主要特色有以下四点。

　　① 建筑工程设计和施工中，质量与安全紧密相关互相影响，质量事故往往会演变为安全事故，安全事故很多是起源于质量问题。建筑工程质量事故是指工程产品本身质量不合格引起的事故，其后果是轻者造成经济损失，重者造成人员死亡。建筑施工生产安全事故是施工过程中引发的生产事故，其原因可能是由工程质量问题引起的。本书把质量事故和安全事故放在一起讨论，会达到事半功倍的效果，并使读者对各类工程事故的原因和后果以及中间的关联性有更全面的认识和理解。

　　② 不以案例为背景，而是先从大量案例中总结提炼出各种事故问题，在书中以这些事故问题为引线，针对每个问题，深入分析可能的各种起因，提示相关知识点，着重阐述这些知识和原理在工程实践时如何正确理解、有效运用到工程。训练读者遇到工程问题时，如何联系到自己学过的知识，如何合理准确地选择知识去解决这些问题。只有读者深刻理解了它们的工程意义和使用方法，将来在工程建设中才不会错用或忽略而导致工程事故。

　　③ 注意工程事故分析与其他专业技术间知识点的衔接、交叉、融合问题。把每个事故问题所涉及的知识点和原理，进行梳理串联，简要介绍相关知识要点，细致说明与该事故的关系、做错的原因所在、如何做才能避免事故。通过一个个具体事故问题的多角度分析，让读者理解工程的实质、提高学以致用的能力。也同时把以前所学专业知识理论的成果进行整合，形成工程的整体意识，培养正确全面的工程师素质。

　　④ 尽量多用图形表现内容，更加形象、明确、生动活泼，让初学者把抽象的概念和原理形成具象的认识过程和使用方法；利用图形图片展示事故错误做法和正确做法，进行可视性对比，使读者身临其境地感受，更加准确把握问题所在。

　　北京住总集团有限责任公司陶延华工程师参与了本书部分编纂工作，并提供很多实际施工案例，对此表示感谢。

　　在本书的编写过程中参考了大量的资料，作者尽力将有关情况在书后参考文献中说明，有些网络资料至今未能查到准确出处和作者，在此向文献作者表示深深的敬意和感谢。

　　由于编者的学识有限，恳切希望广大读者和土木工程专家、教育界同仁、广大的读者朋友，对书中不妥之处予以指正。

编者

2017 年 1 月

## 绪　论

**【教学要点】**

　　掌握质量、安全的定义，通过熟知的质量安全现象，多角度描述它们的表现，从而总结出定义。熟悉建筑工程质量概念，了解建筑工程师的质量责任。掌握缺陷和事故的概念，理解建筑结构的缺陷和事故的定义、区别。对事故形成敬畏。"敬"是严肃、认真的意思，还指做事严格，免犯错误；"畏"指"慎，谨慎，不懈怠"。

| 序号 | 知识目标 | 教学要点 |
|---|---|---|
| 1 | 掌握有关质量、缺陷、安全、事故的基本概念 | 质量事故基本概念<br>安全事故基本概念 |
| 2 | 熟悉工程事故类型、事故分析的基本原则 | 质量、安全事故类型<br>事故分析的性质和基本原则 |
| 3 | 了解事故处理的程序及基本方法 | 事故上报、分析、认定、处理的要求及程序 |

**【技能要点】**

　　理解质量和安全的内涵、外延，会用概念判断事物的质量安全含义。把质量定义准确运用到工程管理中，了解建筑工程质量的影响，提高责任感。

**【导入案例】**

2014 年房屋市政工程生产安全事故情况

## 一、总体情况

　　2014 年，全国共发生房屋市政工程生产安全事故 522 起，死亡 648 人，比 2013 年同期事故起数减少 6 起，死亡人数减少 26 人（图 1.1），同比分别下降 1.14% 和 3.86%。

　　2014 年，全国有 31 个地区发生房屋市政工程生产安全事故，其中有 12 个地区的死亡人数同比上升。各地住房城乡建设主管部门迟报事故的现象较为突出，522 起事故迟报超过 20 天的 126 起，占事故总数的 24.1%。29 起较大及以上事故在规定时限内（较大事故 7 小时、重特大事故 3 小时）上报的只有 4 起；超过 24 小时上报的 18 起，占总数的 62.1%。事故上报不及时，不利于事故应急处置和统计分析。

## 二、较大及以上事故情况

　　2014 年，全国共发生房屋市政工程生产安全较大及以上事故 29 起、死亡 105 人，比

2013 年同期事故起数增加 4 起、死亡人数增加 3 人（如图 1.2），同比分别上升 16.00％ 和 2.94％，其中重大事故 1 起，未发生特别重大事故。

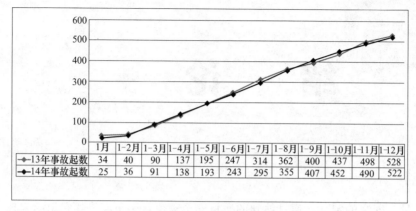

| | 1月 | 1-2月 | 1-3月 | 1-4月 | 1-5月 | 1-6月 | 1-7月 | 1-8月 | 1-9月 | 1-10月 | 1-11月 | 1-12月 |
|---|---|---|---|---|---|---|---|---|---|---|---|---|
| 13年事故起数 | 34 | 40 | 90 | 137 | 195 | 247 | 314 | 362 | 400 | 437 | 498 | 528 |
| 14年事故起数 | 25 | 36 | 91 | 138 | 193 | 243 | 295 | 355 | 407 | 452 | 490 | 522 |

2014年事故起数情况

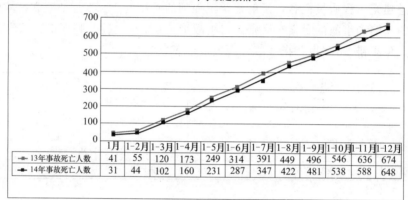

| | 1月 | 1-2月 | 1-3月 | 1-4月 | 1-5月 | 1-6月 | 1-7月 | 1-8月 | 1-9月 | 1-10月 | 1-11月 | 1-12月 |
|---|---|---|---|---|---|---|---|---|---|---|---|---|
| 13年事故死亡人数 | 41 | 55 | 120 | 173 | 249 | 314 | 391 | 449 | 496 | 546 | 636 | 674 |
| 14年事故死亡人数 | 31 | 44 | 102 | 160 | 231 | 287 | 347 | 422 | 481 | 538 | 588 | 648 |

2014年事故死亡人数情况

图 1.1　2014 年事故起数和死亡人数情况

2014 年，全国有 18 个地区发生房屋市政工程生产安全较大及以上事故。其中江苏、黑龙江各发生 3 起，北京、辽宁、湖北、宁夏、广西、新疆、河南各发生 2 起，四川、山东、安徽、贵州、湖南、广东、青海、江西、山西各发生 1 起。特别是北京市海淀区清华附中体育馆工程发生"12.29"重大事故，造成 10 人死亡，给人民生命财产带来重大损失，造成不良的社会影响。

## 三、事故类型情况

2014 年，房屋市政工程生产安全事故按照类型划分，高处坠落事故 276 起，占总数的 52.87％；坍塌事故 71 起，占总数的 13.60％；物体打击事故 63 起，占总数的 12.07％；起重伤害事故 50 起，占总数的 9.58％；机械伤害、车辆伤害、触电、中毒和窒息等其他事故 62 起，占总数的 11.88％（见图 1.3）。

2014 年，共发生 29 起较大及以上事故，其中起重机械伤害事故 12 起，死亡 36 人，分别占较大及以上事故总数的 41.38％和 34.29％；模板支撑体系坍塌事故 5 起，死亡 22 人，分别占较大及以上事故总数的 17.24％和 20.95％；基坑、沟槽坍塌事故 3 起，死亡 10 人，分别占较大及以上事故总数的 10.34％和 9.52％；钢筋坍塌事故 2 起，死亡 14 人，分别占较大及以上事故总数的 6.90％和 13.33％；钢结构坍塌事故 2 起，死亡 6 人，分别占较大及以上事故总数的 6.90％和 5.71％；卸料平台坍塌事故 1 起，死亡 5 人，分别占较大及以上事故总数的

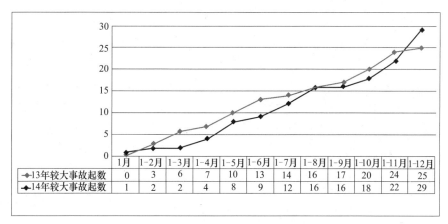

| | 1月 | 1-2月 | 1-3月 | 1-4月 | 1-5月 | 1-6月 | 1-7月 | 1-8月 | 1-9月 | 1-10月 | 1-11月 | 1-12月 |
|---|---|---|---|---|---|---|---|---|---|---|---|---|
| 13年较大事故起数 | 0 | 3 | 6 | 7 | 10 | 13 | 14 | 16 | 17 | 20 | 24 | 25 |
| 14年较大事故起数 | 1 | 2 | 2 | 4 | 8 | 9 | 12 | 16 | 16 | 18 | 22 | 29 |

2014年较大及以上事故起数情况

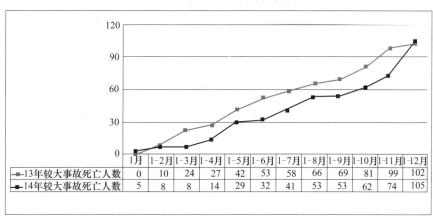

| | 1月 | 1-2月 | 1-3月 | 1-4月 | 1-5月 | 1-6月 | 1-7月 | 1-8月 | 1-9月 | 1-10月 | 1-11月 | 1-12月 |
|---|---|---|---|---|---|---|---|---|---|---|---|---|
| 13年较大事故死亡人数 | 0 | 10 | 24 | 27 | 42 | 53 | 58 | 66 | 69 | 81 | 99 | 102 |
| 14年较大事故死亡人数 | 5 | 8 | 8 | 14 | 29 | 32 | 41 | 53 | 53 | 62 | 74 | 105 |

2014年较大及以上事故死亡人数情况

图 1.2　2014 年较大及以上事故起数和死亡人数情况

3.45% 和 4.76%；砖胎膜坍塌事故 1 起，死亡 3 人，分别占较大及以上事故总数的 3.45% 和 2.86%；自制移动吊装支架坍塌事故 1 起，死亡 3 人，分别占较大及以上事故总数的 3.45% 和 2.86%；隧道坍塌事故 1 起，死亡 3 人，分别占较大及以上事故总数的 3.45% 和 2.86%；外脚手架坍塌事故 1 起，死亡 3 人，分别占较大及以上事故总数的 3.45% 和 2.86%（见图 1.4）。

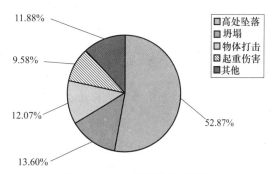

图 1.3　2014 年事故类型情况

## 四、形势综述

2014 年，全国房屋市政工程安全生产形势总体平稳，事故起数和死亡人数有小幅度下降，有 14 个地区事故起数和死亡人数同比下降，有 14 个地区未发生较大及以上事故，但当前的安全生产形势依然比较严峻。一是部分地区事故起数同比上升，特别是江苏（起数上升 82.5%、人数上升 42.4%）、福建（起数上升 70.0%、人数上升 23.5%）、四川（起数上升 62.5%、人数上升 7.1%）、山东（起数上升 58.3%、人数上升 23.5%）等地区上升幅度较大。二是较大及以上事故起数和死亡人数出现反弹，重大事故还没有完全遏制。从事故发生

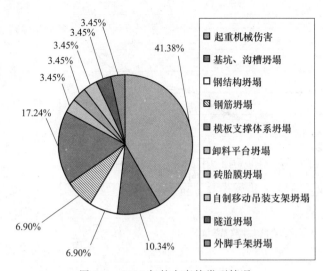

图 1.4　2014 年较大事故类型情况

图例：
- 起重机械伤害
- 基坑、沟槽坍塌
- 钢结构坍塌
- 钢筋坍塌
- 模板支撑体系坍塌
- 卸料平台坍塌
- 砖胎膜坍塌
- 自制移动吊装支架坍塌
- 隧道坍塌
- 外脚手架坍塌

饼图数据：41.38%、17.24%、3.45%、3.45%、3.45%、3.45%、3.45%、3.45%、6.90%、6.90%、10.34%

时段来看，较大及以上事故高发时段主要集中在第四季度，特别是 12 月份共发生 7 起较大及以上事故，岁末安全生产工作还须加强。从事故类型来看，模板支撑体系坍塌和起重机械伤害较大事故共 17 起，占较大及以上事故起数的 58.62%，仍是房屋市政工程的重大危险源。

# 一、质量、缺陷、质量事故

## 1. 质量

质量（quality）是指一组固有特性满足要求的程度。由《质量管理体系—基础和术语》ISO 9000（ISO，国际标准化组织）给出。

### （1）一组固有特性

"特性"是指某事物所特有的性质。

"固有"是指特殊的品性、品质。"固有的"（而非"赋予的"）是指本来就有的，尤其是那种永久的特性。

"一组"表示特性可能有一个或多个。

【例】　从固有特性来看，手机用来通信、电视机用来观赏节目、粉笔用来在黑板上写字，如果把手机用来摄影，性能不如照相机；电视机用来记事，性能不如记事本；粉笔用来当弹子射击，性能不如泥丸。这里我们对这些物品赋予了它们自身固有特性之外的附加性能，虽然看起来丰富了，但是这些附加并不能很好地满足我们的需要，有时甚至形成冗余功能，消耗了你的资金但在整个寿命期内冗余功能可能很少或根本没有使用过（比如手机的收音机功能，大部分人从来没有使用过，但这个功能的获得是付过钱的）。

### （2）要求

产品或服务的受用者对之有什么要求，是如何表达的呢？通常可以用语言、行文、通用文字（法律）来表达。

【例】　市场上买菜，你问商贩说这个白菜多少钱一斤，他说 1 元，你说 8 角卖不卖，他说卖。好了，这里有询价、要约和承诺，形成了合同的要件，至此你和商贩之间就达成了一个口头买卖合同。去市场租个住宅，租赁双方要针对房屋条件、租金、租期等立字为据，就形成了文字合同。工程建设承发包合同，由于合同对象内容复杂，承发包双方拟定合同条件时不可能穷尽所有内容，大部分内容都是作为隐含条款不直接写在合同文书中的，也就是说对工程的要求可以通过法规的规定予以约束。

### （3）满足程度

这里的关键是程度如何明确表达的呢？一般对要求的满足程度可以用定量或定性两种表达方式。它们通过比较对照来分析问题和说明问题的。

定性就是将问题的性质阐明，用文字语言进行相关描述，但不能建立数学模型进行量化。比如对醉驾的研究，就属于定性研究，只能说是不是醉驾，而不能有一个量化的东西，说一个人醉驾的程度从 0～100，进行详细的研究，最后再得出哪一个结论。

定量则必须将问题数学化，通过数字结果比较直观的表达，用数学语言进行描述。比如，对我国经济发展的三驾马车：投资、消费、出口这个研究，就不能定性的说：出口最多，其次是投资，再次是消费；而必须说：把这三者的和看成 100，投资是 30，消费是 25，出口是 45 这种形式。

【活动】 生活中处处离不开质量，读者可对自己周围的质量举例。

### 2. 建筑工程质量

建筑工程质量，是指在国家现行的有关法律、法规、技术标准、设计文件和合同中，对工程的安全、适用、经济、美观等特性的综合要求。

#### （1）建筑

建筑是外来词，中国以前叫营造，不过营造的意思包含更广，基本土木也算上了。了解营造是什么意思可以研究《营造法式》，作者李诫，宋崇宁二年（1103 年）北宋官方颁布的一部建筑设计、施工的规范书，这是我国古代最完整的建筑技术书籍，标志着中国古代建筑已经发展到了较高阶段，见图 1.5。

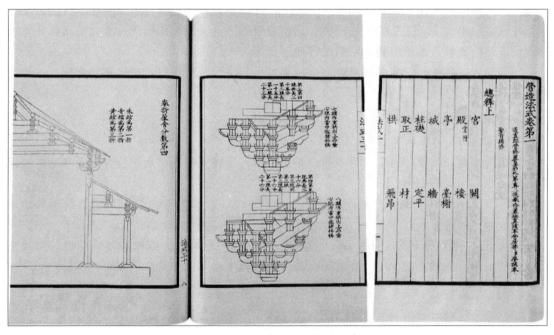

图 1.5 营造法式书稿

建筑的本意是指人们用泥土、砖、瓦、石材、木材（近代用钢筋混凝土、型材）等建筑材料构成的一种提供给人们活动的空间。是建筑物与构筑物的总称，是人们为了满足社会生活需要，利用所掌握的物质技术手段，并运用一定的科学规律、风水理念和美学法则创造的人工环境。

但是建筑物与构筑物是有区别的。简单的识别方法是：人可以进去活动的就为建筑物，人不可以进去活动的就为构筑物。《民用建筑设计术语标准》中建筑物的定义是：用建筑材料构筑的空间和实体，供人们居住和进行各种活动的场所。比如住宅、公寓、宿舍、办公、商场、宾馆、酒店、影剧院等；构筑物就是不具备、不包含或不提供人类居住功能的人工建造物，比如水塔、水池、过滤池、澄清池、沼气池，围墙、道路、水坝、水井、隧道、桥梁和烟囱等。

（2）与建筑工程质量有关法律法规

这里所说的法律法规包括法律（国家最高权力机关制定的规范性文件）、法规（国务院制定的法律规范性文件）、标准（部门或行业一种以文件形式发布的统一协定）。

主要的相关法律法规有《建筑法》、《建设工程质量管理条例》和众多的统一标准、规范、规程等。这些都是工程管理和技术人员在工程生产中必须重点学习、严格遵守的。

（3）建筑结构功能要求

《建筑结构设计可靠度统一标准》GB 50068—2001 规定，建筑结构在规定的设计使用年限里应满足下列各项功能要求：

① 在正常施工和正常使用时，能承受可能出现的各种作用（承载力和可靠度）；

② 在正常使用时具有良好的工作性能（使用条件、舒适感、美观）；

③ 在正常维护下具有足够的耐久性能（寿命、对环境因素的抵御能力）；

④ 在设计规定的偶然事件发生时及发生后，仍能保持必需的整体稳定性（对生命财产的安全保障）。

在建筑结构必须满足的四项功能中，第①、④两项是结构安全性的要求，第②项是结构适用性的要求，第③项是结构耐久性的要求，三者可概括为结构可靠性的要求。

所谓足够的耐久性能，指结构在规定的工作环境中，在预定时期内，其材料性能的恶化不致导致结构出现不可接受的失效概率。从工程概念上讲，足够的耐久性能就是指在正常维护条件下结构能够正常使用到规定的设计使用年限。

所谓整体稳定性，指在偶然事件发生时和发生后，建筑结构仅产生局部的损坏而不致发生连续倒塌。

### 3. 质量缺陷和质量事故

（1）缺陷

建筑结构的缺陷指凡由于人为的或自然的原因，使建筑结构出现不符合规范和标准要求的一些问题和现象的统称。

① 缺陷的原因：包括人为的（如勘察、设计、施工、使用等）原因和自然的（如地质条件、大风、冰冻等）原因。

② 缺陷的种类：轻微损伤的缺陷，指不影响结构的承载力、刚度及其完整性，但要消除造成的损伤需要额外的费用，有时还要在使用过程中对结构作系统的观察。

【例】 墙体凹凸不平整、地面混凝土龟裂、屋面漏水等。

非破坏性的缺陷，指不影响结构应有的承载力，但却使使用性能下降，维护费用增大，有时还影响观瞻，使人们有不安全感。

【例】 钢梁挠度偏大、钢筋混凝土梁出现肉眼可见裂缝、墙体出现斜向裂纹、基础发生过大不均匀沉降等。

危及承载力的缺陷，指威胁到构件甚至整个结构的承载力和稳定性。如不及时消除，就有可能迅速导致局部结构甚至整个结构的破坏；而修复一般要耗费巨额资金。

【例】 采用的材料强度不足，或者所选取的构件截面尺寸不够，或者所制成的构件残缺有伤，或者所安装的连接构造质量低劣。

（2）事故

事故是以人体为主，在与能量系统有关的系统上，突然发生的与人的希望和意志相反的事件。

事故（Accident）也可以定义为：个人或集体在时间的进程中，在为了实现某一意图而采取行动的过程中，突然发生了与人的意志相反的情况，迫使这种行动暂时地或永久地停止的事件（Event）。

这种事故现象是在人们的行动过程中发生的，如以人为中心来考察事故后果，大致有以下两种情况。

① 伤亡事故，简称伤害，是个人或集体在行动过程中接触了与周围条件有关的外来能量，该能量若作用于人体，致使人体生理机能部分或全部丧失。在生产区域中发生的和生产有关的伤亡事故，叫工伤事故。

② 一般事故，是指人身没有受到伤害或受伤轻微，停工短暂或与人的生理机能障碍无关的事故。

**（3）质量事故**

质量事故指建筑结构的临近破坏、破坏和倒塌的统称，简称事故。

1）事故的类型

事故类型包括临近破坏、破坏和倒塌三种。

临近破坏，指结构构件或构件截面的受力和变形，处于设计规范允许值和协议破坏标志之间的状态（破坏的先兆）。

【释】 协议，指两个或两个以上实体为了开展某项活动，经过谈判、协商达成一致意见，而制定的共同承认、共同遵守的文件。标志（logo，又写作标识，二者读音都是 biāozhì），是表明事物特征的记号。它以单纯、显著、易识别的物象、图形或文字符号为直观语言，除表示什么、代替什么之外，还具有表达意义、情感和指令行动等作用。

破坏，指结构构件或构件截面在荷载、变形作用下，承载和使用性能失效的协议标志。

【释】 破坏，是一种人为的协议标志。

倒塌，指建筑结构在多种荷载和变形共同作用下稳定性和整体性完全丧失的表现。

2）破坏和倒塌阶段

破坏和倒塌一般经历规律性五阶段，包括：

① 结构的承载力减弱；

② 结构超越所能承受的极限内力或极限变形；

③ 结构的整体性和稳定性丧失；

④ 结构的薄弱部位先行突然破坏；

⑤ 局部结构或整个结构倒塌。

有时这些阶段在瞬间发生，它表现为突发性破坏和倒塌；有时这些阶段的发生和发展是渐变的，它使得破坏和倒塌有一个时间过程。

**（4）工程质量事故划分**

工程质量事故的分类方法较多，国家现行对工程质量事故通常采用按造成损失严重程度划分为以下几种。

质量问题：质量较差、造成直接经济损失（包括修复费用）在 20 万以下。

一般质量事故：质量低劣或达不到质量标准，需要加固修补，直接经济损失（包括修复费用）在 20 万~300 万之间的事故。一般质量事故分三个等级：一级一般质量事故，直接经济损失在 150 万~300 万之间；二级一般质量事故，直接经济损失在 50 万~150 万之间；

三级一般质量事故，直接经济损失在 20 万～50 万之间。

重大质量事故：由于责任过失造成工程坍塌、报废和造成人员伤亡或者重大经济损失。重大质量事故分三级：一级重大事故，死亡 30 人；直接经济损失 1000 万以上；特大型桥梁主体结构垮塌；二级重大事故：死亡 10～29 人；直接经济损失 500 万～1000 万（不含）；大型桥梁结构主体垮塌；三级重大事故：死亡 1～9 人；直接经济损失 300 万～500 万；中小型桥梁垮塌。

### （5）房屋建筑和市政基础设施工程质量事故等级划分

根据《关于做好房屋建筑和市政基础设施工程质量事故报告和调查处理工作的通知》（建质〔2010〕111 号），按工程质量事故造成的人员伤亡或者直接经济损失，工程质量事故分为 4 个等级：

特别重大事故，是指造成 30 人以上死亡，或者 100 人以上重伤，或者 1 亿元以上直接经济损失的事故；

重大事故，是指造成 10 人以上 30 人以下死亡，或者 50 人以上 100 人以下重伤，或者 5000 万元以上 1 亿元以下直接经济损失的事故；

较大事故，是指造成 3 人以上 10 人以下死亡，或者 10 人以上 50 人以下重伤，或者 1000 万元以上 5000 万元以下直接经济损失的事故；

一般事故，是指造成 3 人以下死亡，或者 10 人以下重伤，或者 100 万元以上 1000 万元以下直接经济损失的事故。

本等级划分所称的"以上"包括本数，所称的"以下"不包括本数。

【释】 2010 年 7 月 20 日，住房和城乡建设部《关于做好房屋建筑和市政基础设施工程质量事故报告和调查处理工作的通知》（建质〔2010〕111 号）对工程质量事故重新分类，分类方式同《生产安全事故报告和调查处理条例》（国务院令第 493 号）。国务院的《特别重大事故调查程序暂行规定》(1989 年 3 月 29 日公布) 和《企业职工伤亡事故报告和处理规定》(1991 年 2 月 22 日公布) 同时废止。经 2007 年 9 月 18 日第 138 次建设部常务会议审议，建设部颁布第 161 号部长令，决定废止《工程建设重大事故报告和调查程序规定》（建设部令第 3 号，1989 年 9 月 30 日发布）、《建筑安全生产监督管理规定》（建设部令第 13 号，1991 年 7 月 9 日发布）、《建设工程施工现场管理规定》（建设部令第 15 号，1991 年 12 月 5 日发布）等 7 个部令。

### （6）建筑结构的缺陷和事故的关系

1) 两个不同的概念

事故表现为建筑结构局部的或整体的临近破坏、破坏和倒塌；

缺陷并未发展到事故的程度，它仅表现为具有影响正常使用、承载能力、耐久性、整体稳定性的种种隐蔽的和显露的不足。

2) 同一类事物的两种程度不同的表现

缺陷往往是产生事故的直接或间接原因，事故往往是缺陷的质变或对缺陷经久不加处理的发展。

## 二、安全、安全事故

### 1. 安全

### （1）安全

指各种事物对人或财产设备不产生危害、不导致危险、不造成损失、不发生事故、运行正常、进展顺利等的可信程度。安全是相对的，危险性是安全的隶属度。当危险性低于某种程度时，人们就认为是安全的。安全针对的是生产系统中人员免遭不可承受危险的伤害，而对于与人的身心存在状态无关的事物来说，则不存在安全与否的问题。

安全与危险是相对的概念，危险指可造成事故的一种现实的或潜在的条件。

研究给定任务的安全性时，安全的定量可通过计算各任务事件的概率并综合成系统的概率来实现。安全的定量用"安全性"或"安全度"来反映，其值用$\geq 0$、$\leq 1$的数值来表达。

狭义的安全是指某一领域或系统中的安全，具有技术安全的含义。即人们通常所说的某一领域或系统中的技术。如生产安全、机械安全、矿业安全、交通安全等。

广义安全即大安全，是以某一系统或领域为主的技术安全扩展到生活安全与生存安全领域，形成了生产、生活、生存领域的大安全，是全民、全社会的安全。

**（2）安全生产**

指劳动生产过程中，努力改善劳动条件，克服不安全因素防止伤亡事故的发生，使劳动生产在保证劳动者安全健康和国家财产及人民生命财产安全的前提下顺利进行。包括在劳动生产过程中的人身安全、设备和产品安全，以及交通运输安全等。

安全与生产是统一的。生产过程中的安全是指人不受到伤害，物不受到损失。生产必须安全，安全是生产的前提条件，不安全就无法生产；安全促进生产，抓好安全可以更好地调动职工的生产积极性，促进生产。

安全生产的方针是"安全第一，预防为主，综合治理"。安全第一，是指安全生产是一切经济部门和生产企业的头等大事，各企业和主管部门都要十分重视安全生产，采取一切可能的措施保障职工的安全，努力防止一切可能防止的事故发生。预防为主，是指把安全生产的工作重点放在依靠立法保证、政策引导和企业更新改造、技术进步、科学管理上，通过改善劳动安全卫生条件，消除事故隐患和危害因素，从根本上防止事故的发生。

**2. 安全事故**

安全事故是指生产经营单位在生产经营活动（包括与生产经营有关的活动）中突然发生的，伤害人身安全和健康，或者损坏设备设施，或者造成经济损失的，导致原生产经营活动（包括与生产经营活动有关的活动）暂时中止或永远终止的意外事件。

从劳动保护角度讲，事故主要是指伤亡性事故，是个人或集体在行动过程中，接触了与周围条件有关的外来能量，致使人身的生理机能部分或全部地丧失的现象。

从企业职工的角度，将伤亡性事故定义为工伤事故，通常指企业职工在生产劳动、工作过程中，发生人身伤害、急性中毒伤亡事故。

**（1）特征**

① 事故的因果性：因果性一般是指某一现象作为另一现象发生的根据，两种现象的相关性。

导致事故发生的原因是很多的，而且它们之间相互制约、互相影响而共同存在。研究事故就是要比较全面地了解整个情况，找出直接的和间接的因素。在施工前应制定针对性的施工安全技术措施，然后加以认真实施，防止同类事故的重复发生。

② 事故的偶然性、必然性和规律性：由于客观上存在的不安全因素没有消除，随着时间的推移，导致了事故的发生。从总体而言事故是随机事件，有一定的偶然性，事故发生的时间、地点、后果的严重程度是偶然的，这就给事故的预防带来一定的困难。但是在一定范围内，用一定的科学仪器手段及科学分析方法，能够从繁多的因素、复杂的事物中找到内部的有机联系，从事故的统计资料中获得其规律性。因此要从偶然性中找出必然性，认识事故

的规律性，并采取针对性措施。

③ 事故的潜在性、再现性和预测性：无论人的全部活动或是机械系统作业的运动，在其所活动的时间内，不安全的隐患总是潜在的。系统存在着事故隐患，具有危险性。如果这时有一触发因素出现，就会导致事故的发生。人们应认识事故的潜伏性，克服麻痹思想。

现代事故预防所遵循的原则即事故是可以预防的。任何事故只要采取正确的预防措施，事故是可以防止的。认识到这一特性，对坚定信心、防止伤亡事故发生有促进作用。因此，必须通过事故调查，找到已发生事故的原因，采取预防事故的措施，从根本上降低伤亡事故发生频率。

由于事故在生产过程中经常发生，人们对已发生的事故积累了丰富的经验，对各种生产（施工）事故掌握了一定的规律，并对未来进行的工作、生产提出各种预测指导行动。安全工作就是发现伤亡事故的潜在性，提高预测的可靠性，不使它再出现。

**（2）分类**

① 按照事故发生的行业和领域划分：工矿商贸企业生产安全事故、火灾事故、道路交通事故、农机事故、水上交通事故。

② 按照事故原因划分：物体打击事故、车辆伤害事故、机械伤害事故、起重伤害事故、触电事故、火灾事故、灼烫事故、淹溺事故、高处坠落事故、坍塌事故、冒顶片帮事故、透水事故、放炮事故、火药爆炸事故、瓦斯爆炸事故、锅炉爆炸事故、容器爆炸事故、其他爆炸事故、中毒和窒息事故、其他伤害事故 20 种。

③ 按照事故的等级划分：《生产安全事故报告和调查处理条例》第三条，根据生产安全事故（以下简称事故）造成的人员伤亡或者直接经济损失，事故一般分为以下等级：

特别重大事故，是指造成 30 人以上死亡，或者 100 人以上重伤，或者 1 亿元以上直接经济损失的事故；

重大事故，是指造成 10 人以上 30 人以下死亡，或者 50 人以上 100 人以下重伤，或者 5000 万元以上 1 亿元以下直接经济损失的事故；

较大事故，是指造成 3 人以上 10 人以下死亡，或者 10 人以上 50 人以下重伤，或者 1000 万元以上 5000 万元以下直接经济损失的事故；

一般事故，是指造成 3 人以下死亡，或 10 人以下重伤，或者 1000 万元以下直接经济损失的事故。

所称的"以上"包括本数，所称的"以下"不包括本数。

# 三、事故处理

## 1. 事故隐患

**（1）隐患概念**

隐患就是在某个条件、事物以及事件中所存在的不稳定并且影响到个人或者他人安全利益的因素。它是一种潜藏着不易发现的因素，"隐"字体现了潜藏、隐蔽，而"患"字则体现了祸患，不好的状况。

隐患是风险，是有可能发生而还没有发生的事情。根据 FMEA（失效模式与影响分析）的原理，需要描述清楚风险的 SOD 值，即一旦发生了事故的严重程度，是否造成人身安全事故；二是风险的发生频率，100 个产品里面就有一件不良还是说 100 万件里面才出现一件；三是风险的可探测度，是能够被发现的还是不能发现，还是只有使用的时候才能发现。

三个都描述清楚了之后就可以评估风险系数有多大了。

《安全生产事故隐患排查治理暂行规定》（国家安全生产监督管理总局令第16号，2008年2月1日起施行）第三条：本规定所称安全生产事故隐患（以下简称事故隐患），是指生产经营单位违反安全生产法律、法规、规章、标准、规程和安全生产管理制度的规定，或者因其他因素在生产经营活动中存在可能导致事故发生的物的危险状态、人的不安全行为和管理上的缺陷。

事故隐患分为一般事故隐患和重大事故隐患。一般事故隐患，是指危害和整改难度较小，发现后能够立即整改排除的隐患。重大事故隐患，是指危害和整改难度较大，应当全部或者局部停产停业，并经过一定时间整改治理方能排除的隐患，或者因外部因素影响致使生产经营单位自身难以排除的隐患。

给"隐患"画个像——它很小、很不起眼，具有很强的隐蔽性和欺骗性，使得它既难于发现，又易于忽视，它具有一定的潜在的破坏力，可能造成严重的后果。这就是"隐患"。这些小小的隐患，同样会给花费了成千上万的资金，辛辛苦苦建设起来的工程造成损失，甚至是巨大的损失。因此，如何对待和判断"隐患"，是工程建设工作不可缺少的重要环节。

（2）隐患识别

正确地判断事故隐患是一件比较困难的事，因为"实践是检验真理的唯一标准"这个伟大理论在这里有点不太好用。因为不可能为了要证明一个隐患到底是不是真的会成为事故，而去实践一下。

【例】 在亚邦的历史上就曾经发生过这么一个用"实践"去求证隐患的事故：两个工人对明火是化工厂的重大安全隐患不大相信，对蒽醌（一种有机合成中高级染中间体，属于乙类可燃固体，自燃点较低，约在300℃以下，是火灾爆炸事故的危险源）可以着火不大相信，为了实践一下，他们用打火机去烧烘房墙壁上的蒽醌飞花，结果，打火机一亮，烘房烧光了，造就了亚邦历史的第一起事故。这是一个沉重的笑话，也反映出一些人在隐患问题上的一些幼稚想法。

凡存在于生产过程中的，有可能引发事故的"危险因素"都是隐患。"有可能"不是凭空捏造的，不是凭某人的主观意志所确定的。确定"有可能"的依据一般是由两个方面组成：一是理论依据，就是对诸如物质的物化性质，设备的各种参数进行计算分析，以判断是否存在可能引发事故的危险因素，甚至还要考虑到环境的一些影响；另一个是"案例比较法"，即与发生过的相类似的事故进行比较，看所比较的体系是否也存在着类似引发事故的那些因素，如果有，就存在"有可能"的危险，存在的相似因素越多，"有可能"的可能性就越大。

这两种方法是相辅相成的。在实践中，第二种方法有时比第一种方法更直观，更可靠。因为事故的本身就是危险因素（隐患），在某种因素甚至是多种因素诱发下爆发导致事故的发生。而理论计算很难全面地考虑到这么多因素。因此，仅从理论上去判定"隐患"是不完整和不可靠的。在实际工作中，一些人之所以对"隐患"判断不准、认识不清、重视不够，很大的原因就在于过分相信"理论"。

还有一个影响人们对"隐患"重视程度的问题，是人们的一些习惯思维：对"隐患"总是自觉或不自觉地从良好的愿望出发，认为它不会这么巧、不可能都凑到一起、不会发生事故，再加上人们的侥幸和赌博心理，于是形成了对待"隐患"能拖则拖，能不整改就不整改的情况。但是，事故就是由于这些很小的，很不起眼的危险因素很"巧合"地组合在了一起，在很意外的情况下演变成为事故。

【讨论】 安全隐患和事故管理思路的对比，见图1.6。

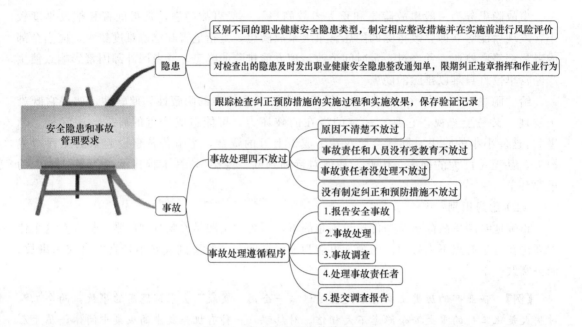

图1.6 安全隐患和事故管理对比

### 2. 事故报告

#### （1）质量事故报告

根据《关于做好房屋建筑和市政基础设施工程质量事故报告和调查处理工作的通知》（建质［2010］111号）中规定：

1）质量事故报告时限

工程质量事故发生后，事故现场有关人员应当立即向工程建设单位负责人报告；工程建设单位负责人接到报告后，应于1小时内向事故发生地县级以上人民政府住房和城乡建设主管部门及有关部门报告。情况紧急时，事故现场有关人员可直接向事故发生地县级以上人民政府住房和城乡建设主管部门报告。

住房和城乡建设主管部门接到事故报告后，应当依照下列规定上报事故情况，并同时通知公安、监察机关等有关部门：

① 较大、重大及特别重大事故逐级上报至国务院住房和城乡建设主管部门，一般事故逐级上报至省级人民政府住房和城乡建设主管部门，必要时可以越级上报事故情况。

② 住房和城乡建设主管部门上报事故情况，应当同时报告本级人民政府；国务院住房和城乡建设主管部门接到重大和特别重大事故的报告后，应当立即报告国务院。

③ 住房和城乡建设主管部门逐级上报事故情况时，每级上报时间不得超过2小时。

2）质量事故报告内容

① 事故发生的时间、地点、工程项目名称、工程各参建单位名称；

② 事故发生的简要经过、伤亡人数（包括下落不明的人数）和初步估计的直接经济损失；

③ 事故的初步原因；

④ 事故发生后采取的措施及事故控制情况；

⑤ 事故报告单位、联系人及联系方式；

⑥ 其他应当报告的情况。

事故报告后出现新情况，以及事故发生之日起 30 日内伤亡人数发生变化的，应当及时补报。

**（2）安全事故报告**

根据《生产安全事故报告和调查处理条例》（国务院令第 493 号）中的规定：

1）安全事故报告时限

事故发生后，事故现场有关人员应当立即向本单位负责人报告；单位负责人接到报告后，应当于 1 小时内向事故发生地县级以上人民政府安全生产监督管理部门和负有安全生产监督管理职责的有关部门报告。情况紧急时，事故现场有关人员可以直接向事故发生地县级以上人民政府安全生产监督管理部门和负有安全生产监督管理职责的有关部门报告。

安全生产监督管理部门和负有安全生产监督管理职责的有关部门接到事故报告后，应当依照下列规定上报事故情况，并通知公安机关、劳动保障行政部门、工会和人民检察院：

特别重大事故、重大事故逐级上报至国务院安全生产监督管理部门和负有安全生产监督管理职责的有关部门；

较大事故逐级上报至省、自治区、直辖市人民政府安全生产监督管理部门和负有安全生产监督管理职责的有关部门；

一般事故上报至设区的市级人民政府安全生产监督管理部门和负有安全生产监督管理职责的有关部门。

安全生产监督管理部门和负有安全生产监督管理职责的有关部门依照前款规定上报事故情况，应当同时报告本级人民政府。国务院安全生产监督管理部门和负有安全生产监督管理职责的有关部门以及省级人民政府接到发生特别重大事故、重大事故的报告后，应当立即报告国务院。

必要时，安全生产监督管理部门和负有安全生产监督管理职责的有关部门可以越级上报事故情况。

安全生产监督管理部门和负有安全生产监督管理职责的有关部门逐级上报事故情况，每级上报的时间不得超过 2 小时。

2）安全事故报告内容

① 事故发生单位概况；

② 事故发生的时间、地点以及事故现场情况；

③ 事故的简要经过；

④ 事故已经造成或者可能造成的伤亡人数（包括下落不明的人数）和初步估计的直接经济损失；

⑤ 已经采取的措施；

⑥ 其他应当报告的情况。

事故报告后出现新情况的，应当及时补报。自事故发生之日起 30 日内，事故造成的伤亡人数发生变化的，应当及时补报。道路交通事故、火灾事故自发生之日起7日内，事故造成的伤亡人数发生变化的，应当及时补报。

事故发生单位负责人接到事故报告后，应当立即启动事故相应应急预案，或者采取有效措施，组织抢救，防止事故扩大，减少人员伤亡和财产损失。

事故发生地有关地方人民政府、安全生产监督管理部门和负有安全生产监督管理职责的有关部门接到事故报告后，其负责人应当立即赶赴事故现场，组织事故救援。

事故发生后，有关单位和人员应当妥善保护事故现场以及相关证据，任何单位和个人不得破坏事故现场、毁灭相关证据。

因抢救人员、防止事故扩大以及疏通交通等原因，需要移动事故现场物件的，应当做出标志，绘制现场简图并做出书面记录，妥善保存现场重要痕迹、物证。

事故发生地公安机关根据事故的情况，对涉嫌犯罪的，应当依法立案侦查，采取强制措施和侦查措施。犯罪嫌疑人逃匿的，公安机关应当迅速追捕归案。

安全生产监督管理部门和负有安全生产监督管理职责的有关部门应当建立值班制度，并向社会公布值班电话，受理事故报告和举报。

### 3. 事故分析

事故发生后必须认真地进行分析，找出产生事故的真正原因，吸取经验教训，提出今后防治措施，杜绝类似事故再次发生。

安全生产事故处理有四原则：一是严格依法认定、适度从严的原则；二是从实际出发，适应我国当前安全管理的体制机制，事故认定范围不宜作大的调整；三是有利于保护事故伤亡人员及其亲属的合法权益，维护社会稳定；四是有利于加强安全生产监管职责的落实，消灭监管"盲点"，促进安全生产形势的稳定好转。

**（1）事故调查程序**

1）调查组

根据《生产安全事故报告和调查处理条例》（国务院令第493号）规定，特别重大事故由国务院或者国务院授权有关部门组织事故调查组进行调查。重大事故、较大事故、一般事故分别由事故发生地省级人民政府、设区的市级人民政府、县级人民政府负责调查。省级人民政府、设区的市级人民政府、县级人民政府可以直接组织事故调查组进行调查，也可以授权或者委托有关部门组织事故调查组进行调查。未造成人员伤亡的一般事故，县级人民政府也可以委托事故发生单位组织事故调查组进行调查。

上级人民政府认为必要时，可以调查由下级人民政府负责调查的事故。

自事故发生之日起30日内（道路交通事故、火灾事故自发生之日起7日内），因事故伤亡人数变化导致事故等级发生变化，应当由上级人民政府负责调查的，上级人民政府可以另行组织事故调查组进行调查。

特别重大事故以下等级事故，事故发生地与事故发生单位不在同一个县级以上行政区域的，由事故发生地人民政府负责调查，事故发生单位所在地人民政府应当派人参加。

事故调查组的组成：应当遵循精简、效能的原则。根据事故的具体情况，事故调查组由有关人民政府、安全生产监督管理部门、负有安全生产监督管理职责的有关部门、监察机关、公安机关以及工会派人组成，并应当邀请人民检察院派人参加。事故调查组可以聘请有关专家参与调查。

质量事故调查组职责（《关于做好房屋建筑和市政基础设施工程质量事故报告和调查处理工作的通知》）（建质〔2010〕111号）：①核实事故基本情况，包括事故发生的经过、人员伤亡情况及直接经济损失；②核查事故项目基本情况，包括项目履行法定建设程序情况、工程各参建单位履行职责的情况；③依据国家有关法律法规和工程建设标准分析事故的直接原因和间接原因，必要时组织对事故项目进行检测鉴定和专家技术论证；④认定事故的性质和事故责任；⑤依照国家有关法律法规提出对事故责任单位和责任人员的处理建议；⑥总结事故教训，提出防范和整改措施；⑦提交事故调查报告。

安全事故调查组职责［《生产安全事故报告和调查处理条例》（国务院令第 493 号）］：①查明事故发生的经过、原因、人员伤亡情况及直接经济损失；②认定事故的性质和事故责任；③提出对事故责任者的处理建议；④总结事故教训，提出防范和整改措施；⑤提交事故调查报告。

2）调查程序

按规定，安全生产事故调查程序包括 16 个过程（参见图 1.7），具体内容如下。

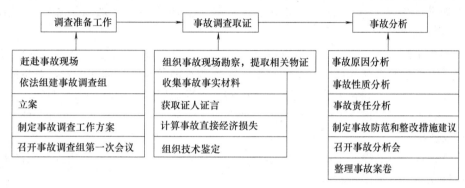

图 1.7　安全生产事故调查程序

赶赴事故现场。接到事故报告后，安全生产监督管理部门和负有安全生产监督管理职责的有关部门按照分级、分线管理的原则，其负责人立即赶赴事故现场，组织事故救援与前期事故调查，并初步确定事故等级、类别和事故原因。

依法组建事故调查组。调查组牵头单位向同级呈报《关于成立××事故调查组的请示》文件。请示文件应当载明事故基本情况、拟定的调查组牵头单位、调查组组长、调查组组成单位和邀请单位。成立调查组的请示文件经领导签字同意后，调查组牵头单位向事故调查组各成员单位和邀请单位发出《关于成立××事故调查组的函》，函告有关调查事项。

立案。牵头单位明确主办人员，由主办人员填写《立案审批表》，并由相关领导签署审批意见。

制定事故调查工作方案。调查组牵头单位根据事故的具体情况制定事故调查工作方案，明确调查组织分工、调查组工作职责、各调查小组工作任务和调查工作要求。

召开事故调查组第一次会议。调查组组长主持召开事故调查组第一次会议。会议通报事故发生基本情况，抢险救援情况，宣布调查工作方案，明确各调查组成员分工和任务，调查组组长对调查工作提出要求。会议要形成《会议纪要》。

组织事故现场勘察，提取相关物证。安全生产监管部门接到事故报告后，要立即派人员赶赴事故现场，进行勘察。向当事人或目击者了解事故发生经过情况。提取事故现场存留的有关痕迹和物证（致害物、残留物、破损部件、危险物品、有害气体等），封存与事故有关的物件，并用摄影、照相等方法予以固定。对无法搬运或事故发生单位确需立即使用的物件，由勘察人员现场认定，并由事故发生单位负责人当场签字认可后，交付事故发生单位或相关单位保管或使用。根据现场勘察和现场取证情况，绘制事故现场有关图纸［包括事故现场示意图、剖面图、工序（工艺）、流程图、受害者位置图等］。现场勘察完毕，向调查组提交《事故现场勘察报告》。勘察报告应当载明事故现场勘察人员、勘察时间、勘察路线，说明事故地点基本情况和与事故相关的情况，认定事故类别，附有相应的事故图纸、照片等。参与现场勘察的人员在勘察报告上签字认可。

收集事故事实材料。收集证明事故等级、类别和事故发生的相关事实与材料。包括：事故汇报记录、伤亡人员统计表、赔偿协议、尸检报告、遗体火化记录、死亡证明、医院伤害程度证明等。以及事故发生前生产设施、设备状况，有关技术文件和规章制度及执行情况，工作环境状况，受害人和肇事者的技术状况、健康状况等。同时收集事故发生单位、相关单位和部门的文件、规章制度、报表、台账、记录、图件和向调查组提供的书面证明（说明）。收集有关书证证据时，调查组向相关单位（部门）提供证据清单，限期要求提供。提供复印件的，由提供单位签署"复印属实"并加盖公章，同时注明原件存放的单位（部门）。

获取证人证言。证人证言包括调查询问笔录和有关人员提供的情况说明、举报信件等。调查人员制订事故调查询问计划和询问提纲，明确调查询问对象和询问内容，对事故现场目击者、受害者、当事人和相关管理人员、负有监督管理职责的人员进行调查询问。对事故发生负有责任的人员必须调查询问。认定的责任者的违法违规事实应当有 2 个以上的证人证言或其他有效证据。

计算事故直接经济损失。按照国家标准统计事故直接经济损失。《事故直接经济损失表》由事故单位或其主管部门盖章认可。

组织技术鉴定。对较大以上生产安全事故和事故原因复杂的一般事故，事故调查组委托具备国家规定资质的单位进行技术鉴定。承担技术鉴定的单位或专家按照相关要求，在调查组的领导下，依法认定事故发生的直接原因和相关事故参数，并向调查组提交完整的《技术鉴定报告》。

事故原因分析。事故原因分析包括直接原因分析和间接原因分析。从机械、物质（能量源和危险物质）、环境的不安全状态和人的不安全行为两个方面分析事故的直接原因。从技术、教育、管理、人的身体和精神方面等方面分析事故的间接原因。

事故性质分析。根据事故原因进行事故性质分析，对事故严重程度以及是属于责任事故或非责任事故作出认定。

事故责任分析。根据事故调查所确认的事实和直接原因、间接原因、事故性质，结合有关单位、有关人员（岗位）的职责和行为，对事故责任加以分析判断，确定事故责任人（直接责任者、主要责任者和领导责任者）。根据事故的后果、事故责任者应负的责任、是否履行职责及认识态度等情况，对事故责任者依法提出明确的处理建议。

制定事故防范和整改措施建议。根据事故发生原因，向事故发生单位和相关单位提出针对性的事故防范和整改措施建议，确保有效防止同类事故的再次发生。

召开事故分析会。事故现场调查完毕，事故调查组组长主持召集召开事故分析会，由调查组成员，事故发生单位、相关单位人员参加。会议通报事故调查情况，分析事故原因，提出防范措施等。

整理事故案卷。主办工作人员填报《结案审批表》，报负责人审批。批准同意结案后，制作《案卷首页》和《卷内目录》，按一卷一档的原则，将调查报告，各类请示、批复文件，相关证据材料，处理落实材料，相关执法文书等整理归档。

**（2）调查内容**

① 伤亡事故发生的时间和具体地点；

② 受伤害的人数、伤害的性质和程度；

③ 事故发生前的生产和现场情况，安全管理情况（安全技术交底、执行情况、安全管理制度、有关安全规定）；

④ 导致事故发生的起因物及现场的自然环境条件；

⑤ 受伤害人及共同作业人员的工作内容、任务分工、相互配合的情况、工艺条件、施工方法、设备状况等；

⑥ 受伤害人的情况和与此事故有关的人员具体情况（姓名、性别、年龄、工种、级别、政治面貌、文化程度、技术状况等）；

⑦ 有关的技术鉴定、化验，必要的试验；

⑧ 事故现场实测图纸、照片、经济损失等。

**（3）事故有关资料及证明材料**

调查工作开始后，首先要搜集与事故有关的各种资料和证明材料。包括物证的搜集、事故事实材料及证人材料的搜集等。

① 物证搜集。事故调查获取的第一手资料是事故现场所留下的各种物证，如遭破坏的部件、碎片，各种残留及致害物所处的位置等。现场所收集到的各种物证均应贴上注有时间、地点、使用者及管理者等内容的标签。所有物证均应保持原样，不得冲洗、擦拭。需要对有害健康的危险物品采取安全防护措施时，也应在不损坏原始证据的条件下进行，确保各种现场物证的完整性和真实性。

② 事故事实材料的搜集。在获取现场物证后，应对事故发生前的有关事实及有利于鉴别和分析事故的各种材料进行搜集。

事故发生前的有关事实包括：事故发生前各种设备及设施的性能、质量及运行状况，使用的材料（必要时进行理化性能分析和实验），设计和工艺方面的技术文件，各种规章制度、操作规程等的建立和执行情况，工作环境状况（必要时可取样分析），个人防护措施状况及出事前受害者或肇事者的健康状况等。

有利于事故鉴别和分析的材料包括：发生事故的时间、地点、单位，受害人和肇事者的姓名、性别、年龄、文化程度、技术水平、工龄及从事本工种的时间等，受害者及肇事者接受安全教育（如三级教育）的情况，受害者及肇事者过去的事故记录，事故当天受害者及肇事者的开始工作时间、工作内容、工作量、作业程序和动作以及作业时的情绪和精神状态等。

③ 证人材料的搜集。在获取物证及事实材料后，应尽快找到事故的目击者和有关人员搜集证明材料。可以通过交谈、访问及询问等方式来获取证人材料，但在询问时应避免提一些具有诱导性的问题。由于各方面因素的影响，还应通过多方调查，前后对比等来对证人口述材料的真实程度，进行认真考证。

④ 事故现场摄影。对于一些不能较长时间保留、有可能被消除或被践踏的证据，如各种残骸、受害者原始存息地、各种痕迹、事故现场全貌等，应利用摄影或录像等手段记录下来，为随后的事故调查和分析提供原始和真实的信息。

⑤ 事故图绘制。为了直观地反映事故的情况，还应将事故的有关情况绘制出来，如事故现场示意图、流程图、受害者位置图等。

**（4）事故调查报告**

调查组在完成上述工作后，应就所调查的内容写出书面的事故调查报告。报告基本内容应包括：事故经过、基本事实、原因分析、结论意见、责任分析、处理意见、防范措施等。

① 事故发生单位概况；

② 事故发生经过和事故救援情况；

③ 事故造成的人员伤亡和直接经济损失；

④ 事故发生的原因和事故性质；

⑤ 事故责任的认定和对事故责任者的处理建议；

⑥ 事故防范和整改措施。

质量事故报告中还应包括：事故项目有关质量检测报告、技术分析报告。

事故调查报告应当附具有关证据材料，事故调查组成员应当在事故调查报告上签名。报告报送负责事故调查的人民政府后，事故调查工作即告结束。事故调查的有关资料应当归档保存。

**4．事故认定**

**（1）质量事故认定**

根据《关于做好房屋建筑和市政基础设施工程质量事故报告和调查处理工作的通知》（建质〔2010〕111号）："工程质量事故，是指由于建设、勘察、设计、施工、监理等单位违反工程质量有关法律法规和工程建设标准，使工程产生结构安全、重要使用功能等方面的质量缺陷，造成人身伤亡或者重大经济损失的事故。"

工程质量事故的分类方法较多，国家现行对工程质量事故通常采用按造成损失严重程度划分为：一般质量问题、一般质量事故和重大质量事故三类。重大质量事故又划分为：一级重大事故、二级重大事故、三级重大事故。具体如下。

① 一般质量问题：质量较差、造成直接经济损失（包括修复费用）在20万以下。

② 一般质量事故：质量低劣或达不到质量标准，需要加固修补，直接经济损失（包括修复费用）在20万～300万之间的事故。一般质量事故分三个等级：一级一般质量事故，直接经济损失在150万～300万之间；二级一般质量事故，直接经济损失在50万～150万之间；三级一般质量事故，直接经济损失在20万～50万之间。

③ 重大质量事故：由于责任过失造成工程坍塌、报废和造成人员伤亡或者重大经济损失。重大质量事故分三级：一级重大事故，死亡30人；直接经济损失1000万以上；特大型桥梁主体结构垮塌；二级重大事故；死亡10～29人；直接经济损失500万～1000万（不含）；大型桥梁结构主体垮塌；三级重大事故；死亡1～9人；300万～500万；中小型桥梁垮塌。

工程质量事故的等级划分，按照《关于做好房屋建筑和市政基础设施工程质量事故报告和调查处理工作的通知》（建质〔2010〕111号）文的规定，与《生产安全事故报告和调查处理条例》（国务院令第493号）中对安全事故等级划分方法一致。

**（2）安全事故认定**

无证照或者证照不全的生产经营单位擅自从事生产经营活动，发生造成人身伤亡或者直接经济损失的事故，属于生产安全事故。

个人私自从事生产经营活动（包括小作坊、小窝点、小坑口等），发生造成人身伤亡或者直接经济损失的事故，属于生产安全事故。

个人非法进入已经关闭、废弃的矿井进行采挖或者盗窃设备设施过程中发生造成人身伤亡或者直接经济损失的事故，应按生产安全事故进行报告。其中由公安机关作为刑事或者治安管理案件处理的，侦查结案后须有同级公安机关出具相关证明，可从生产安全事故中剔除。

1）房屋建筑

由建筑施工单位（包括无资质的施工队）承包的农村新建、改建以及修缮房屋过程中发生的造成人身伤亡或者直接经济损失的事故，属于生产安全事故。

虽无建筑施工单位（包括无资质的施工队）承包，但是农民以支付劳动报酬（货币或者实物）或者相互之间以互助的形式请人进行新建、改建以及修缮房屋过程中发生的造成人身伤亡或者直接经济损失的事故，属于生产安全事故。

2）自然灾害

由不能预见或者不能抗拒的自然灾害（包括洪水、泥石流、雷击、地震、雪崩、台风、海啸和龙卷风等）直接造成的事故，属于自然灾害。

在能够预见或者能够防范可能发生的自然灾害的情况下，因生产经营单位防范措施不落实、应急救援预案或者防范救援措施不力，由自然灾害引发造成人身伤亡或者直接经济损失的事故，属于生产安全事故。

3）侦查事故

事故发生后，公安机关依照刑法和刑事诉讼法的规定，对事故发生单位及其相关人员立案侦查的，其中：在结案后认定事故性质属于刑事案件或者治安管理案件的，应由公安机关出具证明，按照公共安全事件处理；在结案后认定不属于刑事案件或者治安管理案件的，包括因事故，相关单位、人员涉嫌构成犯罪或者治安管理违法行为，给予立案侦查或者给予治安管理处罚的，均属于生产安全事故。

关于购买、储藏炸药、雷管等爆炸物品造成事故的认定：

矿山存放在地面用于生产所购买的炸药、雷管等爆炸物品，因违反民用爆炸物品安全管理规定造成的人身伤亡或者直接经济损失的事故，属于生产安全事故。

矿山存放在井下等生产场所的炸药、雷管等爆炸物品造成的人身伤亡或者直接经济损失的事故，属于生产安全事故。

4）载客事故

农用船舶非法载客过程中发生的造成人身伤亡或者直接经济损失的事故，属于生产安全事故。

农用车辆非法载客过程中发生的造成人身伤亡或者直接经济损失的事故，属于生产安全事故。

关于救援人员在事故救援中造成人身伤亡事故的认定：专业救护队救援人员、生产经营单位所属非专业救援人员或者其他公民参加事故抢险救灾造成人身伤亡的事故，属于生产安全事故。

**（3）认定程序**

地方政府和部门对事故定性存在疑义的，参照《生产安全事故报告和调查处理条例》（国务院令第493号）有关规定，按照下列程序认定：

① 一般事故，由县级人民政府初步认定，报设区的市人民政府确认。

② 较大事故，由设区的市级人民政府初步认定，报省级人民政府确认。

③ 重大事故，由省级人民政府初步认定，报国家安全监管总局确认。

④ 特别重大事故，由国家安全监管总局初步认定，报国务院确认。

⑤ 已由公安机关立案侦查的事故，按生产安全事故进行报告。侦查结案后认定属于刑事案件或者治安管理管理案件的，凭公安机关出具的结案证明，按公共安全事件处理。

**5. 事故处理**

重大事故、较大事故、一般事故，负责事故调查的人民政府应当自收到事故调查报告之日起15日内做出批复；特别重大事故，30日内做出批复，特殊情况下，批复时间可以适当延长，但延长的时间最长不超过30日。

有关机关（如住房和城乡建设主管部门）应当按照人民政府的批复，依照法律、行政法规规定的权限和程序，对事故发生单位和有关人员进行行政处罚，对负有事故责任的国家工作人员进行处分。

【例】 住房和城乡建设主管部门应当依据有关法律法规的规定，对事故负有责任的建设、勘察、设计、施工、监理等单位和施工图审查、质量检测等有关单位分别给予罚款、停业整顿、降低资质等级、吊销资质证书其中一项或多项处罚，对事故负有责任的注册执业人员分别给予罚款、停止执业、吊销执业资格证书、终身不予注册其中一项或多项处罚。

事故发生单位应当按照负责事故调查的人民政府的批复，对本单位负有事故责任的人员进行处理。认真吸取事故教训，落实防范和整改措施，防止事故再次发生。防范和整改措施的落实情况应当接受工会和职工的监督。

负有事故责任的人员涉嫌犯罪的，依法追究刑事责任。

安全生产监督管理部门和负有安全生产监督管理职责的有关部门，应当对事故发生单位落实防范和整改措施的情况进行监督检查。

事故处理的情况由负责事故调查的人民政府或者其授权的有关部门、机构向社会公布，依法应当保密的除外。

**（1）质量事故处理基本要求**

建筑工程质量事故处理应符合以下基本要求：

① 处理应达到安全可靠，不留隐患，满足生产、使用要求，施工方便，经济合理的目的。

② 重视消除事故的原因。这不仅是一种处理方向，也是防止事故重演的重要措施，如地基由于浸水沉降引起的质量问题，就应消除浸水的原因，制订防治浸水的措施。

③ 注意综合治理。既要防止原有事故的处理引发新的事故，又要注意处理方法的综合运用，如结构承载能力不足时，可采取结构补强、卸荷，增设支撑、改变结构方案等方法。

④ 正确确定处理范围。除了直接处理事故发生的部位外，还应检查事故对相邻区域及整个结构的影响，以正确确定处理范围。

【例】 因板的承载能力不足而进行加固时，往往从板、梁、柱到基础均可能要予以加固。

⑤ 正确选择处理事故的时间和方法。发现质量问题后，一般均应及时分析处理；但并非所有质量问题的处理都是越早越好，如裂缝、沉降、变形尚未稳定就匆忙处理，往往不能达到预期的效果。处理方法的选择，应根据质量问题的特点，综合考虑安全可靠、技术可

行、经济合理、施工方便等因素，经分析比较，择优选定。

⑥ 加强事故处理的检查验收工作。从施工准备到竣工，均应根据有关规范的规定和设计要求的质量标准进行检查验收。

⑦ 认真复查事故的实际情况。在事故处理中若发现事故情况与调查报告中所述的内容差异较大时，应停止施工，待查清问题的实质，采取相应的措施后再继续施工。

⑧ 确保事故处理期的安全。事故现场中不安全因素较多，应事先采取可靠的安全技术措施和防护措施，并严格检查、执行。

**（2）事故处理的主要依据**

① 质量事故的实况资料；

② 具有法律效力的，得到有关当事各方认可的工程承包合同、设计委托合同、材料或设备购销合同以及监理合同或分包合同等合同文件；

③ 有关的技术文件、档案；

④ 相关的建设法规。

**（3）工程质量事故处理资料**

质量事故的处理，一般必须具备以下资料。

① 与事故有关的施工图。

② 与施工有关的资料，如建筑材料试验报告、施工记录、试块强度试验报告等（见图1.8）。

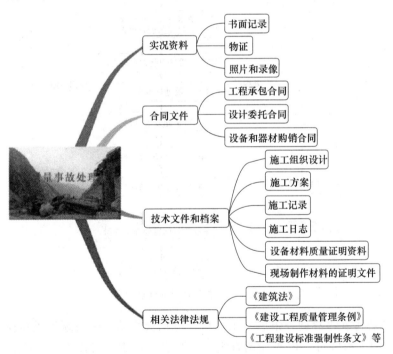

图1.8　质量事故处理施工材料

③ 事故调查分析报告。包括：

事故情况：出现事故的时间、地点；事故的描述；事故观测记录；事故发展变化规律；事故是否已经稳定等。

事故性质：应区分属于结构性问题还是一般性缺陷；是表面性的还是实质性的；是否需要及时处理；是否需要采取防护性措施。

事故原因：应阐明所造成事故的重要原因，如结构裂缝，是因地基不均匀沉降，还是温度变形；是因施工振动，还是由于结构本身的承载能力不足。

事故评估：阐明事故对建筑功能、使用要求、结构受力性能及施工安全有何影响，并应附有实测、验算数据和试验资料。

事故涉及人员及主要责任者的情况。

④ 设计、施工、使用单位对事故的意见和要求等。

**（4）质量事故处理程序**

工程质量事故发生后，事故调查处理机构开展事故调查和处理，一般处理流程如图1.9所示。监理工程师可按以下程序进行处理，如图1.10所示。

① 工程质量事故发生后，总监理工程师应签发《工程暂停令》，并要求停止进行质量缺陷部位和与其有关联部位及下道工序施工，应要求施工单位采取必要的措施，防止事故扩大并保护好现场。同时，要求质量事故发生单位迅速按类别和等级向相应的主管部门上报，并于24h内写出书面报告。

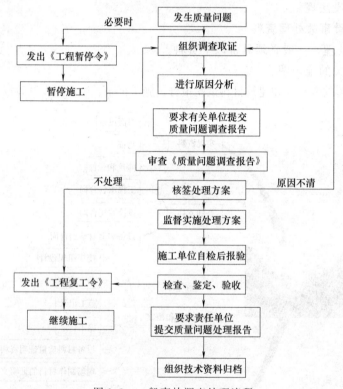

图1.9　一般事故调查处理流程

② 监理工程师在事故调查组展开工作后，应积极协助，客观地提供相应证据，若监理方无责任，监理工程师可应邀参加调查组，参与事故调查；若监理方有责任，则应予以回避，但应配合调查组工作。

③ 当监理工程师接到质量事故调查组提出的技术处理意见后，可组织相关单位研究，责成相关单位完成技术处理方案，并予以审核签认。质量事故技术处理方案，一般应委托原设计单位提出；由其他单位提供的技术处理方案，应经原设计单位同意签认。技术处理方案的制订，应征求建设单位的意见。技术处理方案必须依据充分，查清质量事故的部位和全部原因。必要时，应委托法定工程质量检测单位进行质量鉴定或请专家论证，以确保技术处理方案可靠、可行，保证结构的安全和使用功能。

④ 技术处理方案核签后，监理工程师应要求施工单位给出详细的施工设计方案，必要时应编制监理实施细则，对工程质量事故技术处理施工质量进行监理，技术处理过程中的关键部位和关键工序应旁站，并会同设计、建设等有关单位共同检查认可。

⑤ 对施工单位完工自检后的报验结果，组织有关各方进行检查验收，必要时应进行处理结果鉴定。要求事故单位整理编写质量事故处理报告，并审核签认，组织将有关技术资料归档。

⑥ 签发《工程复工令》，恢复正常施工。

【例】 事故发生后不走正常处理程序。出了事故后，不认真调查事故的全部情况，没有认真分析事故产生的原因和进行必要的计算，就匆忙处理，往往是治标不治本。例如现浇混凝土结构表面出现蜂窝麻面后，不调查分析，就用水泥砂浆涂抹，而给结构留下严重缺陷；对砌体中的裂缝，随便勾缝涂抹处理等。

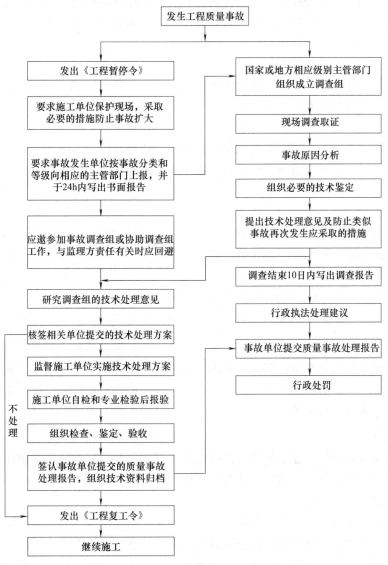

图 1.10　监理工程师处理质量事故的程序

**（5）事故分析过程**

① 观察记录事故现场的全部实况；

② 收集调查与事故有关的全部设计和施工文件；

③ 找出可能产生事故的所有因素；

④ 从上述全部因素中分析导致原发破坏的主导因素，以及引起连锁破坏的其他原因；

⑤ 通过理论分析或模拟试验对破坏现象、倒塌原因加以论证；

⑥ 解释发生质量事故的全过程；

⑦ 提出质量事故的分析结论，对事故责任进行仲裁。

**（6）工程质量事故处理方案**

工程质量事故处理方案，应当在正确分析和判断质量事故原因的基础上进行。对于工程质量事故，通常可以根据质量问题的情况，给出以下四类不同性质的处理方案。

1）修补处理

这是最常采用的一类处理方案。通常当工程的某些部分的质量虽未达到规定的规范、标准或设计要求，存在一定的缺陷，但经过修补后还可达到要求，且不影响使用功能或外观要求时，可以做出进行修补处理的决定。

属于修补这类方案的具体方案有很多，诸如封闭保护、复位纠偏、结构补强、表面处理等均是。例如，某些混凝土结构表面出现蜂窝麻面，经调查、分析，该部位经修补处理后，不会影响其使用及外观；某些结构混凝土发生表面裂缝，根据其受力情况，仅作表面封闭保护即可，等等。

对较严重的质量问题，可能影响结构的安全性和使用功能，必须按一定的技术方案进行加固补强处理，这样往往会造成一些永久性缺陷，如改变结构外形尺寸，影响一些次要的使用功能等。

2）返工处理

在工程质量未达到规定的标准或要求，存在严重质量问题，对结构的使用和安全有重大影响，而又无法通过修补的办法纠正所出现的缺陷情况下，可对检验批、分项、分部甚至整个工程返工处理。

对某些存在严重质量缺陷，且无法采用加固补强等修补处理或修补处理费用比原工程造价还高的工程，应进行整体拆除，全面返工。十分严重的质量事故甚至要做出整体拆除的决定。

**【例】** 某防洪堤坝在填筑压实后，其压实土的干密度未达到规定的要求干密度值，核算将影响土体的稳定和抗渗要求，可以进行返工处理，即挖除不合格土，重新填筑。又如某工程预应力按混凝土规定张力系数为 1.3，但实际仅为 0.8，属于严重的质量缺陷，也无法修补，即需做出返工处理的决定。

3）限制使用

在工程质量事故按修补方案处理无法保证达到规定的使用要求和安全指标，而又无法返工处理的情况下，可以做出诸如结构卸荷或减荷以及限制使用的决定。

4）不作处理

某些工程质量事故虽然不符合规定的要求或标准，但如其情况不严重，对工程或结构的使用及安全影响不大，经过分析、论证和慎重考虑后，也可做出不作专门处理的决定。不论哪种情况，特别是不做处理的质量问题，均要备好必要的书面文件，对技术处理方案、不做处理结论和各方协商文件等有关档案资料认真组织签认。对责任方应承担的经济责任和合同中约定的罚则应正确判定。可以不作处理的情况一般有以下几种。

a. 不影响结构安全和使用要求者。

**【例】** 有的工业建筑物出现放线定位偏差，若要纠正则会造成重大经济损失，若其偏差不大，不影响使用要求，在外观上也无明显影响，经分析论证后，可不作处理；又如，某些隐蔽部位的混凝土表面裂缝，经检查分析，属于表面养护不够的干缩微裂，不影响使用及外观，也可不作处理。

b. 有些不严重的质量问题，经过后续工序可以弥补的。

**【例】** 混凝土的轻微蜂窝麻面或墙面，可通过后续的抹灰、喷涂或刷白等工序弥补，可以不对该缺陷进行专门处理。

c. 出现的质量问题，经检测鉴定达不到设计要求，但经原设计单位核算，仍能满足结构安全和使用功能。

**【例】** 某一结构断面做小了，或材料强度不足，影响结构承载力，但经按实际检测所得截面尺寸和材料强度复核验算，仍能满足设计的承载能力，可考虑不作专门处理。这是因为一般情况下，规范标准给出了满足安全和功能的最低限度要求，而设计往往在此基础上留有一定余量。这种做法实际上是挖掘设计潜力或降低设计的安全系数，因此需要慎重处理。

**【讨论】** 选择最适用工程质量事故处理方案的辅助方法。选择工程质量处理方案，是复杂而重要的工作，它直接关系到工程的质量、费用和工期。处理方案选择不合理，不仅劳民伤财，严重的会留有隐患，危及人身安全，特别是对需要返工或不做处理的方案，更应慎重对待。下面给出一些可采取的选择工程质量事故处理方案的辅助决策方法。

① 实验验证。即对某些有严重质量缺陷的项目，可采取合同规定的常规试验以外的试验方法进一步进行验证，以便确定缺陷的严重程度。例如，混凝土构件的试件强度低于要求的标准不太大（例如10%以下）时，可进行加载试验，以证明其是否满足使用要求。又如，公路工程的沥青面层厚度误差超过了规范允许的范围，可采用弯沉试验，检查路面的整体强度等。监理工程师可根据对试验验证结果的分析、论证，再研究选择最佳的处理方案。

② 定期观测。有些工程，在发现其质量缺陷时其状态可能尚未达到稳定仍会继续发展，在这种情况下一般不宜过早做出决定，可以对其进行一段时间的观测，然后再根据情况做出决定。属于这类的质量问题如桥墩或其他工程的基础在施工期间发生沉降超过预计的或规定的标准；混凝土表面发生裂缝，并处于发展状态等。有些有缺陷的工程，短期内其影响可能不十分明显，需要较长时间的观测才能得出结论。对此，监理工程师应与建设单位及施工单位协商，是否可以留待责任期解决或采取修改合同，延长责任期的办法。

③ 专家论证。对于某些工程质量问题，可能涉及的技术领域比较广泛，或问题很复杂，有时仅根据合同规定难以决策，这时可提请专家论证。而采用这种办法时，应事先做好充分准备，尽早为专家提供尽可能详尽的情况和资料，以便使专家能够进行较充分的、全面和细致地分析、研究，提出切实的意见与建议。实践证明，采取这种方法，对于工程师正确选择重大工程质量缺陷的处理方案十分有益。

④ 方案比较。这是比较常用的一种方法。同类型和同一性质的事故可先设计多种处理方案，然后结合当地的资源情况、施工条件等逐项给出权重，做出对比，从而选择具有较高处理效果又便于施工的处理方案。例如，结构构件承载力达不到设计要求，可采用改变结构构造来减少结构内力、结构卸荷或结构补强等不同处理方案，可将其每一方案按经济、工

期、效果等指标列项并分配相应权重值，进行对比，辅助决策。

（7）工程质量事故性质的确定方法

工程质量事故性质的确定，是最终确定质量事故处理办法的首要工作和根本依据。一般通过下列方法来确定质量事故的性质：

① 了解和检查。是指对有缺陷的工程进行现场情况、施工过程、施工设备和全部基础资料的了解和检查，主要包括调查、检查质量试验检测报告、施工日志、施工工艺流程、施工机械情况以及气候情况等。

② 检测与试验。通过检查和了解可以发现一些表面的问题，得出初步结论，但往往需要进一步的检测与试验来加以验证。检测与试验，主要是检验该缺陷工程的有关技术指标，以便准确找出产生缺陷的原因。

【例】 若发现石灰土的强度不足，则在检验强度指标的同时，还应检验石灰剂量，石灰与土的物理化学性质，以便发现石灰土强度不足是因为材料不合格、配比不合格或养护不好，还是因为其他如气候之类的原因造成的。

检测和试验的结果将作为确定缺陷性质的主要依据。

③ 专门调研。有些质量问题，仅仅通过以上两种方法仍不能确定。

【例】 某工程出现异常现象，但在发现问题时，有些指标却无法被证明是否满足规范要求，只能采用参考的检测方法。如水泥混凝土，规范要求的是28d的强度，而对于已经浇筑的混凝土无法再检测，只能通过规范以外的方法进行检测，其检测结果将作为参考依据之一。

为了得到这样的参考依据并对其进行分析，往往有必要组织有关方面的专家或专题调查组，提出检测方案，对所得到的一系列参考依据和指标进行综合分析研究，找出产生缺陷的原因，确定缺陷的性质。这种专题研究，对缺陷问题的妥善解决有很大作用，因此经常被采用。

（8）工程质量事故处理决策的辅助方法

对工程质量事故处理的决策，是一项复杂而重要的工作，它直接关系到工程的质量、费用与工期。所以，要做出对质量事故处理的决定，特别是对需要返工或不作处理的决定，应当慎重对待。在对某些复杂的质量事故做出处理决定前，可采取以下方法作进一步论证。

① 实验验证。即对某些有严重质量缺陷的项目，可采取合同规定的常规试验以外的试验方法进行验证，以便确定缺陷的严重程度。

【例】 混凝土构件的试件强度低于要求的标准不太大（例如10%以下）时，可进行加载试验，以证明其是否满足使用要求；又如公路工程的沥青面层厚度误差超过了规范允许的范围，可采用弯沉试验，检查路面的整体强度等。根据对试验验证数据的分析、论证，再研究处理决策。

② 定期观测。有些工程，在发现其质量缺陷时，其状态可能尚未达到稳定，仍会继续发展，在这种情况下，一般不宜过早做出决定，可以对其进行一段时间的观测，然后再根据情况做出决定。属于这类的质量缺陷，如桥墩或其他工程的基础，在施工期间发生沉降超过预计的或规定的标准；混凝土或高填土发生裂缝，并处于发展状态等。有些有缺陷的工程，短期内其影响可能不十分明显，需要较长时间的观测才能得出结论。

③ 专家论证。对于某些工程缺陷，可能涉及的技术领域比较广泛，则可采取专家论证的方法。采用这种办法时，应事先做好充分准备，尽早为专家提供尽可能详尽的情况和资料，以便使专家能够进行较充分的、全面和细致的分析、研究，提出切实的意见与建议。实

践证明，采取这种方法，对重大质量问题的处理十分有益。

**（9）工程质量事故处理的鉴定验收**

工程质量事故处理是否达到预期的目的，消除了工程质量不合格和工程质量问题，是否留有隐患，需要通过检查验收来做出结论。事故处理质量检查验收，必需严格按施工验收规范中的有关规定进行；必要时，还要通过实测、实量，荷载试验，取样试压，仪表检测等方法来获取可靠的数据。这样，才可能对事故做出明确的处理结论。

1）检查验收

工程质量事故处理完成后，工程师在施工单位自检合格报验的基础上，应严格按施工验收标准及有关规范的规定进行，结合旁站、巡视和平行检验结果，依据质量事故技术处理方案设计要求，通过实际量测，检查各种资料数据进行验收，并应办理交工验收文件，组织各有关单位会签。

2）必要的鉴定

为确保工程质量事故的处理效果，凡涉及结构承载力等使用安全和其他重要性能的处理工作，常需做必要的试验和检验鉴定工作。或质量事故处理施工过程中建筑材料及构配件保证资料严重缺乏，或对检查验收结果各参与单位有争议时，常见的检验工作有：①混凝土钻芯取样，用于检查密实性和裂缝修补效果，或检测实际强度；②结构荷载试验，确定其实际承载力；③超声波检测焊接或结构内部质量；④池、罐、箱柜工程的渗漏检验等。检测鉴定必须委托政府批准的有资质的法定检测单位进行。

3）验收结论

对所有质量事故无论经过技术处理，通过检查鉴定验收还是不需专门处理的，均应有明确的书面结论。若对后续工程施工有特定要求，或对建筑物使用有一定限制条件，应在结论中提出。工程事故处理结论的内容有以下几种：

① 事故已排除，可以继续施工；

② 隐患已经消除，结构安全可靠；

③ 经修补处理后，完全满足使用要求；

④ 基本满足使用要求，但使用时应附有限制条件，如限制使用荷载，限制使用条件等；

⑤ 对耐久性影响的结论；

⑥ 对建筑外观影响的结论；

⑦ 对短期内难以作出结论的，可提出进一步观测检验意见；

⑧ 对事故责任的结论等。

**（10）事故追责**

① 对相关监管部门的追责。《生产安全事故报告和调查处理条例》第三十九条：有关地方人民政府、安全生产监督管理部门和负有安全生产监督管理职责的有关部门有下列行为之一的，对直接负责的主管人员和其他直接责任人员依法给予处分；构成犯罪的，依法追究刑事责任：（一）不立即组织事故抢救的；（二）迟报、漏报、谎报或者瞒报事故的；（三）阻碍、干涉事故调查工作的；（四）在事故调查中作伪证或者指使他人作伪证的。

第四十二条：违反本条例规定，有关地方人民政府或者有关部门故意拖延或者拒绝落实经批复的对事故责任人的处理意见的，由监察机关对有关责任人员依法给予处分。

② 对调查组追责。《生产安全事故报告和调查处理条例》第四十一条：参与事故调查的人员在事故调查中有下列行为之一的，依法给予处分；构成犯罪的，依法追究刑事责任：（一）对事故调查工作不负责任，致使事故调查工作有重大疏漏的；（二）包庇、袒护负有事

故责任的人员或者借机打击报复的。

③ 对事故责任人追责。《建设工程安全生产管理条例》第五十二条规定"建设工程生产安全事故的调查、对事故责任单位和责任人的处罚与处理，按照有关法律、法规的规定执行。"

对事故责任者（包括直接责任者、主要责任者、一定责任者、领导责任者），要根据事故情节后果的严重程度，分别给予批判教育、经济处罚、行政处分，直至追究刑事责任。

《生产安全事故报告和调查处理条例》第六至十条作出行政处罚有关规定，第十一至十八条作出罚款有关规定。

【释】《生产安全事故报告和调查处理条例》相关规定，尚应遵照国家安全监管总局关于修改《〈生产安全事故报告和调查处理条例〉罚款处罚暂行规定》部分条款的决定（国家安全生产监督管理总局令第42号，2011年11月1日起施行）中的相应修改。

## 【本章小结】

本章详细阐述了质量与安全方面的基本概念，质量事故和安全事故分类和等级划分规定，事故上报、事故调查和事故处理的相关规定和流程。为正确理解工程事故的危害，建立安全第一、质量至上的意识，打下坚实的基础。

## 【关键术语】

质量、缺陷、事故、质量事故、安全、隐患、安全事故、事故报告、事故调查、事故处理。

## 【知识链接】本章内容有关的阅读材料

中国中央政府国务院政策：http://www.gov.cn/zhengce/index.htm

国家安全生产监督管理总局政策法规：http://www.chinasafety.gov.cn/newpage/zcfg2016/zcfg2016.htm

新安全生产法：http://www.chinasafety.gov.cn/newpage/zhuantibaodao/rdzt_af1zn.html

## 【习题与答案】

1. 《建设工程安全生产管理条例》规定施工现场的安全管理内容有哪些？

第三十条至三十五条包括下列内容：

① 毗邻建筑物、构筑物和地下管线和现场围挡的安全管理；

② 现场消防安全管理；

③ 保障施工人员的人身安全；

④ 施工人员的安全生产义务；

⑤ 施工现场安全防护用具、机械设备、施工机具和配件的管理；

⑥ 起重机械、脚手架、模板等设施的验收、检验和备案。

2. 建设工程安全事故处理流程有哪些？

根据《安全生产法》[2002年（颁布）主席令第70号，2014年（第二次修改）主席令12届第13号]、《建设工程安全生产管理条例》（国务院令第393号）和《生产安全事故报告和调查处理条例》（国务院令第493号）规定，总结建设工程安全事故处理流程，如图1.11所示。

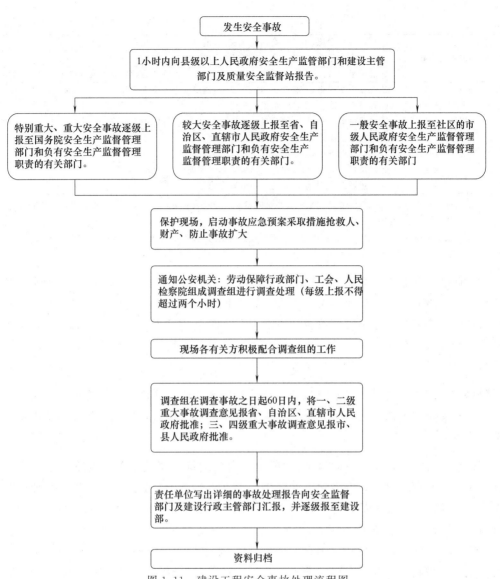

图 1.11　建设工程安全事故处理流程图

## 【实际操作训练或案例分析】

【案例 1】　项目部对事故隐患类型判定的说明，如表 1.1。

表 1.1　质量、安全隐患判定规则

| 质量隐患判定规则 | 特别重大质量隐患 | ①存在质量隐患,不整改会对建筑物安全、消防安全产生特别重大影响 |
|---|---|---|
| | | ②存在质量隐患,不整改会发生特别重大质量事故 |
| | | ③经质量监管部讨论,报请项目管理中心总经理、分管项目副总裁确认为特别重大质量隐患 |
| | 重大质量隐患 | ①存在质量隐患,不整改会对建筑物安全、消防安全产生重大影响 |
| | | ②存在质量隐患,不整改会对使用功能产生严重影响 |
| | | ③存在质量隐患,不整改会发生重大质量事故 |
| | | ④经质量监管部讨论,质量监管部总经理确认为重大质量隐患 |
| | 较大质量隐患 | ①存在质量隐患,不整改会对使用功能产生较大影响 |
| | | ②存在质量隐患,不整改会发生较大质量事故 |
| | | ③经质量监管部讨论,质量监管部总经理确认为较大质量隐患 |
| | 一般质量隐患 | 除上述隐患外,其余隐患均为一般质量隐患 |

| 安全隐患判定规则 | 特别重大安全隐患 | ①存在安全隐患,不整改会对施工安全、消防安全产生特别重大危害 |
| | | ②存在安全隐患,不整改会发生重大安全事故 |
| | | ③经质量监管部讨论,报请质监中心总经理、总裁确认为特别重大安全隐患 |
| | 重大安全隐患 | ①存在安全隐患,不整改会对施工安全、消防安全产生重大危害 |
| | | ②存在安全隐患,不整改会发生重大安全事故 |
| | | ③经质量监管部讨论,报请质监中心总经理、总裁确认为重大安全隐患 |
| | 较大安全隐患 | ①存在安全隐患,不整改会对对施工安全、消防安全产生较大影响 |
| | | ②存在安全隐患,不整改会发生较大安全事故 |
| | | ③经质量监管部讨论,报请质监中心总经理确认为较大安全隐患 |
| | 一般安全隐患 | 除上述隐患外,其余隐患均为一般安全隐患 |

注:1. 质量隐患升级原则:存在 10 处同类一般质量隐患升级为较大质量隐患,5 处同类较大质量隐患升级为重大质量隐患,5 处同类重大隐患升级为特别重大隐患。

2. 安全隐患升级原则:存在 5 处一般安全隐患升级为较大安全隐患,5 处较重大安全隐患升级为重大安全隐患,5 处重大安全隐患升级为特别重大安全隐患。

【案例 2】 某建筑公司因效益不好,公司领导决定进行改革,减负增效。经过研究将公司的安全部门撤销,安全管理人员 8 人中,4 人下岗,4 人转岗。原安全部承担的工作转由工会中的两人负责。由于公司领导撤销安全部门,整个公司的安全工作仅仅由两名负责工会工作的人兼任,至使该公司上下对安全生产工作普遍不重视,安全生产管理混乱,经常发生人员伤亡事故,该公司领导的做法是否合法?

【分析】 案例中建筑公司出现的情况很常见,建筑施工单位本来就是事故多发,危险性较大,生产安全问题比较突出的领域,更应当将安全生产放在首位。否则难免发生安全问题甚至发生事故。

《安全生产法》第 21 条明确规定:"矿山、金属冶炼、建筑施工、道路运输单位和危险物品的生产、经营、储存,应当设置安全生产管理机构或者配备专职安全生产管理员","其他生产经营单位,从业人员超过一百人的,应当设置安全生产管理机构或者配备专职安全生产管理人员;从业人员在一百人以下的,应当配备专职或者兼职的安全生产管理人员。",《建设工程安全生产管理条例》(国务院令第 393 号)第 23 条也相应规定:"施工单位应当设立安全生产管理机构,配备专职安全生产管理人员"。对于提高生产经营单位对安全生产的重视程度,健全生产经营单位安全生产管理机构和管理人员,具有重要的意义。案例中,建筑公司领导撤销安全生产管理机构,违反了《安全生产法》上的规定,应当承受相应的法律责任。

【案例 3】 某建筑施工单位有从业人员 1000 多人。该单位安全部门的负责人多次向主要负责人提出要建立应急救援组织。但单位负责人另有看法,认为建立这样一个组织,平时用不上,还老得花钱养着,划不来。真有了事情,可以向上级报告,请求他们给予支持就行了。由于单位主要负责人有这样的认识,该建筑施工单位一直没有建立应急救援组织。后来,有关部门在进行监督和检查时,责令该单位立即建立应急救援组织。

【分析】 这是一起建筑施工单位不依法建立应急救援组织的案件。应急救援组织是指单位内部建立的专门负责对事故进行抢救的组织。建立应急救援组织,对于发生生产安全事故后迅速、有效地进行抢救,避免事故进一步扩大,减少人员伤亡,降低经济损失具有重要的意义。《安全生产法》第 79 条规定:"危险物品的生产、经营、储存单位以及矿山、金属冶炼、城市轨道交通运营、建筑施工单位应当建立应急救援组织;生产经营规模较小的,可以不建立应急救援组织，但应当指定兼职的应急救援人员。"按照一般原则，在市场经济条件下，法律不干预生产经营单位内部机构如何设立，这属于生产经营单位的自主经营权的内容。但考虑到上述单位的生产经营活动本身具有较大的危险性，容易发生生产安全事故，且一旦发生事故，造成的人员伤亡和财产损失都较大。因此，《安全生产法》对这些单位有针对性地作出了一些特殊规定，即要求其建立应急救援组织。

本案中的建筑施工单位有1000多名从业人员，明显属于《安全生产法》第79条规定的应当建立应急救援组织的情况。但该单位主要负责人却不愿意在这方面进行必要的投资，只算经济账，不算安全账，不建立应急救援组织。这种行为是违反《安全生产法》上述有关规定的，有关负有安全生产监督管理职责的部门责令其予以纠正是正确的。

【释】 生产经营规模较小。生产规模也称为建设规模，是指生产要素（劳动力、劳动手段、产品）在企业中的集中程度。衡量指标：产量、生产能力、产值、职工人数、资产价值。不同类型的项目生产规模的衡量标准是不同的。根据工业和信息化部、国家统计局、国家发展改革委、财政部《关于印发中小企业划型标准规定的通知》（工信部联企业［2011］300号），国家统计局《统计上大中小微型企业划分办法》（国统字［2011］75号）有关规定，企业划分标准如表1.2。

表1.2　统计上大中小微型企业划分标准

| 行业名称 | 指标名称 | 计量单位 | 大型 | 中型 | 小型 | 微型 |
|---|---|---|---|---|---|---|
| 农、林、牧、渔业 | 营业收入(Y) | 万元 | $Y \geqslant 20000$ | $500 \leqslant Y < 20000$ | $50 \leqslant Y < 500$ | $Y < 50$ |
| 工业 | 从业人员(X) | 人 | $X \geqslant 1000$ | $300 \leqslant X < 1000$ | $20 \leqslant X < 300$ | $X < 20$ |
| | 营业收入(Y) | 万元 | $Y \geqslant 40000$ | $2000 \leqslant Y < 40000$ | $300 \leqslant Y < 2000$ | $Y < 300$ |
| 建筑业 | 营业收入(Y) | 万元 | $Y \geqslant 80000$ | $6000 \leqslant Y < 80000$ | $300 \leqslant Y < 6000$ | $Y < 300$ |
| | 资产总额(Z) | 万元 | $Z \geqslant 80000$ | $5000 \leqslant Z < 80000$ | $300 \leqslant Z < 5000$ | $Z < 300$ |
| 批发业 | 从业人员(X) | 人 | $X \geqslant 200$ | $20 \leqslant X < 200$ | $5 \leqslant X < 20$ | $X < 5$ |
| | 营业收入(Y) | 万元 | $Y \geqslant 40000$ | $5000 \leqslant Y < 40000$ | $1000 \leqslant Y < 5000$ | $Y < 1000$ |
| 零售业 | 从业人员(X) | 人 | $X \geqslant 300$ | $50 \leqslant X < 300$ | $10 \leqslant X < 50$ | $X < 10$ |
| | 营业收入(Y) | 万元 | $Y \geqslant 20000$ | $500 \leqslant Y < 20000$ | $100 \leqslant Y < 500$ | $Y < 100$ |
| 交通运输业 | 从业人员(X) | 人 | $X \geqslant 1000$ | $300 \leqslant X < 1000$ | $20 \leqslant X < 300$ | $X < 20$ |
| | 营业收入(Y) | 万元 | $Y \geqslant 30000$ | $3000 \leqslant Y < 30000$ | $200 \leqslant Y < 3000$ | $Y < 200$ |
| 仓储业 | 从业人员(X) | 人 | $X \geqslant 200$ | $100 \leqslant X < 200$ | $20 \leqslant X < 100$ | $X < 20$ |
| | 营业收入(Y) | 万元 | $Y \geqslant 30000$ | $1000 \leqslant Y < 30000$ | $100 \leqslant Y < 1000$ | $Y < 100$ |
| 邮政业 | 从业人员(X) | 人 | $X \geqslant 1000$ | $300 \leqslant X < 1000$ | $20 \leqslant X < 300$ | $X < 20$ |
| | 营业收入(Y) | 万元 | $Y \geqslant 30000$ | $2000 \leqslant Y < 30000$ | $100 \leqslant Y < 2000$ | $Y < 100$ |
| 住宿业 | 从业人员(X) | 人 | $X \geqslant 300$ | $100 \leqslant X < 300$ | $10 \leqslant X < 100$ | $X < 10$ |
| | 营业收入(Y) | 万元 | $Y \geqslant 10000$ | $2000 \leqslant Y < 10000$ | $100 \leqslant Y < 2000$ | $Y < 100$ |
| 餐饮业 | 从业人员(X) | 人 | $X \geqslant 300$ | $100 \leqslant X < 300$ | $10 \leqslant X < 100$ | $X < 10$ |
| | 营业收入(Y) | 万元 | $Y \geqslant 10000$ | $2000 \leqslant Y < 10000$ | $100 \leqslant Y < 2000$ | $Y < 100$ |
| 信息传输业 | 从业人员(X) | 人 | $X \geqslant 2000$ | $100 \leqslant X < 2000$ | $10 \leqslant X < 100$ | $X < 10$ |
| | 营业收入(Y) | 万元 | $Y \geqslant 100000$ | $1000 \leqslant Y < 100000$ | $100 \leqslant Y < 1000$ | $Y < 100$ |
| 软件和信息技术服务业 | 从业人员(X) | 人 | $X \geqslant 300$ | $100 \leqslant X < 300$ | $10 \leqslant X < 100$ | $X < 10$ |
| | 营业收入(Y) | 万元 | $Y \geqslant 10000$ | $1000 \leqslant Y < 10000$ | $50 \leqslant Y < 1000$ | $Y < 50$ |
| 房地产开发经营 | 营业收入(Y) | 万元 | $Y \geqslant 200000$ | $1000 \leqslant Y < 200000$ | $100 \leqslant Y < 1000$ | $Y < 100$ |
| | 资产总额(Z) | 万元 | $Z \geqslant 10000$ | $5000 \leqslant Z < 10000$ | $2000 \leqslant Z < 5000$ | $Z < 2000$ |

| 行业名称 | 指标名称 | 计量单位 | 大型 | 中型 | 小型 | 微型 |
|---|---|---|---|---|---|---|
| 物业管理 | 从业人员(X) | 人 | X≥1000 | 300≤X<1000 | 100≤X<300 | X<100 |
| | 营业收入(Y) | 万元 | Y≥5000 | 1000≤Y<5000 | 500≤Y<1000 | Y<500 |
| 租赁和商务服务业 | 从业人员(X) | 人 | X≥300 | 100≤X<300 | 10≤X<100 | X<10 |
| | 资产总额(Z) | 万元 | Z≥120000 | 8000≤Z<120000 | 100≤Z<8000 | Z<100 |
| 其他未列明行业 | 从业人员(X) | 人 | X≥300 | 100≤X<300 | 10≤X<100 | X<10 |

注：1. 从业人员，是指期末从业人员数，没有期末从业人员数的，采用全年平均人员数代替。

2. 营业收入，工业、建筑业、限额以上批发和零售业、限额以上住宿和餐饮业以及其他设置主营业务收入指标的行业，采用主营业务收入；限额以下批发与零售业企业采用商品销售额代替；限额以下住宿与餐饮业企业采用营业额代替；农、林、牧、渔业企业采用营业总收入代替；其他未设置主营业务收入的行业，采用营业收入指标。

3. 资产总额，采用资产总计代替。

# 建筑工程质量事故

## 【教学要点】

系统分析造成质量事故的原因，分门别类介绍各种结构的工程事故及原因。重点对建筑结构工程事故的原因进行详细的综合性分析，从中找出避免类似事故发生的方法；总结质量事故分析的基本原则和方法程序。

| 序号 | 知识目标 | 教学要点 |
|------|----------|----------|
| 1 | 质量、缺陷和事故的定义，建筑工程质量概念 | 纠正对质量的误解、建筑工程质量的重要性，理解建筑结构的缺陷和事故的定义、区别 |
| 2 | 熟悉质量事故分析的基本原则和方法程序，掌握主要质量事故类型的分析方法。 | 结合各类事故案例，提出与事故案例相关知识点若干问题，多角度理解事故本质<br>提供问题释疑，拓展知识面<br>设置讨论环节，引导思考 |
| 3 | 了解事故处理的程序及基本方法 | 提供现行法律法规文件信息，引导阅读 |

## 【技能要点】

运用工程材料、力学、结构、法律、管理等方面的理论和原理，分析工程事故发生的原因，提出有效的解决方法和预防措施。

## 【导入案例】

某县级市一乡村修建小学教学楼和教师办公住宿综合楼，乡上个别领导不按照有关基本建设程序办事，自行决定由一农村工匠承揽该工程建设。工程无地质勘察报告，无设计图纸（抄袭其他学校的图纸），原材料未经检验，施工无任何质量保证措施，无水无电，混凝土和砂浆全部人工拌和，钢筋混凝土大梁、柱子人工浇筑振捣，密实度和强度无法得到保证。工程投入使用后，综合楼和教学楼由于多处大梁和墙面发生较严重的裂缝，致使学校被迫停课。经检查，该综合楼基础一半置于风化页岩上，一半置于回填土上（未按规定进行夯实），地基已发生严重不均匀沉降，导致墙体出现严重裂缝；教学楼大梁混凝土存在严重的空洞、受力钢筋已严重锈蚀，两栋楼的砌体砂浆强度几乎为零（更有甚者个别地方砂浆中还夹着黄泥），楼梯横梁搁置长度仅50mm，梁下砌体已出现压碎现象。经鉴定该工程主体结构存在严重的安全隐患，已失去了加固补强的意义，被有关部门强行拆除，有关责任人受到了法律的惩办。

遵循基本建设程序，先规划研究，后设计施工，有利于加强宏观经济计划管理，保持建设规模和国力相适应；还有利于保证项目决策正确，又快又好又省地完成建设任务，提高基本建设的投资效果。有关部门重申按基本建设程序办事的重要性先后制定和颁布了有关按基本建设程序办事的一系列管理制度；把认真按照基本建设程序办事作为加强基本建设管理的一项重要内容。

基本建设程序，指工程项目从策划、评估、决策、设计、施工到竣工验收、投入生产或交付使用的整个建设过程中，各项工作必须遵循的先后工作次序。它反映工程建设各个阶段之间的内在联系，是从事建设工作的各有关部门和人员都必须遵守的原则。

【释】 基本建设，指建设单位利用国家预算拨款、国内外贷款、自筹基金以及其他专项资金进行投资，以扩大生产能力、改善工作和生活条件为目的，而进行的各种新建、改建、扩建、迁建、恢复工程及与之相关的建设经济活动。如：工厂、矿山、铁路、公路、桥梁、港口、机场、农田、水利、商店、住宅、办公用房、学校、医院、市政基础设施、园林绿化、通信等建造性工程。

详细程序步骤如图2.1，步骤的顺序不能任意颠倒，但可以合理交叉。

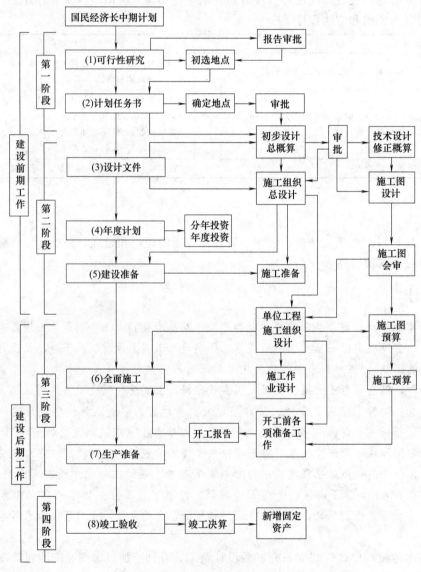

图 2.1 基本建设程序的八项主要步骤

按照国务院《关于投资体制改革的决定》［国发（2004）20号］，简化和规范政府投资项目审批程序。采用直接投资和资本金注入方式的政府投资项目，只审批项目建议书和可行性研究报告。建设条件简单的一般性项目，项目建议书和可行性研究报告可合为一道审批，但应达到可究深入。除特殊情况外，不再审批开工报告。要严格政府投资项目的初步设计和概算审批工作，初步设计和概算投资按程序审批后不再调整。申请投资补助、转贷和贷款贴息的项目，受理部门只审批资金申请报告。对于企业不使用政府投资建设的项目，一律不再实行审批制。

为确保工程项目投资目标的正确实现，在程序运行各个环节，应多次进行不同深度和精度的工程计价，见图2.2。

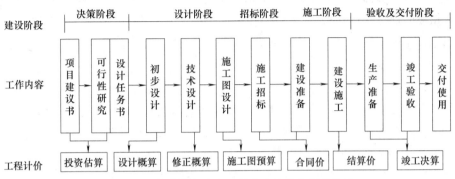

图 2.2　基本建设程序与工程多次计价之间的关系

【讨论】　无证设计、无证施工。

我国对建设工程的勘察、设计活动实行资质管理制度，要求建设工程勘察、设计单位应当在其资质等级许可的范围内承揽建设工程勘察、设计业务。禁止建设工程勘察、设计单位超越其资质等级许可的范围或者以其他建设工程勘察、设计单位的名义承揽建设工程勘察、设计业务。禁止建设工程勘察、设计单位允许其他单位或者个人以本单位的名义承揽建设工程勘察、设计业务。

《建设工程勘察设计管理条例》（国务院令第293号）（2015年修订）第八条规定："建设工程勘察、设计单位应当在其资质等级许可的范围内承揽建设工程勘察、设计业务"。第二十一条规定："承包方必须在建设工程勘察、设计资质证书规定的资质等级和业务范围内承揽建设工程的勘察、设计业务"。

《建设工程质量管理条例》（国务院令第279号）第十八条规定："从事建设工程勘察、设计的单位应当依法取得相应等级的资质证书，并在其资质等级许可的范围内承揽工程"。第二十五条规定："施工单位应当依法取得相应等级的资质证书，并在其资质等级许可的范围内承揽工程"。

【讨论】　违背基建程序现象。诸如设计人员私自承接设计业务；设计人擅自向建设单位提供图纸；设计单位无资质承揽设计任务；违法分包或允许其他单位用其名义承揽工程等，属于为了自身利益，置国家法律、法规于不顾，干扰了正常的建设工程勘察设计市场秩序。

【例】　某设计单位与某建设单位签订《建设工程设计合同》，承担了某中心会所工程设计任务。建设单位在未取得《建设工程规划许可证》的情况下要求设计单位出具全套施工图实施建设，设计单位予以拒绝，双方终止了合作。建设单位通过该设计单位项目负责人杨某（注册建筑师）私下进行工程设计，杨某在单位不知情的情况下，擅自使用设计单位的图签为建设单位提供了施工图。主管部门对杨某的违法行为依法实施了行政处罚，杨某所在的单位对其予以开除处理。

【讨论】 任意修改规划许可指标现象。城市规划以及城市规划有关法律规范和技术规范，对各类建设工程进行组织、控制、引导和协调，使其纳入城市规划的轨道。市规划行政主管部门依据《中华人民共和国城乡规划法》等法律、法规核发的《建设工程规划许可证》作为实施规划管理工作重要的行政许可法律文书，具有法律强制性，必须严格遵守，即未经城市规划行政主管部门审批不得进行建设，取得建设工程审批文件不得擅自进行更改。

建设单位、设计单位均不得对已做出的规划许可相关内容进行更改，应由做出行政许可决定的规划行政主管部门根据建设单位的申请，依据法律、法规和规章的规定及城市规划要求，做出相应的规划许可决定。

【释】 报建审批事项。国务院《关于印发清理规范投资项目报建审批事项实施方案的通知》国发〔2016〕29号规定：65项报建审批事项中，保留34项〔住房城乡建设部门5项：建设用地（含临时用地）规划许可证核发、乡村建设规划许可证核发、建筑工程施工许可证核发、超限高层建筑工程抗震设防审批、风景名胜区内建设活动审批。交通运输部门5项：水运工程设计文件审查、公路建设项目设计审批、公路建设项目施工许可、航道通航条件影响评价审核、港口岸线使用审批。国土资源部门4项、水利部门3项、海洋部门3项、环境保护部门2项、气象部门2项、能源部门2项、发展改革部门1项、公安部门1项、安全部门1项、国防科技工业部门1项、民航部门1项、宗教部门1项、移民管理机构1项、人民防空部门1项〕，另整合24项为8项。

【例】 某大厦项目规划总建筑面积约70000m²，由某集团公司负责开发建设，该项目建成后经规划监督发现其建筑面积超过原来的规划审批面积指标约3000m²，形成违法建设。

经调查，某设计单位于2004年与该集团公司签订了《建设工程设计合同》，承担该项目的工程设计任务。设计单位向建设单位提供的施工图在平面位置、总图布局、建筑立面等多处与《建设工程规划许可证》及附图规定不符。由于方案多次调整，设计单位在发现可能超出规划许可的面积指标后，主动向建设单位反映了情况，建设单位承诺会及时对相关规划许可指标进行更改，设计单位考虑以往关系和自身利益，在建设单位没有办理相关变更手续的情况下配合建设单位实施了违法建设。在事实情况清楚、证据确实充分的情况下，设计单位承认按照建设单位要求，擅自更改了规划许可指标的事实，设计单位对该违法建设负有责任。因该违法建设地点较为重要，设计单位更改规划许可指标的违法情节严重，且已无法消除对规划造成的影响。

【讨论】 越权审批项目、擅自对外签约。个别地区、部门和企业，无视国家有关规定，违反基本建设程序，越权审批项目，擅自对外签约，甚至自行开工建设国家已明确否决的项目，事后又要求国家予以确认、帮助解决项目建设中和建成后遇到的困难和问题。这种行为，不利于防止重复建设，造成资金浪费和不良的社会影响。

【释】 越权审批建设项目。在国家投融资体制改革方案出台之前，投资项目审批权限仍按现行规定执行。任何部门、地方和企业，不得超越规定审批权限擅自审批建设项目，不得采取"化整为零"等方式逃避上级主管部门的审批管理。

擅自对外签约。各地方、部门和企业，必须严格执行国家有关规定，只有当建设项目的可行性研究报告经有权审批部门批准后，方可对外正式签订贷款协议、设备购买合同、合资合作协议和合同等。在可行性研究报告批准之前，不得擅自对外签约。

## 第一节 工程设计相关质量事故

### 一、工程地质勘察问题引发工程事故

工程地质勘察，是为查明影响工程建筑物的地质因素而进行的地质调查研究工作。

#### 1. 需勘察的地质因素

主要因变化多端的地质结构、构造，形成了复杂的对工程不利的地质条件。主要地质因素包括：地貌（因地质作用而形成的地球表面各种形态）、水文地质条件（自然界中地下水的各种变化和运动的地质条件）、土和岩石的物理力学条件、自然（物理）地质现象等。

【释】 地质构造，指发生构造变动的岩层所呈现的各种空间形态称为地质构造。见图2.3～图2.5。

图2.3 倾斜岩层

图2.4 褶皱构造

工程地质条件包括内容：建设场地的地形、地貌、地质构造、地层岩性、不良地质现象以及水文地质条件等。这些情况在工程中都是通过详细地地质勘察，在工程地质勘察报告中，通过工程地质条件的论述、工程地质问题的分析评价以及结论和建议等提供给工程设计、施工单位，作为设计、施工的依据。

图2.5 断裂构造

#### 2. 工程地质对建筑结构的影响

工程地质对建筑结构的影响，主要是地质缺陷和地下水造成的地基稳定性、承载力、抗渗性、沉降等问题，对建筑结构选型、建筑材料选用、结构尺寸和钢筋配置等多方面的影响。这些影响在各个工程项目的差别较大，具体分为以下几方面。

① 对建筑结构选型和建筑材料选择的影响。

【例】 按功能要求可以选用砖混或框架结构的，因工程地质原因造成的地基承载力、承载变形及其不均匀性的问题，而要采用框架结构、筒体结构；可以选用钢筋混凝土结构的，

而要采用钢结构；可以选用砌体的，而要采用混凝土或钢筋混凝土。

② 对基础选型和结构尺寸的影响。

有的由于地基土层松散软弱或岩层破碎等工程地质原因，不能采用条形基础，而要采用片筏基础甚至箱形基础。对较深松散地层有的要采用桩基础加固。有的要根据地质缺陷的不同程度，加大基础的结构尺寸。

③ 对结构尺寸和钢筋配置的影响。

为了应对地质缺陷造成的受力和变形问题，有时要加大承载和传力结构的尺寸，提高钢筋混凝土的配筋率。

④ 地震烈度对建筑结构和构造的影响。

工程所在区域的地震烈度越高，构造柱和圈梁等抗震结构的布置密度、断面尺寸和配筋率要相应增大。

### 3. 引发事故的工程地质勘察工作问题

造成工程事故的地质勘察问题，常见有不进行或不认真地进行地质勘察。盲目估计地基承载力，造成建筑物过大的不均匀沉降导致结构裂缝，甚至于倒塌。

【例】 《岩土工程勘察规范（2009 版）》GB 50021—2001 对勘察有精度要求：考虑建筑物的安全等级、地基的复杂程度来确定勘察等级，根据勘察等级因素来定钻孔间距。做桩要放到 15～20m，多层和低层要是拟定做浅基础可放宽到 30m。

在某住宅小区工程项目中，刚完工尚未交付前，发现连续数栋楼均向同一方向倾斜，调查发现住宅楼发生了连续不均匀沉降导致了倾斜。重新进行探查了解到该地块地表下暗埋有一条穿过各事故楼栋的废弃河沟，沟内大量沉积淤泥。由于勘察单位选取钻孔间距过大，钻孔深度不够，在地质报告中没有体现出这条暗沟；设计单位基础设计按照均质地基考虑并在施工过程中没有到现场进行勘验；施工过程中施工单位曾经挖到部分沟泥但没有报告建设单位也没有进行必要处理。最后这几栋事故楼一端就建在沟上，沟底软土受荷载后产生过大变形，楼栋两端不均匀沉降导致结构倾斜开裂。

这样由于勘察单位勘测精度不够导致勘察报告不准确，之后各参建单位又没有做好自己应承担的工作，最后多种因素积累致使严重工程质量事故，事后处理花费巨大，造成不必要的损失。

## 二、概念设计错误导致的工程事故

概念设计是依据个人经验，结合建筑功能要求、结构安全等级、抗震设防等级、地质资料、当地材料及自然环境等进行的定性设计过程，是结构设计成败的关键。

### 1. 结构概念设计

#### （1）结构

结构指系统内各组成单元要素之间的相互影响、作用的关系，是能够承受荷载并且维持几何不变的体系。

【例】 一栋房屋的承重体系是框架结构，就是说其承重体系由水平受力构件板、梁和垂直受力构件柱、基础等基本组成部分构成，依次采用刚接方法联系并承载、传力（见图 2.6）。

结构设计是指事物的各个组成部分之间的有序搭配和排列，用以承担重力或外力的部分的构造计划。连接构架，以成屋舍。

结构方案应从受力情况、结构体系、施工条件、材料、地质情况、技术含量等各方面综合考虑、认真推敲，作多种方案比较后，确定一个技术上可行、经济上合理的实施方案。

理想的结构方案，必须是符合建筑功能要求、体系受力合理、安全可靠的。

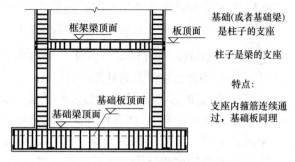

图 2.6　框架结构各构件之间关系

**（2）建筑结构**

在建筑工程中，由建筑材料按照一定方式构成，并能承受荷载作用而起骨架作用的部分，称为建筑工程结构，简称为结构。

提倡概念设计的必要性：现行的结构设计理论与计算理论，存在许多缺陷或不可计算性；在方案设计阶段，初步设计过程不便借助于计算机来实现；用概念设计来判断计算设计的合理性。

【例】　刚毕业的学生，往往面对一个简单的工程设计都无从下手，而计算某个构件或设计一个单根构件却轻而易举，为什么呢？不会概念设计！还有理论依据缺陷问题，如对混凝土结构设计，内力计算是基于弹性理论的计算方法，而截面设计却是基于塑性理论的极限状态设计方法。

**（3）结构工程师的概念设计主要任务**

结构工程师主要是在特定的建筑空间中，用整体的概念来完成结构总体方案的设计，并能有意识地处理构件与结构、结构与结构的关系。

【释】　结构概念设计与结构设计区别，见表2.1。

表2.1　结构概念设计和结构设计区别对比

| 内容 | 概念设计 | 结构设计 |
| --- | --- | --- |
| 个人经验 | 需要丰富的实践经验 | 需要扎实的理论基础 |
| 设计过程 | 先粗后细（确定方案后估算几何尺寸、估算经济指标） | 先细后粗（计算后按构造要求设计） |
| 知识要求 | 政策、法规、施工技术、建筑经济、应用专业成果 | 力学、数学、专业知识、规范应用 |
| 设计成果 | 定性 | 定量 |

**2. 概念设计的原则**

① 合适的基础方案　根据工程地质条件、上部结构类型及荷载分布、相邻建筑物影响、施工条件等多种因素进行综合分析。

② 合理的结构方案　结构体系应受力明确、传力简捷，同一结构单元不宜混用不同结构体系，地震区应力求平面和竖向规则。

【例】　制定一个适宜的结构刚度方案。刚度大结构自振周期就短，结构所承受的地震作用就大，材料浪费；过柔的结构在地震时产生过大变形，影响强度、稳定性和正常使用。

③ 恰当的计算简图　是保证结构安全的重要条件。计算简图还应有相应的构造措施来保证。

**【例】** 形成合理的结构破坏机制。避免产生楼层破坏机制（结构中存在薄弱环节），努力实现结构整体破坏机制（正确步骤和掌握塑性铰出现的位置和顺序）。

④ 明确的分析判断计算结果　程序与结构某处实际情况不相符合、人工输入有误、软件本身有缺陷，均会导致错误的计算结果。

⑤ 适用的构造措施　除了必要的理论计算分析外，结构设计还需要牢记"强柱弱梁、强剪弱弯、强压弱拉原则"，注意构件的延性性能、加强薄弱部位、钢筋的锚固长度、钢筋的直线段锚固长度、温度应力的影响，注意按均匀、对称、规整原则考虑平面和立面的布置，综合考虑抗震的多道防线，尽量避免薄弱层的出现，以及正常使用极限状态的验算等很多必要的构造措施。

**【例】** 抗震设计中运用等强度和耗能设计、结构延性设计等思想。注意加强薄弱环节，尽量做到等强度；注意使结构在恰当部位具有大量消耗能量的能力（耗能构件的屈服应是局部性的布置引起整体破坏，耗能构件不应选用主要承受竖向荷载的构件，耗能构件应有相当的数量和延性）。构件的延性好，组成的结构会有较好的延性。

**【释】** 等强度设计，是指机构、装置、设备的零部件，是等同寿命的。当构件承受多种载荷同时作用时，通过计算使承受各种载荷的安全系数相等，即承受各种载荷的能力相等的设计就是等强度设计。

在结构设计中，如果各个部分的强度差异很大，会造成某些部分很早就破坏了，而另外一些部分还强度余度还很大，造成了浪费。所以，一般结构设计中都遵循等强度原则。采用等强度设计方法可以最高效地利用材料，在力的传递路线上不出现特别强或者特别弱的构件。

**【例】** 汽车变速器，经过长期使用到了预期的寿命，如果齿轮出现了问题，那么轴承也会出现问题，轴的疲劳裂纹出现扩展的迹象。这就是等强度设计，各种零件同时达到使用寿命，说明设计合理，变速器重量最轻、耗材最少，并且是满足使用要求的。如果只有四挡齿轮发生问题，别的零件很"强劲"，总要更换四挡轮，说明设计有问题，四挡轮很"薄弱"，其他零件浪费材料了。

**【例】** 等强度梁（如图 2.7）：使梁各横截面上的最大正应力都相等，并尽量同时均达到材料的许用应力。比如说一个简支横梁，如果按照等强度设计，那么就应该是中间粗两头细（如鱼腹梁），或沿梁长度采用不同材料，但是这样加工会比较麻烦一些，所以有时候也不是很常用。

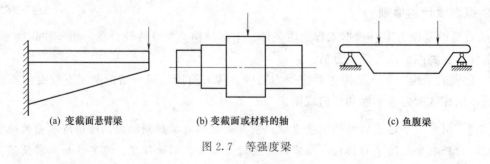

(a) 变截面悬臂梁　　　(b) 变截面或材料的轴　　　(c) 鱼腹梁

图 2.7　等强度梁

等强度结构设计优点：节省材料，最大限度地提高材料的利用率；提高结构的承载力，使结构更加安全；节省空间，降低自重，提高结构的使用性。

### 3. 墙体稳定问题

#### （1）高大墙体稳定条件

影响墙体稳定性的因素，有高厚比、有无侧向支撑、墙体的材质、施工时的质量等，下面主要介绍高厚比。

高厚比是墙体的高度与其厚度的比值，还与墙体的长度、砌体材料有关。限制高厚比不能过大，是为了保证墙体的稳定性。因为墙体是一种竖向受力构件，只要承受垂直压力作用，一旦压力形成偏心就会使得高薄的墙体产生压弯现象，导致失稳破坏。

影响允许高厚比的主要因素如下。

a. 砂浆强度：砂浆强度的高低直接影响砌体的弹性模量、构件的变形、刚度和稳定性。

b. 构件类型：从表2.2可以看出，在相同的砂浆强度条件下，柱的允许高厚比要比墙的高厚比平均低30%。

表2.2　墙、柱的允许高厚比值 $[\beta]$

| 砂浆强度等级 | 墙 | 柱 |
|---|---|---|
| M2.5 | 22 | 15 |
| M5.0 | 24 | 16 |
| ≥M7.5 | 26 | 17 |

c. 砌体种类：不同的块材以及不同砌筑方式都会因块材搭接、砂浆粘结面大小的不同使构件的刚度、变形乃至稳定性有所不同；其中：空斗墙砌体、中型砌块墙砌体以及毛石砌体的墙、柱分别比表2.2中所列砖砌体墙、柱的允许高厚比小10%和20%，组合砖砌体可提高20%，但 $[\beta] \leqslant 28$。

d. 支承约束条件、截面形式：在其他条件相同时，支承约束强的构件的允许高厚比要大于支承约束弱的构件的允许高厚比；对此，《砌体结构设计规范》GB 50003—2011用调整计算高度 $H_0$ 来反映。当截面形式为非矩形时，应采用折算厚度 $h_T$。

e. 墙体开洞、承重墙和非承重墙：工程实践以及计算表明，被洞口削弱得多的墙体的允许高厚比要比削弱少的低；非承重墙比承重墙的允许高厚比可以适当提高一些；《砌体结构设计规范》通过相应的修正系数（见表2.3）对允许高厚比 $[\beta]$ 予以降低或提高。

表2.3　自承重墙允许高厚比修正系数

| 墙厚 | $h=240\text{mm}$ | $h=90\text{mm}$ | $90<h<240\text{mm}$ |
|---|---|---|---|
| 自承重墙允许高厚比的修正系数 | 1.2 | 1.5 | $1.2+0.002(240-h)$ |

减小高厚比，工程中主要是增加墙体厚度，直接增加了墙水平断面的材料用量。一方面减小了偏心距占断面尺寸的比例，另一方面增加了截面抵抗压弯的能力。

减小高厚比，还可以通过增加侧向支撑实现。包括增设垂直墙体平面的拉结墙、加壁柱或扶壁、增加水平支撑体系（如楼板层）。

【释】　壁柱（见图2.8）指当墙体的长度和高度超过一定限度并影响到墙体稳定性时，常在墙身局部适当位置增设凸出墙面的壁柱以提高墙体刚度。壁柱突出墙面的尺寸（见图2.9）一般为120mm×370mm、240mm×370mm、240mm×490mm或根据结构计算确定。

【例】　大开间空旷房屋内没有设间隔墙，外墙会很长容易形成失稳，抵抗水平力的能力差，要加壁柱。砖排架结构，跨度大且有吊车，墙上受垂直压力很大，造成墙很厚、砖壁柱很大。

图 2.8 壁柱外观

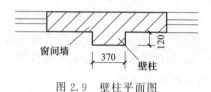

图 2.9 壁柱平面图

**（2）纵横墙拉结**

砖墙整体性不良，尤其是外墙很长又很高，如果没有平面外连接支撑，很容易造成失稳破坏。尤其是在地震过程中，容易造成墙体外闪引发结构整体垮塌。

为了提高砌筑结构的砖墙整体稳定性，一般要求做好几个方面：砖砌体转角处和纵横墙交接处要同时砌筑、砌筑时纵横墙砌块要互相咬槎、墙体交接处和转角处要设置构造柱、纵横墙交接处和墙与柱连接处要配置拉结筋等措施。见图 2.10。

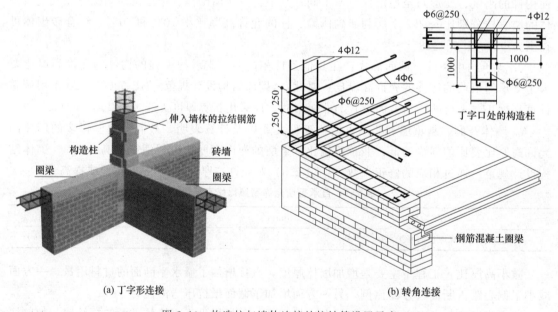

(a) 丁字形连接　　　　　(b) 转角连接

图 2.10 构造柱与墙体连接处拉结筋设置示意

【释】 拉接筋，把钢筋通过植筋、预埋、绑扎等连接方式，使用 HPB300、HRB335 等钢筋，按照一定的构造要求将后砌体之间（见图 2.11）或砌体与混凝土构件（见图 2.12）拉结在一起。

【讨论】 预留拉结钢筋直径大小和在灰缝中的位置。

钢筋直径一般为 6mm，不要过大，因为灰缝厚度为 10mm，如果钢筋太粗影响灰缝的性能甚至砌筑质量。

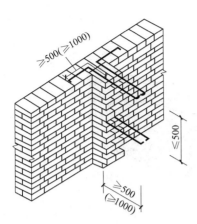

图 2.11 砌体与砌体之间的拉结筋

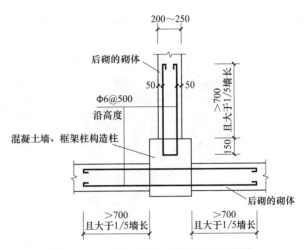

图 2.12 砌体与混凝土柱之间的拉结筋

拉结筋在灰缝中的位置，主要考虑应保证拉结筋受力后的锚固性能，以及拉结筋受拉后对灰缝材料的破坏情况。关键是拉结筋要有足够锚固长度、钢筋不能重叠（满足灰缝厚度要求）、避免从灰缝中拉脱。

如图 2.13 所示，有 4 种拉结筋的布置形式，其中1 钢筋最不利，因为钢筋距离灰缝边缘较近，一旦钢筋受拉会在弯折处沿左下 45°方向向外逃出，丧失锚固力而失效；4 钢筋相对锚固效果最好，但如果一道灰缝同时采用两根钢筋，势必形成 3、4 钢筋在相交

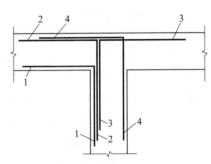

图 2.13 拉结筋在灰缝中的几种布置

处高度超过 10mm，将影响灰缝正常工作；2 钢筋兼顾到锚固力和灰缝的尺寸要求，是相对合理的选择。

【释】 灰缝的主要作用是均匀传递压力和粘结，增加墙体的整体性。灰缝薄了影响粘结，灰缝厚了由于砂浆的干缩影响墙体尺寸准确和抗压能力。所以规范规定灰缝的厚度为 8～12mm，一般选择 10mm。

【讨论】 钢筋在混凝土中的锚固能力。可以由四种途径得到：①钢筋与混凝土接触面上化学吸附作用力，也称胶结力。②混凝土收缩，将钢筋紧紧握固而产生摩擦。③钢筋表面凹凸不平与混凝土之间产生的机械咬合作用，也称咬合力。④钢筋端部加弯钩、弯折或在锚固区焊短钢筋、焊角钢来提供锚固能力。

【问】 砖墙的转角处和纵横墙交接处如不能同时砌筑，如何处理？

应砌筑成斜槎：实心墙的斜槎长度不应小于墙高度的 2/3。如图 2.14。

如留斜槎有困难，除转角外可做成直槎。直槎必须做成凸槎，并加设拉结筋（如图 2.15）。拉结筋的数量为每 120mm 墙厚放置一根直径 6mm 的钢筋，间距沿墙高不得超过 500mm，埋入长度从墙的留槎处算起，每边均不得少于 500mm，对抗震设防烈度

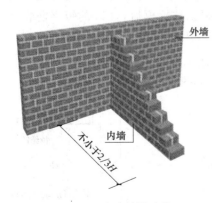

图 2.14 砖墙斜槎示意

为 6 度、7 度地区，不得小于 1000mm，末端应有 90°弯钩。

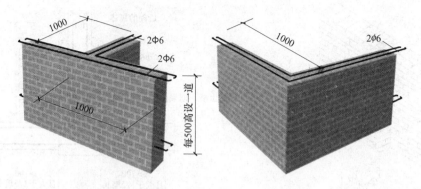

图 2.15    拉结筋配置示意

**（3）框架柱与填充墙的拉结**

当地震出现时，框架结构中的填充墙在地震作用下（主要是由于水平地震作用）易发生甩出掉落现象。为保证填充墙有必要的稳定性和整体性，设置拉结筋把墙所承受的水平地震作用，有效传递给框架柱，此时柱的拉结作用保证了墙体的稳定。因此框架填充墙拉结筋设置方法一定要有成熟的设计依据、可靠的材料、完善的施工措施做保证。

传统的设置方式为预埋，近来施工上越来越多的采用后锚固的方法进行设置。预埋方法有柱上预留贴模筋、柱上预留贴模埋件，还可以考虑模板开洞留甩筋。后锚固的方法主要有植筋和使用锚栓锚固。随着拉筋设置方法的不同，其拉结筋的受力效果也有不同。

① 柱上预留贴模筋（见图 2.16）：在绑扎柱钢筋时，将拉结筋绑扎好（一般是穿透柱纵横断面的 U 形筋），待柱混凝土浇捣完且模板拆除后，在施工砖墙前，将拉结筋剔凿出，拉直贴模筋，再将拉结筋与贴模筋焊接。其优点是方便施工；其缺点是由于混凝土浇捣时的振动会引起部分拉结筋铅丝松扣、偏位，导致模板拆除后在柱混凝土表面看不出拉结筋的位置，而不得不将柱混凝土大面积剥皮，以寻找拉结筋，有的凿得很深，甚至减少了柱子截面尺寸，也严重影响了外观。

② 柱上预留贴模埋件：按拉结筋沿柱高的间距预留埋件，埋件可用钢板或粗直径钢筋头制作。在施工过程中逐渐形成了利用工地废的粗直径钢筋头来充当预留贴模埋件的方法，经工地推广实践证明，这种方法效果较好，例如施工现场利用Φ25 短钢筋和Φ6 圆钢焊成预埋件（见图 2.17），短钢筋长 100～200mm，主要考虑焊拉结筋时单面焊 10d 的长度要求，绑扎在柱主筋外侧箍筋上定位牢固，粗短钢筋钢筋头既可以起主筋保护层垫块的作用，又可以作为将来砌墙时焊拉结筋的预埋件（见图 2.18）。待框架柱拆模后，Φ25 的短钢筋容易露出，不需要剔凿柱混凝土、破坏柱表面，而且位置准确、节省人工。

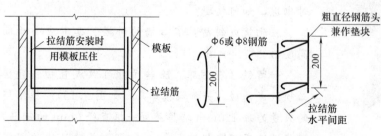

图 2.16    拉结筋安装示意              图 2.17    拉结筋的埋件

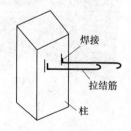

图 2.18    拉结筋与埋件焊接

③ 模板开洞、留甩筋：事先在模板上相应位置钻孔，待柱模安装完毕，插入拉结筋（见图 2.19）。这种做法损伤模板，而且还可能因拆模早而松动拉结筋。拆模后，拉结筋长期外露，容易被当作施工障碍而遭任意弯折。能正对砖缝的拉结筋不多，其多数需要弯折才能放入砖缝，对抗震不利。并且由于现在大多使用钢模，模板开洞必然会损坏模板，施工方很难接受，同时模板损坏的费用业主也不愿承担。

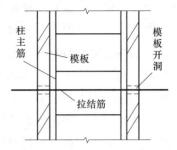

图 2.19　柱模板开洞留甩筋

④ 锚栓锚固：在框架柱上打膨胀螺栓再焊接拉结筋的作法。这样做的缺陷有：膨胀螺栓材质强度低，与圆钢不匹配；焊接长度不足；焊接后，由于高温变形引起螺栓松动，而此时螺帽已焊住无法拧紧；为便于操作，施工人员往往将与水平灰缝不一致的水平筋弯起，这时焊接螺栓变脆很容易折断。锚固方式价格较贵，施工工艺较为复杂。

⑤ 植筋技术：在混凝土柱上打孔、清孔、注入锚固剂将拉结筋插入孔内养护。植筋是近来推广使用的一种安全便捷的施工工艺，原来因造价、施工技术要求等因素主要用于工程结构加固。随着科技的进步，价格的降低，现在拉结筋采用植筋已普遍为大家认可。采用植筋埋设方法在前期结构施工中无需考虑拉结筋的问题。砌墙施工前，根据砌块模数，确定皮数杆后根据需要位置用电锤打孔后注胶埋设，施工方法简单，劳动强度低，可有效解决拉结筋无法与水平灰缝位置相一致的问题。

⑥ 预埋拉结筋施工的通病

a. 漏埋。施工图纸中对拉结筋设置要求，一般不在图纸中标明，施工过程中，稍不注意极易漏埋，通常后砌墙更容易被忽略。

b. 移位。主要有以下两种情况：拉结筋一般按间距 500mm 设置，而浇柱混凝土柱时，砌块的皮数杆尚未确定，所以在柱内预埋拉结筋时，仅能按通常规定的大致位置预埋，而实际砌筑时，往往不能和砌体水平灰缝相一致；框架柱拉结筋多采用水平贯穿柱中锚固，在浇筑混凝土时由于下料、振捣等原因致使拉结筋松动，下滑造成偏离、脱开，甚至被埋在柱内。

c. 不加区别统一设置。有些柱子附近有门窗，拉结筋无需按规定设置，由于统一下料，不加区别地设置，以致在安装门窗框前不得不剪去多余的拉结筋，费工费料。

⑦ 后锚固施工的通病

a. 锚栓锚固施工的问题：膨胀螺栓材质强度低，与圆钢不匹配；焊接长度不足；焊接后，由于高温变形引起螺栓松动，而此时螺帽已焊住无法拧紧；为便于操作，施工人员往往将与水平灰缝不一致的水平筋弯起，这时焊接后的螺栓变脆很容易折断。锚固方式价格较贵，施工工艺较为复杂。

在焊接时的力学缺点是焊缝热影响区材质变脆，残余应力、残余变形有不利影响，焊接结构对裂纹敏感，局部发生的裂纹可能迅速扩展。

b. 植筋施工的问题：在植筋施工中，操作工人用电钻在混凝土柱钻孔，注胶、插筋，孔的深浅很难保证，如果遇到柱筋就更难处理；孔内灰尘很难清理干净；手工注胶很难确保完全注满；化学锚固剂是种快硬性材料，操作时间控制较为严格，稍有不慎就可能影响到粘结力；施工时植入短筋，之后在短筋上采用焊接连接时由于高温而造成胶体破坏；施工时植入长筋，经常由于保护不够，在胶体未达到强度前受到扰动。

植筋的力学缺点是在反复荷载作用下的性能无法保证，使用的一些化学锚固剂主要是环氧树脂一类，其脆性较强，当其受外力挠动后易变酥，大大降低它与混凝土及钢筋的粘结力；化学锚固剂毕竟是一种化学黏结剂，它具有一定的时效性，即随着时间变化，它的一些化学性发生变化，而不像混凝土那样有着长久的稳定性。

### 4. 底框结构问题

临街的住宅、办公楼等建筑在底层设置商店、饭店、邮局或银行等（如图 2.20），一些旅馆因使用功能上的要求，也往往要在底层设置门厅、食堂会议室等。这样，房屋的上面几层为纵横墙较多的砌体承重结构，而底层则因使用要求上需要大空间的原因采用框架结构形成了二层及以上砖混底层框架结构。

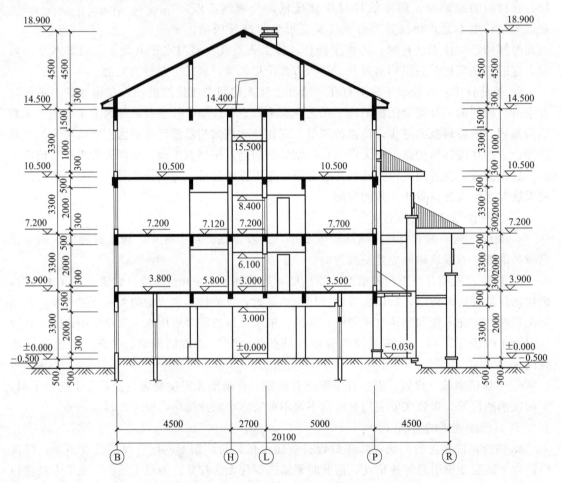

图 2.20  某底层框架建筑剖面图

### （1）结构特点

① 结构体系竖向刚度分布不均。建筑功能要求各层的墙密度不同。底框刚度比较小，上部砖混结构刚度较大。在水平力作用下造成底层侧向变形过大。

② 竖向质量分布不均。底层框架部分空旷，很少有墙，造成底层楼层质量较小；二层以上的砖混结构中隔墙密布，质量较大。在地震时，上部结构的大质量产生的惯性力加剧了底层柱的剪切破坏。在"头重脚轻"的情况下再加上平面布置不对称而发生扭转破坏。

③ 底层的破坏比上面各层都严重，主要是底层柱丧失承载力，或因变形集中引起位移过大而破坏。底层柱在竖向荷载和水平地震剪力的联合作用下，沿斜截面发生破坏后，又加

剧了受压破坏。有的柱由于钢筋间距过大，特别是在柱的上下端箍筋没有加密的情况下，破坏更加突出。有的钢筋混凝土柱因纵向钢筋的配筋率太高（超过6%），使柱丧失韧性，发生脆性破坏。

**【问答】** 底层框架结构缺陷的解决办法？

改善空旷楼层的刚度，用底框剪力墙。针对以上情况，规范规定对此类结构的底层不能采用纯框架结构，一定要在两个方向设置抗震墙，成为框架——抗震墙结构。至于抗震墙的材料，在6、7度抗震设防时新规范虽然允许采用砖墙，但应计入砖对框架的附加轴力和附加剪力（老的抗震规范无此要求）。其余情况均应采用钢筋混凝土抗震墙。

### （2）剪力墙

剪力墙又称抗风墙、抗震墙或结构墙。

**【释】** 剪力墙的作用、优缺点。

房屋或构筑物中主要承受风荷载或地震作用引起的水平荷载和竖向荷载（重力）的墙体，防止结构剪切（受剪）破坏。又称抗震墙，一般用钢筋混凝土做成。剪力墙在底框结构中的布置，增加底层结构的刚度、强度及抗倒塌能力。

优点是侧向刚度大，在水平荷载下结构侧移小；缺点是墙的间距有一定限制，建筑平面布置不灵活，结构自重也较大，灵活性就差。

**【讨论】** 剪力墙结构平面布置重点。

① 剪力墙结构中全部竖向荷载和水平力都由钢筋混凝土墙承受，所以剪力墙应沿平面主要轴线方向布置：矩形、L形、T形平面时，剪力墙沿两个正交的主轴方向布置；三角形及Y形平面可沿三个方向布置；正多边形、圆形和弧形平面，则可沿径向及环向布置。

② 为增大结构平面整体转动刚度、减小结构平面刚度中心与荷载作用中心的偏心、减轻结构扭转破坏，剪力墙尽量对称布置在平面外围。

另外，在垂直方向上布置时，抗震设计的原则是沿楼层间侧移刚度应均匀变化，而不允许各层间发生刚度突变，剪力墙的设置应与上部砌体结构相协调。有些设计人员认为既然底框结构底层薄弱就多布置一点剪力墙越强越好，实际上是走向另一个极端。

### 5. 屋架支撑不当问题

屋架是房屋组成部件之一，见图2.21。用于屋顶结构的桁架，它承受屋面和构架的重量以及作用在上弦上的风载。多用木料、钢材或钢筋混凝土等材料制成，有三角形、梯形、拱形等各种形状。

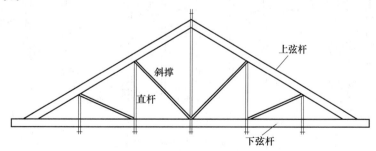

图2.21　三角形屋架基本组成

图 2.22　预应力钢筋混凝土屋架安装中

屋架通常是平面桁架结构（见图 2.22）。组成桁架的所有各杆都是直杆，所有各杆的中心线（轴线）都在同一平面内。桁架的杆件与杆件相连接的节点均为铰接节点。桁架杆承受轴力为主，可以克服梁和刚架杆件截面应力分布不均匀、材料不能得到充分利用的不足。这种结构平面内刚度可以视为无穷大，但平面外侧向刚度和整体刚度差，受到平面外作用力后很容易产生侧向变形和失稳。

平面外的失稳：表示垂直结构（构件）不能再承受附加水平力，而引起的水平抗侧刚度丧失（刚度＝0），结构会垮掉（此时结构为可变几何体系），所以为了防止平面外的失稳，就必须加一个反方向的支撑。所以厂房屋盖的纵向支撑的作用，就是传递水平力的。

【问】　什么是屋盖支撑系统？

侧向支撑是预制屋架稳定性的重要保障。屋盖支撑有设置在屋架之间的垂直支撑、水平系杆，以及水平支撑（设置在上下弦平面内的屋架上弦支撑、屋架下弦横向和纵向水平支撑）等，见图 2.23。

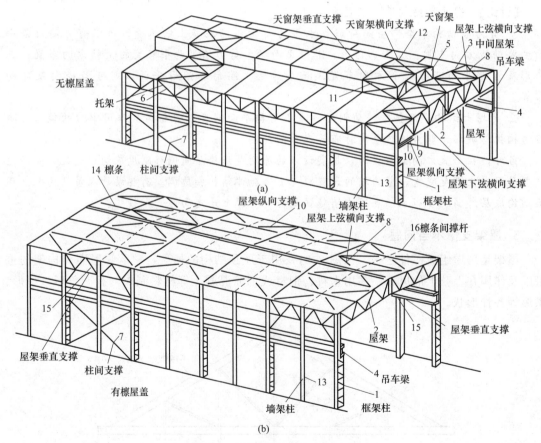

图 2.23　屋盖体系各种支撑示意

作用是传递屋架平面外荷载、保证构件平面外稳定、屋盖结构平面外的刚度。垂直支撑和水平系杆是为了保证侧向稳定性，上弦横向支撑为了增强屋盖的整体性和屋架上弦的侧向稳定性，下弦纵向水平支撑是为了增强屋盖的空间刚度，增强排架的空间工作性能。

①屋面板的支撑：首先，可以将屋面视为一大构件，承受平行于屋面方向的荷载（如风、地震作用等），称之为屋面的蒙皮效应。考虑蒙皮效应的屋面板必须具有合适的板型、厚度及连接性能，钢屋架用自攻螺钉连接的屋面板、混凝土屋架上弦杆预埋金属埋件与屋面板焊接，可以作为屋架的侧向支撑，使屋架的稳定性大大提高。

②拉条和支撑：提高屋架稳定性的重要构造措施是采用拉条或撑杆从檐口一端通长连接到另一端，连接每一根檩条。檩条的侧向支撑不宜太少，根据檩条跨度的不同，可以在檩条中央设一道或者在檩条中央及四等分点处各设一道共三道拉条。一般情况下檩条上翼缘受压，所以拉条设置在檩条上翼缘1/3高的腹板范围内。

③檩托：在简支檩条的端部或连续檩条的搭接处，考虑设置檩托是比较妥善的防止檩条在支座处倾覆或扭转的方法。檩托常采用角钢，高度达到檩条高度的3/4，且与檩条以螺栓连接。

【释】 施工临时支撑（如图2.24）。屋架安装时用来保证屋架稳定，有缆风绳、钢管、方木等。

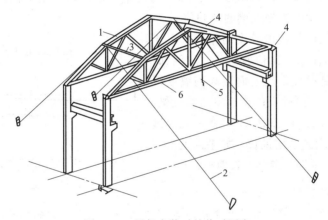

图2.24 屋架安装时的临时固定

### 6. 悬挑结构受力问题

悬挑结构是工程结构中常见的结构形式之一，如建筑工程中的雨篷、挑檐、外阳台、楼梯、挑廊等，这种结构是从主体结构悬挑出梁或板，形成悬臂构件，其本质上仍是梁板结构。

悬挑结构一般由支承构件和悬臂构件组成，根据其悬挑长度可分为悬挑梁板结构和悬挑板结构。悬臂构件通常由固定支座部分提供抗倾覆能力（如图2.25）。

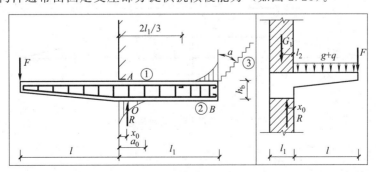

图2.25 悬挑结构在集中力、分布力或它们的组合作用下抗倾覆途径

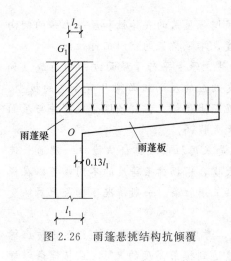

图 2.26 雨篷悬挑结构抗倾覆

其抗倾覆保持稳定的途径主要有：

**（1）构件上的压重**

压重主要来自于外纵墙、内横墙、楼板等构件的自重。

悬挑梁锚固在外纵墙中，如图 2.26 所示，雨篷梁上的墙体自重和墙传来的上面楼层竖向压力，就是悬挑雨篷的抗倾覆力。雨篷板上的荷载除在雨篷板内产生弯矩和剪力，使雨篷梁产生扭矩外，还可能导致整个雨篷绕雨篷梁底的外缘发生转动，造成倾覆破坏。因而，雨篷除进行各构件的计算外，还要考虑结构整体的刚体失稳的问题，进行雨篷结构整体抗倾覆验算。

**【例】** 阳台不正常使用。任意拆除压重墙而减小了抗倾覆力，或超载使用而增加了倾覆力，都有可能造成雨篷倾翻。

悬挑梁锚固在内横墙中，如图 2.27，挑梁的自重、锚固端梁上的内横墙及楼板自重以及楼板传来的荷载，均作为悬挑梁的抗倾覆力。

挑梁埋入砌体长度与挑出长度的比值宜大于 1.2，当挑梁上无砌体时，比值宜大于 2。例如：如果一般标准层，挑梁埋入端上面层高满墙或板重压，梁埋入墙里 1.5 倍挑长；要是屋面的挑梁，埋入端上面没多少墙或半层高墙压（就是说抗倾覆荷载不大），就加大到 2 倍挑长；如果挑埋入端没多少抗倾覆荷载，就还要继续加长埋端。

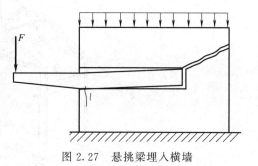

图 2.27 悬挑梁埋入横墙

**【例】** 房屋使用过程中，作为压重的内横墙被局部拆除、开门洞等，都使得悬挑梁的抗倾覆力减弱，造成挑梁的倾覆破坏。

**（2）结构的连续性**

悬挑板与室内楼板浇筑成连续板，挑梁为连续梁两端悬挑部分。这类悬挑结构是利用连续板（梁）在支座处产生的反向弯矩抗弯能力，抵抗悬臂板（梁）的在支座处的倾覆力矩，如图 2.28。

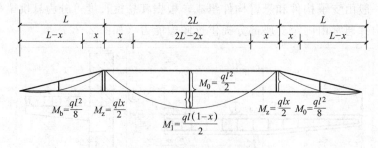

图 2.28 单跨简支梁两端悬挑

**（3）抗扭梁**

雨篷梁承受的荷载包括：雨篷梁及其抹灰层等自重、梁上砌体自重等竖向荷载，以及由雨篷板传来的荷载。如果梁上的砌体墙还承受由楼板传来的荷载，而且楼盖至雨篷顶的距离小于下部门窗洞口的宽度时，还要考虑由楼板传来的荷载。

　　雨篷梁下部为门窗洞口时，在雨篷影响下梁扭转，形成抗扭梁，见图2.29。梁两端伸入砌体形成梁的抗扭支座，伸入砌体的长度应由雨篷的抗倾覆要求来定。梁构件产生扭转力矩，必须配置抗扭钢筋。根据受扭钢筋的最小配筋率、箍筋的构造要求和构建截面尺寸的要求综合确定抗扭钢筋怎么配，配多少。

　　【释】扭转。扭转变形是指相邻截面相向转动的变形，见图2.30。如拧毛巾时左手向外、右手向内给毛巾施加了扭矩，毛巾发生扭转变形。

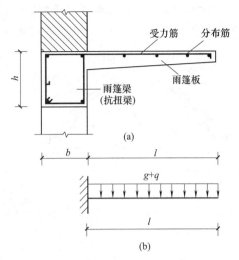

图2.29　雨篷及雨篷梁内力及配筋示意

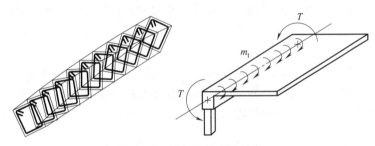

图2.30　构件扭转变形示意

　　由于受扭梁截面主应力迹线沿截面四周分布，截面中心至边缘逐渐增大，如图2.31。在梁截面四角必须设置受扭纵向受力钢筋，截面四周边缘区域纵向钢筋沿截面周边均匀对称配置。

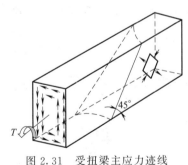

图2.31　受扭梁主应力迹线
分布及空间曲面破坏面

　　【例】某单层厂房天沟挑檐局部倒塌。挑檐既无足够的抗倾覆所需的平衡重，又未将天沟挑檐与屋架等构件可靠地连接。倒塌后验算抗倾覆安全系数仅为0.48。

### 7. 简单拱结构处理不当问题

#### （1）拱的受力特点

　　拱是一种曲线形式的杆件（见图2.32），其受力特点有：

　　① 在竖向荷载作用下，支座处存在水平推力；

　　② 各截面弯矩值小于相应简支梁同荷载作用下相应截面的弯矩值，与相应简支梁相比，用料省、自重轻、能跨越较大的距离；

　　③ 各截面以轴压力为主，适于使用抗压性能好的材料制作，但支座反力较大。

　　【例】赵州桥。隋大业初年（公元605年左右）为李春所创建（见图2.33），是一座空腹式的圆弧形石拱桥，净跨37m、宽9m、拱矢高度7.23m。拱圈两肩各设有两个跨度不等的腹拱，这样既能减轻桥身自重、节省材料，又便于排洪、增加美观。像这样的敞肩拱桥，欧洲到19世纪中期才出现，比我国晚了一千二百多年。赵州桥建成已距今1400多年，经历了 10 次水灾，8 次战乱和多次地震。特别是 1966 年 3 月 8 日邢台发生 7.6 级地震，赵州桥距离震中只有四十多公里，都没有被破坏。

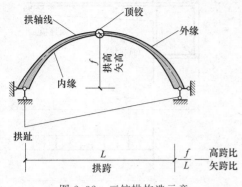

图 2.32　三铰拱构造示意

图 2.33　赵州桥

赵州桥的主孔净跨度为 37.02m，而拱高只有 7.23m，拱高和跨度之比为 1∶5 左右，这样就实现了低桥面和大跨度的双重目的，桥面过渡平稳，车辆行人非常方便，而且还具有用料省、施工方便等优点。当然圆弧形拱对两端桥基的推力相应增大，需要对桥基的施工提出更高的要求。

**（2）合理拱轴**

拱轴线，指拱各横截面上合力作用点的连线。拱轴线上的竖向坐标与相同跨度相同荷载作用下的简支梁的弯矩值成比例，即可使拱圈的截面内只受轴力而没有弯矩，满足这一条件的拱轴线称为合理拱轴线。合理的拱圈形式应当是压力线接近拱轴线，使拱截面的压应力分布趋于均匀。

**【释】**　拱的压力线。指拱的各个横截面全部是受压时的合力作用线（轴线），见图 2.34。这根线很有意义，只有当拱桥按照这根线布置时，拱的各个断面才是受压的。我们知道石头、混凝土这些材料承受压力的能力很高，若承受的是拉力就很容易断裂。所以设计拱时，拱应尽量按这根压力线布置。若拱超出这根线（向上或向下超出），拱的受力就不全是压力，有些断面就是拉力，这样拱就容易垮。

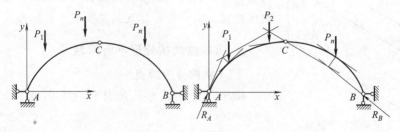

图 2.34　三铰拱压力线

**【讨论】**　合理拱轴线的选取。在固定荷载作用下使拱处于无弯矩状态的轴线，称为该荷载的合理拱轴线（理想拱），其拱轴与压力线重合，截面弯矩为零，全断面受压，可以发挥材料高抗压强度的特点。

拱受到恒载、活载、温度变化和材料收缩等作用，当恒载压力线与拱轴线吻合时，在活载及其他荷载作用下其压力线与拱轴线就不再吻合了，产生偏心，使弯矩不为零（见图2.32）。如果偏心较大会对整个拱圈及拱肋的受力不利。故在选择拱轴线时要尽量减小弯矩和拉应力，使截面在附加内力影响下各主要截面的应力相差不大，最好是不出现拉应力；并使拱轴线相对于各种荷载的压力线的偏心不大，拱顶与拱脚的偏心大致相等，从而使实际的拱轴线与合理拱轴线较接近。

【例】 包兰线东岗镇黄河桥（见图2.35）为3孔53m上承式钢筋混凝土肋拱桥，全长221.9m，设计载重中-26级，按地震烈度8度设防。该桥拱轴采用恒载压力线。拱肋为两片工字形截面，拱上结构由刚架与桥面板组成。

二滩水电站大坝为混凝土双曲拱坝（见图2.36），最大坝高240米，为使坝体应力分布均匀，坝肩推力更偏向山体，有利于坝身稳定，水平拱圈为二次抛物线，拱冠梁的上游面

图2.35 包兰线东岗镇黄河桥

为三次多项式曲线。坝顶高程1205m，顶部厚度11m，拱冠梁底部厚度55.74m，拱端最大厚度58.51m，厚度比0.232，拱圈最大中心角91.49°，上游面最大倒悬度0.18。坝顶弧长775m。坝体混凝土量400万立方米。

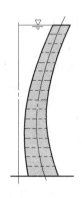

图2.36 二滩水电站混凝土双曲拱坝

图2.37 拱支座处的反力

**（3）拱脚处支座受力特点**

拱受到作用后，在支座处产生水平推力（见图2.37）。推力的大小与拱的矢跨比成反比。一般筒拱在均布荷载下，其水平推力，当矢跨比为1/4时，等于垂直力；当矢跨比为1/8时，是垂直力的两倍。

为了抵抗这种造成支座破坏的水平推力，除了用地基基础直接承受外，必须设置可靠的抗推结构。这种抗推结构在建筑结构中主要有拉杆自平衡、钢筋混凝土端跨圈梁、现浇平板和抗推端墙、扶壁等。

【例】 拉杆自平衡（见图2.38）。水平拉杆所承受的拉力等于拱的推力，两端自相平衡，与外界之间没有水平向的相互作用力，此时支座只承受拱传来的竖向压力。

【例】 通过刚性水平结构传递给总拉杆（图2.39）。由设置在两端山墙内的总拉杆来平衡。水平板（天沟板、副跨屋盖）可看成是一根水平放置的深梁，该梁以设置在两端山墙内

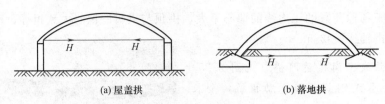

(a) 屋盖拱　　　　　　(b) 落地拱

图 2.38　用于屋盖拱和落地拱的拉杆

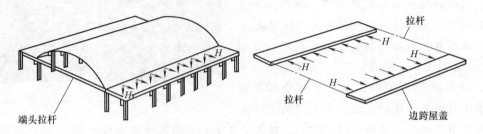

拉杆

端头拉杆　　　　　　　　拉杆　　　　边跨屋盖

图 2.39　拱支座推力通过水平板传递给端头拉杆

的拉杆为支座承受拱脚水平推力。立柱不承受水平推力，室内没有拉杆可充分利用空间。

【例】　哥特式建筑的飞扶壁（如图 2.40）。扶壁顾名思义，就是扶持墙壁的意思，在外墙上附加的墙或其他结构。把原本实心的、被屋顶遮盖起来的扶壁，都露在外面，称为飞扶壁。飞扶壁把斜撑格构化，起支撑（为了平衡拱圈对外墙的推力）、装饰作用。

图 2.40　哥特式教堂肋架圈、墩、柱、飞圈示意

【例】　某水果仓库，拉杆被破坏。该工程采用的是拱屋面的标准设计，施工队伍不懂得拱下弦杆拉筋是抵抗拱脚处水平推力用的，施工中将拉筋去掉，造成结构倒塌。

## 三、结构计算问题导致工程事故

### 1. 计算简图

将实际结构进行简化的过程，称为力学建模；简化后可以用于分析计算的模型，称为结构计算简图。计算简图的确定，是力学计算的基础，是专业知识与实践经验紧密结合的过程，极为重要。结构计算简图是对建筑物力学本质的描述，是从力学的角度对建筑物的抽象和简化。

【释】　结构简化（如图2.41）。结构从结构体系、材料、支座、荷载四个方面进行简化。包括三个环节：荷载的抽象和简化；约束的抽象和简化；结构构件的抽象和简化。

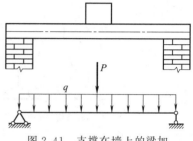

#### （1）确定计算简图的原则

计算简图应能反映实际结构的主要受力和变形性能，保证设计上需要的足够精度；简图考虑主要因素、忽略次要因素，使计算尽可能的简单；保留了真实结构的主要特点，是真实结构的代表，能够给出满足精度的分析结果。

图 2.41　支撑在墙上的梁加载一个重物的简化结果

结构力学简化，通常需要将工程结构简化为杆系。简化过程中，结构计算简图一般要参照前人经验慎重选取，对新型结构要经过试验和理论分析，存本去末，才能确定。

【例】　空间结构简化为平面结构。一般说来，结构都是空间结构，但多数情况下，常略去一些次要空间约束，将实际结构简化为平面结构，使计算变得方便且合理。

#### （2）支座简化

图 2.42　铰支座

支座（如图2.42），指用以支承构件或设备的重量，并使其固定于一定位置的支承部件。

简化原则：支承体的刚度远大于被支承体的刚度，则应将支座视为刚性支座，不考虑支座本身变形。如果支承体的刚度与被支承体的刚度相近，则应将支座视为弹性支座，考虑支座本身变形。简化后的支座常见的有：固定支座（如图2.43）、固定铰支座（如图2.44）、滑移支座（如图2.45）、单向铰支座（链杆）（如图2.46）。

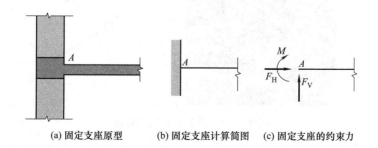

(a)固定支座原型　　(b)固定支座计算简图　　(c)固定支座的约束力

图 2.43　固定支座的简化和约束

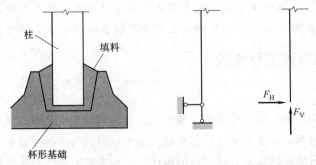

(a) 铰支座原型　　　(b) 铰支座计算简图　　(c) 铰支座的约束力

图 2.44　铰支座的简化和约束

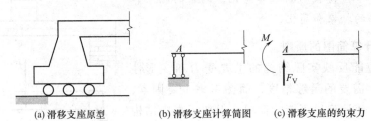

(a) 滑移支座原型　　(b) 滑移支座计算简图　　(c) 滑移支座的约束力

图 2.45　滑移支座的简化和约束

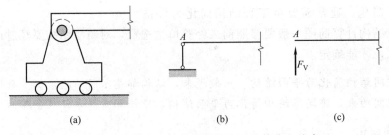

(a)　　　　　　　　(b)　　　　　　　　(c)

图 2.46　滚轴支座（单向铰支座）的简化和约束

【例】　木屋架结点（如图 2.47），从受力角度可以将各木料看做杆件，各杆件会交于一点，联结处转动比较弱，可以认为此点不能产生移动但可以有相对转动，简化成光滑铰结点。

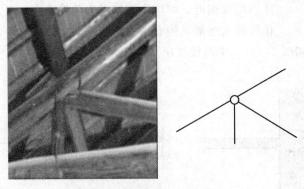

图 2.47　木屋架上弦结点简化

【例】　某机构支座下面有个轮子，可以沿水平方向滚动，并且还可以绕轴转动（如图 2.48）。可以简化成单链杆的单向铰支座。

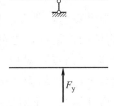

图 2.48　某机构支座简化

【讨论】　杯形基础与预制柱连接，基础作为柱的支座，如果杯口与柱的间隙内填入的是细石混凝土嵌固物，支座简化为固定支座（如图 2.49）；如果填入的是沥青麻丝填充物，支座则简化为固定铰支座（如图 2.50）。

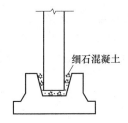

图 2.49　杯形基础简化为固定支座

图 2.50　杯形基础简化为固定铰支座

【例】　某工程设计时柱插入基础杯口的设计构造为仅在杯底用细石混凝土浇筑，杯口与柱间的其余空隙均用沥青麻丝填塞，形成柱与基础的连接为铰接。但在施工时，刚架柱与杯口全用混凝土浇筑密实，形成了刚接。结果当屋盖构件等全部安装完毕后，发现刚架柱下部产生了一些横向裂缝。

**（3）构件简化**

1）结点简化

结构中构件的交点称为结点。结构计算简图中的结点有铰结点（如图 2.51）、刚结点（如图 2.52）、组合结点（如图 2.53）三种。

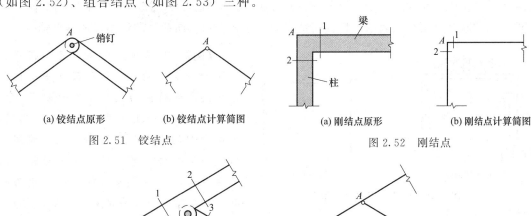

图 2.51　铰结点　　　　　　　　　　　　　　　　图 2.52　刚结点

图 2.53　组合结点

【释】 "结点"、"节点"的区别。

"结点"是一个力学概念，是在结构的简化力学模型上根据分析需要所设置的特征点或计算点，它可以是构件的连接点，也可以是构件的支承点、末端点或者人为的网格划分点、自由度布置点等；此时"结点"对应于英文中的"node"或"nodal point"。结构计算简图中的杆件连接点一般也可直接称为"结点"，此时对应于"joint"。

"节点"是一个物理概念，是对实际结构中一个"节段"与另一个"节段"的物理连接区的统称，如混凝土结构中的梁柱节点、钢结构中的焊接节点等。节点有其具体形状或功能，需要连接构造或节点详图。"节点"在英文中一般用"joint"或直接用"connection"表述。

结构分析中，在简化的计算模型上与物理"节点"对应的部位一般都要布置"结点"，或者说"节点"在计算简图中是一种自然的"结点"，故两者的使用范围存在较大重叠。

【例】 实际结构中的结点，具体情况具体分析。如预应力屋架搁置在预制柱顶时，要将屋架端部预埋件与柱顶预埋钢板进行现场焊接，这两个构件之间的连接，应简化为铰结点（如图 2.54）。而钢筋混凝土框架的梁柱连接处，混凝土现浇成整体，则应简化为刚结点（如图 2.55）。

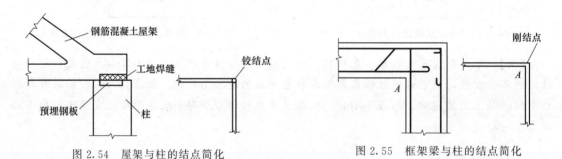

图 2.54　屋架与柱的结点简化　　　　图 2.55　框架梁与柱的结点简化

2）构件的简化

构件的截面宽度或厚度通常比其长度要小得多，在求截面内力时，其实与截面形状和尺寸并无关系。既然如此，在计算简图中，构件则可用其轴线来代替，并把构件统称为杆件。杆件之间的联结需用结点表示，杆长用结点间的距离表示，而荷载的作用点也移至轴线上。

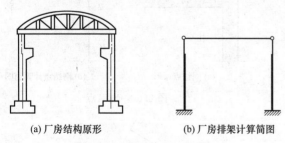

(a) 厂房结构原形　　(b) 厂房排架计算简图

图 2.56　排架结构简化结果

【例】 厂房中的屋架在竖向荷载作用下为一受弯构件，但屋架在平面内刚度极大，故简化为刚度无穷大水平杆件替代；牛腿柱的上下两段截面尺寸不同，截面形心的连线不是一条直线，故用粗细不一的杆件代替。根据屋架与柱结点构造情况，一般屋架与柱联结可视为铰接，故该结构简化为排架（如图 2.56）。

3）材料性质的简化

一般均可将这些材料假定为均匀、连续、各向同性、完全弹性或弹塑性体。此时材料的物理力学参数为常量。

【讨论】 金属材料在一定受力范围内，这种简化是适合的。对其他材料简化只能是近似的，特别是木材的顺纹与横纹方向的物理力学性质是不同的，这种简化具有比较大的不足。

4）荷载的简化

当荷载作用区域与结构本身的区域相比很小时，可简化为集中荷载。当荷载作用区域与结构本身的区域相比较大时，可简化为分布荷载。

**（4）简图与受力不符问题**

如果计算简图与实际结构不符，施工时或使用后，结构的实际受力状态与设计严重脱节等，都会带来很严重的质量隐患甚至形成事故。

① 大梁搁置在砖墙上。此时梁端把荷载集中传递到梁与砌体的接触上，砌体局部受压承载力可能不足，造成梁底砖块被压坏。因此应增大压力传递面积，以分散过大的压力。工程中通常可以采取增加墙垛、增设预制混凝土垫块（梁垫，如图 2.57）等措施。

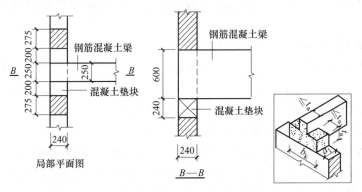

图 2.57　梁端设置混凝土垫块

**【梁垫】**　由于梁端下砌体产生局部受压破坏（图 2.58），设计者考虑做大梁的梁垫，通过垫块的应力扩散作用，放大砌块支座受压面积，从而使垫块下面的砌体所受压应力减小避免受压破坏。

**【例】**　设计者考虑到垫块与梁端分离，使用时梁受力后梁头可以有少许转动能力，故设计梁时采用计算简图中梁端支座为铰支座，梁端无弯矩存在。施工方如果不能充

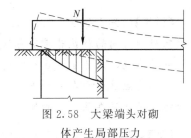

图 2.58　大梁端头对砌体产生局部压力

分理解和执行设计方的意图，将垫块与梁浇筑成一体，由于梁垫尺寸较大在墙中嵌固较实，接近固定支座，约束了梁头的转动。后果是要么梁垫与梁头一同转动，使得周围墙体开裂；要么阻碍了梁头转动，造成梁端部产生负弯矩，引起梁开裂（设计时梁端并没有设置受力负钢筋）。

**【讨论】**　次梁支承在主梁上，次梁的支座可简化成什么？由于次梁受力后梁端转动，主梁虽然与次梁现浇为一体，但较长的主梁可能随次梁的转动而扭转，并不能完全约束这种转动，所以一般简化为铰支座。次梁按简支梁计算，主梁把次梁看做一个集中荷载，可不考虑扭转影响。

② 预制牛腿柱吊装。

**【例】**　正常吊装时吊点设在牛腿下方 A 处（如图 2.59），施工时吊点却设在牛腿上方 B 处。作业时吊点上移至柱顶 C 处，造成上柱根部产生宽达 5mm 的裂缝，受压区混凝土被压碎。

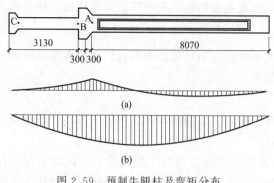

图 2.59 预制牛腿柱及弯矩分布

由于吊点位置不同，起吊时柱子作为受弯构件所形成的弯矩分布也不同。吊点在牛腿处起吊时，柱成为左端悬挑的单跨简支梁，弯矩分布如图 2.59（a）所示，牛腿 A、B 处有较大的负弯矩（柱设计时考虑的受力状态），但 B 处柱截面突然减小不利于施工及柱的安全；吊点在柱 C 处起吊时，柱则是一个单跨简支梁，弯矩分布如图 2.59（b）所示，整个柱身均承受正弯矩，设计者布置的柱身中纵向受力筋不能满足这种内力的要求，一旦柱身起吊脱离地面，柱截面受拉后必然产生裂缝，直至断裂。

③ 埋入地下的连系梁。其主要作用如下。

a. 仅为加强基础的整体性。调节各基础间的不均匀沉降，消除或减轻框架结构对沉降的敏感性。

b. 用拉梁平衡柱底弯矩，连系梁应设置在基础顶面。

c. 承托首层墙体作为首层墙体或其他竖向荷载的"基础"。

d. 基础埋置很深时，由于底层柱柱高为底层楼层高加基础顶面埋深，所以该柱会比较长长细比过大，受偏心压力后有失稳可能。所以在 ±0.000 下 50mm 设连系梁，给柱中部增加侧向约束，以降低底层柱的计算高度（会造成梁至基础顶面之间的柱成为短柱，那可以设基础短柱把基础顶面抬高至梁底面，或加大柱截面、箍筋加密防止柱产生脆性破坏）。

【讨论】 关于短柱。"若基础埋深较浅时，基础梁设在某个靠近正负零的标高处，基础梁到基础顶之间的柱就非常有可能是短柱甚至超短柱了。"这种说法有不同看法：所谓要避免短柱的出现，是为了防止地震时短柱吸收过大的地震力，并发生脆性破坏。而基础梁到基础顶之间的短柱由于在地面下所以并不受地震力的直接影响，这样做也没什么问题。但优先选择把基础梁设在基础顶面处。

【例】 如果连系梁起到承托首层墙体作为首层墙体或其他竖向荷载的"基础"作用时，梁可以考虑为仅承受自重和底层墙体总重并且将之传给两边基础的两边铰支（或者有时可以考虑是弹性支座）的单跨梁（即在两边基础内钢筋不连续而是达到锚固长度），它的计算同一般的上部结构两边铰支梁；然而，连系梁在实际施工及使用中，由于其基底下层土为老土或者施工中形成的压实土层，而且在协调变形的过程中会承受一定的两边基础的变形差异带来的影响，所以有土反力作用到梁底面形成反梁，如果设计时考虑不周，会造成梁的反向受弯断裂。

【讨论】 解决反梁破坏的思路。保守地说，连系梁计算应考虑上下部均配置受力钢筋以应付两种可能性的发生，一般可以使上下部钢筋配置一致。或者在梁底面与下面竖实地基之间，先素土夯实，再铺炉渣 300mm 厚（利用本层材料变形能力来吸收梁下沉带来的地基土反力），梁底留 100 高空隙（如果梁是现浇的，则因底模模板的需要而不能留空）。

## 2. 荷载

荷载，是使结构或构件产生内力和变形的外力及其他因素。或习惯上指施加在工程结构上使工程结构或构件产生效应的各种直接作用（见图2.60）。

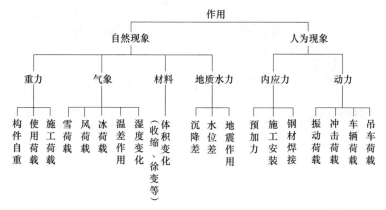

图2.60　建筑结构上的常见作用（荷载）

【讨论】　荷载与作用的区别。荷载就是实际存在的直接施加在结构上的例如力等物理效应；作用指的是可以像温差、沉降、地震由于这些外界因素的间接产生，对结构产生内力、应力。

作用可以有很多种，力只是各种作用中的一种。作用还与结构本身有关，例如地震作用的大小还与结构基本周期相关。

【例】　不能把地震作用称为地震荷载。在地震时，结构产生的水平内力是由于结构的惯性和刚度引起的，不是由于外力的作用产生的，所以只能称为地震作用。设计时，把地震作用当成一种水平力加在结构上，但是这个水平力是人为加上去的，实际地震时是没有这个水平力的，而只有结构的内力。

**（1）结构荷载**

作用在建筑结构上的荷载，通常可按随时间的变异（永久荷载、可变荷载、偶然荷载）、结构反应（静态荷载、动态荷载）、荷载作用面大小（集中荷载、荷载、面荷载）、荷载作用的方向（竖直荷载、水平荷载）分类。

① 永久荷载（习惯称恒荷载）、可变荷载（习惯称活荷载）形成。建筑工程中最常见的这两个荷载，构成和计算有一定的规律性，如图2.61、图2.62。

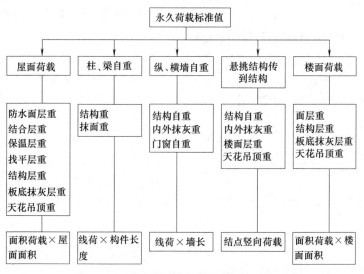

图2.61　永久荷载的构成和计算

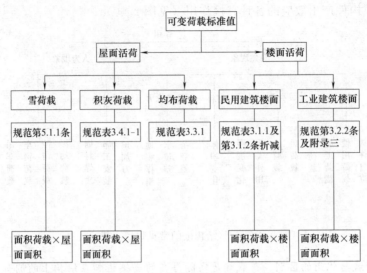

图 2.62 可变荷载的构成和计算
(图中所说规范，指《建筑结构荷载规范》GB 50009—2012)

② 荷载组合。

考虑荷载出现概率、多种荷载对结构影响结果不同，如果将它们同时作用在结构上，虽然可能是偏于安全的，但这种情况相当罕见，设计结果会不够经济合理。所以设计时应根据各种荷载同时出现的概率，把它们合理地组合成不同的设计情况，然后进行安全核算，以妥善解决安全和经济的矛盾。

**（2）荷载布置**

不变荷载通常在结构使用期间大小、方向、作用位置等均不发生改变，不必考虑变化布置位置问题。但是可变荷载随着荷载条件的变化，加载布置位置、布置方法对连续结构内力和变形影响大。

活荷载在连续结构中通常的布置方式有：均布满跨、隔跨、棋盘式等。

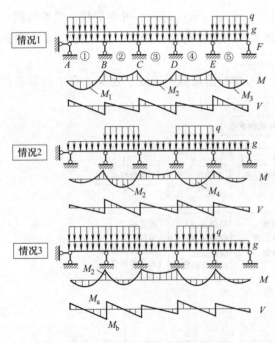

图 2.63 连续梁活荷载布置

【讨论】 连续梁活荷载布置方法。例如：①求 CD 跨跨内最大正弯矩时，应在本跨布置，然后隔跨布置（如图 2.63 中情况1）；②求 CD 跨跨内最小正弯矩（或最大负弯矩）时，本跨不布置，而在其左右邻跨布置，然后隔跨布置（如图 2.63 中情况2）；③求 B 支座最大负弯矩时，应在该支座左右两跨布置，然后隔跨布置（如图 2.63 中情况3）；④求某支座左、右最大剪力时，活荷载布置方式与③相同。

**3. 加载**

除了在设计过程中考虑荷载合理布置，荷载的取值、实际加载等如果与设计有出入，均会造成工程事故。

**（1）施工材料堆放**

在施工过程中，常见的加载超载情况有楼板上堆放过厚材料、脚手板上堆放材料过多等。

**【例】** 某办公楼工程的六层现浇楼面堆放混合砂浆厚达1.1m。如果取砂浆容重18kN/m³，这堆砂浆对楼板的荷载有近20kN/m²。而楼板活荷载标准值为2kN/m²，局部楼面荷载超出10倍，并且加载时楼板浇筑完成施工不久，混凝土强度尚未完全形成。造成楼板垮塌，五层到二层的楼板全部被砸断。

**（2）施工改变设计内容**

荷载的大小和分布，在设计过程中已经明确确定，并据此进行了结构受力分析处理。如果施工过程中部严格按设计确定的尺寸、材料进行制作，将使得做成的结构构件构造的自重超出构件的承载力，造成构件破坏甚至倒塌。

**【例】** 某工程双肢轻型钢屋架，上面铺27cm厚的灰泥和黏土瓦，屋架线荷重达12kN/m；后为利于排水建设方自行加大坡度，在屋面上增铺22cm厚泥灰，使线荷载达20kN/m，最终造成屋架超载在施工中倒塌。

再有某工程厂房屋盖保温层原设计为4cm厚泡沫混凝土，后改为10cm炉渣白灰，铺设保温层时适逢下雨，雨水渗入炉渣白灰层后增加了重量，倒塌时的荷载已是设计荷载的193%。

**（3）施工加载顺序**

有些结构在施工时没有考虑正确的施工顺序，盲目施工造成结构加载不对称，虽然加载不大，但仍然使得结构产生过大扭转或位移，形成事故。

**【例】** 钢屋架，由于单坡铺板，造成屋架失稳塌落。正确的屋面板安装顺序应是双坡对称铺设，铺板顺序见图2.64中的板序号35~42，以使屋架受力均匀。

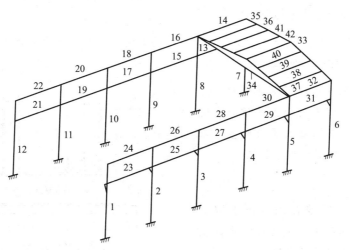

图2.64 单层厂房构件安装顺序

**（4）施工荷载位置**

在施工或使用过程中，由于对建筑结构受力特点不清楚，不能正确对构件加载，造成各种结构构件损坏甚至倒塌事故。

**【例】** 某工程30m跨钢屋架，施工作业过程中在安装行车时，将起重滑轮挂在屋架下弦杆上（如图2.65），把屋架弦杆拉弯，造成屋架倒塌。

轻钢屋架结构模型是简单平面桁架（如图2.66），其下弦杆为受拉杆，在杆中部施加与杆轴线正交方向的外荷载将使得杆件受弯，此杆不能承受。

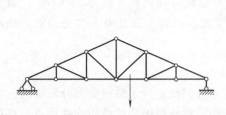

图2.65 三角桁架式屋架下弦杆施加横向力

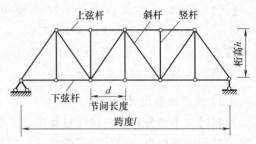

图2.66 平面桁架各种杆件

【释】 简单平面桁架是指在一个基本三角框架上每增加两个杆件的同时增加一个节点而形成的桁架。它始终保持其坚固性，且在这种桁架中除去任何一个杆件都会使桁架失去稳固性。在计算载荷作用下平面桁架各杆件的所受力时，为简化计算，工程上一般规定：①各杆件都是直杆，并用光滑铰链连接；②杆件所受的外载荷都作用在各节点上，各力作用线都在桁架平面内；③各杆件的自重忽略不计。在这些假设下，荷载只在结点处作用，各杆不受横向力，每一杆件都是二力构件，故所受力都沿其轴线，或为拉力，或为压力（见图2.67）。

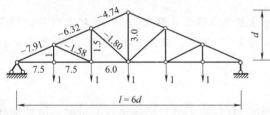

图2.67 桁架受结点力作用后各杆内力示意
（图中负号表示该杆受压力）

### （5）挡土墙后地下水

地下室外墙设计中，墙体所受荷载来自于上部结构传下来的垂直压力、弯矩、水平剪力外，还要承受墙外土体传来的侧向压力。

【释】 土体侧向压力，产生于土体自重形成的侧向力，如果土中有地下水，地下水还会产生侧向水压力，它们的侧压力分布见图2.68。

【例】 某工程设计地下室外墙时，只考虑了土侧压力，没考虑地下水压力，造成墙承载力不足。在墙外土压力和水压力的共同作用下，墙体形成水平裂缝。

### 4. 屋面找坡

屋面排水设计需要在确定排水坡度（见表2.4）后，选择坡度的形成方法，主要有材料找坡和结构找坡两种。

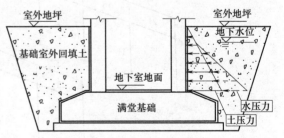

图2.68 地下室外墙外表面的土压力和水压力分布示意

表2.4 屋面最小坡度

| 屋面防水材料 | 最小坡度（H：L） | 屋面防水材料 | 最小坡度（H：L） |
|---|---|---|---|
| 卷材防水、刚性防水 | 1：50 | 波形石棉瓦 | 1：3 |
| 水泥瓦、黏土瓦无望板基层 | 1：2 | 波形金属瓦 | 1：4 |
| 水泥瓦、黏土瓦有望板及油毡基层 | 1：2.5 | 压形钢板 | 1：7 |

**（1）找坡方法**

① 结构找坡：直接利用屋顶结构板找坡，坡度≥3%。常用屋面梁顶面按排水坡度要求做成纵向斜面（见图2.69），形成坡度。

② 构造找坡：用轻质材料找坡，又称材料找坡、垫置坡度或填坡（见图2.70）。常用的找坡材料有水泥炉渣、石灰炉渣等；材料找坡坡度宜为2%左右，找坡材料最薄处一般应不小于30mm厚。

图2.69 屋面结构找坡示意

图2.70 屋面构造找坡示意

**（2）构造找坡重量**

屋面排水坡长过长，会使构造找坡的材料厚度过大。构造找坡用保温层兼做找坡时，考虑到保温需要，找坡层的计算厚度将会很大。

**【例】** 比如屋面坡长10m，按2%坡度考虑，找坡用保温层最薄处为30mm时，最厚处要达到10000mm×2%＋30mm＝230mm，给屋面板带来较大负担。并且此时图纸上标注保温层厚80mm，指最薄处厚度，那么加上找坡厚度后，最厚处为10000mm×2%＋80mm＝280mm。设计计算屋面荷载时，如果仅按照图纸标注的保温层厚度计算屋面恒荷载值，会比实际荷载要小很多，使得设计出的屋面板承载力不足。所以在计算屋面荷载时要用保温层加找坡层的厚度的平均值。

**5.旧建筑加层**

指在一般旧的刚性砖混结构（上下部均为砖混结构）上面新增加整层楼层。在对地基基础及墙体强度进行复核验算并满足抗震设防要求后，可采用普通黏土砖或砌块、轻质高强材料（如泰柏板等）来加砌新的上部墙体。当个别墙段或基础强度不足时，可先进行局部加固处理。增层的承重体系可在原承重墙体上加层，也可采用与体系相反的承重体系，即原房屋为横墙承重体系，增层部分为纵墙承重体系；原房屋为纵墙承重体系，增层为横墙承重体系。

**（1）既有建筑加层改造的优点**

考虑采用房屋加层的方式，与新建工程相比，它有很多有利的一面：

① 通过采用加层的改建的方式，不仅能够扩大建筑的使用面积，还能够缓解当前用房不足的矛盾。

② 通过进行调整和设计，可以使房屋焕然一新，改善市容。

③ 可以利用原有的基础和材料，降低工程造价成本。

④ 达到节约土地的目的，提供土地利用率，同时减少住户搬迁和安置的费用。

⑤ 减少场地挖掘，减少建筑材料堆放，减少运输和处理。

⑥ 通过增加圈梁、构造柱、内外柱等加固措施，提高建筑的抗震能力和受力情况，延长了建筑的使用年限。

⑦ 在原有建筑进行加层改建，不停止原建筑的使用（仅停止局部使用），不耽误生

产、教学和工作。

⑧ 可以充分利用由于既有建筑物长期荷载作用下，地基承载力的增长值，以及在既有建筑物设计时地基的安全储备，或者由于地下水位下降导致地基承载力提高的有利条件，可以在地基不需处理或略加处理条件下直接进行加层改建工程最为经济。

【讨论】 原有屋面一般设有保温和防水层，部分屋面还有挑檐或女儿墙。在加层施工前，这些东西都应拆除；原有的雨水斗可保留使用。拆除保温层应避免在雨天进行，否则去掉防水层的保温层会大量吸水，给屋面增加很大荷载。

**（2）加层对原有结构的影响**

① 加层增加的全部重量，最后都要传到基础上，原地基基础能否承受。

② 墙柱不仅要承受直接加在其上的上层墙、柱重量，还要承担大梁、楼板传来的荷载。

③ 加层后，屋面大梁变成楼面大梁，不仅增加楼面荷重，大多数情况还要增加新加横墙和纵墙的重量；原屋面板也变成了楼板，其所受荷载也将大大增加。

【讨论】 有的屋面梁是凸出屋面的反梁，有的屋面是结构找坡。这些不平的屋面为加层改造成楼面带来麻烦。设计者可征得建设单位同意，将楼面设计为木地板；或采用水泥砂浆找平后再做面层，此时应考虑水泥砂浆所增加的楼面荷载。在卫生间、盥洗室位置，预制屋面板应去掉，换成现浇板。

**（3）原有建筑物的承载力验算**

在增层改造过程中，需对原有建筑物的承载力进行有关验算，确保增层后新加荷载不超过承载能力。一般需验算的内容有：

① 地基承载力验算；

② 基础抗冲切验算；

③ 对砖混结构，要进行承重墙承载力验算；

④ 对框架结构，要进行框架承载力验算；

⑤ 原屋面板改用作楼面板之后，要进行板在楼面荷载下承载力验算；

⑥ 需要接楼梯的部位，楼梯梁的承载力验算。

【例】 某工程原是一幢底层为砖混结构汽车库，二层为临时活动房的建筑。后建设单位决定将活动房拆除，加建一层宿舍。当加层建筑施工到浇灌屋面混凝土时，发现底层砖柱裂缝掉灰，当即撤离现场，3分钟后两层楼房全部倒塌。主要原因是加层建筑没有核算底层砖柱的承载能力，事故后核算砖柱的实际荷载是其承载能力的2.95倍。

**（4）承载力不足的加固措施**

若发现承载力不足，应采取相应加固措施：

① 地基承载力不足，对条形基础，可加大基础截面；对桩基础，可适当补桩；

② 基础抗冲击不足，可增加基础高度；

③ 承重墙承载力不足，可用单面或双面钢筋网加固；

④ 框架承载力不足，可采用增大截面的方法，或采用粘钢（对梁）、碳纤维加固（对柱）；

⑤ 屋面板加固可采用粘钢的方法。

【例】 某制衣综合楼为五层框架结构，竣工后不断进行改建加层。先是将二层以上改为内框架结构；12年后未经有关部门批准加建一层；之后第4年底未经报批在改建三楼时又拆除窗户和窗下墙体。由于原房屋结构的安全系数本就偏低，在使用过程中又擅自加层，改变了结构的受力性能，在装修中又局部破坏原结构，在改建2年后房屋内结构局部倒塌。

### 6. 构件稳定性

构件应具有保持原有平衡状态的能力，在荷载作用下不至于突然丧失稳定。

受压构件纵向失稳，指当轴向压力达到临界荷载时，任何微小的侧向干扰力都足以引起压杆无限大的挠度，从而使压杆丧失承载能力。

#### （1）压杆直线平衡

压力与杆件轴线重合，当压力逐渐增加，但小于某一极限值时，杆件一直保持直线形状的平衡，即使用微小的侧向干扰力使其暂时发生轻微弯曲［如图2.71（a）］，干扰力解除后，它仍将恢复直线［如图2.71（b）］。

#### （2）压杆曲线平衡

当压力逐渐增加到某一极限值时，压杆的直线平衡变为不稳定，将转变为曲线形状的平衡。这时如再用微小的侧向干扰力使其发生轻微弯曲，干扰力解除后，它将保持曲线形状的平衡［如图2.71（c）］，不能恢复原有的直线形状。

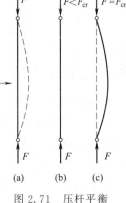

图2.71　压杆平衡

【释】　临界压力，上述压力的极限值称为临界压力或临界力，记为$F_{cr}$。细长杆临界力的欧拉公式为：

$$F_{cr} = \frac{\pi^2 EI}{(\mu L)^2} \tag{2.1}$$

式中　$E$——材料的弹性模量；

$I$——压杆失稳而弯曲时，横截面对中性轴的惯性矩；

$L$——压杆长度；

$\mu$——长度系数。

#### （3）稳定失效

稳定失效：构件在某种外力作用下，平衡形式发生突然转变。杆件失稳后，压力的微小增加将引起弯曲变形的显著增大，杆件已丧失了承载能力。材料力学中主要是指细长受压杆件（长细比过大）弯曲变形而使结构丧失工作能力，并非因强度不够，而是由于压杆不能保持原有直线平衡状态所致。

【释】　长细比，指杆件的计算长度与杆件截面的回转半径之比。长细比是评价构件刚度性能的指标，就像一根杆件长细比越大则越趋于细长，越小越是短、粗、胖，也就越不易发生屈曲和变形。长细比越大的构件越容易失稳。

计算长度，指构件在其有效约束点间的几何长度乘以考虑杆端变形情况和所受荷载情况的系数而得的等效长度。计算长度等于压杆失稳时两个相邻反弯点间的距离（见表2.5）。平面内计算长度与杆件端部的约束方式有关，平面外计算长度与支撑有关。

【例】　跨度为15m的钢木屋架，受压腹杆采用一根直径25mm的钢筋，当承受风雪荷载时，压杆失稳破坏。

表 2.5　杆端约束与计算长度关系

| 支承方式 | 梁端铰支 | 一端自由一端固定 | 两端固定 | 一端铰支一端固定 |
|---|---|---|---|---|
| 简图 | $L$ | $P$ | $0.5L$ | $0.7L$ |
| 长度系数 | 1 | 2 | 0.5 | 0.7 |

注：压杆计算长度＝长度系数×压杆长度

要解决长细比的问题就在于：①减小构件的计算长度，②增大回转半径 。解决办法：

针对情况①要减小构件的计算长度，可以增加系杆和侧向支撑。原因在于如果在构件的中部增加了支撑后这样构件的计算长度则变成了从支撑一端到另一端的距离，即原长度的一半；或者适当地减小构件的长度。

针对情况②要增大回转半径，可以增加构件截面的尺寸、形状，但要适当。原因在于回转半径的物理意义在于表征构件截面的抗扭能力，越是厚的构件截面越舒展、扩张，抗扭越好，而且截面形状决定了材料在截面中的分布，直接影响材料的工作效率。但是过分的增加会使构件过重，不能满足侧向抗弯、抗扭，所以要适当。

【例】　例如在内压作用下的圆柱形薄壳，壁内应力为拉应力，这就是一个强度问题。蒸汽锅炉、圆柱形薄壁容器就是这种情况；但如圆柱形薄壳在均匀外压作用下，壁内应力变为压应力（如图 2.72），则当外压到达临界值时，薄壳的圆形平衡就变为不稳定，会突然变成由虚线表示的长圆形。

与此相似，板条或工字梁在最大抗弯刚度平面内弯曲时，会因载荷达到临界值而发生侧向弯曲（如图 2.73）。薄壳在轴向压力或扭矩作用下，会出现局部折皱。这些都是稳定性问题。

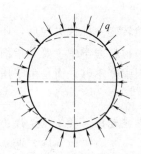

图 2.72　外压作用下圆柱形薄壳失稳

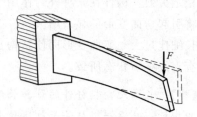

图 2.73　板条侧向弯曲

**（4）提高压杆稳定性**

① 选择合理的截面形状。截面积一定的情况下，要尽量增大惯性矩 $I$，如采用空心截面或组合截面，尽量使截面材料远离中性轴。

【释】　截面惯性矩。指截面各微元面积与各微元至截面上某一指定轴线距离二次方乘积的积分。截面惯性矩是衡量截面抗弯能力的一个几何参数。

不同截面形状，提供的惯性矩是不同的；同一截面形状不同方向，提供的惯性矩也是不同的，如表 2.6。

表 2.6　截面形状与惯性矩

| 序号 | 截面形状 | 惯性矩计算值/cm⁴ | | 序号 | 截面形状 | 惯性矩计算值/cm⁴ | |
| --- | --- | --- | --- | --- | --- | --- | --- |
| | | 惯性矩相对值 | | | | 惯性矩相对值 | |
| | | 抗弯 | 抗扭 | | | 抗弯 | 抗扭 |
| 1 | φ113 | $\dfrac{800}{1.0}$ | $\dfrac{1600}{1.0}$ | 6 | 100×100 | $\dfrac{833}{1.04}$ | $\dfrac{1400}{0.88}$ |
| 2 | φ160, φ113, 23.5 | $\dfrac{2420}{3.02}$ | $\dfrac{4840}{3.02}$ | 7 | 100, 142, 142 | $\dfrac{2563}{3.21}$ | $\dfrac{2040}{1.27}$ |
| 3 | φ196, φ160, 18 | $\dfrac{4030}{5.04}$ | $\dfrac{8060}{5.04}$ | 8 | 200×50 | $\dfrac{3333}{4.17}$ | $\dfrac{680}{0.43}$ |
| 4 | φ196, φ160 | | $\dfrac{108}{0.07}$ | 9 | 200, 50, 235, 85 | $\dfrac{5867}{7.35}$ | $\dfrac{1316}{0.82}$ |
| 5 | 300, 10, 25, 150 | $\dfrac{15517}{19.4}$ | | 10 | 25, 10, 150, 300 | $\dfrac{2720}{3.4}$ | |

注：惯性矩相对值指认截面形状 1 为基准，其他各截面形状的惯性矩与之相比的倍数。

【讨论】　如果一个杆件用矩形截面提供的惯性矩不足，可以将其靠近转轴附近的材料切除一部分，把它们布置在远离转轴的位置，形成工字型截面（如图 2.74）。这样，在不增加材料消耗的情况下，大大地提高了截面的惯性矩，从而改善杆件的稳定性。

② 改善支承条件。

a. 压杆在各个弯曲平面内的支承情况相同时，为避免在最小刚度平面内先发生失稳，应尽量使各个方向的惯性矩相同。例如采用圆形、方形截面。

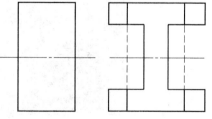

图 2.74　面积不变调整材料分布位置

b. 压杆的两个弯曲平面支承情况不同，则采用两个方向惯性矩不同的截面，与相应的支承情况对应。抗弯刚度大的方向对应支承固结程度低的方向，尽可能使两个方向的柔度相等或接近，抗失稳的能力大体相同。

c. 压杆两端支承越牢固，计算长度系数 $\mu$ 就越小，则长细比也小，从而临界应力就越大。故采用 $\mu$ 值小的支承形式可提高压杆的稳定性。

③ 减小杆的长度。压杆临界力的大小与杆长平方成反比，缩小杆件长度可以大大提高临界力，即提高抵抗失稳的能力。因此压杆应尽量避免细而长。在可能时，在压杆中间增加支承，也能起到有效作用。

【例】 底层（埋入土内）的柱比标准层柱长很多，为满足柱细长比的要求，采用在柱间柱高区域内设钢筋混凝土连系梁的方案。

④ 选择高弹性模量的材料。钢杆的临界力大于铜、铁、木杆的临界力。但应注意，对细长杆，临界应力与材料的强度指标无关，各种钢材的弹性模量值又大致是相等的，所以采用高强度钢材是不能提高压杆的稳定性的，反而造成浪费。

### 7. 结构稳定性

结构的稳定性，指结构在负载作用下，维持原有平衡状态的能力。

① 物体重心越低越稳定。

【例】 不倒翁的上半身都是空心的，底部有较大的压重。初始时身体只受到同时作用在

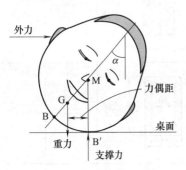

图 2.75　不倒翁受力示意

支撑点 B 处的重力和支撑力，在支撑点 B 处形成力的平衡；当干扰外力作用时（如图 2.75），外力形成顺时针干扰力矩，身体脱离平衡支撑点 B 开始向右倾斜；同时由于身体倾斜，自身重力偏离原来的支撑点，与新支撑点 B′ 形成一个扶正力矩，它促使身体回复到原来的平衡位置，所以怎么推都不倒。但在脖子上挂个重物，重心将提高一旦重心位置从 G 点向上移动到超过 M 点，重力将形成与外力产生的干扰力矩混凝土方向的倾覆力矩，身体将失去平衡就要倒了。

② 结构重心所在点的垂线落在结构底面的范围内就是稳定的，反之就是不稳定的（如图 2.76）。

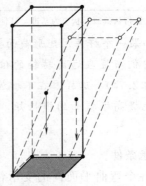

图 2.76　重心的垂线与稳定性示意

【例】 辽宁瑞州古塔（如图 2.77），由于距今有千年之远，自何时开始倾斜已无从考证。现存塔身高 10m，塔身向东北方向倾斜 12°，塔尖水平位移 1.7m。该塔建成后虽几经

地震与洪水破坏，却始终斜而不倒，堪称奇迹。

【讨论】 人直立时稳定，身体越倾斜的时候重心下降了，但会变得不稳定，为什么重心下降了，反而不稳定呢？这主要是因为人体很高而脚的支撑面积很小，一旦身体倾斜，重心垂线很容易超出脚与地面的支撑面，形成不稳定。

③ 结构的几何形状、支撑面越大越稳定。因为接触面积越大，重心的投影就越容易落在里面，从而可以达到稳定。

【例】 书本合起来不容易立稳，打开后就不会倒了。很多巨大或高耸的建筑都是上小下大（见图2.78）。

【讨论】 静止状态的自行车如何保持平衡（如图2.79）。

图2.77 不倒的瑞州古塔

图2.78 大坝的横截面总是梯形的

图2.79 自行车站立方法

当用双支脚支撑，三点形成一个固定三角形，且自行车重心落在该三角形内，所以这种是稳定支撑；当采用单支脚支撑，三点形成三角形的形状（如图2.80），其中B、C点为前后轮落地点。车的稳定取决于单支脚A位置，而当支撑腿长度不变时A点位置由自行车倾斜角度决定，倾斜角度越大A点离BC线越远，三角形面积越大，自行车重心越易落在三角形内，也就越稳

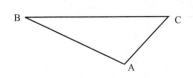

图2.80 自行车单脚支撑示意

定（倾斜角度越大自行车越稳定，这句话对吗？）。

④ 高速旋转物体稳定。它们有保持其旋转方向（旋转轴的方向）的惯性，称为陀螺效应。即凡是高速旋转的物体，总是使运动趋向于支持点面积最小摩擦更小的状态，都有一种使转动轴保持不变的稳定旋转状态的能力。这种能力使得陀螺即使在不平的支持面上转动也不会倒下。

图 2.81　运行着的自行车

【讨论】　自行车骑起来时，只有两个支撑点（如图 2.81），为什么不会倒下呢？所以一旦自行车运动起来后，转动的车轮也具备这种能力，这种能力使得自行车即使发生了倾斜，也能自动地把自行车调整过来，这就是自行车不倒的原因。

除了上述影响稳定的因素外，结构的强度与结构的形状、使用的材料、构件之间的连接方式等因素与结构的稳定性有密切的关系。

【例】　上海闵行区某小区内一栋在建的 13 层住宅楼，整体朝南侧倒下，13 层的楼房在倒塌中并未完全粉碎，楼房底部原本应深入地下的数十根混凝土管桩被"整齐"地折断后裸露在外（如图 2.82）。

图 2.82　上海在建高层住宅楼整体倒塌

在楼的南侧紧邻大楼的地下车库开挖深度 4.6m（如图 2.83）出现临空面。造成大楼两侧

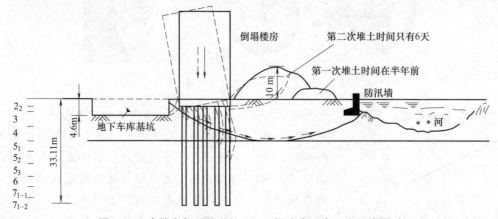

图 2.83　大楼南侧开挖基坑 4.6m 深造成地表土向坑内滑动

的土压力差，使土体向南侧移动，加速大楼南侧沉降，造成房屋向南倾斜。

大楼北侧有过两次堆土施工，土方紧贴建筑物，堆积在楼房北侧（如图2.84）：第一次堆土施工发生在半年前，堆土距离楼房约20m，离防汛墙10m，高3~4m。第二次堆土施工发生在6月下旬，施工方在事发楼盘前方开挖基坑，土方紧贴建筑物堆积在楼房北侧，堆土在6天内即高达10m（相当于180kN/m² 的荷载）。土方在短时间内快速堆积，产生了巨大的侧向力。

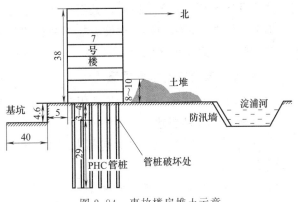

图2.84　事故楼房堆土示意

楼房距防汛墙最近，据目测仅有二三十米。泥土堆成的小山丘矗立在建筑工地上，离防汛墙不过数米。地表下2~11.2m是有流动性的软土，6月26日起雷阵雨频繁增加土中含水量，快速堆土荷载远远超过土层的抗剪强度。由于堆载离河道近、车库坑底比河床底高，塑性土向支撑力薄弱处（河道方向）滑动。防汛墙内的地面也出现了开裂，最长的裂缝宽度在700mm左右。中间较长的两段墙体往外移位了4m多，外侧河道中堆积的泥土已经露出河面，形成一片类似滩涂的小块陆地（如图2.85）。

图2.85　大楼北侧防汛墙破坏现场

该事故中土体丧失稳定破坏主要有：基坑开挖造成地表土向南滑动，引起大楼向南侧倾斜；快速堆土和连续降雨造成地下较深土层向被滑动，与地表土滑动方向相反，形成一对力偶，加速了大楼向南侧倾斜。同时高层建筑上部结构的重力对基础底面面积形心的力矩随着大楼的倾斜不断扩大而增加（如图2.83），对PHC桩（预应力高强混凝土）产生很大的拉力，最终破坏桩基，引起楼房整体倒覆。

## 四、建筑结构构造不合理导致事故

结构是由组成结构的单元（如梁、板、柱等）连接而构成的，能承受作用（或称荷载）的平面或空间体系。

结构设计分为受力计算和构造措施。构造措施是对一些难以计算的内容作出强制规定，比如最小配筋率、箍筋间距、最小截面等。

由于我们对客观世界和规律了解和认识具有局限性，很多工程问题无法用现有理论进行可靠地分析解释，尚不能建立精确的数学力学计算模型。但前人在解决这些工程问题过程中积累了丰富的行之有效的经验性做法，在解决不了的工程问题造成事故后，也总结了可贵的教训，我们把这些经验教训梳理总结起来，就形成了今天工程中大量的构造要求和构造措施。结构设计必须采取构造措施，甚至构造措施比理论计算更应受到重视。

构造是根据建筑物的使用功能、技术经济和艺术造型要求提供合理的构造方案。就是房屋构件怎么做，为什么这样做。

## 1. 影响建筑构造的主要因素

建筑构造，是研究建筑物的构造组成、各组成部分的组合原理和构造方法的学科。

### （1）外界环境的影响

① 外界作用力的影响：外力包括人、家具和设备的重量，结构自重，风力，地震作用，以及雪重等。

② 气候条件的影响：如日晒雨淋、风雪冰冻、地下水等。对于这些影响，在构造上必须考虑相应防护的措施，如防水防潮、防寒隔热、防温度变形等。

③ 人为因素的影响：如火灾、机械振动、噪声等的影响，在建筑构造上需采取防火、防振和隔声的相应措施。

### （2）建筑技术条件的影响

建筑技术条件指建筑材料技术、结构技术和施工技术等。随着这些技术的不断发展和变化，建筑构造技术也在改变着。

### （3）建筑标准的影响

建筑标准所包含的内容较多，与建筑构造关系密切的主要有建筑的造价标准、建筑装修标准和建筑设备标准。标准高的建筑，其装修质量好，设备齐全且档次高，自然建筑的造价也较高；反之，则较低。

【讨论】 建筑构造和建筑结构的区别。

建筑构造主要任务是根据建筑物的使用功能、技术经济和艺术造型要求，提供合理的构组方案、施工工艺技术做法。通俗讲建筑构造就是房屋构件怎么做，为什么这样做。具体内容分墙、基础构造，楼面构造，楼梯构造，屋顶构造，门窗构造，还有具体分部构造等。

而建筑结构是指能够承受荷载并且维持几何不变的受力传力体系。在建筑中，由若干构件（组成结构的单元如梁、板、柱等）连接而构成的能承受作用（或荷载）的平面或空间体系。建筑结构因所用的建筑材料不同，可分为混凝土结构、砌体结构、钢结构、轻型钢结构、木结构和组合结构等。

## 2. 变形缝

建筑物的变形缝，包括伸缩缝、沉降缝、防震缝。建筑物在外界因素作用下常会产生变形，导致开裂甚至破坏。变形缝是针对这种情况而预留的构造缝。

有《建筑变形缝装置》JG/T 372—2012，《变形缝建筑构造》14J936 供建筑设计院、施工单位使用。

### （1）变形缝尺寸

变形缝最小缝宽遵照《建筑抗震设计规范》GB 50011—2010，伸缩缝最大间距《砌体结构设计规范》GB 50003—2011、《混凝土结构设计规范》GB 50010—2010，伸缩缝缝宽一般在 20～40mm；沉降缝缝宽随地基情况和建筑物的高度不同而定，一般为 70～100mm；防震缝的宽度一般为 50～120mm。

### （2）变形缝特点

三缝（伸缩缝、沉降缝、抗震缝）之间的区别，见表2.7。

表 2.7　三缝对比

| 种类 | 作　用 | 特　征 | 位　置 |
|------|--------|--------|--------|
| 伸缩缝 | 为防止建筑构件因温度和湿度等因素的变化会产生胀缩变形,导致建筑结构产生裂缝 | 调整水平变形,宽度小,建筑地面以上的部分断开成几个独立的变形单元,基础可不断开 | 变形单元长度适当的部位 |
| 沉降缝 | 为防止建筑物各部位由于地基不均匀沉降而引起结构破坏 | 调整垂直变形,宽度中等,建筑从屋面至基础全部断开 | 在建筑高低、荷载或地基承载力差别很大的各部分之间,新旧建筑的联接处 |
| 防震缝 | 建筑物分隔为较小的部分,形成相对独立的防震单元,避免因地震造成建筑物整体震动不协调,而产生破坏 | 调整水平变形,宽度较大,建筑地面以上的部分断开,与震动有关的建筑各相连部分的刚度差别很大时,也须将基础分开 | 在结构刚度、高差悬殊较大、体型复杂部位 |

### （3）三缝合一

有很多建筑物对这三种接缝进行了综合考虑,即所谓的"三缝合一"。

① 在同一个建筑物内,伸缩缝与沉降缝可合并设置。

**【讨论】**　沉降缝同时起着伸缩缝的作用,因为沉降缝的设置间距、缝宽、构造做法都能满足伸缩缝的要求;但伸缩缝不能代替沉降缝,主要是因为沉降缝主要解决垂直变形,伸缩缝主要解决水平变形,并且沉降缝缝宽要比伸缩缝大才够用。

**【释】**　为什么沉降缝的缝宽比伸缩缝大?由于基础沉降带来缝两侧建筑单元垂直位移,但通常这种沉降是不均匀的,因此缝两侧的单元随着下沉还要产生水平方向上的侧移,使得单元之间相互接近甚至碰撞,沉降缝要化解这种侧倾带来的破坏,就要有足够的缝宽将两侧单元拉开到安全距离。而温度缝虽然是解决水平变形,但是建筑构件由于温度或湿度导致的尺寸变化相对是较小的,伸缩缝用很小的缝宽就足以满足变形的需要了。所以,同一个建筑物中沉降缝的缝宽是比伸缩缝的要大。

② 三缝合一时,在抗震设防区,沉降缝和伸缩缝必须满足抗震缝的要求。

地震时,缝两侧的建筑单元均会产生水平振动,振幅很大并可能同时相向运动,这就需要足够宽的抗震缝才能避免单元之间相撞,见图 2.86。所以设缝时仅满足沉降缝和伸缩缝的缝宽,不能完全避免地震时的破坏。

图 2.86　有落差的两单元之间防震缝宽度太小

图 2.87　建筑物中圈梁的设置

### 3．圈梁和地圈梁

**（1）圈梁**

指在砌体墙内沿水平方向设置封闭的钢筋混凝土梁，如图2.87。

① 圈梁的作用：用以提高房屋空间刚度、增加建筑物的整体性、提高砖石砌体的抗剪、抗拉强度，防止由于地基不均匀沉降、地震或其他较大振动荷载对房屋的破坏。为此，圈梁必须连续围合封闭，才能充分发挥作用。

如果平面上由于墙上开洞等原因不能完全闭合，则必须采取有效措施保证连续性。当圈梁被门窗洞口截断时，应在洞口上部增设相同截面的附加圈梁，其配筋和混凝土强度等级均不变（如图2.88）。

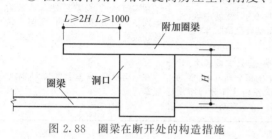

图 2.88　圈梁在断开处的构造措施

② 圈梁的位置：在房屋的檐口、窗顶、楼层楼板、吊车梁顶或基础顶面标高处。

**【讨论】** 圈梁与楼板的关系（如图2.89）。

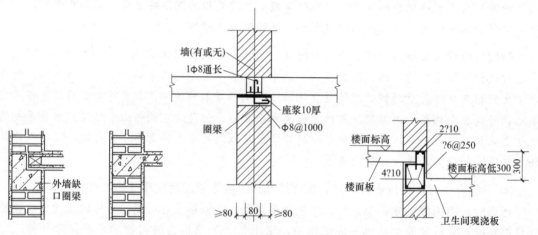

图 2.89　常见楼板与圈梁之间构造关系

采用现浇楼（屋）盖的多层砌体结构房屋，当层数超过5层，在按相关标准隔层设置现浇钢筋混凝土圈梁时，应将梁板和圈梁一起现浇。

**（2）地圈梁**

在房屋的基础上部的连续的钢筋混凝土梁叫基础圈梁，也叫地圈梁（如图2.90）。地圈梁是设在正负零以下承重墙中，按构造要求设置连续闭合的梁，一般是用在条形基础上面。

1）地圈梁的作用

主要是提高房屋的整体空间刚度、加强基础的整体性、调节可能发生的不均匀沉降，也使地基反力更均匀；具有圈梁的作用（起腰箍的作用）和防水防潮的作用；同时条形基础的埋深过大时，接近地面的圈梁可以作为首层计

图 2.90　地圈梁施工现场

算高度的起算点；地圈梁一般用于砖混、砌体结构中，不起承重作用，对砌体有约束作用，有利于抗震。

地圈梁一般设置在建筑标高正负零以下，在墙的基础上部。兼备防水防潮的作用时，常设置于建筑标高−0.060处。

2）地圈梁、地梁的区别

地圈梁属于二次结构里的构件，也就是地圈梁一般只有在有砌体时才能做，布置在砌体墙内。

地梁也可叫地基梁，指基础上的梁（如图2.91）。主要起基础间联系作用，增强水平面刚度，不考虑抗震作用。

还有的地梁是埋在地面以下搁置在框架柱上，称为地框架梁（如图2.92），也叫连系梁（或拉梁），主要起到减小底层框架柱的计算高度，有时兼作底层填充墙的承托梁。但不宜按构造要求设置，宜按框架梁进行设计，并按规范规定设置箍筋加密区。就抗震而言，应采用短柱基础方案。

图2.91　地梁（地基梁）搁置在基础上

图2.92　地框架梁（连系梁）

厂房的外围护砖墙下，有时不做墙基础，而是设置基础梁将墙的荷载传至柱基础（如图2.93）。

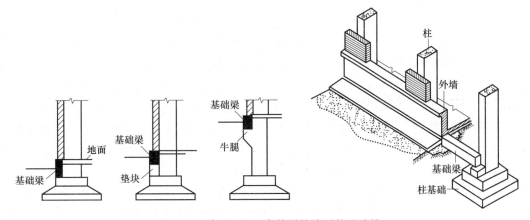

图2.93　单层工业厂房外围护墙下的基础梁

地圈梁是砖混结构中为了满足构造要求（如抗震需要）等设置的，其下部是不能悬空的，一旦悬空将受弯破坏。地梁是在框架等结构中将其荷载传至基础的受力结构构件，要承受荷载的。

【例】 在一个独立基础框架结构的基础工程施工中，设计的地梁按照常规地圈梁设置，没有考虑跨度达到了将近5m（因为独立基坑开挖，造成地梁势必有悬空的），上部有将近4m的砌体，地圈梁施工时因为下部的土方没有夯实（施工管理问题），造成地圈梁施工后还没有砌筑上部的砌体就已经因为自身的问题开裂了。

【释】 基础梁并非基础，更不是条形基础。基础梁底面是悬空的（如图2.94），通常是正向受弯的梁。条形基础（如图2.95）一般用于框架结构、框架剪力墙结构，框架柱落于条形基础上或基础交叉点上，条形基础底面由地基土承托不能悬空；其主要作用是作为上部建筑的基础，将上部荷载传递到地基土上；条形基础作为连续基础，起到承重和抗弯功能，一般基础的截面较大，截面高度一般建议取1/4～1/6跨距，这样基础的刚度很大，其配筋由计算确定，对条形基础进行内力分析时，可以将其看做反梁。

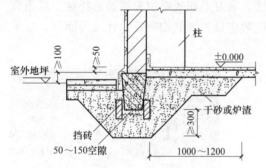

图2.94 单层工业厂房基础梁下留有空隙

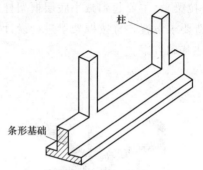

图2.95 柱下的有肋梁条形基础

### 4. 屋面

#### （1）屋面构造层

屋面构造一般包括：找平层、结合层、隔汽层、保温层、找平层、结合层（或隔离层）、防水层、保护层，见图2.96。这些构造层功能不同且独特，位置顺序不能错，否则会造成屋面破坏甚至垮塌。

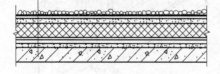

图2.96 柔性屋面构造常见做法示意

#### （2）隔汽层

在保温层下面及上面，先做找平层，在之上做一毡两油或一布四油的隔蒸汽层，简称隔汽层。

冬季室内的湿度比室外大，室内水蒸气将向室外渗透。当水蒸气透过结构层进入保温层，又由于保温层上面的防水层是不透气的，使得保温层中的水分不能及时散失，最终会使保温层含水率增加，屋面保温能力下降。保温层上的隔汽层是为了预防屋面防水层漏水影响保温层效果。

如果保温层中渗入大量的水汽，在夏季太阳照晒的高温辐射热下，使密闭在防水层下面保温层中的水汽体积膨胀，造成卷材防水层起鼓；冬季室外温度降到0℃以下，滞留在保温层中的水汽冷凝成水珠，从混凝土板的缝隙中滴漏入室内，影响使用功能。

另外，如果大量水分渗入保温层，将使得保温层自重加大，极有可能造成屋面自重超重压垮屋盖。

【释】 水对保温层保温效果的影响。材料保温，常见的途径是利用材料内部空隙中的空气比固、液体材料导热性差的特点，空气越多隔热保温效果越好，所以一般保温材料都选用内部结构疏松空隙大的材料。如果空隙中的空气被水置换了，保温隔热效果要大大下降。试验发现，材料的含水率每增加 1%，导热系数要增加 5% 左右。

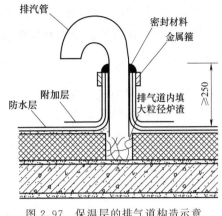

图 2.97　保温层的排气道构造示意

【讨论】　保温层施工时残留的水分处理。由于保温层的上下两面全部被不透水层封住，为了排出施工残留水分，需在保温层中设置排气道（如图 2.97），道内填塞大粒径的炉渣，既可让水蒸气在其中流动，又可保证防水层的基层坚实可靠。找平层相应位置也留槽并在之上干铺 200mm 卷材，排气道间距 6m 纵横连通，每 36m² 设一个排气孔与大气相连。

### （3）隔离层

在防水层的上下面，为了使两个相邻构造层水可以相互错动，减小相互牵制的影响，在两层之间用无粘结或难粘结材料做的一层具有滑移功能的浮筑层。

隔离层以前采用纸筋灰或低标号砂浆，由于刚性层施工时，纸筋灰很容易进入混凝土中，所以现在已经不再使用。低标号砂浆施工时的运输小车对防水层有损害，而且防滑移性能不理想，所以现在很少使用。现在一般采用干铺油毡一道，也有用厚质塑料薄膜、土工布等材料。

【讨论】　隔离层在所有屋面都有吗？隔离层的作用有两个：其一是上人屋面表面的刚性层（通常是 40mm 厚细石混凝土）会有热胀冷缩变形，如果防水层与刚性层粘结很好，刚性层水平变形时会牵动防水层一起变形，这样有可能对防水层产生直接拉裂或长期疲劳破坏；其二是屋面结构层受力产生挠曲变形，而结构层厚且刚度大，必然拉动刚性防水层同步变形，致使防水层拉裂。

所以，它是在刚性防水屋面或上人柔性防水屋面中设置的，其他柔性防水屋面不需要。

【释】　刚性屋面，指用防水砂浆抹面或钢筋细石混凝土浇捣而成的刚性材料防水层屋面。一般配置 $\phi3@150$ 或 $\phi4@200$ 双向钢筋，置于钢筋混凝土防水层中层偏上，提高其抗裂和应变的能力。另外，屋面要设置分仓缝（亦称分格缝），为了减少单块钢筋混凝土防水层面积（一般控制在 15～25m² 左右），以减少因温度变化引起的收缩变形，有效防止和限制裂缝的产生。设置于支座轴线处、屋面转折处、与立墙交接处（与板缝对齐）、屋脊处、防水层与女儿墙交接处。

【讨论】　刚性防水屋面中设置钢筋位置。要在钢筋混凝土防水层靠近上表面，而不能放置在下表面。混凝土层由于空气温度变化或混凝土收缩等原因产生的拉应力在层面的上侧，靠近上表面会更大，所以为了承担这个应力而设置的钢筋，一定要位于应力大的地方，否则将失去作用。

### 5. 钢筋混凝土梁构造

#### （1）梁的高跨比

高跨比，指梁截面高度与梁的跨度的比值。通常影响梁的稳定性，合理地选择高跨比，可以不进行变形验算，也能满足刚度或挠度的设计要求，从而简化了设计计算。比如现浇钢筋混凝土框架梁比较合理的比值如式 2.2。梁净跨与截面高度之比不宜小于 4。

$$\frac{1}{18} \leq \frac{h_b}{l_b} \leq \frac{1}{10} \tag{2.2}$$

式中　$h_b$——主梁的截面高度；

　　　$l_b$——质量的计算跨度。

【讨论】　当梁高较小或采用扁梁时，应验算其承载力和受剪截面要求外，尚应满足刚度和裂缝的有关要求。在计算挠度时，可扣除梁的合理起拱值；对现浇梁板结构，宜考虑梁受压翼缘的有利影响。

高跨比的下限，当荷载跨度比值较小时，常由挠度控制。如果荷载跨度比值较大，则由抗弯承载力控制。参数变化时，控制范围应作相应调整。高跨比的上限，都由裂缝宽度控制。分析可知，高跨比越大，梁高越大，则裂缝宽度越大。

【例】　工程设计时，为了不作挠度验算，就增大梁高、增大高跨比，而未作裂缝宽度验算，是不妥的。

**（2）箍筋**

① 箍筋用来满足斜截面抗剪强度。这方面需要计算确定，不属于构造措施，此处不做详细分析。

【讨论】　箍筋的方向。在梁内受剪力的箍筋，主要承受的是斜拉力（如图 2.98 中的实线方向），箍筋的布置与主拉力方向一致时（斜向箍筋），或采用弯起钢筋来承受斜拉力。但箍筋的有效面积由肢数决定，采用何种形式的箍筋对其承载力并无影响，而斜箍筋不便绑扎，并且与纵向受力钢筋难以形成牢固的钢筋骨架，所以通常采用垂直箍筋。

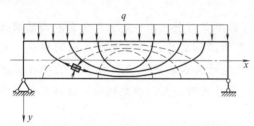

图 2.98　简支梁主应力迹线

（实线表示主拉应力迹线，虚线表示主压应力迹线）

【释】　弯起钢筋（如图 2.99）承受斜拉力的方法不可取。因为虽然弯起钢筋与主拉应力方向一致（如图 2.100），能较好地提高斜截面承载力，但其钢筋根数较少，应力传递较集中，容易引起弯起处混凝土的劈裂裂缝。

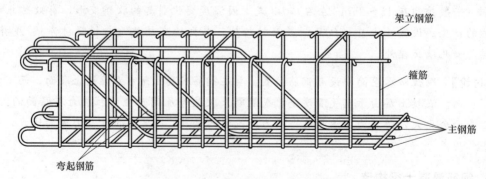

图 2.99　弯起钢筋形状和位置示意

② 箍筋用来联结受力钢筋和架立钢筋形成骨架（如图 2.101）。

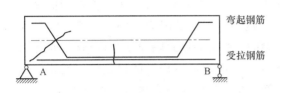

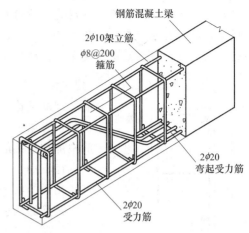

图 2.100　简支梁中弯起钢筋与剪切破坏面的关系　　　图 2.101　简支梁各种钢筋布置示意

③ 箍筋用来约束核心混凝土和纵向受力钢筋。箍筋可以限制混凝土内部裂缝的发展，提高混凝土的粘结强度；还可以限制到达构件表面的裂缝的宽度。因此在使用较大直径钢筋的锚固区、搭接长度范围内、一排并列钢筋根数较多时，应设置一定数量的附加箍筋，以防止混凝土保护层的劈裂崩落。另外，受压柱的核心混凝土受到压力后会产生侧向膨胀而破坏（如图 2.102），箍筋则从侧向形成围箍，对其侧向变形有很好的约束作用。箍筋对纵向受压钢筋同样起到侧向约束的作用。

图 2.102　柱受压后混凝土压碎纵向钢筋向外屈曲

【例】　箍筋间距太大不起作用，太小又会影响混凝土工程质量。混凝土中石子的粒径是5~25mm，箍筋间距50mm再减去一根箍筋的直径，剩下的净间距太小，混凝土中稍大的石子就很难浇筑进去了；而且振捣棒也插不进，会影响混凝土的浇筑质量。

**（3）附加钢筋**

有集中荷载时，梁下部或梁截面高度处，设附加钢筋（吊筋、箍筋）。

① 吊筋（如图 2.103），将作用于混凝土梁式构件底部的集中力传递至顶部，提高梁承受集中荷载抗剪能力，形状如元宝，又称为元宝筋。

主要布置在剪力有大幅突变部位，防止该部位产生过大的裂缝。吊筋就设置在主梁上，吊筋的下底就托住次梁的下部纵筋。

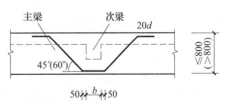

图 2.103　梁中的吊筋与其他
构件之间位置关系

【释】　由于梁的某部受到大的集中荷载作用，

可能会使梁上引起斜裂缝，特别是力作用在受拉区内，为了使梁体不产生局部严重破坏，同时使梁体的材料发挥各自的作用而设置的，主要布置在剪力有大幅突变部位，防止该部位产生过大的裂缝，引起结构的破坏，就必须配吊筋了，还要加配附加箍筋。

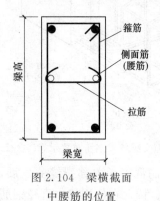

图 2.104　梁横截面中腰筋的位置

② 腰筋（如图 2.104），建筑结构中的一种梁侧面的纵向构造钢筋，也可兼作梁抗扭钢筋。腰筋又称"腹筋"，因为其位置一般位于梁两侧中间部位而得名，是梁中部构造钢筋，主要是因为有的梁太高，需要在箍筋中部加连接筋。梁的两侧沿高度每隔 300～400mm，应设置一根直径不小于 10mm 的纵向构造钢筋。两根腰筋之间用与箍筋直径相同的水平拉筋联系，拉筋间距为箍筋间距的 2 倍。

腰筋的构造作用：

a. 增大梁钢筋骨架的刚度。当混凝土梁很高时，高大的钢筋骨架要承受钢筋自重及施工中的施工机具和人员的荷载，可能使钢筋骨架发生位移，这样会导致钢筋尺寸不准确、影响钢筋与混凝土之间的粘结力，也就会影响梁的耐久性。

b. 约束混凝土的收缩裂缝。混凝土在施工阶段，会在空气中结硬，体积收缩。由于温度的变化，会导致梁内部与外部产生温差，这些均会导致梁产生不规则的裂缝。由于在梁的上下部均配置了钢筋，可以起到约束和阻止所在区域的裂缝产生与开展。但梁的两个侧面在顶面和底面钢筋之间有较大高度范围内没有钢筋，因此就会导致裂缝出现在梁高的中部，进而向上下延伸，形成中间宽两头窄的枣核型裂缝（如图 2.105），影响梁的耐久性和外观。

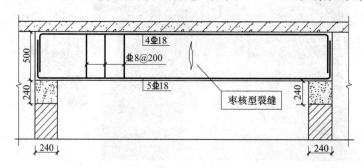

图 2.105　梁腹部垂直收缩裂缝

c. 减少受拉区裂缝开展。梁承受荷载时，梁的受拉区混凝土会开裂，随着荷载的增加，这些裂缝会向梁的上部延伸，从而影响梁的受压区混凝土受力性能。这时如果设置腰筋，在下层钢筋拉断后由腰筋承担起到一个过渡的缓冲作用，便可以约束这些根状裂缝的开展，提高梁的承载能力。这样配置腰筋的梁对于抗倒塌来说是有利的。

【讨论】　腰筋还可以作为抗扭钢筋。受扭纵向钢筋在梁截面的四周对称配置，梁两侧面的抗扭筋与腰筋的位置相同，可同时起到腰筋的作用，不再重复配置腰筋。

#### 6. 材料、构件选用

#### （1）材料的性能

① 脆性：脆性材料指材料在外力作用下（如拉伸、冲击等）仅产生很小的变形即破坏断裂的材料。塑性材料的危险应力为屈服极限（屈服强度）；脆性材料的危险应力为抗拉极限（抗拉强度）。

【例】 砖、瓦、石、混凝土、玻璃等，其特性是抗压强度高，而不宜承受拉力，受力后不会产生塑性变形，破坏时呈脆性断裂。钢筋抗拉强度高，但受力后会产生塑性变形。

【讨论】 脆、韧性材料的正确选择。发挥各自特性，承受压力使用砖、石、混凝土；承受拉、弯、剪力用钢筋。

② 疲劳，在循环加载下，发生在材料某点处局部的、永久性的损伤递增过程。

【释】 金属疲劳。金属内部结构不均匀，从而造成应力传递的不平衡，有的地方会成为应力集中区；金属内部的缺陷处还存在许多微小的裂纹，在力的持续作用下，裂纹会越来越大，材料中能够传递应力部分越来越少，直至剩余部分不能继续传递负载时，金属构件就会全部毁坏。

【例】 金属疲劳破坏无明显的宏观塑性变形，断裂前没有明显的预兆，而是突然地破坏。通常引起疲劳断裂的应力值很低，常常低于静载时的屈服强度。如一辆正在马路上行走的自行车突然前叉折断、炒菜时铝铲折断、挖地时铁锹断裂。

（2）腐蚀

材料受周围环境的作用，发生有害的化学、电化学、物理变化而失去其固有性能的过程。腐蚀的后果：材料受介质作用的部分发生状态变化，转变成新相；在材料遭受破坏过程中，整个腐蚀体系的自由能降低。

【释】 金属在水溶液中的腐蚀（如图2.106）。是一种电化学反应。金属表面若有污染物或杂质颗粒附着，使金属表面局部电位差形成阴阳极，再加上自然环境中的氧气、水汽和盐分当做电解质，形成一个阳极和阴极区隔离的电化学电池，产生法拉第电流。金属在水膜溶液中失去电子，变成带正电的离子，这是一个氧化过程即阳极过程。同时在接触水溶液的金属表面，电子有大量机会被溶液中的某种物质中和，中和电子的过程是还原过程，即阴极过程。长期下来发生局部腐蚀。

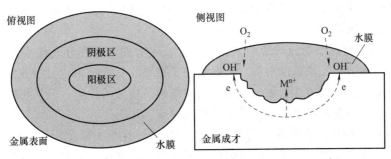

图2.106 金属在水膜下的腐蚀示意

【讨论】 化学腐蚀和电化腐蚀。金属跟氧气、硫化氢、氯气等气体接触时，在金属表面生成相应的氧化物、硫化物、氯化物等物质，从而引起金属损耗，这种仅由化学作用引起的腐蚀，叫做化学腐蚀。化学腐蚀和电化腐蚀对比如表2.8。

表2.8 化学腐蚀和电化腐蚀的比较

| 项目 | 化学腐蚀 | 电化腐蚀 |
|---|---|---|
| 条件 | 金属与接触的物质反应 | 不纯金属或合金与电解质溶液接触 |
| 现象 | 不产生电流 | 有微弱的电流产生 |
| 反应 | 金属被氧化 | 较活泼的金属被氧化 |
| 相互关系 | 化学腐蚀和电化腐蚀往往同时发生 | |

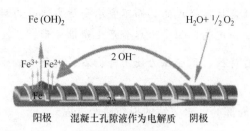

图 2.107 钢筋腐蚀过程示意

$Fe(OH)_2$　　　$H_2O + \frac{1}{2}O_2$

$Fe^{3+} Fe^{2+}$　　$2 OH^-$

Fe

阳极　　混凝土孔隙液作为电解质　　阴极

钢筋腐蚀（如图 2.107），是阳极反应和阴极反应的组合，在钢筋表面析出氢氧化亚铁，被溶解氧化后生成氢氧化铁 $Fe(OH)_3$，进一步生成 $nFe_2O_3 \cdot mH_2O$（红锈），一部分氧化不完全的变成 $Fe_3O_4$（黑锈），在钢筋表面形成锈层。红锈体积可大到原来体积的四倍，黑锈体积可大到原来的二倍。

电化学腐蚀必须满足两个基本条件：一是存在两个具有不同电位值的电极；二是金属表面存在电解质液相薄膜。第一个条件是内部条件，即钝化膜遭到破坏，产生活化点；第二个条件为外部条件，即必须有水分及氧的作用，且混凝土中的相对湿度要大于 60%，当这两个条件同时存在时，则构件内部就会存在电位差，可以产生局部腐蚀电池，进而钢筋就会腐蚀。

【讨论】 影响混凝土中钢筋锈蚀的因素。主要因素：$Cl^-$ 与 $OH^-$ 的浓度比、温度、混凝土的电阻抗、保护层厚度及完好程度：

① $Cl^-$ 与 $OH^-$ 的浓度比：由于 $Cl^-$ 半径小，活性大，一方面，极具穿透和吸附能力，极易穿透混凝土保护层和钢筋表面的钝化膜，到达钢筋表面，使难溶的 $Fe(OH)_3$ 转化为易溶的 $FeC_3l$，引起钢筋的坑锈；另一方面，$Cl^-$ 又吸附于局部钝化膜处，则在坑蚀处的铁基体与尚未完好的钝化膜形成电位差，构成腐蚀电池，促使钢筋表面大范围的锈蚀，并因 $Cl^-$ 的存在，及时地搬运阴极产物，从而加速腐蚀电池的效率，加剧钢筋的锈蚀，致使钢筋的物理力学性能严重退化。混凝土中氯离子的来源主要有内掺和外掺两种：内掺主要来源于拌制过程中掺入的 $CaCl_2$ 等防冻剂；外掺氯离子的主要来源是海洋环境、道路除冰盐中以及工业环境中的氯离子通过混凝土的空隙溶液逐步向内渗透。

由于钢筋的活性还受 pH 值即 $OH^-$ 浓度的影响，当 $OH^-$ 浓度越大时，钝化膜的稳定性越好，破坏钝化膜所需的氯离子浓度就越大。

② 温度：温度对钢筋锈蚀的影响具有双面性：一方面，温度升高使水分蒸发加快，造成混凝土的空隙率增大、渗透性增强，从而加快了钢筋的锈蚀速率；另一方面，温度升高使水泥的水化速度加快、致密性增加，又会起到减缓钢筋锈蚀的作用。但从长期效果看，温度升高使氯离子活性增强，最终会加速钢筋的锈蚀速率。

③ 混凝土的电阻抗：无论在有无氯离子的情况下，在很大的范围内，钢筋腐蚀速率都与混凝土的电阻抗成反比。混凝土的电阻抗主要受内部毛细水的保水率、空隙盐溶盐量、温度、孔结构等因素的影响。而孔结构又反映了水泥水化程度、掺和料种类以及用量、胶凝材料用量、水灰比等因素的作用。因此，混凝土的电阻抗综合反映了混凝土自身的多种性质。对电阻抗起主要作用的影响因素：空隙水饱和度越大，更有利于 $OH^-$ 的扩散，混凝土的电阻抗就越小；当饱和度越小，氧气的扩散速度越慢，不利于阴极反应的进行，混凝土的电阻抗就越大。当水灰比增大，使混凝土的孔隙率增大，密实度降低，从而降低了混凝土的电阻抗。混凝土的自然养护龄期越长，水泥水化程度越高，则混凝土的密实度越高，则电阻抗就越大，钢筋的腐蚀速率就越慢。

④ 混凝土保护层厚度和完好程度：混凝土对钢筋的保护作用可概括为两个方面：一是混凝土的高碱性使钢筋的表面形成钝化膜；二是保护层对外界腐蚀介质、氧化剂及水分等的渗入的阻止作用。后一种作用主要取决于混凝土的密实程度、保护层厚度及完好程度。保护

层的完好性（指是否开裂、有无蜂窝和空洞等）对钢筋锈蚀的影响也很大，特别是对处于潮湿环境及腐蚀介质中的钢筋混凝土结构影响更大。

【例】 金属腐蚀对钢筋混凝土结构的影响。水泥（硅酸盐、铝酸盐类）包裹在钢筋表面形成保护层并在钢筋表面形成钝化膜，短时间内可防水分渗入，并且此类物质偏碱性可以减弱酸性电解质的腐蚀，但因孔洞或裂缝造成外界腐蚀因子扩散进入内部而发生钢筋锈蚀。钢筋受到腐蚀后，对周围混凝土产生压力，将使混凝土沿钢筋方向开裂，进而使保护层成片脱落，而裂缝及保护层的剥落又进一步导致更剧烈的腐蚀。最终缩短了混凝土构件的寿命。

【释】 保护层。为了保护钢筋、保护核心混凝土防腐蚀、防火以及加强钢筋与混凝土的粘结力，在钢筋混凝土构件中的钢筋外面要留有一定厚度的保护层混凝土。梁、柱的保护层最小厚度为 25mm，板和墙的保护层厚度为 10～15mm。

【释】 钝化膜。混凝土空隙中充满水泥水化时产生的 $Ca(OH)_2$ 过饱和溶液，使得混凝土具有很强的碱性，pH 值一般为 12.5～13.2。钢筋在这种强碱性环境中，表面会沉积一层致密的由 $Fe_2O_3 \cdot nH_2O$ 或 $Fe_3O_4 \cdot nH_2O$ 组成的碱性钝化膜，该膜的厚度约为 0.2～1μm，能使阳极反应受到抑制从而阻止钢筋锈蚀。只要碱性环境存在，钝化膜就能自我修复。但是当酸性物质侵入并与 $Ca(OH)_2$ 作用时，混凝土的 pH 值就会降低（可降至 9 以下）。当混凝土 pH 值降至 11.5 以下时，混凝土钝化膜就会遭受破坏，从而失去对钢筋的保护作用，若有空气和水分侵入时，钢筋便开始锈蚀。

【例】 电化学腐蚀中几种典型的腐蚀特征：

① 对于侵蚀性介质比较少的工业厂房（如炼钢厂房、轧钢厂房等）中，混凝土中钢筋锈蚀易发生于屋面板及柱根处，因为这些部位构件经常处于潮湿状态，其钢筋的锈蚀都是在混凝土碳化后发生，一般混凝土表面没有保护措施，锈蚀的特征通常是在屋面板及大肋及柱角沿钢筋出现纵向裂缝。

② 对于有酸性介质侵入的厂房（如酸洗车间），未做防护处理的结构构件破坏一般由酸液引起。由于酸液侵蚀，不仅使混凝土变成酸性，结构疏松、强度降低以致消失，而且失去对钢筋的保护作用，使钢筋发生严重锈蚀。通常并不出现沿钢筋的纵向裂缝，但此时钢筋已经严重锈蚀。

③ 对于湿度较大的工业（如造纸机厂房）与民用建筑（如浴室等），未做防护或防护措施不当时，使用一段时间后，钢筋通常会发生锈蚀。屋面板及楼面板中的钢筋一般较细，且处于半无限约束状态，钢筋锈蚀需要较大的膨胀位移才能使混凝土开裂。出现锈蚀的特征是混凝土的表面出现锈迹、膨胀以及表面脱落。当出现混凝土膨胀、表面脱落时，钢筋损伤已非常严重，一般截面削弱在 30%～65% 以上，有些甚至已经锈烂、锈断。

【讨论】 金属防腐方法：

① 改变金属的内部结构。例如，把铬、镍加入普通钢中制成不锈钢。

② 在金属表面覆盖保护层。例如，在金属表面涂漆、电镀或用化学方法形成致密耐腐蚀的氧化膜等。常用的有：用加入钢筋阻锈剂的水泥砂浆或混凝土进行修复；用钝化砂浆或混凝土修补；全树脂材料修补；MCI 阻锈剂刷于混凝土表面，渗入混凝土在钢筋表面形成保护膜，防止钢筋继续锈蚀。

③ 电化学阴极防蚀法。因为金属单质不能得电子，只要把被保护的金属做电化学装置发生还原反应的一极——阴极，就能使引起金属电化腐蚀的原电池反应消除。具体方法有：

外加电流的阴极保护法：利用电解装置，使被保护的金属与电源负极相连，另外用惰性电极做阳极，只要外加电压足够强，就可使被保护的金属不被腐蚀。牺牲阳极的阴极保护法：利用原电池装置，使被保护的金属与另一种更易失电子的金属组成新的原电池。发生原电池反应时，原金属做正极（即阴极），被保护，被腐蚀的是外加活泼金属——负极（即阳极）。

**（3）混凝土碳化**

混凝土碳化是混凝土所受到的一种化学腐蚀。指空气中 $CO_2$ 渗透到混凝土内，与其碱性物质起化学反应后生成碳酸盐和水，使混凝土碱度降低的过程。

【释】 混凝土碱度。水泥在水化过程中生成大量的氢氧化钙，使混凝土空隙中充满了饱和氢氧化钙溶液，其碱性介质使钢筋表面生成难溶的 $Fe_2O_3$ 和 $Fe_3O_4$，称为钝化膜，对钢筋有良好的保护作用。

混凝土碳化后果：①碳化作用一般不会直接引起混凝土性能的劣化，对于素混凝土，碳化还有提高混凝土耐久性的效果；②对于钢筋混凝土，碳化会使混凝土的碱度降低，当碳化超过混凝土的保护层时，在水与空气存在的条件下，破坏钢筋表面的钝化膜，使钢筋易于锈蚀；③增加混凝土孔溶液中氢离子数量，使混凝土对钢筋的保护作用减弱；④加剧混凝土的收缩，有可能导致收缩裂缝的产生和加大。

【讨论】 混凝土的碳化破坏在施工中的治理措施。主要有：

① 根据建筑物所处的地理位置、周围环境，选择合适的水泥品种，对于水位变化区以及干湿交替作用的部位或较严寒地区选用抗硫酸盐普通水泥；冲刷部位宜选高强度水泥。

② 分析骨料的性质。如抗酸性骨料与水、水泥的作用，对混凝土的碳化有一定的延缓作用。

③ 严格的工艺手段。选好配合比、适量的外加剂、高质量的原材料、科学的搅拌和运输、及时的养护等，以减少渗流水量和其他有害物的侵蚀，确保混凝土的密实性。

④ 若建筑物地处环境恶劣的地区，宜采取环氧基液涂层保护效果较好，对建筑物地下部分在其周围设置保护层；用各种溶注液浸注混凝土，如：用溶化的沥青涂抹。

## 7. 构件截面尺寸

**（1）刚度**

指结构或构件抵抗变形的能力。包括构件刚度和截面刚度，对于构件刚度，其值为施加于构件上的力（力矩）与它引起的线位移（角位移）之比。对于截面刚度，在弹性阶段，其值为材料弹性模量或剪变模量与截面面积或惯性矩的乘积。按受力状态不同可分为轴向刚度、弯曲刚度、剪变刚度和扭转刚度等。

材料力学中，弹性模量与相应截面几何性质的乘积表示为各类刚度，如 GI 为扭转刚度，EI 为弯曲刚度，EA 为拉压刚度。

【释】 刚度和弹性模量是不一样的。弹性模量是物质组分的性质；而刚度是结构的性质。也就是说，弹性模量是物质微观的性质，而刚度是物质宏观的性质。

【讨论】 材料抵抗变形的能力称为刚度；材料抵抗破坏的能力称为强度；材料保持原有平衡形式的能力称为稳定性。

结构中力的平衡、变形的协调以及由此产生的构件内力，都是通过构件自身的线刚度及连接构件之间的相对刚度的大小来体现的。结构外部因素的"力"（楼层作用荷载、风力、地震作用以及建筑物的自重等），在结构内部的作用、传递以及所引起的结构反应，都要通过属于结构内部因素的"刚度"来完成。

（2）构件截面与刚度关系

① 截面尺寸大，刚度增加。结构构件必须有合理的尺寸，才能满足刚度要求。

**【讨论】** 截面尺寸增大，势必消耗的材料用量就增加了，刚度也会随之增加。但如果增加的材料没有安排在合理位置，就不能充分发挥作用。

② 截面形状不同，刚度不同。如图2.108，三种不同截面形状的简支梁，其中工字截面使得大部分材料远离截面中性轴，提高了它的截面惯性矩，所以它的惯性矩最大，所提供的抗弯刚度最大。

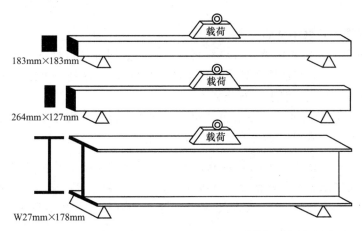

图2.108 材料用量和截面积相同、截面形状不同的简支梁

③ 截面材料不同，刚度不同。材料不同，它们的模量有着巨大的差异（如表2.9），直接影响着它们组成的截面刚度大小。

表2.9 常用材料的弹性模量

| 材料名称 | 弹性模量 $E/(\text{kgf}/\text{cm}^2)$ |
|---|---|
| 碳钢 | $(2.0 \sim 2.1) \times 10^6$ |
| 玻璃 | $0.56 \times 10^6$ |
| 混凝土 $200\text{kg}/\text{cm}^2$ | $(0.232 \sim 0.182) \times 10^6$ |
| 纵纹木材 | $(0.1 \sim 0.12) \times 10^6$ |

**【例】** 用力弯折直径和长度相等的实心钢管和木头，哪个费劲哪个刚度（弯曲刚度）就大。很显然是钢管的大，你有可能把木头弯折，但要弯折钢管就很难吧！用力弯折长度相等而直径不等的实心钢筋，当然是直径小的容易弯折吧，那就是直径小的刚度小了。所以刚度是和材料特性及截面特性直接相关，另外线刚度还和杆件长度有关。

# 五、工程材料选择、使用不当导致事故

未正确理解水泥、钢材、木材等常见材料的工程特性，承重结构材料使用不当，会导致承载力下降、结构裂缝，甚至倒塌。

## 1. 水泥安定性

水泥体积安定性，是指水泥在凝结硬化过程中体积变化是否均匀的性能。如果水泥硬化后产生不均匀的体积变化，即为体积安定性不良，安定性不良会使水泥制品或混凝土构件产生膨胀性裂缝或翘曲，降低建筑物质量，甚至引起严重事故。

【释】 安定性不良。由于配料比例失当、煅烧温度低、熟料冷却方式不当，部分 CaO 就不能完全与酸性氧化物化合或是已形成的 $C_3S$（硅酸三钙，在水泥水化过程中速度较快，能迅速使水泥凝结）发生分解，从而以 f-CaO（游离氧化钙）的形式存在于水泥熟料中。这种经高温烧成的晶体颗粒呈死烧状，密度大结构致密，且表面包裹着玻璃釉状物，遇水后水化速度极慢。

在水泥水化、硬化的过程中，f-CaO 在水泥具有一定的强度后才开始水化，发生在水泥浆体凝结硬化以后，并伴随一定的体积膨胀，在已经硬化的水泥石内部产生内应力，从而导致混凝土内部产生巨大的膨胀应力，当此应力超过混凝土的强度极限是，就会引起混凝土的开裂和破坏。

**（1）引起水泥安定性不良的原因**

① 熟料中所含的游离氧化钙、游离氧化镁过多。它们都是过烧的，熟化很慢（在水泥硬化后才进行熟化，只有在蒸压条件下才能加速水化反应），这是一个体积膨胀的化学反应，会引起不均匀的体积变化，使水泥石开裂。

② 熟料中石膏掺量过多时，在水泥硬化后，它还会继续与固态的水化铝酸钙反应生成高硫型水化硫铝酸钙，体积约增大 1.5 倍，也会引起水泥石开裂。

【讨论】 安定性不合格的水泥能不能使用。安定性不合格就是水泥中熟料反应的不彻底，放置一段时间可能会变成合格的。再检验不合格，只能报废。如果不合格，不能降级使用，也不能用于非结构部位，比如抹灰、砌筑用了后会引起膨胀裂缝等。

**（2）安定性不合格的质量事故**

① 在砌体工程中，砂浆达不到甚至没有强度。随着砂浆中水分的析出干燥，砂灰变酥，用手指即可轻易扒下，墙体粘结强度远达不到设计要求，甚至出现崩裂和损坏。

② 在装饰工程中，内外墙裙、抹灰层、场地及地面工程的砂浆，无强度、起皮、开裂、掉砂、起泡等，抹灰层出现大面积脱落、掉皮，或因经不起风雨的冲刷而在短期内毁坏。

③ 在混凝土工程中，用于板、梁、柱，浇筑后凝结缓慢、无强度，表面出现不规则的裂纹（见表 2.10）。阳台、梁、挑檐板、雨篷等，拆除模板的同时可发生断裂或损坏。

表 2.10 水泥品质的简易定性判断

| 合格水泥 | 不合格水泥 |
| --- | --- |
| 制成的混凝土外表坚硬刺手 | 制成的混凝土外表松软、冻后融化的感觉 |
| 制成的混凝土多数呈青灰色且有光亮 | 制成的混凝土多呈白色且黯淡无光 |
| 与骨料的握裹力强、粘结牢、石子很难从构件表面剥离下来 | 与骨料的握裹力差、粘结力小，石子容易从混凝土的表面剥离下来 |

【讨论】 水泥受潮能不能用。水泥由于储存保管不当而受潮后，应视具体情况处理（见表 2.11）。

表 2.11 水泥受潮表现和处置

| 现象 | 分析 | 处理 |
| --- | --- | --- |
| 有集合成小粒的状况，不过用手捏却又会变成粉末，并没有捏不散的粒块 | 已开始受潮，不过情况并不严重，强度损失也不大 | 压成粉末或者增加搅拌时间，在重新测定水泥强度。不进行水泥强度检验，只能用于强度要求比原来小 15%～20% 的部位 |

| 现象 | 分析 | 处理 |
|---|---|---|
| 部分结成硬；外部结成硬快,内部尚有粉末 | 受潮相当严重,强度损失已达一半以上 | 用筛子筛除硬块,对可压碎成粉的压碎,重新测定水泥强度。不测定强度,只能用于受力很小的部位、耐磨要求低的墙面抹灰等地方 |
| 结成大的硬块,看不出粉末状 | 完全受潮,强度全失,不再具有活性 | 不能使用 |

### 2. 木材强度

木材的力学性质是各向异性的。强度及破坏特征如表 2.12,在工程使用木材时要注意木材受力方向和部位,避免由于用材不当造成强度破坏。

**表 2.12　木材各种强度的特征**

| 强度 | | 特点 | 影响 | 破坏 |
|---|---|---|---|---|
| 抗拉 | 顺纹 | 所有强度中最大的,约为顺纹抗压强度的 2～3 倍 | 疵点(木节、斜纹等)对顺纹抗拉强度影响很大,因而木材实际的顺纹抗拉能力反较顺纹抗压能力低;受拉杆件连接处应力复杂,使顺纹抗拉强度难以充分利用 | 木纤维未被拉断,而纤维间先被撕裂 |
| | 横纹 | 横纹抗拉强度很小,仅为顺纹抗拉强度的 2.5%～10% | 工程中一般不使用 | |
| 抗压 | 顺纹 | 强度较高,仅次于顺纹抗拉与抗弯强度 | 疵点对其影响甚小,因此这种强度在土木工程中利用最广 | 木材细胞壁丧失稳定性的结果,而非纤维的断裂 |
| | 横纹 | 一般为顺纹抗压强度的 10%～20% | 强度以使用中所限制的变形量来决定 | 细胞壁失去稳定,细胞腔被压扁,产生大量变形 |
| 弯曲 | 顺纹 | 强度很高,为顺纹抗压强度的 1.5～2 倍 | 木材疵病对其影响很大,特别是当它们分布在受拉区时梁的上部受到顺纹抗压、下部为顺纹抗拉,而在水平面和垂直面中是剪应力土木工程中应用很广 | 受压区先达到强度极限,出现小皱纹,随外力增大皱纹扩展,产生大量塑性变形;受拉区达到强度极限时,纤维本身及纤维间联结断裂而导致破坏 |
| | 横纹 | 强度很低,与横纹抗拉强度类似 | 工程中一般不使用 | 纤维的横向联结撕裂 |
| 抗剪 | 顺纹 | 强度很小,为顺纹抗压强度的 15%～30% | 木材中疵病对其影响显著受横纹拉力作用 | 绝大部分纤维本身不破坏,而只破坏剪切面中纤维间的联结产生纵向位移 |
| | 横纹 | 强度比顺纹抗剪强度还低 | | 剪切面中纤维的横向联结撕裂 |
| | 横纹切断 | 强度较大,为顺纹抗剪强度的 4～5 倍 | | 木材纤维横向切断 |

**【释】** 木材疵点。由于木材是自然生长而成,会有各种材质缺陷,如木节(如图 2.109)、斜纹、夹皮、虫蛀、腐朽等,对木材的抗拉强度影响极为显著。

**【讨论】** 三角木屋架端节点的上下弦开槽连接,为使上弦杆固定在下弦杆端头,要在下弦杆端头顶面开槽,把上弦杆嵌在槽内。此时上弦杆作用到槽内的力分解为水平推力和垂直压力。其中水平推力作用在下弦杆槽中,对下弦杆端头产生顺纹剪力(如图 2.110)。开槽

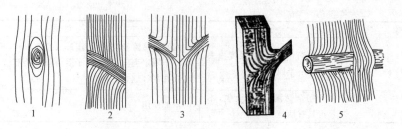

图 2.109　木材各种节

1—卵圆形；2—长条形；3—掌状；4—活结；5—死结

尺寸不当会造成受剪面不足而破坏。要注意端节点开槽不要太深，并保证端头有足够的抗剪力面积。

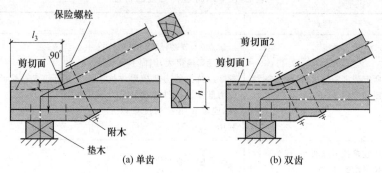

图 2.110　木屋架上下弦连接

如果此剪切面提供的顺纹抗剪能力不足，可以将上弦杆端头做成双齿型，它们在下弦杆上会形成两个不在同一平面上的剪切面 1、2 [如图 2.110（b）]，从而提供更多的抗剪能力。

**【例】** 某建筑物临街的前墙往里退，原有木屋架 8m 改为 7.52m。施工队为了省工，擅自将临街一端原木屋架端节点锯短，形成上下弦分离，只用木夹板将上下弦钉住。这样就完全破坏了屋架正常受力状态，在屋架上弦杆的压力作用下，木夹板首先被破坏，屋架失去承载能力而倒塌。

**【例】** 木压杆与钢筋拉杆的连接处脱落。由于下弦杆钢筋受拉力很大，在与上弦杆木压力联结处，钢筋锚固端对木材局部产生巨大压力，并且压力作用面积很小，最后木材压坏后钢筋锚固件挤入木材内，造成锚固移位松弛而丧失拉杆作用，最后屋架变形损坏。这类破坏还有可能由于穿钢筋用的预开孔过大、木材干缩等原因引起。

为解决这种问题，可以采取加大钢筋锚固件的垫板尺寸、螺孔直径要同拉杆直径相配合（防止因孔太大，拉杆连同螺帽一同滑出）、加设传压铁件（如图 2.111）等措施。

# 六、规范执行问题导致事故

## 1. 规范

建筑规范，由政府授权机构所提出的建筑物安全、质量、功能等方面的最低要求，这些要求以文件的方式存在就形成了建筑规范。

施工规范，对施工条件、程序、方法、工艺、质量、机械操作等的技术指标，以文字形式做出规定的文件。

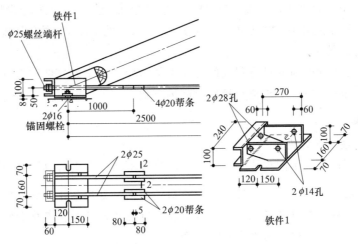

图 2.111　钢筋拉杆与木压杆联结点示意

**（1）规范**

指对于某一工程作业或者行为，进行定性的信息规定。

【释】　规——尺规，范——模具。这两者分别是对物、料的约束器具，合用为"规范"，拓展成为对思维和行为的约束力量。

除了法律、规章制度、纪律外，学说、理论和数学模式也具有规范的性质。

**（2）规范的强制性**

强制性，指必须依照法律适用、不能以个人意志予以变更和排除适用。行为主体必须按行为指示作为或不作为。特点是主体没有自行选择的余地。

【释】　《标准化法》（主席令七届第 11 号）第七条规定："保障人体健康、人身、财产安全的标准和法律、行政法规规定强制执行的标准是强制性标准，其他标准是推荐性标准。"《建设工程质量管理条例》对执行国家强制性标准作出了比较严格的规定，不执行国家强制性技术标准就是违法，就要受到相应的处罚。

【例】　强制性国家标准的编号为 GB 50×××—××××；推荐性国家标准的编号为GB/T 50×××—××××。

其中：GB——强制性国家标准的代号；

50×××——发布标准的顺序号；

××××——发布标准的年号；

GB/T——推荐性国家标准的代号。

《标准化法》颁布以后，各级标准在批准时就明确了属性，是强制性的还是推荐性的。标准在制定中通过严格程度不同用词来区分人们对自然的认识，在内容上面既有强制性的"应"、"必须"、"严禁"，也有推荐性的"宜"和"可"等不同的表述。

世界上大多数国家对建设活动的技术控制，采取的是技术法规与技术标准相结合的管理体制。技术法规是强制性的，是把建设领域中的技术要求法治化，严格贯彻在工程建设实际工作中，不执行技术法规就是违法，就要受到法律的处罚，而没有被技术法规引用的技术标准可自愿采用。

我国工程建设技术领域直接形成技术法规，按照技术法规与技术标准体制运作还需要有一个法律的准备过程，还有许多工作要做。为向技术法规过度而编制的《工程建设标准强制性条文》标志着启动了工程建设标准体制的改革，将会逐步形成我国的工程建设技术法规体系。

（3）规范的时效性

同一件事物在不同的时间具有很大的性质上的差异，这个差异性称为时效性。时效性影响着规范的生效时间，决定了规范在哪些时间内有效。

2. 执行规范

（1）错误地使用设计规范

条文的含义不理解、不同规范中相关条文的衔接不当、超出时效等。

【例】 工程条件掌握不足。①设计时对地基、气象等自然条件和场地现状了解不够，甚至完全不了解；②施工单位在不充分掌握地基和场地现状，或者在不应有的气象条件下盲目施工；③建设单位提供了错误的勘察和气象资料。

（2）违背设计规范和国家标准

主要指违反强制条文的规定。

【例】 三层混合结构，在浇完屋面混凝土后，突然全部倒塌。经检查与验算，主要承重结构设计截面偏小、设计图上又未注明砖及砂浆的强度要求，实际所用砖及砂浆强度较低，砌筑质量差。

## 第二节　工程施工相关质量事故

## 一、施工人员缺乏理论知识导致事故

### 1. 土压力

土侧压力，土体作用在建筑物或构筑物上的侧向压力。促使建筑物或构筑物移动的土体推力称主动土压力；阻止建筑物或构筑称移动的土体对抗力称被动土压力，不能使建筑物或构筑物产生移动的土体推力称为静止土压力。

（1）影响因素

土侧压力的类型、大小、方向等，受到墙体可能的移动方向、墙后填土的种类、填土面的形式、墙的截面刚度和地基的变形等一系列因素的影响。

（2）结构物承受土压力类型

挡土墙、地下室外墙、拱桥桥台、支护板桩等，这些结构类型所承受的土压力性质是不同的。根据土侧压力理论，在其他条件一致时，被动土压力值最大，主动土压力值最小。在结构物受力分析时应正确判断所承受的土侧压力是主动还是被动的，对分析结果是否符合工程实际是很重要的。在施工过程中，如果工况与设计不符，同样会造成事故。

【讨论】 常见结构物上的土压力。常规挡土墙（如图 2.112），作为土体的支撑物通常会随着土侧压力有少量沿压力方向的位移，形成的是主动土压力；地下室外墙外侧承受土侧压力（如图 2.113，$q_1$ 表示平时工况下地面活载引起侧压力；$q_2$ 为地下水位以上土侧压力；

$q_3$ 为地下水位以下的土侧压力；$q_4$ 为地下水压力），但墙体还是上部承重结构的一部分，是不能产生侧移的，所以形成的是静止土压力；拱桥桥台（如图 2.114）受到桥拱传来的水平推力，桥台有沿推力方向位移产生，对桥台背后土体产生压力，形成的是被动土压力；基坑支护板桩（如图 2.115）作为悬臂结构，桩身挡土部分为主动土压力、桩身基础部分为被动土压力。

图 2.112 重力式挡土墙

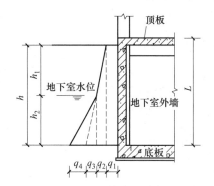

图 2.113 地下室外墙承受水土压力

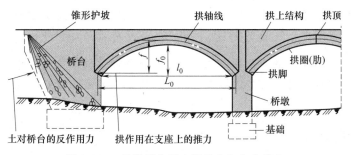

图 2.114 拱桥桥台受水平推力和土支撑力

【例】 基坑回填土施工顺序（如图 2.116）。如果基础单侧回填土，回填土对基础侧面产生单向土侧压力，造成基础轴线偏移，或对基础上墙体根部造成剪切破坏。如必须一侧回填可以根据回填土的高度及具体情况，计算土的侧压力及建筑物剪切力最大处的抵抗能力，看是否安全。

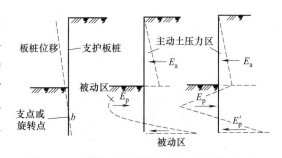

图 2.115 基坑支护板桩位移及土侧压力分布

【讨论】 基础完成后，回填土回填顺序。基础等周围的回填，应同时在两侧及基本相同的标高上进行，特别要防止对结构物形成单侧施压。

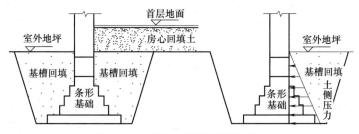

图 2.116 基础两侧或单侧回填土

## 2. 梁受力状态

简支梁是静定结构，在均布荷载作用下跨中形成正弯矩，支座处弯矩为零（如图 2.117）；连续梁一般是超静定结构，在均布荷载作用下支座有负弯矩（如图 2.118）。

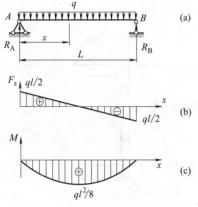

图 2.117　均布荷载下简支梁内力图

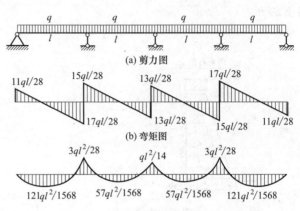

(a) 剪力图

(b) 弯矩图

图 2.118　均布荷载下连续梁内力图

连续梁变形和跨中弯矩通常比单跨梁要小，并且支座处会产生负弯矩。因此连续梁配筋相应有变化，主要是跨中梁底面受拉主筋用量小、支座处梁顶面必须布置受拉负筋。

【例】　施工中预制基础梁被做成现浇连续梁。设计的分段简支梁，施工时梁被连续现浇成长梁，但配筋仍然按照设计施工图布设，导致在梁上面砌筑墙体后，在各支座处梁顶面多处开裂破坏。

## 3. 预制构件受力

### （1）施工过程中受力

预制牛腿柱施工吊装时受力状态不断变化。运输途中和起吊前是平躺，起吊过程至构件完全离地前按受弯梁受力［如图 2.119（a）、(b)］，起吊瞬间考虑动力系数；单点起吊构件完全离地后，柱按受拉杆受力［如图 2.119（c）］。

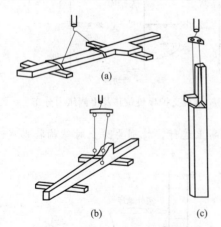

图 2.119　预制牛腿柱起吊示意

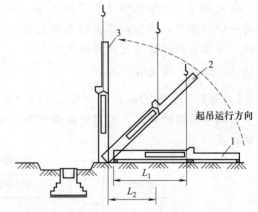

起吊运行方向

图 2.120　牛腿柱起吊时跨度的变化示意

【释】　动力系数。构件在整个起吊过程中，所承受的荷载为自身的重力。在起吊离地瞬间柱从静止到运动需要有一个加速度，这样自重形成的动力荷载要在重力加速度之上增加一个运动加速度，使得重力比静止时要大很多，工程上考虑动力系数来表达这个影响。同时，起吊瞬间作为梁受力的梁跨度 $L$ 是整个起吊过程中最大的（如图 2.120 中 $L_1 > L_2$），所产生的弯矩影响也是最危险的。

【讨论】 牛腿柱的平吊和翻身起吊受力不同，当吊装受力与使用受力不一致时，吊点选择应符合吊装弯矩最小的原则（如图 2.121 中弯矩图，跨中最大正弯矩与吊点处负弯矩的绝对值相等），以免吊装弯矩过大而过受破坏。

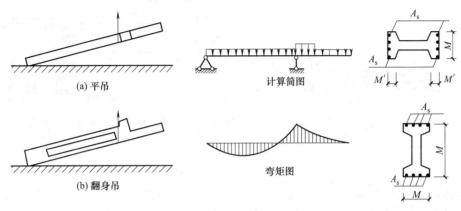

(a) 平吊

计算简图

(b) 翻身吊

弯矩图

图 2.121　工字型截面牛腿柱起吊

柱的吊装可以采用平吊 [图 2.121 (a)]，截面的受力方向是柱的平面外方向，截面有效高度大为减小，部分钢筋处于不利受力位置，不能充分发挥作用。故采用平吊时可能需验算后增加柱中配筋；也可以采用翻身吊 [图 2.121 (b)]，截面的受力方向与使用阶段一致，因而承载力和裂缝宽度均能满足要求，一般不必进行验算。若翻身起吊仍不能满足时，则可增加吊点，改一点起吊为二点起吊，以减小吊装弯矩，或采取临时加固措施。吊装验算是临时性的，故构件的安全等级比使用阶段低一级；柱的混凝土强度等级一般按设计规定值的70%考虑。

【释】 起吊绑扎点设计位置通常是牛腿根部。如果起吊施工时吊点绑扎位置不对，随意增加或减少吊点，将会使得构件受力完全不同于设计受力状态，造成简支段跨中受弯破坏或悬臂段支座根部受弯破坏。如果起吊离地速度过快，也会造成柱受到更大的动力荷载而损坏。

【例】 某工程项目 C 列柱为等截面柱，长 12m，断面为 400mm×600mm；采用对称配筋，混凝土强度等级为 C20，吊装时已达 100%强度；柱为平卧预制，一点起吊，吊点距柱顶 2m。刚吊离地面时，在柱脚与吊点之间离柱脚 4.8m 左右产生裂缝，裂缝沿底面向两侧面延伸贯通，最大宽度达 1.3mm，使柱产生断裂现象。

某薄腹屋面梁采用平卧重叠制作，翻身扶直时，第一榀梁产生严重裂缝。原设计梁仅有 2 个吊环，位置距端部 2800mm，施工时增加 2 个吊环，位于距跨中 1500mm 处（如图 2.122）。屋面梁翻身起吊时，4 个吊环受力不均，其中右侧 1 个和中间 2 个吊环因梁与基层的隔离层完好先提升起来；左侧吊环附近因梁间相互粘结，吊环受力较大，相当于在该吊环附近增加了较大的剪力和弯矩，最后梁扭曲破坏。

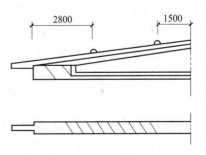

图 2.122　薄腹屋面梁吊环位置

【讨论】 预制构件运输时的受力（如图 2.123、图 2.124）。如果运输过程中柱平放在平板车上时，柱身下面没放垫块或垫块没有按设计支座位置放置，都可能造成柱在运输途中受力状态改变；运输时（或堆放时）上下叠摆构件（如图2.125）支点不在一条垂线上，上层构件通过垫木传下来的荷载成为下层构件跨间集中力，将使得下层构件产生附加弯曲应力。这些情况都会造成构件产生非设计受力状态而出现意外损坏。

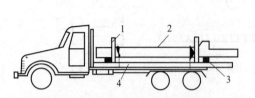

图2.123 载重汽车上设置平架运短柱

1—运架立柱；2—柱；3—垫木；4—运架

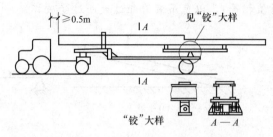

图2.124 拖车上设置"平衡梁"三点支承运长柱

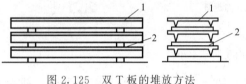

图2.125 双T板的堆放方法

1—双T板；2—垫木

**（2）施工过程中稳定**

高大构件临时稳定方法：固定用钢楔块、缆风绳。

① 柱子临时固定：柱子转动到位缓缓降落插入基础杯口，至离杯口底2～3cm时，用八只楔块从柱的四边插入杯口（如图2.126），并用撬杠撬动柱脚，使柱子中心线对准杯口中心线，对准后略打紧楔块，放松吊钩，柱子沉至杯底，并复对线无误后，两面对称打紧四周楔块，将柱子临时固定，起重机脱钩。

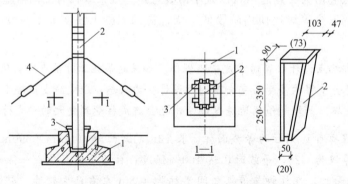

图2.126 预制桩在杯口基础中的临时固定

1—基础；2—柱；3—钢楔；4—缆风绳

② 屋架临时固定：第一榀屋架安装就位后，用四根缆风绳从两边把屋架拉牢（因为它是单片结构，侧向稳定性差；它还是第二榀安装的屋架的支撑，所以必须做好临时固定），若有抗风柱可与抗风柱连接固定（如图2.127）。第二榀屋架用屋架校正器临时固定，每榀屋架至少用两个屋架校正器与前根屋架连接临时固定，如图2.128。第二榀屋架以及以后各榀屋架可用工具式支撑临时固定到前一榀屋架上，如图2.129所示。

**【释】** 屋架校正器，如图2.130所示。它由三节组成，首节用$\phi43$钢管制作；尾节包括两部分，一部分用$\phi43$钢管制作，另一部分包括摇把、螺杆和套管卡子；中节用$\phi48\sim57$钢管制作，屋架跨度24m以内的，用$\phi48$钢管，屋架跨度在30m以上的，用$\phi57$钢管，中节长为 3m 和 1m 两种。3m 长中节用于 6m 柱间距屋架校正，1m 长中节用于 4m 柱间距屋架校正。

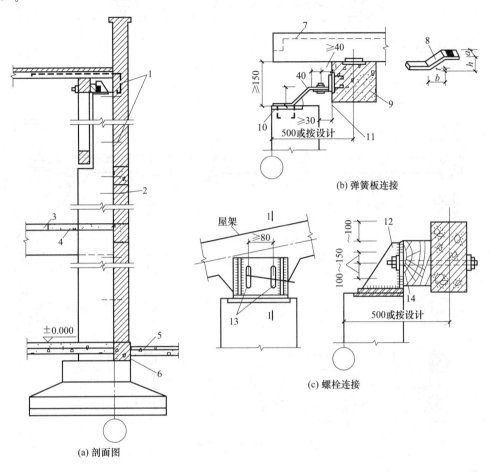

图 2.127　抗风柱与屋架连接构造

1—锚拉钢筋；2—抗风柱；3—吊车梁；4—抗风梁；5—散水坡；6—基础梁；7—屋面纵筋或檩条；
8—弹簧板；9—屋架上弦；10—柱中预埋件；11—≥ϕ16 螺栓；12—加强板；13—长圆孔；14—硬木块

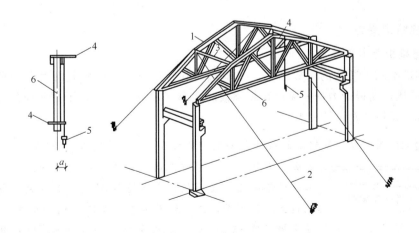

图 2.128　屋架的临时固定与校正

1—第一榀安装屋架；2—缆风绳；3—屋架校正器；4—挂线木尺；5—线锤；6—被校正屋架

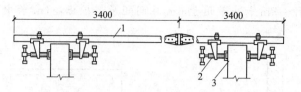

图 2.129　工具式支撑的构造
1—钢管；2—撑脚；3—屋架上弦

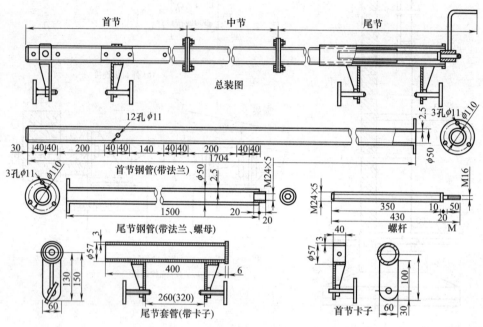

图 2.130　屋架校正器构造

【例】　山墙在建筑物中高度最大，在大风或脚手架震动下倒塌。山墙柱上部未与屋架、支撑等连接时，也是悬臂结构，若在这种条件下砌完山墙，施工过程中没有采取防风、防倒措施，就会造成失稳倒塌。山墙砌好后未及时上屋盖，未及时与抗风柱连系，在大风中被刮倒。

### 4. 悬挑结构受力

#### （1）悬挑板受力筋位置

悬挑构件不同于通常的梁板结构，在垂直荷载作用下，悬挑板截面上部受负弯矩（受拉），下部受压，所以受力钢筋应放在悬挑板的上部（如图 2.131），下部相应的可以设构造筋也可不设，具体要看设计要求。

【讨论】　板顶钢筋位置错误的后果。若把钢筋放在下边，或施工时支垫不妥，施工中钢筋绑扎完毕之后工序作业时，工人站在钢筋网上工作，脚踩和工具设备碰压，使得板顶负筋向下移位变形过大，或被浇筑的混凝土压到下面，造成板面开裂、折断。例如板厚100mm，负筋保护层厚15mm时，如果负筋下移30mm，钢筋就接近板断面的中性轴而失去抗拉作用。一旦板底模板支架拆除，板顶面的负弯矩缺少抗力，均会导致根部断塌引发事故。

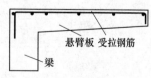

图 2.131　悬臂板及受力钢筋位置

**【例】** 某百货大楼一层橱窗上设有挑出 1200mm 通长现浇钢筋混凝土雨篷 [如图 2.132 (a)]。待到达混凝土设计强度拆模时突然发生从雨棚根部折断的质量事故，呈门帘状 [如图 2.132 (b)]。

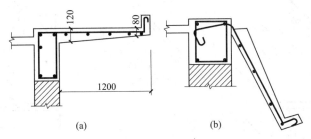

图 2.132　悬挑雨篷结构布置及破坏情况

受力筋位置错误，原钢筋应当布置在构建上部受拉，但破坏后发现钢筋实际处于构件下部，无法实现其受拉功能，模板拆除后雨篷在自重的作用下将上部混凝土拉坏，导致事故的发生。钢筋工绑扎好钢筋后就离开了，在打混凝土时没有组织现场人员对受力筋位置进行检查，于是发生了上述事故，各施工环节的质量检查没有做到位。

**【讨论】** 打混凝土前，有"好心人"看到雨篷钢筋浮搁在梁的箍筋上，受力筋又放在雨篷顶部（通常概念总以为受力筋就放在构件底面），就把受力筋临时改放到过梁的箍筋里面，并贴着模板。这样做的后果与钢筋被踩下移的后果一样。可见该工程在责任分工上没有做到各司其职，即使发现问题也应该先向有关技术人员报告，而不是擅自改动。

**（2）悬挑结构受力筋**

有的悬挑结构是靠伸入墙或梁板内的钢筋来保持其稳定的，如果漏放或长度不足锚固长度不够，或者没按要求连接好，也会发生断塌。

**【例】** 某住宅顶层楼，七个双阳台上的遮阳板，因漏放伸入圈梁的钢筋，在拆除模板时全部倒塌。

**（3）悬挑板厚度**

通常悬挑板厚度比较薄，受力却很大，施工中没有严格按设计要求形成足够的厚度，断面厚度尤其是根部厚度达不到要求，构件的有效断面减小。就不能使得钢筋产生足够大的抵抗矩，即使配有足够的钢筋量，也不能确保悬挑板的承载力，难以承受构件自重及上部荷载。

**【例】** 某工程四层楼的阳台，因根部断裂而倒塌。事后查明，根部厚度原设计 100mm，实际只有 80mm，钢筋位置下移 32mm，阳台的实际承载能力只有设计承载力的 39%。

**（4）施工超载**

悬挑结构的固端弯矩与作用荷载成正比，如施工荷载超过设计荷载，模板下沉，根部出现裂缝，尤其是当有根部向外浇筑混凝土时，随着荷载的增加，模板变形，也极易在根部产生裂缝，导致拆模后断裂。

**5. 多边支撑板**

板的支撑有两类（如图 2.133）：单向板、双向板。

根据弹性薄板理论的分析结果，当区格板的长边与短边之比超过一定数值时，荷载主要是通过沿板的短边方向的弯曲作用传递的，沿长边方向传递的荷载可以忽略不计，这时可称

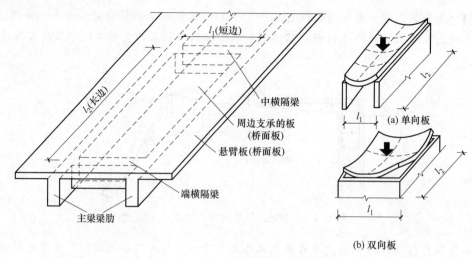

图 2.133　板的支撑状态

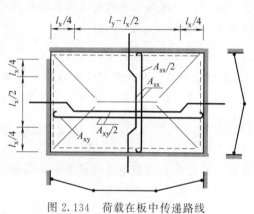

图 2.134　荷载在板中传递路线

其为单向板。当为单向板时，长跨方向分配到的力很小，所以在设计计算时就只考虑短跨方向的受力，把板的荷载导向短跨两侧的梁，一梁一半，在长跨方向按构造来配置钢筋。

双向板即两个方向都受力（如图 2.134）。荷载是按两个方向的抗弯刚度不同大小分配的，沿短方向分配的荷载更大。这是荷载传递"走捷径"的属性决定的。板按照 45°对角线划分的面积，每块面积上的荷载传到相邻梁上，四梁分担。

【讨论】　四边支撑的板如何判断单、双向。可以依据弹性塑性理论、传力途径、支撑状况、配筋情况等方面综合区别，如表 2.13。

表 2.13　单、双向板的判断条件

| 板类别 | 长边与短边长度之比 | 传力途径 | 支撑状况 | 配筋情况 |
|---|---|---|---|---|
| 应按双向板 | $L/B \leqslant 2$ | 沿着板的两个方向传递，直接把弯矩分配给板的两个方向的钢筋 | 四边支撑 | 双向配筋，两个方向的钢筋都是主筋 |
| 宜按双向板 | $2 < L/B < 3$ | | | 当按沿短边方向受力的单向板计算时，应沿长边方向布置足够数量的构造钢筋 |
| 可按单向板 | $L/B \geqslant 3$ | 荷载主要沿短边方向传递到长边上，长跨方向的弯矩可以忽略不计，板主要在传力方向弯曲 | 板只在长边方向受到支撑 | 应沿长边方向布置足够数量的分布钢筋，与受力钢筋垂直，并且布置在受力钢筋的内侧 |

【释】　分布钢筋（如图 2.135）。主要的作用是固定受力钢筋、将荷载均匀传递给受力钢筋、承担由于温度等原因引起的应力。

**【例】** 现浇板钢筋位置放错。某新建三层楼房现浇楼板为单向板，将受力钢筋放在长方向，分布钢筋放在短方向，在拆除模板时，三层楼板全部塌落，并砸坏部分二层楼板。

## 二、施工做法不当导致事故

施工工艺，指一项工程具体的工序规定和每道工序所要求采用的施工技术、施工方法和施工材料。

### 1. 构件节点施工

#### （1）现浇钢筋混凝土梁柱节点区钢筋施工问题

梁柱节点处梁柱主筋纵横交叉，又是箍筋加密区，钢筋安装绑扎不便（如图 2.136）。梁柱节点钢筋绑扎中，预先全部绑扎好柱核心区加密箍筋，再安装绑扎梁纵横交叉的受力筋。常见的质量问题如下。

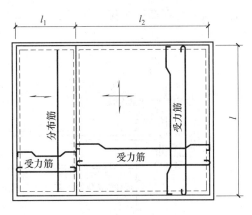

图 2.135 板钢筋布置示意

① 梁柱节点箍筋加密区的箍筋少放（如图 2.137），绑扎铁丝少扣、漏扣、松扣，箍筋绑扎间距不匀，高低不平。梁柱节点加密区箍筋弯钩闭合处未相互错开。

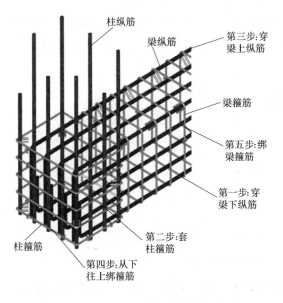

图 2.136 梁柱节点钢筋布置示意

图 2.137 梁柱节点区内没放柱箍筋

② 箍筋重叠堆放在纵横交叉的梁受拉钢筋上面，箍筋闭合处未错开设置，梁受力筋端头锚入支座中的长度不足，位置、间距不符合要求。

③ 梁主筋端头 90°弯钩平直部分未锚入支座中（正确要求如图 2.138）。

④ 当梁受力筋端头为 90°弯钩时，在不易放进支座的情况下，将部分箍筋从中间割断。

⑤ 为节约钢材、梁受力筋锚入支座中的长度不够。

⑥ 梁主筋端头有焊接接头锚入支座中。

⑦ 梁受力钢筋锚入支座中的位置、间距不均，当梁主筋为双排钢筋时，在支座中叠合

一起，或双排钢筋间距拉大（正确做法如图 2.139）。

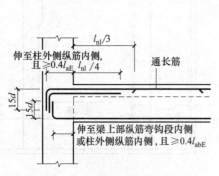

图 2.138 梁主筋锚入梁柱节点区要求

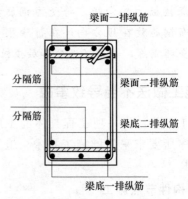

图 2.139 双排主筋之间加分离筋

**（2）梁柱节点混凝土强度取值**

柱梁等级不同时，等级差异两个等级（含）以上时，按照"先高后低"的浇捣原则，即先浇高强度等级混凝土，后浇低强度等级混凝土。把柱先浇到梁底，然后楼面模板安装好后，浇捣混凝土时，先浇柱子，初凝前再浇捣梁。防止低强度的混凝土进入柱内，在梁和柱之间有钢丝网隔开（在梁内设置钢丝网，钢丝网上端隔柱 300mm，45°角斜向布置）。

柱混凝土要浇至延梁长一倍梁高处（即相连梁端一部分也应为柱混凝土强度），混凝土面成 45°角（如图 2.140）。主梁钢筋绑扎时，在梁柱节点附近离开柱边 ≥500mm，且 ≥1/2 梁高处，沿 45°斜面从梁顶面到梁底面用 2mm 网眼的密目钢丝网分隔（作为高低等级混凝土的分界），钢丝网绑扎 φ12 钢筋网片上，钢丝网宽至少比梁宽大 100mm，折到梁侧面固定。

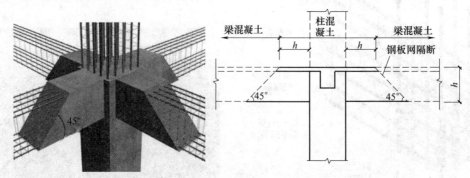

图 2.140 梁柱节点混凝土浇筑示意

**【讨论】** 梁柱接头一般情况下按照梁的混凝土强度等级来浇筑。节点处是属于梁端的一部分，梁在柱上的支承端。在抗震上有强柱弱梁、强节点强锚固之说，这方面可以通过提高结点区的配筋来提高强度。

**【反对】** 梁柱节点处的混凝土强度如果取用梁板的混凝土强度，会引起柱在竖向荷载作用下的承载力不足，以及地震作用下节点核心区的抗剪承载力不足。而且节点部位钢筋要加强（加粗加密），往往导致浇筑混凝土时振捣非常困难。普通混凝土无法浇筑，只好用"瓜子片"（即粒径 5～15mm 的细石）混凝土代替，但是梁又是普通混凝土。

**（3）柱梁节点处施工缝位置**

一般的框架柱施工缝应留在梁底。在混凝土初凝前重点控制高低强度等级混凝土的邻接面不能形成冷缝，故应在柱顶梁底处留设施工缝。

在施工柱时，柱混凝土浇筑高度应超过梁底30mm，然后剔除软弱层，保证剔完的柱顶标高高于梁底5～10mm，这样就能更好地保证接头的成型效果。

【讨论】 产生梁柱节点不同混凝土强度等级处裂缝。这些裂缝不是荷载作用下的结构裂缝，并不影响结构的安全使用。虽然微裂在混凝土中是很难避免的，但是应从严要求，分析原因，采取有效措施，尽量控制和消除这类裂缝，进一步提高工程质量。其具体原因是：

① 梁柱节点处，混凝土的强度等级相差较大（相差两个等级）时，不同强度等级的混凝土水泥用量、水灰比、用水量都不同，柱子体积大水泥用量多，产生的水化热高，高低强度等级混凝土的收缩有差异，所以在其交界附近容易产生裂缝。

② 柱子断面大、刚度大，梁的截面相对较小，受柱子的强大约束，梁混凝土的收缩受限制，也容易产生裂缝。

③ 商品混凝土配合比中，高强度等级混凝土的水泥用量偏多，水灰比、含砂率、坍落度偏大，也会导致高低强度等级混凝土交界附近产生裂缝。

④ 现浇梁板的梁在板下，上面保养的水被板充分吸收，而梁得不到充足的养护水分，造成梁的内外不均匀收缩，也容易导致梁的两侧面产生裂缝。

⑤ 有的梁侧面水平方向的构造钢筋太少，对梁的抗收缩裂缝不利。

### 2. 施工荷载

施工荷载是施工时模板结构的自重（模板面板、支撑结构、连接件）、混凝土及钢筋自重、临时放置的材料、施工人员及施工设备（大型浇注设备如上料平台、混凝土输送泵等按实际情况计算）机具、振捣及浇捣混凝土时产生的最大可能的重力标准值之和。

【例】 加载不当。施工人员对结构设计理论了解不够，对楼面设计活荷载没有量的认识。因此，作业时构件、材料随意堆放，稍不注意就要出现超载的断裂、倒塌事故。

### 3. 施工做法

**（1）材料使用**

1）砂浆制作和使用

砂浆强度影响因素：与水泥强度等级，砂的品种、含泥量，石灰熟化时间，外加剂的掺入量及各种材料的用量，搅拌时间，试配、稠度、保水率等因素有关。

【释】 砌筑砂浆。按材料组成不同分为水泥砂浆（水泥、砂、水）、混合砂浆（水泥、砂、石灰膏、水）、石灰砂浆（石灰膏、砂、水）、石灰黏土砂浆（石灰膏、黏土、砂、水）、黏土砂浆（黏土、砂、水）、微沫砂浆（水泥、砂、石灰膏、微沫剂）等。

水泥砂浆可用于潮湿环境中的砌体，其他砂浆宜用于干燥环境中的砌体。

【讨论】 水泥砂浆与混合砂浆的区别。混合砂浆主要是加了石灰膏，以改善砂浆的和易性，方便操作，以利于砌筑的密实度和工效的提高，也可以节省水泥用量。混合砂浆的石灰是气硬性材料，与水反应，石灰中的 $Ca(OH)_2$ 会溶解，强度会降低，只能用于内墙抹灰，在地面以上使用；水泥砂浆强度更高，水泥是水硬性材料可用于有水环境，但水泥砂浆容易开裂，在运输过程中，水泥砂浆的保水性没有混合砂浆好。

【例】 砌体吸水性对砂浆强度的影响。砖吸水能力强，会使灰缝中砂浆的失水，无法完成水化反应，造成砂浆强度无法形成影响粘结力。为此砌筑烧结普通砖、烧结多孔砖、蒸压灰砂砖、蒸压粉煤灰砖砌体时，使用前1～2天应浇水适度湿润，并能除去砖表面的粉尘；但浇水过多则会产生跑浆现象，使砌体走样或滑动。严禁采用干砖或处于吸水饱和状态的砖砌筑。

【释】 块体湿润程度。烧结类块体的相对含水率（含水率与吸水率的比值）60%～70%；混凝土多孔砖及混凝土实心砖不需要浇水湿润，但在气候干燥炎热的情况下，宜在砌筑前对其喷水湿润。其他非烧结类块体的相对含水率为40%～50%。一般要求砖润湿到半干湿（水浸入的深度不小于15mm）较为适宜。

2）石灰熟化

生石灰与水发生化学反应，消解成氢氧化钙的过程，反应生成的产物氢氧化钙称为熟石灰或消石灰。石灰熟化的理论需水量为石灰重量的32%。石灰在熟化后，还应"陈伏"2周左右。在生石灰中，均匀加入60%～80%的水，可得到颗粒细小、分散均匀的消石灰粉；若用过量的水熟化，将得到具有一定稠度的石灰膏。熟化时放出大量的热、体积膨胀1～2.5倍。

【释】 陈伏。石灰中一般都含有过火石灰，过烧石灰消化速度极慢，当石灰抹灰层中含有这种颗粒时，由于它吸收空气中的水分持续熟化，体积膨胀。若在石灰浆体硬化后再发生熟化，致使墙面隆起、开裂，严重影响施工质量。为了保证石灰完全消解，以消除过火石灰的危害，石灰在熟化后，必须在储灰坑中陈放一定的时间才可使用。建筑工程中使用的石灰浆必须经过陈伏。

陈伏时间，一般用于砌筑砂浆需要7天以上、抹面砂浆需要15天以上、罩面砂浆需要30天以上。磨细生石灰粉熟化不少于2天。

**（2）砌体组砌**

1）组砌方法

为了提高砌体的整体性、稳定性和承载力，砌块排列的原则应遵循内外搭砌、上下错缝的原则，避免出现连续的垂直通缝。用普通黏土砖砌筑的砖墙，按其墙面组砌形式不同，有一顺一丁、三顺一丁、梅花丁等（如图2.141、图2.142）。

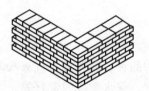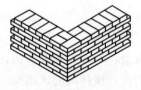

图2.141　一顺一丁、三顺一丁砌筑方法

【释】 通缝（如图2.143）。砌体中（上下皮块材搭接长度）小于规定数值的竖向灰缝。《砌体结构工程施工质量验收规范》GB 50203—2011要求：砌筑填充墙时应错缝搭砌，蒸压

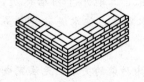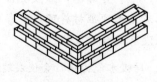

图2.142　梅花丁、二平一侧砌筑方法　　图2.143　填充墙形成通缝

加气混凝土砌块搭砌长度不应小于砌块长度的1/3；轻骨料混凝土小型空心砌块搭砌长度不应小于90mm；竖向通缝不应大于2皮。

独立砖柱组砌时，不得采用先砌四周后填心的包心方法。

**【释】** 包心砌法。即先砌四周后填心的组砌法。这种做法中心部位与四周没有错缝搭接（如图2.144），使得砖柱内产生上下贯通的通缝，整个砖柱形不成整体。

图2.144 砖柱包心砌法的错误组砌

**【例】** 独立砖柱承受集中荷载，有的处于偏心受压状态。当偏心达到一定程度时，砖柱横断面部分承受压缩部分承受拉伸，砖块的抗弯抗剪强度很低，便出现裂纹。随着裂纹的扩展，柱体分裂趋向破坏（如图2.145）。包心砖柱自身已经具有了通缝，更容易破坏。

**【讨论】** 砖柱的正确砌法。常见的组砌方法如图2.146所示。如果一定要采取包心砌法，则必须沿柱高每隔五至八皮砖放一层 $\phi 4$ 的钢丝网，以增强砖柱的整体性。

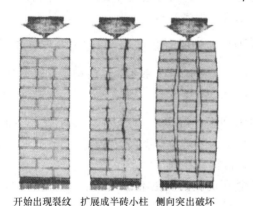

图2.145 砖柱受压形成垂直开裂破坏

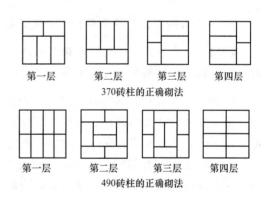

图2.146 砖柱的正确组砌方法

2) 砂浆饱满度

保证砖砌体灰缝的中砂浆与砖的有效粘结程度，砖块均匀受力和使砌块紧密结合，要求水平灰缝砂浆饱满，厚薄均匀，否则，砖块受力后易弯曲而断裂。

以砖与砂浆的接触面面积和砂浆在砖面上有效粘结的面积的百分比表示。水平灰缝的砂浆饱满度不得小于80%；竖向灰缝不得出现透明缝、瞎缝和假缝。

**【释】** 饱满度百分比确定方法。拆下墙中的砖，底面朝上，放上百格网，数出砖上粘有砂浆痕迹的格子数，取三块砖的平均值，80以上为合格[百格网是一块透明的网格片（如图2.147），长宽与标准砖的尺寸一致，上面长方向和宽方向平均划分十等份的格子，总数刚好是一百格]。

**【讨论】** 砂浆饱满度不够的原因。①M2.5或小于M2.5的砂浆如使用水泥砂浆，因水

图 2.147　百格网使用方法

泥砂浆和易性差、砌筑时挤浆费劲，操作者用大铲或瓦刀铺刮砂浆后，使底灰产生空穴，砂浆不饱满。②用干砖砌墙，使砂浆因早期脱水而降低强度。而干砖表面的粉屑起隔离作用，减弱了砖与砂浆的粘结。③用推尺铺灰法砌筑，有时因铺灰过长砌筑速度跟不上，砂浆中的水分被底砖吸收，使砌上的砖与砂浆失去粘结。④砌清水墙时为了省去刮缝工序，采取了大缩口的铺灰方法，使砌体砖缝缩口深度达 2～3mm，既减少了砂浆饱满度，又增加了勾缝工作量。

3）砌筑速度

水泥砂浆对砌体来说主要起固结作用（将砌块粘结成整体）。砂浆中的水泥需要在一定的时间内发生水化作用，砂浆才能凝结硬化受力，砌筑初期水泥砂浆没有强度或强度很低。

a. 每日砌筑高度过高，则砖墙累加到底层的自重大，砂浆会被挤出，砖墙容易变形倾斜难以保证砌体的稳定性，破坏砖与砂浆的粘合，进而影响砖墙的整体强度。

【释】　砌筑高度。砖墙每天砌筑高度以不超过 1.8m 为宜；雨天施工时，每天砌筑高度不宜超过 1.2m；混凝土小型空心砌块每次砌筑高度不超过 1.5m；轻骨料混凝土小型空心砌块墙体每日砌筑高度不宜超过 1.8m。

【例】　毛石砌体砌筑速度过快，一次砌筑高度过高时，因砂浆尚无强度很易垮塌；砖砌体、特别是灰砂砖砌体一次砌筑高度太大，同样会造成砌体变形。

b. 考虑人的身体条件和劳动生产率，砌体临时间断处的高度差，不得超过一步架高。

【释】　一步架高。达到一定砌筑高度需要后，需要搭设脚手架才能继续砌筑。这个高度对砌体来说叫可砌高度，对脚手架来说叫一步脚手架的高度。

c. 填充墙砌完后，砌体还将产生一定变形（短期内的沉实）。施工不当，不仅会影响砌体与梁或板底的紧密结合，还会产生结合部位的水平裂缝。填充墙砌至接近梁、板底时，应留一定空隙，待填充墙砌完并应至少间隔 7 天后，再将其补砌挤紧。

d. 砌体相邻工作段的高度差，不得超过一个楼层的高度，也不宜大于 4m。工作段的分段位置，宜设置在伸缩缝、沉降缝、防震缝或门窗洞口处。

e. 当所砌筑的墙尚未施工楼板或屋面的墙或柱，没有横墙或其他结构与其连接或间距大于墙、柱的允许自由高度的 2 倍时，砌筑高度太高会受风后失稳。

【释】　抗风允许自由高度。墙或柱上端自由时，施工过程中受风荷载作用后，会产生倾覆。应限制其高度不得超过表 2.14 的规定。如超过表中限值时，必须采用临时支撑等有效措施。

表 2.14　墙和柱的允许自由高度　　　　　　　　　　　　　　　　m

| 墙（柱）厚/mm | 砌体密度＞1600(kg/m³) | | | 砌体密度 1300～1600(kg/m³) | | |
|---|---|---|---|---|---|---|
| | 风载(kN/m²) | | | 风载(kN/m²) | | |
| | 0.3（约 7 级风） | 0.4（约 8 级风） | 0.5（约 9 级风） | 0.3（约 7 级风） | 0.4（约 8 级风） | 0.5（约 9 级风） |
| 190 | — | — | — | 1.4 | 1.1 | 0.7 |
| 240 | 2.8 | 2.1 | 1.4 | 2.2 | 1.7 | 1.1 |
| 370 | 5.2 | 3.9 | 2.6 | 4.2 | 3.2 | 2.1 |
| 490 | 8.6 | 6.5 | 4.3 | 7.0 | 5.2 | 3.5 |
| 620 | 14.0 | 10.5 | 7.0 | 11.4 | 8.6 | 5.7 |

4）冻结法

冬期施工（室外日平均气温连续 5 天稳定低于 5℃，日最低气温低于 0℃）时，可采用冻结法砌筑。是在室外用热砂浆进行砌筑，砂浆不掺外加剂，砂浆有一定强度后砌体很快冻结，融化后的砂浆强度接近于零，当气温升高转入正温后砂浆的强度继续增长。

工艺要点是热砂浆砌筑，砂浆温度如表 2.15；注意解冻期观测和加固。

表 2.15　冬期施工采用冻结法时砂浆温度

| 室外气温 | 0～−10℃ | −11～−25℃ | −25℃以下 |
|---|---|---|---|
| 砂浆使用温度 | 10℃ | 15℃ | 20℃ |

【讨论】　冻结法使用条件。由于砂浆经冻结、融化、再硬化的三个阶段，其强度会降低，也减弱了砂浆与砖石砌体的粘结力。结构在砂浆融化阶段的变形也较大，会严重的影响砌体的稳定性。不允许采用冻结法施工：①空斗墙；②毛石砌体；③砖薄壳、双曲砖拱、筒式拱及承受侧压力的砌体；④在解冻期间可能受到振动或其他动力荷载的砌体；⑤在解冻时，砌体不允许产生沉降的结构。

### （3）混凝土浇注

混凝土结构的浇注质量，不但要保证其外形尺寸符合设计要求，更重要的应使得成品混凝土获得良好的强度、密实性和整体性。影响因素包括：原材料、配合比、浇筑方法、振捣方法、养护、施工缝等方面。

离析：拌合物之间的粘聚力不足以抵抗粗集料下沉，相互分离，造成内部组成和结构不均匀的现象。使用矿物掺合料或引气剂可降低离析倾向。

离析的主要表现：粗集料与砂浆相互分离，例如密度大的颗粒沉积到拌合物的底部，或者粗集料从拌合物中整体分离出来（如图 2.148）。

图 2.148　混凝土离析

离析的主要原因：

a. 浇筑、振捣不当。

【释】　自高处（自由落体高度超过 2m）向模板内倾卸混凝土时，后续跌落的混凝土中碎石，在重力作用下会沉到底层并把水泥浆挤出上浮。振捣时间过长，使得原本充分混合的各种成分，在过度的振动力作用下，水或水泥浆往上浮，密度大的碎石往下沉。

b. 集料最大粒径过大、与细集料比粗集料的密度过大、粗集料比例过高。

【释】　碎石粒径增大、级配变差、单一级配；砂子中的含石量过大、特别是含片状石屑量过大将严重影响混凝土的和易性；砂石的含泥量过大将使水泥浆同骨料的粘结力降低，水泥浆对骨料的包裹能力下降，导致骨料的分离。这些都会引起混凝土离析现象。

c. 胶凝材料和细集料的质量。

【释】 水泥是混凝土中最主要的胶凝材料，水泥的细度越高活性越高，水泥的需水量也越大，同时水泥颗粒对混凝土减水剂的吸附能力也越强，极大地减弱了减水剂的减水效果。在减水剂掺量较高的高强度等级混凝土中，水泥细度的下降，容易造成混凝土外加剂的过量，引起混凝土产生离析现象。因此，在实际生产中，当水泥的细度大幅度降低时，混凝土外加剂的减水效果将得到增强，在外加剂掺量不变的情况下，混凝土的用水量将大幅度减少。

水泥存放时间越长，水泥本身温度有所降低，水泥细粉颗粒之间经吸附作用互相凝结为较大颗粒，降低了水泥颗粒的表面能，削弱了水泥颗粒对减水剂的吸附，往往表现为减水剂的减水效果增强，混凝土新拌合物出现泌浆、沉底的现象。

d. 拌合物过干或者过湿。

【释】 砂石的含水率过高（特别是砂子含水率过高，大于 10%），将使混凝土的质量难以控制，容易出现混凝土离析现象。由于砂子中含水过大，砂子含水处在过饱和状态，当混凝土拌合料在搅拌机中搅拌时，砂子表层毛细管中的含水不能够及时地释放出来，因此在搅拌时容易使拌和水用量过大；同时混凝土在运输过程中，骨料毛细管中的水不断的往外释放，破坏了骨料与水泥浆的粘结，造成混凝土的离析泌水。

离析的主要后果：①泵送，造成粘罐、堵管；②混凝土表面出现砂纹、骨料外露、钢筋；③混凝土强度大幅度下降，严重影响混凝土结构承载能力；④混凝土的匀质性差，致使混凝土各部位的收缩不一致，易产生收缩裂缝。

【讨论】 在施工混凝土楼板时，由于混凝土离析使板表层的水泥浆层增厚，收缩急剧增大，出现严重龟裂现象。极大地降低了混凝土抗渗、抗冻等混凝土的耐久性能。

【例】 某百货大楼因混凝土柱振捣不实，在二层楼的两根柱子上，分别有 500mm 和 1000mm 高的一段，基本上是没有水泥浆的"石子堆"。因柱子破坏，引起整体倒塌。

**（4）焊接**

影响焊接质量要素：工艺、焊工水平、焊接材料、焊接设备、施焊环境。

要求：①所采用的母材、焊丝、焊剂或焊条等焊接材料的性能合格；②焊机、辅助机具和检测仪器的性能适用；③焊前焊接材料应按规定烘干，工件的焊接坡口清除切割残渣、龟裂和污物。

【例】 12m 薄腹梁，错误采用 45 号中碳钢（中碳钢焊接性能不高）作焊接钢筋，造成在低温下脆断。

【释】 焊接性能。是指金属材料在采用一定的焊接工艺包括焊接方法、焊接材料、焊接规范及焊接结构形式等条件下，获得优良焊接接头的难易程度。碳素钢的焊接性随含碳量增加而恶化，因为含碳量较高的钢从焊接温度快速冷却下容易被淬硬（焊接时温度很高，冷却以后就像使钢淬火了一般，得到的组织比较硬）。被淬硬的焊缝和热影响区因其塑性下降，在焊接应力作用下容易产生裂纹。

当含碳较低时，如低碳钢，应着重注意防止结构拘束应力和不均衡的热应力所引起的裂纹；当含碳量较高时，如中、高碳钢，除了防止这些因为应力所引起的裂纹外，还要特别注意防止因淬硬而引起的裂纹。

在实际焊接工作中，预热温度越高，冷却速度越慢，会有效减低焊接接头的淬硬倾向和裂纹倾向。为避免中碳钢淬硬产生裂纹，焊接之前需要很好预热（预热有利于减低中碳钢热影响区的最高硬度），焊后需要热处理（消除焊接应力）。没有热处理消除焊接应力的条件时，可焊接过程中用锤击热态焊缝的方法减小焊接应力，并设法使焊缝缓冷。

**（5）模板制作**

模板体系，指新浇混凝土成型及承载的模板以及支承模板的一整套构造体系（如图2.149）。

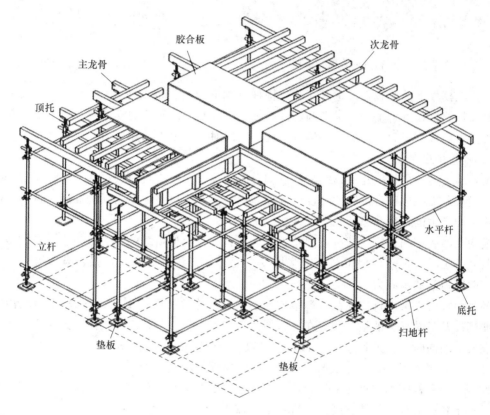

图 2.149　混凝土梁板的模板结构示意

模板指接触混凝土并控制预定尺寸、形状、位置的构造部分，包括面板和所联系的肋条；支承体系指支持和固定面板的各种杆件、联结件（包括穿墙对拉螺栓、模板面联结卡扣、模板面与支承构件以及支承构件之间连接零配件等，如图2.150）等，包括纵横围图、承托梁（龙骨）、承托桁架（如图2.151）、悬臂梁、悬臂桁架、支柱（如图2.152）、斜撑（如图2.153）与拉条等。

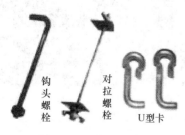

图 2.150　模板连接件

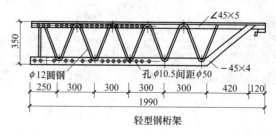

图 2.151　模板承托桁架

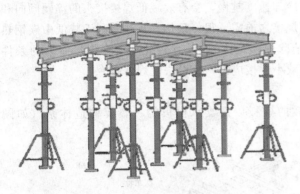

图 2.152 模板可调式钢管支柱

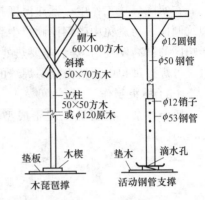

图 2.153 梁底模板顶撑

作用在模板上的荷载：①垂直荷载：构件（钢筋及新浇混凝土）、机具、操作人员、模板本身、堆放材料等自重，振捣和倾倒混凝土产生的对平面模板的动荷载。②水平荷载：新浇混凝土对模板侧压力、振捣和倾倒混凝土产生的对垂直模板的侧压力、风力等。

1）模板搭设

模板施工前，应根据建筑物结构特点和混凝土施工工艺进行模板设计，并编制安全技术措施。模板及支架应具有足够的强度、刚度和稳定性，能可靠地承受新浇混凝土自重、侧压力和施工中产生的荷载及风荷载。

模板支架底部的建筑物结构或地基，必须具有支撑上层荷载的能力。当底部支撑楼板的设计荷载不足时，可采取保留两层或多层支架立杆（经计算确定）加强；当支撑在地基上时，应验算地基的承载力。

各种模板的支架应自成体系，严禁与脚手架进行连接。模板支架立杆底部应设置垫板，不得使用砖及脆性材料铺垫。并应在支架的两端和中间部分与建筑结构进行连接。模板支架立杆在安装的同时，应加设水平支撑，立杆高度大于 2m 时，应设两道水平支撑，每增高 1.5～2m 时，再增设一道水平支撑。满堂模板立杆除必须在四周及中间设置纵、横双向水平支撑外，当立杆高度超过 4m 以上时，尚应每隔 2 步设置一道水平剪刀撑。当采用多层支模时，上下各层立杆应保持在同一垂直线上。需进行二次支撑的模板，当安装二次支撑时，模板上不得有施工荷载。

【例】 模板搭设不规范。如：①支架基础不牢；②缺少扫地杆；③扣件质量差、扭矩没控制好；④上下段立柱错开、固定在水平拉杆上。如图 2.154。

图 2.154 几种不规范的模板搭设情况

【讨论】 支模架体系失效因素，如图 2.155。

**【例】** 模板支撑方案不当。悬挑结构根部受力最大，当混凝土浇筑后，尚未达到足够强度时，模板支撑产生沉降，根部混凝土随即开裂，拆模后将从根部产生断裂坍塌。若悬挑结构为变截面，施工时将模板做成等截面外形，而造成根部断面减小，拆模后也会产生断塌事故。

为防止模板立柱下陷，应注意以下几点：①立柱不得支于松软的土上和未经处理的回填土上；②立

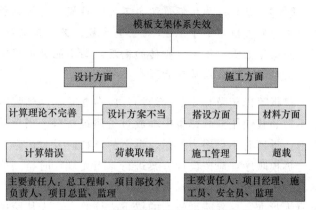

图 2.155　模板支撑体系失效因素分析

柱下面的垫木要有足够的底面积和刚度；③注意立柱受振动后的动势；④防止化冻过程中立柱下陷；⑤防止积水造成下陷。此外，悬挑构件支模时要考虑木制模板湿胀干缩现象对构件质量的影响。

2）模板拆除

及时拆除模板，有利于模板的周转和加快工程进度，但拆模过早将影响混凝土结构的质量，严重时将发生结构质量事故，因此，拆模要掌握时机，应使混凝土达到必要的强度。

**【释】** 拆模强度。混凝土构件，混凝土强度达到设计的立方体抗压强度标准值的一定数额时，方可进行模板的拆除。

承重的模板拆模强度：应在与结构同条件养护的试块达到规定的强度时，方可拆除。钢筋混凝土结构如在混凝土未达到表 2.16 所规定的强度时进行拆模及承受部分荷载，应经过计算，计算结构在实际荷载作用下的强度，由现场技术员确定。

表 2.16　各种构件拆模强度及参考时间

| 构件类别 | 构件跨度/m | 达到设计混凝土立方体抗压强度标准的百分率/% | 参考天数 | |
|---|---|---|---|---|
| | | | 夏季 | 冬季 |
| 板 | ≤2 | ≥50 | 5~6 天 | 7~8 天 |
| | >2,≤8 | ≥75 | 11~12 天 | 19~20 天 |
| | >8 | ≥100 | 28 天 | 28 天 |
| 梁、拱、壳 | ≤8 | ≥75 | 11~12 天 | 19~20 天 |
| | >8 | ≥100 | 28 天 | 28 天 |
| 悬臂构件 | — | ≥100 | 28 天 | 28 天 |

非承重模板拆模强度：包括基础、柱子、压顶、梁和墙的侧模板，拆除时只要强度能保证其表面、棱角不因拆模而受损坏即可拆除。但对于墙体大模板，在常温下则要求强度达到 $1\text{N/mm}^2$ 时方可拆除。

**【讨论】** 拆模过早的后果。①混凝土不能形成受力结构（直接散架了）；②形成的结构不能承受其自重等外力而损坏（过大变形、内外部形成裂缝、折断等）；③混凝土表面受损、边角掉落。在施工构件时，要及时验算、确定拆模的恰当时间，施工中只要条件允许，适当晚拆模或间隔保留部分支撑是有好处的。

**【例】** 悬挑结构抗倾覆能力不足时拆模。悬挑结构是靠压重或外加拉力来保持稳定的，并要求抗倾覆有不小于1.25的安全系数，若稳定力矩小于倾覆力矩时，必然失稳、倾覆坍塌。如雨蓬梁上的压重（砌砖的高度）尚不能满足稳定要求时，就拆除梁的支撑及模板，将会发生坍塌，造成人员伤亡。

已拆除模板及其支架的结构，应在混凝土达到强度后，才允许承受全部设计荷载，施工中不得超载使用，严禁集中堆放过量建筑材料，当承受施工荷载时，必须经过核算加设临时支撑。拆模时不得用力过猛，拆下的材料应及时运走、整理。

拆模顺序：应按设计方案进行。当无规定时，一般应是后支的先拆，先支的后拆；先拆除非承重部分，后拆除承重部分；重大复杂模板拆除，事先应制定拆模方案，并经有关技术负责人批准。拆除跨度较大的梁下支柱时，应先从跨中开始，分别拆向两端。当水平支撑超过二道以上时，应先拆除二道以上水平支撑，最下一道大横杆与立杆应同时拆除。

**【例】** ①支模不牢，特别是在层数较高的情况下，模板支撑没有加剪刀撑，经不住施工的荷重而失稳倒塌；②某工地一根大梁，混凝土强度只达到设计强度的30%～40%就拆模，结果造成大梁断塌。

## 三、施工管理不善导致事故

施工管理是工程修建过程中的组织管理和技术管理工作，是施工人员在施工现场具体解决施工组织设计和现场关系的一种管理。

### 1. 施工人员

**（1）人员构成**

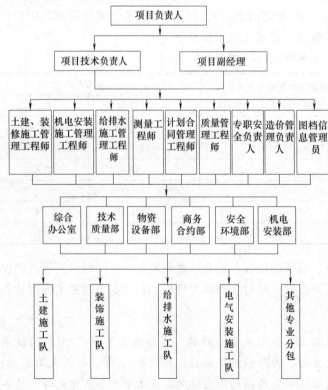

图2.156 施工项目部技术管理人员构成

① 施工管理人员：包括建筑项目的管理者和监理人员。主要负责项目的整体规划，管理、协调、监督和节制。施工技术人员：包括建筑师、结构师、设备工程师等，负责施工项目技术设计、控制等。如图2.156。

**【讨论】** 管理人员的要求。合格的技管人员，应该是工程综合性比较强的人员。因为具体工程项目来说，管理人员的配备并不是按专业来配备的，一般是按照项目的规模、投资等按企业内部的一些规定来确定（如图2.157）。建筑施工企业关键岗位八大员包括施工员、质检员、安全员、预算员、材料员、机械员、测量员和资料员。

**【讨论】** 施工员是基层的技

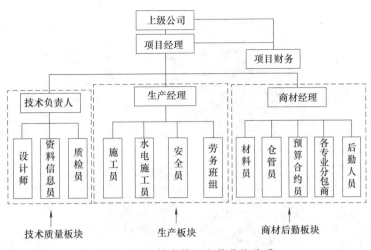

图 2.157　技术管理人员分块关系

术组织管理人员，主要工作内容是在项目经理领导下，深入施工现场，协助搞好施工管理，是工程项目部和施工队的联络人。

施工员的工作就是在施工现场具体解决施工组织设计和现场的关系。组织设计中的内容落实，要靠施工员在现场监督、测量、编写施工日志、上报施工进度及质量、处理现场问题。与施工队一起复核工程量，提供施工现场所需材料规格、型号和到场日期，做好现场材料的验收签证和管理，及时对隐蔽工程进行验收和工程量签证，协助项目经理做好工程的资料收集、保管和归档，对现场施工的进度和成本负有重要责任。

【例】　缺乏熟练的、称职的管理人员。有些工长或施工人员不知道应该做哪些施工技术工作甚至于不会看图纸，不能准确理解设计者的设计意图和要求、出现误解，在指挥操作人员施工时出差错。在更换一线施工技术人员时交接不清也会酿成事故。

② 施工作业人员：就是具体施工操作技术工人，主要负责建筑项目的具体建设实施。

【释】　建筑技术工包括十几类工种，如表 2.17。

表 2.17　建筑技术工种类

| 装修木工 | 建筑木工(模板工) | 建筑泥工 | 装修泥工 |
|---|---|---|---|
| 砌筑工(瓦工) | 建筑工地焊工 | 钢结构焊工 | 钢筋工 |

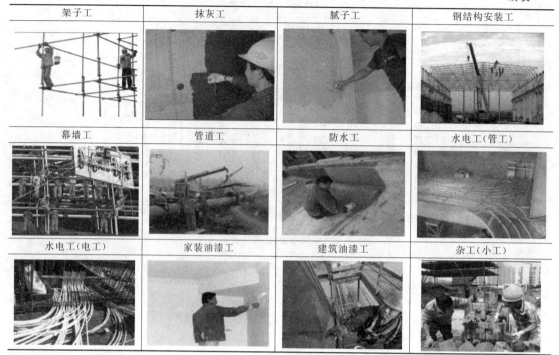

（2）人员流动

建筑施工企业流动率高的人员集中在工程管理和工程技术类，如项目经理、造价师和土建工程师以及高级技工等。主要原因：社会提供的各种成功机会越来越多，人才对于某一个单位的依附性越来越小；企业内部缺乏有效的用人机制、个别单位管理粗放个人工作和前景不明朗、对人才缺乏必要的培养和职业规划，没有形成一种良好的企业文化氛围；人才自我意识的偏差，对施工企业的性质认识不足期望值过高，缺乏和大家必要的沟通，逃避现实。

普通劳动力对企业认同感低，企业对其约束力小，流动特别频繁。主要原因：用人机制的自由程度提高，社会态度认可、鼓励人才流动，经济形势高涨时期，就业机会比较多，人才流动频繁；企业不能提供合理的有竞争力的薪酬，劳动力自我实现的需求，组织文化、组织价值观与个人文化趋向、个人价值观不一致，企业的绩效考核制度不合理或者不完善，组织缺乏合理的考核、激励机制；员工对企业不认同。

【例】 施工人员流动。人才作为一种特殊的资源，具有流动性，总是在追求自身的最佳配置。当企业的员工流动失去控制，便会直接影响到企业的经营稳定性和连续性，致使企业陷入步履维艰的境地。过于频繁的人员流动，致使管理机制不能正常运行、质量措施不能持续通畅地执行、质量经验技能不能有效地积淀，质量管控出现波动和偏差。

2. 施工组织

（1）施工组织设计

设计就是做计划，组织就是人们有目的、有系统集合起来而形成群体，确保人们社会活动正常协调进行、顺利达到预期目标。施工组织设计就是针对施工生产的过程系统做出计划安排。施工组织设计文件是用来指导施工项目全过程各项活动的，技术、经济和组织的综合性文件。

① 施工组织设计基本内容：a. 施工方法与相应的技术组织措施，即施工方案。b. 施工进度计划。c. 施工现场平面布置。d. 有关劳力、施工机具、建筑安装材料、施工用水、电、

动力及运输、仓储设施等建设工程的需要量及其供应与解决办法。

【讨论】 建筑施工组织设计存在的问题。a. 施工组织设计编制人员的综合素质不高。建筑工程的组织具有复杂性和特殊性，编制人员工作经验不足或者专业知识较弱，对于工程的整体考虑不够全面，不能合理有效地控制施工进程解决工程现场的突发问题，忽视经济效益在工程施工中的重要意义，缺乏对施工方案的最优化过程。b. 编制人员没有充分认识到自己的工作职能，无法根据施工组织设计前期筹备优化配置设备资源不足的情况，做出科学合理的规划设计，造成施工组织设计形同虚设。并且，这些工作人员没有进行有效的技术资源配置，导致了资源的浪费。c. 在具体的建筑施工过程中，较少的施工组织设计人员参与到工程中，设计人员与施工人员的沟通不足，没有设计人员指挥施工人员操作，施工人员遇到问题只能依据自己判断进行施工，造成了施工组织设计与具体的施工行动相背离的现象，这对于建筑施工组织设计的具体实施是非常不利的。d. 工程施工现场偏离施工组织设计。施工现场的组织设计执行力对整个项目阶段的顺利进行都有重要意义。建设施工企业对施工现场的控制管理不够重视管理随意化、不规范施工现场经常呈现出一种混乱化、无序化的不良状态。

【例】 具体的施工行动与建筑施工组织设计相背离。各类型的建筑垃圾随意堆放、建筑设备没有指定的归放场所、设备的检查和养护不到位，严重偏离了施工组织设计计划，极大地影响了工程施工质量和施工效率；同时对材料的仓储与堆放也没有执行相应的设计规划，忽视了材料的储藏条件，材料的控制问题极大地影响着建筑工程项目的经济效益，导致很多不必要的经济开支，严重影响生产效率并可能对工程质量造成相应的影响。

② 施工顺序：指一个建设项目（包括生产、生活、主体、配套、庭园、绿化、道路以及各种管道等）或单位工程，在施工过程中应遵循合理的生产顺序。

建筑施工顺序（如表2.18）确定原则是：a. 先场外、后场内，场外由远而近；b. 先全场、后单项，全场从平土开始；c. 先地下、后地上，地下先深后浅；d. 管线及道路工程先主干、后分支，排水先下游，其他先源头。这些原则一般是不允许打乱的，打乱了就会造成混乱，可能损害工程质量、增加施工费用形成浪费、延误工期。

表2.18 建筑工程常用的28项施工顺序

| 顺序 | 工况做法 | |
| --- | --- | --- |
| 由下而上 | 1. 先张法预应力施工：当采用单根张拉时，其张拉顺序宜由下向上，由中到边（对称）进行<br>2. 直径100～300mm的鼓泡，分片铺贴顺序是按屋面流水方向先下再左右后上<br>3. 在拆除护壁支撑时，应按照回填顺序，从下而上逐步拆除；更换支撑，必须先安装新的，再拆除旧的 | 4. 胎体增强材料铺设由屋面最低处向上进行<br>5. 屋面卷材，由屋面最低处向上进行。连续多跨，先高后低跨，先远后近<br>6. 玻璃饰面，组合粘贴小块玻璃镜面时，应从下边开始<br>7. 镶贴面砖应自下而上进行 |
| 由上而下 | 1. 当铺贴连续多跨的屋面卷材时，应按先高跨后低跨，先远后近的次序施工<br>2. 钢结构防腐涂料施涂顺序：先上后下，先左右后，先里后外，先难后易<br>3. 高强度螺栓：接头如有高强度螺栓连接又有电焊连接时，如设计未规定时，宜按先紧固高强螺栓后焊接的顺序<br>4. 注浆地基：如相邻土层的土质不同，应首先加固渗透系数大的土层<br>5. 后张法：对于平卧重叠构件张拉顺序宜先上后下逐层进行，每层对称张拉<br>6. 后张法：对于平卧重叠构建张拉顺序宜线上后下逐层进行<br>7. 挖土应自上而下水平分段分层进行<br>8. 渗透系数相同的土层应自上而下进行加固 | 9. 同一节柱、同一跨范围内的钢梁，通常由上向下逐层安装<br>10. 钢结构防腐涂料一般应按线上后下，先左后右、先里后外、先难后易（乳胶漆同上）<br>11. 脚手架拆除作业必须由上而下逐层进行<br>12. 抹上灰饼，再抹下灰饼。当墙面高度小于3.5m时，宜做立筋，大于3.5m时，宜做横筋<br>13. 表贴壁纸时，首先要垂直，后对花纹拼缝。原则是先垂直面后水平面，先细部后大面，贴垂直面时先上后下，贴水平面时先高后低 |

| 顺序 | 工况做法 | |
|------|---------|---|
| 从外到内 | 1. 台阶式单独基础浇筑为先边角,后中间,勿使砂浆充满模板<br>2. 设备基础浇筑:沿长边一端向另一端,或中间向两端或两端向中间 | 3. 砂桩地基施工应从外围或两侧向中间进行,成孔宜用振动沉管工艺砂石桩的施工,对砂土地基宜从外围或两侧向中间进行(黏性土则相反) |
| 从内到外 | 1. 螺栓的紧固次序应从中间开始,对称向两边进行塑料面层,沿轴线由中央向四面铺贴 | 2. 纸面石膏板与龙骨固定,应从一块板的中间向板的四边进行 |
| 先深后浅 | 对基础标高不一的桩,宜先深后浅,相邻基坑开挖时,应遵循先深后浅或同时进行的施工顺序 | |
| 先后 | 后张预应力构件,侧模应在预应力张拉前拆除,底模必须在张拉完毕后拆除 | |

当然,遵循上述的施工顺序也并不是完全机械的。首先,由于施工条件不同,在特殊情况下变动上述的某一施工顺序也可能是必要的和合理的。比如在填土的地段,就可以先铺管子。其次,遵循上述顺序也并不意味着必须先施工的工程全部完工以后才能进行在顺序上应后施工的工程,先后施工工程之间的交叉和穿插作业是可以的,甚至是必要的。这里重要的是要掌握一个合理的交叉搭接的界限。

【释】 合理的交叉搭接界限。是因条件不同而互异的。一般的原则是后一环节的工作必须要在前一环节提供了必要的工作条件后才能开始,而后一环节工作的开始既不应该影响前一环节工作,也不应该影响本身工作之连续与顺利进行。

【例】 施工顺序错误。①靠得较近深浅不同的相邻基础,不是先做深的基础,而造成开挖深的基础的基坑时破坏浅的基础的地基;②结构吊装中,未经校正,即进行最后固定;③装饰工程中,不具备保证质量的条件就进行抹灰等。

### (2)技术交底

施工技术交底,是工程施工前由相关专业技术人员向参与施工人员进行的技术性交待。其目的是使施工人员对工程特点、技术质量要求、施工方法与措施和安全等方面有一个较详细的了解,使操作者(基层管理人员、领工员、班组长、工人)掌握工艺流程、施工方法,了解技术标准,按交底的几何尺寸将工程付诸实施,完成工程从图纸向实体的逐步转化。

【讨论】 交底要求。必须对原图和资料进行分解,重新组合并附加解释。对可能疏忽的细节要特别说明,提出工艺标准、质量标准和克服通病的措施;对于重要、复杂的工艺等,要制定专项技术交底或作业指导书予以明确。

对设计和施工比较复杂或有特殊要求的部位交底不清;在采用新结构,新材料、新技术和新的施工方法时,不进行必要的技术交底,也易造成事故。

【例】 某在建体育馆施工人员违规施工,致使施工基坑内基础底板上层钢筋网坍塌事故(如图2.158),造成在此作业的多名工人被挤压在上下层钢筋网

图2.158 某工程筏板基础两层双向双排钢筋网坍塌

间（如图 2.159），造成 10 人死亡、4 人受伤。导致本次事故发生的主要原因为技术交底缺失、经营管理混乱。直接原因是未按施工方案要求堆放物料，施工时违反《钢筋施工方案》规定，将整捆钢筋直接堆放在上层钢筋网上，导致马凳立筋失稳，产生过大的水平位移，进而引起立筋上、下焊接处断裂，致使基础底板钢筋整体坍塌；未按方案要求制作和布置马凳，现场制作马凳所用钢筋的直径从要求的 32mm 减小至 25mm 或 28mm；现场马凳布置间距为 0.9～2.1m，与要求的 1m 严重不符，且布置不均、平均间距过大；马凳立筋上、下端焊接欠饱满。

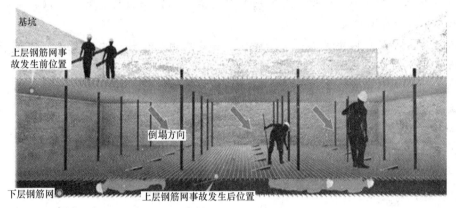

图 2.159　双层钢筋网作业现场模拟

### （3）工程变更

在工程项目实施过程中，按照合同约定的程序，根据工程需要对招标文件中的原设计或经监理人批准的施工方案进行的在材料、工艺、功能、功效、尺寸、技术指标、工程数量及施工方法等任一方面的改变，统称为工程变更，如表 2.19。

表 2.19　不同合同环境下的工程变更

| 合同环境 | 变更内容 | 提出人 | 批准人 |
|---|---|---|---|
| FIDIC 施工合同条件 | 改变合同中所包括的任何工作的数量<br>改变任何工作的质量和性质<br>改变工程任何部分的标高、基线、位置和尺寸<br>删减任何工作，但要交他人实施的工作除外<br>任何永久工程需要的任何附加工作、工程设备、材料或服务<br>改动工程的施工顺序或时间安排 | 业主方、监理方、设计方、承包商等单位都可以根据需要提出工程变更<br>设计变更是由设计单位发起<br>施工变更是由施工单位发起 | 承包商提出的工程变更，应该交与工程师审查并批准 |
| 我国施工合同示范文本 | 更改工程有关部分的标高、基线、位置和尺寸<br>增减合同中约定的工程量<br>改变有关工程的施工时间和顺序<br>其他有关工程变更需要的附加工作 | | |

【释】　设计变更，指工程施工过程中保证设计和施工质量、完善工程设计、纠正设计错误以及满足现场条件变化而进行的设计修改工作。包括：

① 在设计交底会上，经施工企业和建设单位提出，各方研究同意而改变施工图；

② 施工企业在施工过程中，遇到一些原设计未预料到的具体情况，需要进行处理；

③ 工程开工后，由于某些方面的需要，建设单位提出要求改变某些施工方法，或增减某些具体工程项目；

④ 施工企业在施工过程中，由于施工方面、资源市场的原因，如材料供应或者施工条

件不成熟，认为需改用其他材料代替，或者需要改变某些工程项目的具体设计。

【讨论】 工程签证与设计变更的区别。工程签证是按照施工发承包合同约定，由发承包双方代表就施工过程中涉及合同条款之外的责任事件所做的签认证明。主要是指施工企业就施工图纸、设计变更所确定的工程内容以外，施工图预算或预算定额取费中未含有而施工中又实际发生费用的施工内容所办理的签证，如由于施工条件的变化或无法遇见的情况所引起工程量的变化。包括：

① 由于建设单位原因，未按合同规定的时间和要求提供材料、场地、设备资料等造成施工企业的停工、窝工损失；

② 由于建设单位原因决定工程中途停建、缓建或由于设计变更以及设计错误等造成施工企业的停工、窝工、返工而发生的倒运、人员和机具的调迁等损失；

③ 在施工过程中发生的由建设单位造成的停水停电，造成工程不能顺利进行，且时间较长，施工企业又无法安排停工而造成的经济损失；

④ 设计本身存在问题，图纸会审、设计变更及工程洽商在过程中均未发现问题，施工方按图施工，监理也验收合格，后来发现问题后需要更换的工程量；

⑤ 事先不可预见又有可能会发生的工程量，事先不可定量（区别于设计变更、工程洽商及新增工程）的工程量；

⑥ 在技措技改工程中，常遇到在施工过程中由于工作面过于狭小、作业超过一定高度，造成需要使用大型机具方可保证工程的顺利进行，施工企业在发生时应及时将现场实际条件和施工方案通告建设单位，并在征得建设单位同意后实施，此时施工企业应办理工程签证。

⑦ 对于检修、维修工程、零星维修项目大都没有正规的施工图纸.，往往在检修前由施工企业提出一套检修方案，检修完毕后办理工程签证，然后依据工程签证办理工程结算。此时工程签证工作尤其重要，直接关系到检修结算工作的顺利进行。

【讨论】 钢筋代换。施工中如供应的钢筋品种和规格与设计图纸不符时，在征得设计单位同意后，可以进行代换。钢筋代换时，必须充分了解设计意图和代换材料性能，并严格遵守现行混凝土结构设计规范的各项规定，遵照等强代换原则；凡重要结构中的钢筋代换，应征得设计单位同意，办理相应设计变更手续。

【释】 当结构是按强度控制时，可按强度相等的原则进行代换，称为"等强代换"，即：

$$n_2 \geqslant n_1 \times \frac{A_{s1} \cdot f_{y1}}{A_{s2} \cdot f_{y2}} \tag{2.3}$$

式中　　$A_{s1}$、$f_{y1}$——原设计钢筋的计算面积和抗拉强度设计值；
　　　　$A_{s2}$、$f_{y2}$——拟代换钢筋的计算面积和抗拉强度设计值；
　　　　$n_1$、$n_2$——原设计、拟代换钢筋的根数。

为避免不合理的代换引发工程质量问题甚至事故，要坚持遵照下列原则：

① 当构件配筋受裂缝宽度或挠度控制时，代换后应进行裂缝宽度或挠度验算原则（当构件受裂缝宽度控制时，如以小直径钢筋代换大直径钢筋，强度等级低的钢筋代替强度等级高的钢筋，使用强度高的钢筋使钢筋应力提高、应变增大、裂缝加宽，则可不作裂缝宽度验算）；

② 有抗震要求的梁、柱和框架，不宜以强度等级较高的钢筋代换原设计中的钢筋原则（钢筋强度等级高了，会降低构件的延性，影响结构的抗震性能）；

③ 钢筋代换后的钢筋不混合原则（即代换后不能形成不同级别的钢筋并肩工作现象，不同级别的钢筋变形性能不同，不能很好地同时与混凝土协同工作）；

④ 钢筋代换后钢筋还应保持原有的位置对称平衡原则（如梁下部原为2Φ16的钢筋，不能用1Φ18＋1Φ14）；

⑤ 钢筋代换后保证规范规定的最小、最大间距的原则（如板米不少于3根，受力筋最大间距不大于200mm，最小间距不小于50mm；梁箍筋最大不大于300mm，最小不小于50mm；梁主筋间距不小于25mm，等等）；

⑥ 钢筋代换后保证规范规定的最小钢筋直径要求的原则（为保证混凝土的抗压强度得以充分发挥、钢筋骨架有较好的刚度并便于施工）；

⑦ 钢筋代换时应考虑特殊构件的特殊要求（如吊环只能用Ⅰ级钢筋，吊车梁的钢筋不允许代换）；

⑧ 钢筋代换应按受力面代换原则（如非正压柱，必须按单侧面钢筋进行代换）；

⑨ 构造钢筋、措施钢筋代换不能减少根数（如挑檐角筋、温度控制筋、梁内侧面构造筋，数量少了钢筋间距就会增大，钢筋对间距内的混凝土约束效果削弱）；

⑩ 钢筋代换必须符合规范规定的最大、最小配筋率的要求原则（代换后的钢筋用量不宜大于原设计用量的5%防止超筋，也不低于2%）。

【讨论】 钢筋代换后，有时由于受力钢筋直径加大或根数增多而需要增加排数，则构件截面的有效高度$h_0$减小，截面强度降低，此时需复核截面强度。代换后受力钢筋的最小直径、间距、锚固长度、配筋率、保护层厚度、截面的对称应进行复核。

【例】 未经设计同意，乱改设计。柱与基础联接节点，梁与柱联接节点任意施工，改变了原设计的铰接或刚接方案而造成事故。随便用光圆钢筋代替变形钢筋，而造成钢筋混凝土结构出现较大的裂缝。

### （4）季节性施工

对工程在在夏季、冬季、雨季等恶劣天气（或气温）作出的相关施工措施。

① 夏季：在中国夏季从立夏（5月5日至7日之间）开始，到立秋（8月7日至8日之间）结束。连续五天平均温度超过22℃算作夏季，直到五天平均温度低于22℃算作秋季。

夏季施工指的是工程在高温季修建，气温较高，且空气湿度较大，需要采取一定的温控措施以保证施工质量。

【讨论】 混凝土强度增长。混凝土的强度形成过程就是水泥与水的水化过程，实际上这一过程是一长期过程，几十年甚至上百年，混凝土强度随水化时间不断得到提高，只是在一定时间后强度增长变慢了而已，一般采用28天的龄期，对于高性能混凝土还要考虑90天甚至更长时间的龄期。

一般一天后混凝土强度达到标准28天养护强度的40%，3天达到60%～70%，7天达到80%左右，但如果不再潮湿养护，混凝土强度将就保持在这个水平不在增加了，达不到28天所要的强度。

【例】 混凝土在水化凝固的过程中依然是需要水来参与化学反应的，同时释放出大量热量，夏季中午，温度高，混凝土内水分蒸发损失严重，导致内部缺水，不能使混凝土充分水化凝固，不及时浇水，将使混凝土强度就此停止不在增长，同时混凝土热量增多容易因热胀冷缩产生裂缝，特别是薄壁结构，就更加不利了。在养护过程中越是高温时越得浇水，一般养护 7 天，7 天后继续养护是有必要的。

② 雨季：雨季是指一年中降水相对集中的季节，即每年降水比较集中的湿润多雨季节。在我国，南方雨季为 4～9 月，北方为 6～9 月。

雨季施工是在雨季进行的建造行为，它具有很多的特殊性，如交通可能受阻、材料可能霉变、被水淹等不利于施工的情况。施工主要以预防为主，采用防雨措施及加强排水手段确保雨季正常地进行生产，不受季节性气候的影响。

【讨论】 雨季施工对施工质量的影响。①在雨季，地面雨水易流入土方开挖形成的基坑、基槽中，形成积水，破坏地基土承载力；当回填土被雨水浸泡过后，含水量偏高，容易出现"橡皮土"影响回填质量。②钢筋在堆放时雨水浸泡会腐蚀钢筋，严重的钢筋锈蚀对构件耐久性有一定的影响，另外泥土也会污染钢筋，减弱混凝土与钢筋的粘结力。③雨水会增大制作混凝土用的砂石含水量，导致配制混凝土的用水量不符合设计配合比，影响混凝土质量；另外散装混凝土一旦淋雨导致变质则不能使用；混凝土在终凝前受到雨水的冲刷浸泡，则表面将遭到破坏，影响混凝土质量。

【释】 橡皮土。是指含水量很大、一次回填厚度过大、趋于饱和的黏性土地基回填压实时，由于原状土被扰动，颗粒之间的毛细孔遭到破坏，水分不易渗透和散发，当气温较高时夯击或碾压，表面会形成硬壳，更阻止了水分的渗透和散发，埋藏深的土水分散发慢，往往长时间不易消失，形成软塑状的橡皮土，踩上去会有颤动的感觉。

③ 冬季：《建筑工程冬期施工规程》JGJ/T 104—2011 中给出冬期施工期限划分原则"根据当地多年气象资料统计，当室外日平均气温连续 5 天稳定低于 5℃ 即进入冬期施工，当室外日平均气温连续 5 天高于 5℃ 即解除冬期施工。"冬期气温低，重点在混凝土的防冻保温措施、焊接质量、防火安全措施等。冬期施工形成的质量问题大多数在春季才开始暴露出来。

【释】 日平均气温，是 1 天内 2、8、14 和 20 时等 4 次室外气温观测结果的平均值，在地面以上 1.5m 处，并远离热源的地方测得。

【讨论】 一般是指连续五天日平均气温低于 5℃ 时，进入冬期施工。①当冬天到来时，如连续五天的日平均气温稳定在 5℃ 以下，则此 5 天的第一天为进入冬期施工的初日；②当气温转暖时，最后一个 5 天的日平均气温稳定在 5℃ 以上，则此 5 天的最后一天为冬季施工的终日。

【例】 地基冻胀造成破坏。在低温时间较长、土粒较细、补给水较充裕地区，其土壤在冻结期间，由于土粒周围薄膜水和毛细水的作用，土中水分不断地向冻结线积聚形成冰层，体积增大，以致土粒间的空隙无法容纳而向上隆起造成冻胀，其胀力可大至 0.5～1.0MPa。如不做妥善处理基础会被抬起，使建筑物开裂、倾斜、抬高乃至倒坍。

【例】 混凝土施工过程受冻。混凝土在凝结过程中如受到负温侵袭，水泥的水化作用受到阻碍，其中游离水分开始结冰，体积增大 9%，有使混凝土冻裂而严重影响混凝土质量的危险；混凝土初期受冻后再置于常温下养护，部分水化反应需用的水冻结，阻碍了水化反应完成，部分强度无法形成，其强度虽仍能增长，但已不能恢复到未遭冻害的水平；而且遭冻愈早，后期强度的恢复就愈困难。冬施混凝土的养护，有时不进行严格的热工计算而单凭经验，或测温不及时不准确，都可能使混凝土受冻而强度遭破坏。

混凝土、砂浆受冻，往往使其强度大幅度降低，特别是柱、梁、屋架以及墙体等主要承重结构的承载能力相应大幅度降低，致使在拆模时或开春解冻后发生倒塌事故。

（5）专业工种配合、工艺交接

土建、给排水、采暖通风、钢结构、装饰、电气安装等，各专业施工单位之间必须从施工管理、工程技术的角度来分析，使得各个专业工种之间能够协调配合施工，直接关系到工程的质量与品质。配合关键：不同工种的施工顺序、施工交接部位。

施工配合的作用：将各个工种之间交叉施工所造成的相互影响降到最低限度，进而减少重复施工的概率，同时还能够节省大量的施工材料，保证施工质量。

① 基础工程施工阶段：安装专业配合土建专业做好强弱电的电缆穿墙、给排水管道穿墙防水套管预埋工作。安装专业应严格控制套管的轴线、标高、位置、尺寸、数量材质、规格等是否符合设计图纸要求，否则后续的返工或修理会破坏土建做好的墙体防水层造成以后墙体渗漏。

② 主体结构施工阶段：现浇混凝土楼板时，电气、通风及给排水等工种的接地焊接、套管预埋预留，应与钢筋的绑扎密切配合，如图2.160。配合不好不仅影响土建施工进度与质量，也影响机电安装工程的后续工序的质量与进度。

模板搭设→木盒预留洞（给排水、通风专业）→柱头立筋、框架梁筋、
下层钢筋绑扎→电气管线预埋（强弱电专业）→柱头箍筋及上层钢筋
绑扎、外模搭设→混凝土浇捣。

图2.160  现浇混凝土楼板专业配合下的工序

【讨论】  土建与各专业施工队伍之间配合协作。①装配式建筑施工中，有些大而刚度差的构件，只考虑了预制方便，使运输、安装困难而造成事故；②水电设备安装与土建施工配合不好，在已施工的结构上任意凿洞而造成事故；③当预埋管线直径较大、密度较集中，且线管铺设走向重合，人员踩踏导致钢筋弯曲移位、保护层厚度不够等，很容易造成楼板裂缝；④土建专业进行混凝土浇筑时的剧烈振捣，有时可能损坏安装管线或接线盒移位；⑤土建专业对尺寸较大的预留孔洞尺寸、套管标高和位置，如果没有认真遵照设计要求，安装专业进行后续管道安装施工时会出现管道的坡度不能满足设计要求等问题；⑥楼板、柱内的电线保护管、接线盒以及穿梁套管安装完成后，如果没有在浇捣混凝土前用软性材料封堵严密，混凝土浇筑时会有砂浆进入引起堵塞，无法进行穿线等后续工作。

【例】  没有认真进行中间交接的质量检查验收。例如基坑（槽）开挖前，不对测量放线进行复查；基础施工前，不认真验槽；基坑（槽）回填前，不对基础进行检查验收等。都会造成事故或留下隐患。

## 【本章小结】

理解质量的内涵、外延，判断事物的质量含义；针对违背基本建设程序、工程地质勘察问题、结构设计问题、施工生产问题等方面造成的工程事故，举例进行前因后果分析及说明，并提供相关知识点和讨论点。

## 【关键术语】

质量、缺陷、事故、概念设计、计算简图、失稳、构造、荷载、材料、操作、工法、

管理。

## 【知识链接】

本章内容有关的阅读材料：

《结构概念和体系（第二版）》，（美）林同炎，（美）斯多台斯伯利，中国建筑工业出版社，1999 年 02 月

《现代建筑的结构构思与设计技巧》，布正伟著，天津科学及时出版社，1986 年 9 月

住房和城乡建设部-工程质量安全监管-安全事故情况通报：http：//www.mohurd.gov.cn/zlaq/cftb/zfhcxjsbcftb/index.html

中国建筑学会：http：//www.chinaasc.org/

中国质量协会：http：//www.caq.org.cn/

中国建筑业协会：http：//www.zgjzy.org/

## 【习题】

**1. 基本建设主要工作内容有哪些？**

## 【参考答案】

① 编制项目建议书。分析项目的必要性和可行性，提出拟建项目的轮廓设想；

② 开展可行性研究和编制设计任务书。在技术和经济上对不同方案进行分析比较，可行性研究报告作为设计任务书（也称计划任务书）的附件。设计任务书对是否上这个项目，采取什么方案，选择什么建设地点，作出决策；

③ 进行设计。从技术和经济上对拟建工程作出详尽规划；

④ 安排计划。可行性研究和初步设计，送请有条件的工程咨询机构评估，经认可，报计划部门，经过综合平衡，列入年度基本建设计划；

⑤ 进行建设准备。组建筹建机构，征地拆迁、完成工程现场三通一平（通水、通电、通道路、平整土地）等工程和外部协调条件、准备必要的施工图纸、组织施工招投标、选择落实施工力量（签订承包合同，确定合同价）、组织物资订货和供应、报批开工报告等各项准备工作；

⑥ 组织施工。提出开工报告，经批准后开工兴建，全面进行工程施工安装生产；

⑦ 生产准备。生产性建设项目开始施工后，及时组织专门力量，有计划有步骤地开展生产准备工作，进行试车调试试生产；

⑧ 验收投产。按照规定的标准和程序，对竣工工程进行验收，交工投入使用，编制竣工验收报告和竣工决算；

⑨ 项目后评价。项目完工后对整个项目的造价、工期、质量、安全等指标，进行分析评价或与类似项目进行对比。

**2. 建设阶段质量管理隐患？**

## 【参考答案】

施工现场质量管理不善造成的质量隐患，一般包括如表 2.20 所示内容。

表2.20　建设阶段质量管理隐患判定规则

| 序号 | 隐患类型 | 特别 | 重大 | 较大 | 一般 |
|---|---|---|---|---|---|
| 1 | 未经监理验收私自隐蔽 | | ★ | | |
| 2 | 总承包商工程质量安全保证体系及措施文件不完备或未及时提交 | | ★ | | |
| 3 | 未建立完善质量安全检查制度 | | ★ | | |
| 4 | 未按质量管理制度实施 | | ★ | | |
| 5 | 工程质量安全文件不完备或未及时提交 | | ★ | | |
| 6 | 施工组织设计未按时编制、审批 | | ★ | | |
| 7 | 监理规划未按时编制、审批 | | ★ | | |
| 8 | 重要施工方案包括：高大模板支撑体系方案、高大脚手架方案、钢结构施工方案、幕墙施工方案、购物中心空调联动调试方案、冬雨季施工方案、冬季停工维护方案、消防工程施工及调试方案等未审批通过 | | ★ | | |
| 9 | 重要监理细则包括：基坑支护监理细则、桩基工程监理细则、地下防水监理细则、屋面防水监理细则、室内防水监理细则、幕墙工程监理细则、采光顶工程监理细则、钢结构工程监理细则、外墙保温工程监理细则、实测实量监理细则、冬季施工监理细则、装饰工程监理细则等未审批通过 | | ★ | | |
| 10 | 现场未按图施工 | | ★ | | |
| 11 | 未编制施工方案进行施工 | | ★ | | |
| 12 | 未进行工法样板、施工样板即展开施工 | | ★ | | |
| 13 | 现场仪器配备不符合要求 | | | ★ | |
| 14 | 材料进场弄虚作假 | | ★ | | |
| 15 | 偷工减料 | | ★ | | |
| 16 | 未进行实测实量 | | ★ | | |
| 17 | 现场发现严重渗漏影响使用 | | ★ | | |
| 18 | 现场隐蔽工程无旁站 | | ★ | | |
| 19 | 履职考核连续两次为"差"，或连续三次为"较差"，或年度累计三次为"差"的项目 | | ★ | | |
| 20 | 质量监管中心发出整改通知书，2次回复不符合要求的 | | ★ | | |
| 21 | 质量监管中心下发停工整改要求拒不执行的 | | ★ | | |
| 22 | 质量监管中心在检查中发现同一较大质量隐患反复出现3次的 | | ★ | | |
| 23 | 质量监管中心在检查中发现同一重大质量隐患反复出现3次的 | ★ | | | |
| 24 | 违反股份公司消防安全材料设备使用管理规定审批 | | ★ | | |
| 25 | 项目公司未经许可，擅自开业、入伙的 | ★ | | | |
| 26 | 质量监管中心发出整改通知书，3次回复不符合要求的 | ★ | | | |
| 27 | 现场发现重大质量隐患未按规定上报 | ★ | | | |
| 28 | 现场发现特别重大质量隐患未按规定上报，加倍处罚 | ★ | | | |

3. 试就钢筋混凝土梁的裂缝宽度而言，说明什么范围属于正常、轻微缺陷、危及承载力缺陷、临近破坏、破坏状态。

**【参考答案】**

正常：①施工后，使用前施工荷载不超过抗裂荷载时，没有肉眼可见裂缝；②超过抗裂荷载后，允许出现小于规范限定的裂缝；③使用后，满足规范限定的使用荷载条件下裂缝宽度的要求。

轻微缺陷：①施工后，使用前施工荷载不超过抗裂荷载时，允许出现可见裂缝，但不影响使用要求；②超过抗裂荷载后或使用后，允许出现不大于规范限定的裂缝。

危及承载力缺陷：出现超过规范限定的裂缝，但根据裂缝部位、性质、结构特点等条件分析，认为裂缝对结构承载力并无严重影响，从长期使用和美观等使用要求分析，须加以补强处理后才能保证正常使用者。

临近破坏：出现的裂缝超过规范规定的限值，同时经过分析又认为已严重影响结构承载力或稳定，必须采用妥善加固措施后才能正常使用者。

破坏状态：破坏的检验标志依构件受力情况而异，一般以裂缝宽度达到1.5mm为度。

4. 试述混凝土早期受冻损坏的机理。你认为混凝土有无后期冻融破坏的可能性？如有，说明其主要原因。

**【参考答案】**

当温度低于5℃时，混凝土强度的增长明显延缓。其原因主要是混凝土中过冷的水会发生迁移，引起各种压力，使混凝土内部孔隙及微裂缝逐渐增大、扩展、互相连通，使混凝土强度有所降低，使混凝土的凝结时间延慢。

当温度低于0℃，特别是温度下降至混凝土冰点温度（新浇混凝土冰点为-0.3～-0.5℃）以下时，混凝土中的水结冰，体积膨胀9%。当因体积膨胀引起的压力超过混凝土能够承受的强度时，就会造成混凝土的冻害（混凝土早期时强度比较，因此很容易被体积膨胀引起的压力胀坏）。即使后期正温三个月，亦不会恢复到原有设计强度水平。这对混凝土构件使用后的各种指标（强度、抗裂、抗渗等）影响很大。

已建成的混凝土工程，在经常遭受反复交替正负温度下，也有可能发生冻融破坏。主要原因是混凝土微孔隙中的水，在正负温度交替作用下形成冰胀压力和渗透压力联合作用的疲劳应力，使混凝土产生由表及里的剥蚀破坏，从而降低混凝土的强度，影响建筑物的安全使用。

5. 为什么大体积混凝土工程中因水化热而发生的裂缝是在内部降温期间发生的，而不是在内部升温期间发生的？如何防止？

**【参考答案】**

水化热使混凝土内部升温的时间很短，大约在浇筑后的2～7天；这时混凝土的弹性模量很小，约束应力很小。但是降温阶段很长，混凝土的弹性模量随时间提高，约束应力随时间增长；当约束拉应力超过混凝土抗拉强度时，便出现贯穿性裂缝。而大体积混凝土在降温期间容积变化也大，使得大体积混凝土更易开裂。

6. 试总结钢筋混凝土工程因设计因素可能出现哪些缺陷？你认为最严重的是什么问题？

**【参考答案】**

钢筋混凝土工程因设计因素可能出现下列缺陷：

① 设计时对结构承载和作用估计不足，施工时或使用后的实际荷载严重超于设计荷载；环境条件（如气温、地基情况等）与设计时的假定相比有重大变化；

② 设计时所取的计算简图与实际不符；

③ 设计时选用材料、构配件不当或对材料的物理力学性能（如脆性、疲劳等）掌握不够；

④ 设计时所确定的构件截面过小或连接构造不当；

⑤ 设计时对地基、气象等自然条件和场地状况了解不够，甚至完全不了解；

⑥ 设计时错误的依据设计规范或设计计算规程，严重的违背设计规范和国家标准（或规范、标准、规程本身有不完善之处）；

⑦ 设计文件未经严格审查，在计算书和施工图中存在错误、矛盾、混乱和遗漏；

最严重的问题是设计时对结构承载和作用估计不足，施工时或使用后的实际荷载严重超于设计荷载，容易引起结构的变形、裂缝和破坏的情况发生。

**7. 试总结钢筋混凝土工程因施工因素可能出现哪些缺陷？你认为最严重的是什么问题？**

【参考答案】

钢筋混凝土工程因施工因素可能出现下列缺陷：

① 施工时结构的实际受力状态与设计严重脱节；

② 施工时采用的原材料存在着物理的和化学的质量问题，或选用的构配件不满足设计要求；

③ 施工时所形成的结构构件或连接构造质量低劣，甚至残缺不全；

④ 施工时在不充分掌握地基和场地现状，或者在不应有的气象条件下盲目施工；

⑤ 施工时违反操作规程（或操作规程有不完善之处），施工工序有误，运输安装不当，临时支承失稳等；

⑥ 施工质量失控、管理混乱、技术人员素质过低等；

最严重的问题是结构受力状态和设计严重脱节，容易引起结构的变形、裂缝和破坏的情况发生。

**8. 为什么当钢筋混凝土梁出现斜裂缝，人们认为该梁处于临近破坏状态，十分危险；而当砖墙上出现斜裂缝，人们却认为该墙未临近破坏？**

【参考答案】

钢筋混凝土梁斜裂缝通常都是由于混凝土梁在荷载作用下梁端部受到剪力，由于所受剪力大于混凝土本身的抗剪切的能力，而钢筋混凝土梁构件中的剪力主要是由混凝土来承担的，因而混凝土梁出现斜裂缝，意味着混凝土梁处于临近破坏状态，十分危险；而砖墙上出现斜裂缝主要是因为砖块间的砂浆在应力作用下出现沿灰缝裂缝，而主要受力材料砖块本身并未破坏，所以人们认为该墙并未临近破坏。

**9. 为什么当钢筋混凝土梁中部出现由底向上发展，宽度在允许范围内的竖裂缝，人们认为该梁仍可承受荷载；而当砖墙出现贯通的裂缝，人们却认为该墙已临近破坏，十分危险？**

【参考答案】

钢筋混凝土梁中部出现由底向上发展，宽度在允许范围内的竖裂缝，通常是因为混凝土梁在中部受到弯矩的作用下混凝土产生的内应力大于混凝土的抗拉强度值，而混凝土梁中部弯矩主要是由钢筋来承担，只要受力钢筋变形没有超过规范规定的限值，就可以认为该梁仍可承受荷载；当砖墙出现贯通的裂缝时，就表明承受压力的主要构件砖块已经整体破坏，意味着该墙体已经临近破坏，十分危险。

## 【实际操作训练或案例分析】

### "砸墙"装修的结构工程师解析

之所以大家会关心这个问题，主要原因可能还是因为大家想知道装修的时候到底哪些墙体可以改动、哪些墙体坚决不能破坏。虽然建筑结构的类型有很多种，但具体到住宅，种类就很少了。国内的住宅市场，木结构、钢结构、土石结构在商品住宅中非常少见，没有讨论的价值。主流的结构体系不外乎三种：砌体结构、剪力墙结构、框架结构。下面的举例并不能教会大家如何分辨，只是告诉大家，这个问题有多复杂，以及随便砸墙的后果有多严重。

#### 1. 砌体结构

砌体结构是最常见的住宅结构体系（如图 2.161），20 世纪 90 年代之前修建的、方方正正的、5 层到 6 层的、老工房或者筒子楼或者单位福利房或者宿舍楼，基本都是砌体结构，或者俗称的"砖混"结构。

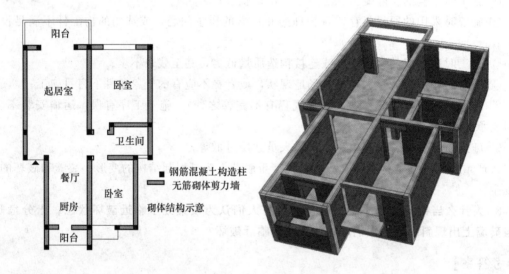

图 2.161　砌体结构住宅平面、三维示意

图 2.161 是一个比较典型的砌体结构住宅。图中涂黑的方块是钢筋混凝土构造柱，里面有钢筋，这些是肯定不能破坏的。其余所有淡显填充的墙体，都是砌体承重墙，原则上，这些也都是不能破坏的。混凝土构造柱和砌体承重墙，构成了整个竖向结构体系，承载所有的结构荷载。

#### 2. 剪力墙结构

随着土地价格的上升、市场需求的增加，5、6 层的砌体结构已经不能满足要求了。90年代中后期开始出现的高层住宅，大量采用了混凝土剪力墙结构（如图 2.162）。基本上，9层、10 层往上直到 30 层乃至更高的住宅全都是剪力墙结构。

图 2.162 是个比较典型的剪力墙结构住宅。图中涂黑的墙体就是钢筋混凝土剪力墙，一定不要破坏。斜线填充的是砌块墙体，原则上并不起结构作用，所以可以适当的改建。

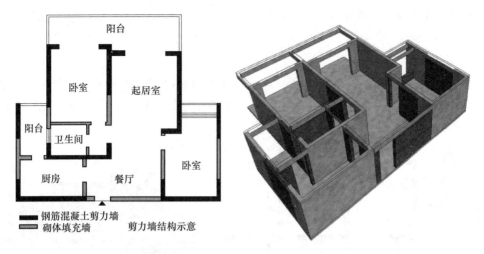

图 2.162  剪力墙结构住宅平面、三维示意

不仅仅是混凝土墙体不能破坏，混凝土连梁、楼面梁都不能破坏。填充墙上方一般都有混凝土连梁，千万不要把混凝土连梁一并砸掉。一些野蛮装修的，直接把这根连梁都锯掉了，这个后果非常严重。

图 2.163 显示的是混凝土主体结构，对比一下图 2.162 和图 2.163，图 2.163 少掉的墙体，就是可以拆除的部分。当然，跟砌体结构一样，拆填充墙可以，但是不要随意地加填充墙。如果一定要加，也跟砌体结构一样，用轻质墙体，不要砌砖。另外，改建墙体的时候，保温、隔声都要自己打算好，不要不管不顾，一味野蛮施工，结果自找烦恼。

一些低烈度地区的住宅，或者层数比较低的住宅，可能采用了框架-剪力墙结构（如图 2.164）。当然，这种框剪并不算典型的框剪，大多数还是"带少量框架柱的剪力墙结构"。跟剪力墙结构的区别，就是把部分比较长的 L 形的墙体换成了方柱子，别的地方区别并不大。

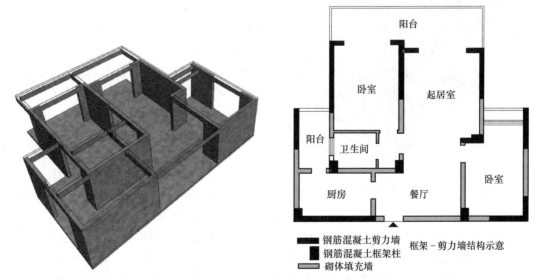

图 2.163  拆除砌块墙后的混凝土结构部分    图 2.164  框架剪力墙结构住宅平面示意

剪力墙或者框剪的填充墙，最好还是不要改动。填充墙虽然不作为结构构件，但它本身却提供着抗侧刚度。随意的拆改，容易造成平面和竖向的刚度不均匀，对抗震不利。此外，

现在的建筑设计一般都比较合理，没有必要大拆大改，浪费时间精力，效果可能还不如原设计的好。

### 3. 框架结构

框架结构（如图2.165）不太多见，主要是新建的6层以上的住宅，以及独栋、连排、叠加别墅和洋房等，占据市场份额相对比较小。细分的话，还可以分成普通框架和异形柱框架，但其实都差不多，所以就不分开说了。

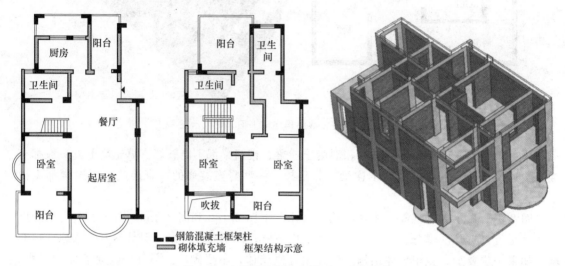

钢筋混凝土框架柱
砌体填充墙　　框架结构示意

图2.165　框架结构住宅平面、三维示意

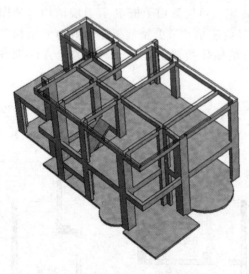

图2.166　拆除填充墙后的混凝土结构部分

图2.165是一个典型的花园洋房跃层住宅，采用的是混凝土异形柱体系，带有少量的普通框架柱。图中涂黑的就是钢筋混凝土框架柱，矩形的是普通框架柱，L形的、T形的是异形柱。

很简单，所有填充墙都可以拆除，图2.166就是拆完的样子。注意，只能拆填充墙，一定不要破坏墙体上方的灰色混凝土梁。相对来说，框架结构没有结构墙体，所以改建的自由度很大。

但是拆完之后不能随意地加砖墙。如果要加，尤其是在原来没有墙体的地方加墙，请用石膏板、蜂窝纸板、玻璃这些轻质墙体。另外，自己改建的时候也要注意施工安全，新建的墙体也要做好可靠的拉结措施，防止将来倒掉伤人。虽然是轻质墙体，万一倒了也很麻烦，比如地震的时候玻璃隔断倒了，即使没砸到人，可能也会影响逃生的速度，甚至可能会阻断逃生的路线。

即使是填充墙体，随意地拆改破坏也可能造成安全隐患，得不偿失；如果野蛮施工，把结构墙体也破坏了，不光要惹官司，对自己的住宅结构安全也没有丝毫的好处。

# 建筑工程施工生产安全事故

## 【教学要点】

| 序号 | 知识目标 | 教学要点 |
|---|---|---|
| 1 | 安全、安全事故的定义,安全事故类型 | 安全所涵盖的范畴、建筑工程安全生产的重要性,理解安全隐患、风险的种类、区别 |
| 2 | 熟悉安全事故分析的基本原则和方法程序,掌握主要安全事故类型的分析方法 | 结合各类事故案例,提出与事故案例相关知识点若干问题,多角度理解事故本质<br>提供问题释疑,拓展知识面<br>设置讨论环节,引导思考 |
| 3 | 熟悉建筑工程施工5类常见事故,掌握事故诱因、事故处置、事故后果 | 分析事故隐患和正误做法对比,提出预防事故发生的对策及正确做法 |

## 【技能要点】

运用工程材料、力学、结构、构造、工法、法律、管理等方面的理论和原理,分析工程安全事故发生的原因,能对施工现场生产过程中的各种安全隐患和危险源,提出有效的预防措施和解决方法。

## 【导入案例】

根据2016年各行业较大级别以上事故发生数量统计(建筑业42起,交通运输业166起,煤矿业23起;建筑业死亡人数423人,交通运输业死亡人数784人,煤矿业死亡人数198人,其他行业情况可参考相关资料),得出以下结论:

①从事故发生数量来看:建筑业的事故发生数量仅次于交通运输业,较大级以上事故就发生42起,远远高于其他行业;

②从事故的伤亡人数来看:建筑业的伤亡人数同样仅次于交通运输业,伤亡人数也远远高于其他行业;

③从伤亡人数/事故发生数量来看,在建筑行业中每发生一次事故,平均伤亡人数最高。

由于建筑行业从涉及人员范围来讲远小于交通运输行业,所以从某种程度来分析,建筑行业的潜在危险程度居于其他行业之首。所以作为建筑企业,我们应该对建筑安全问题加以重视,研究导致建筑事故易发的原因,在平时的施工过程中加以防范。

通过对2016年建筑事故种类统计分析,事故主要集中于坍塌、坠落、触电三种事故,其中坍塌事故发生率最高,伤亡最大。42次较大事故中(见表3.1),仅坍塌事故就发生了30次;伤亡的423名人员中,因坍塌伤亡的人员占到了84%。

表 3.1 2016 年全国建筑业事故情况

| 序号 | 事故概况 |
|---|---|
| | 特别重大事故 |
| 1 | 11 月 24 日 7 时 40 分左右,江西丰城发电厂三期在建项目工地冷却塔施工平台坍塌,造成 74 人死亡,2 人受伤 |
| | 重大事故 |
| 2 | 4 月 13 日 5 时 40 分,广东东莞市,中交四航局一公司东江口预制厂,一龙门吊沿着轨道滑移至轨道尽头后倾覆并压倒一座简易工棚,造成 18 人死亡、19 人受伤 |
| 3 | 6 月 22 日 16 时 50 分,河南郑州市上街区,中国铝业有限公司河南分公司氧化铝厂氧化铝节能减排升级改造建设项目四沉降系统搬迁工程拆除作业过程中,4 号槽体顶盖发生坍塌,施工人员随顶盖坠落,造成 11 人死亡 |
| | 较大事故 |
| 4 | 2 月 26 日 14 时 18 分,江西萍乡市安源区,新学前巷 27 号楼 405 室在进行装修拆除施工过程中发生局部坍塌事故,造成 6 人死亡、1 人受伤 |
| 5 | 2 月 26 日 15 时 15 分,河北承德市丰宁县,丰宁抽水蓄能电站鞭子沟地下厂房施工现场发生塌方事故,造成 4 人死亡 |
| 6 | 3 月 2 日 14 时 40 分,贵州黔南布依族苗族自治州三都县,三都物资销购中心工地发生围墙垮塌事故,造成 3 人死亡、7 人受伤 |
| 7 | 3 月 17 日 2 时 56 分,江苏苏州市张家港市,沪通长江大桥施工现场发生井壁坍塌事故,造成 1 人死亡、5 人下落不明 |
| 8 | 3 月 18 日 16 时 4 分,云南西双版纳勐腊县,纳龙布云南广垦橡胶有限公司勐远制胶厂在挡土墙施工过程中,发生山体滑坡事故,造成 6 人死亡、1 人受伤 |
| 9 | 3 月 25 日 16 时 30 分,上海虹口区,星港国际中心项目施工工地东塔楼发生筒架爬模坠落事故,造成 4 人死亡 |
| 10 | 4 月 15 日 11 时 40 分,青海西宁市大通县,青山公路施工工地在路肩墙拆模过程中发生墙体坍塌事故,造成 3 人死亡 |
| 11 | 4 月 15 日 15 时 10 分,云南文山州广南县,那椰酒业有限公司在建酒窖施工工地发生坍塌事故,造成 3 人死亡 |
| 12 | 4 月 16 日 11 时 40 分,广东惠州市大亚湾西区,比亚迪二期施工工地污水池清理作业过程中,1 名工人因缺氧跌入污水池,3 人在施救过程中被困,事故共造成 3 人死亡、1 人受伤 |
| 13 | 4 月 19 日 14 时 40 分,吉林梅河口市,吉粮资产经营公司梅河口红梅粮库施工现场发生触电事故,造成 4 人死亡 |
| 14 | 5 月 17 日 17 时 55 分,山西太原市,北方机械制造有限公司金工二厂在拆除厂房时发生坍塌事故,造成 3 人死亡、6 人受伤 |
| 15 | 5 月 21 日 14 时,山东威海市临港区,由蓉城建设集团施工的金开利五金城在安装塔吊过程中发生塔吊坍塌事故,造成 3 人死亡、2 人重伤 |
| 16 | 6 月 4 日 14 时 30 分,河北沧州市肃宁县,师素镇南王村在进行村北乡间路路肩加固过程中发生触电事故,造成 3 人死亡 |
| 17 | 6 月 5 日 16 时 20 分,山东淄博市桓台县,山东天源热电有限公司电厂拆除一关停烟囱时发生坍塌,造成 3 人死亡 |
| 18 | 6 月 17 日 10 时许,安徽六安市霍邱县,中国能建安徽电建二公司在国网霍邱供电农网升级改造过程中,发生输电铁塔倒塌事故,造成 3 人死亡 |
| 19 | 6 月 20 日 14 时许,安徽宣城市绩溪县,安徽绩溪抽水蓄能有限公司下水库土建及金属机构安装工程施工工地,在进行边坡施工时发生塌方事故,造成 3 人死亡 |
| 20 | 7 月 8 日 22 时 30 分,浙江杭州市滨江区,地铁四号线中医学院腾达建设工地内发生湿土渗漏事故,造成 4 人死亡 |
| 21 | 7 月 9 日 6 时 40 分,黑龙江大庆市肇源县,大广工业园企业孵化园消防泵房浇筑混凝土作业时发生坍塌事故,造成 3 人死亡 |
| 22 | 7 月 15 日 18 时 30 分,山东烟台市龙口市,东海金玉蓝湾小区施工工地建筑电梯发生坠落事故,造成 8 人死亡 |
| 23 | 7 月 16 日 14 时 40 分,内蒙古乌兰察布集宁区,白金汗府施工工地升降梯发生坠落事故,造成 3 人死亡 |
| 24 | 7 月 19 日 16 时,上海杨浦区,18 街坊配套项目工地在进行围墙拆除作业时发生围墙倒塌事故,造成 3 人死亡 |
| 25 | 7 月 19 日 22 时,黑龙江哈尔滨市香坊区,3 名工人进入信义沟治理工程污水管道检查井时中毒晕倒,另 4 名工人在下井施救过程中也相继中毒晕倒,事故共造成 5 人死亡 |
| 26 | 7 月 23 日 11 时 30 分,河北衡水市故城县,衡水市中央储备粮故城直属库兴粮分库在北门外进行施工作业时发生触电事故,造成 3 人死亡 |
| 27 | 8 月 1 日 8 时 45 分,贵州遵义市新蒲新区,一在建饮水工程水池盖板发生坍塌事故,造成 8 人死亡 |
| 28 | 8 月 2 日 8 时 30 分,山西太原市万柏林区,山西聚宝集鼎有限公司在施工时发生触电事故,造成 3 人死亡 |

| 序号 | 事故概况 |
|---|---|
| | 较 大 事 故 |
| 29 | 8月5日18时10分,广西来宾市兴宾区,桂中治旱工程隧道发生坍塌事故,造成5人死亡 |
| 30 | 8月7日15时许,河北石家庄市新华区,西岭供热有限公司在进行热力管道施工时发生坍塌事故,造成3人死亡 |
| 31 | 8月15日1时15分许,贵州毕节市赫章县,石头寨寨门施工过程中发生垮塌事故,造成3人死亡 |
| 32 | 8月19日20时27分,山西朔州市怀仁县,翰林庄洗煤园区门楼安装工程在施工过程中发生触电事故,造成3人死亡 |
| 33 | 8月22日18时30分,四川南充市阆中市,宏云江山国际商住楼施工工地发生支模架坍塌事故,造成6人死亡 |
| 34 | 8月25日16时20分,贵州黔西南州兴仁县,博融天街施工工地发生脚手架坍塌事故,造成3人死亡 |
| 35 | 8月30日17时许,山东临沂市沂水县,金苑新都3号楼施工现场发生塔机坍塌事故,造成3人死亡 |
| 36 | 8月31日13时35分,甘肃甘南州临潭县,堡子村生态文明小康村项目施工现场发生城墙坍塌事故,造成3人死亡 |
| 37 | 9月11日9时17分,江西吉安市泰和县,江西荣达爆破新技术开发有限公司在对废弃泰和大桥进行拆除作业过程中发生坍塌事故,造成3人下落不明,5人受伤 |
| 38 | 9月13日,吉林长春市农安县,北环城路施工工地发生塔吊坍塌事故,造成3人死亡 |
| 39 | 9月13日,贵州毕节市织金县,织普高速打刮隧道施工工地发生涌泥事故,造成7人死亡和下落不明 |
| 40 | 9月15日,西藏林芝地区米林县,拉林铁路供电工程施工工地发生坍塌事故,造成4人死亡 |
| 41 | 9月15日,辽宁沈阳市,河畔新城施工工地发生塔吊坍塌事故,造成3人死亡 |
| 42 | 9月18日,湖北黄冈市浠水县,散花示范区工业园自来水厂施工工地发生坍塌事故,造成3人死亡 |

2014年12月29日清华附中体育馆工地底板钢筋在绑扎过程中发生垮塌(造成10人死亡,4人受伤);2016年11月24日,江西的宜春丰城电厂三期扩建工程D标段冷却塔平桥吊倒塌(造成74人死亡,2人受伤)。两次事故的伤亡人数的确让人触目惊心,所以我们对施工过程中的事故必须加以防范。

安全事故系统涉及四个要素,通常称为"4M"要素,即:人的不安全行为、机的不安全状态、作业环境的不良影响、管理的欠缺。认识事故系统因素,使我们对防范事故有了基本的目标和对象。除了对事故要素的了解,重要和更具现实意义的系统对象是安全系统,其要素是:人——人的安全素质(心理与生理;安全能力;文化素质);物——设备与环境的安全可靠性(设计安全性;制造安全性;使用安全性);能量——生产过程能的安全作用(能的有效控制);信息——充分可靠的安全信息流(管理效能的充分发挥)是安全的基础保障。认识事故系统要素,对指导我们从打破事故系统来保障人类的安全具有实际的意义,但这种认识带有事后型的色彩,是被动、滞后的,而从安全系统的角度出发,则具有超前和预防的意义、具有理性的意义,更符合科学性原则。

安全事故分析是企业安全管理的一项非常重要的工作,有些工作要求有很高的技术性和严格的政策性。做好事故分析,对提高企业安全管理水平,防止事故重复发生,具有非常重要的作用。事故分析是在事故调查取得确凿证据基础上进行的。事故分析包括:受伤部位、受伤性质、起因物、致害物、伤害方式、不安全状态、不安全行为、直接原因、间接原因等的分析。

建筑施工安全生产的特点:

① 建筑产品的多样性和施工条件的差异性,决定了建筑施工没有固定的通用的施工方案。因此,也就没有通用的安全技术措施。

② 建筑施工的季节性和人员的流动性,决定了在建筑施工企业中季节工、临时工和劳务人员占相当大的比例。因此,安全教育和培训任务重,工作量大。

③ 建筑安全技术涉及面广,包括高处作业、电气、起重、运输、机械加工和防火、防

爆、防尘、防毒等多专业的安全技术。

④ 施工的流动性与施工设施、防护设施的临时性，容易使施工人员产生临时思想，忽视这些设施的质量，使安全隐患不能及时消除，以致爆发事故。

⑤ 建筑施工行业容易发生伤亡事故的是：高处坠落、起重伤害、触电、坍塌和物体打击。防止这些事故的发生式建筑施工安全工作的重点。

## 第一节　高处坠落事故

高处坠落事故指高处作业时，人由站立工作面失去平衡，在重力作用下坠落（坠落高度超过 2m），由危险重力势能差引起的伤害事故。但由于其他事故类别为诱发条件而发生的高处坠落，如高处作业时由于人体触电坠落，不属于高处坠落事故。

高空坠落事故类型常见的有以下几种。

① 临边、洞口、陡壁施工坠落。如跨越未封闭或封闭不严孔洞、沟槽、井坑而失足坠落。

② 脚手架、平台坠落。主要是搭设不规范，移动过程中被绊而失身坠落，脚手架上的脚手板、梯子、架子管因变形、断裂而失稳导致人员坠落。

③ 悬空高处作业时坠落。主要是在安装、拆除脚手架、井架、塔吊和在吊装屋架、梁板等高处作业时的作业人员，没有系安全带，也无其他防护设施或作业时用力过猛身体失稳而坠落，在管道、小梁行走时脚步不稳（如打滑、踩空）身体失控坠落或踩中易滚动或不稳定物件而坠落。

④ 在轻型屋里和顶棚上铺设管道、电线或检修作业中坠落。

⑤ 拆除作业时坠落。

⑥ 登高过程中坠落。如在钢架、脚手架、爬梯上下攀爬失手而坠落，踩塌轻型屋面板而导致人员坠落。

⑦ 在梯子上作业坠落。也有从地面踏空失足坠入洞、坑、沟、升降口、漏斗的等伤害。不包括触电后、受打击后、被设备及车辆冲撞后等引发的坠落。

【释】　悬空、高处作业（如图 3.1）。高处作业，指在高于基准面 2m 以上有可能坠落的高处进行的作业。建筑施工中，高处作业占有很大的比重，高处坠落事故发生率、死亡率均高。

图 3.1　高处作业及高处坠落示意

悬空作业，是指在周边临空状态下进行高处作业（如图3.2）。其特点是在操作者无立足点或无牢靠立足点条件下进行高处作业。

大部分高处坠落发生在并不十分高的地方。在3～6m是最易发生高处坠落的高度。70％的屋顶施工高处坠落事故发生在高度不到9m的地方。也许正是人们忽视了这一高度，认为无需做太多的安全防护，才导致事故的频频发生。低作业层的安全防护措施不容忽视。

事故出现的典型情况包括：滑倒在倾斜的屋面上，然后跌落到了地面上；工人从楼层临边洞口处摔了下去；工人滑倒在脚手架工作面上然后坠落下去；建筑物、结构物缺乏防护设施导致工人高处坠落。这些高处坠落完全可以

图3.2　室外悬空作业现场

通过有效预防，正确使用防坠落保护装备来避免不幸事件的发生。无论主动法（如在坠落之前用防护栏杆防护），还是被动法（如在坠落之后用安全带保护），都是减少高处坠落伤害的行之有效的方法。在不同的条件下，防护栏杆、安全网和个人防坠落保护装置，都能起着决定性的作用。

【讨论】　应系安全带的工作状况。
① 有可能进行高空作业的工作，在进入工作场所时，身上必须佩有安全带；
② 高度超过两米的高空作业时；
③ 倾斜的屋顶作业时；
④ 平顶屋，在离屋顶边缘或屋顶开口1.2m内没有防护栏时；
⑤ 任何悬吊的平台或工作台；
⑥ 任何护栏，铺板不完整的脚手架上；
⑦ 接近屋面或地面开孔附近的梯子上；
⑧ 高处作业无可靠防坠落措施时。

【例】　常见"三宝、四口、五临边"安全隐患：
① 施工现场作业人员未配戴安全帽进入施工现场；
② 安全帽配戴不符合要求；
③ 在建工程外侧未采用密目式安全网封闭；
④ 安全网规格、材质不符合要求；
⑤ 安全防护设施未形成定型化、工具化；
⑥ 楼梯口未设安全防护设施；
⑦ 电梯井口未设安全防护设施；
⑧ 电梯井内未按规定设置防护；
⑨ 预留洞口未设安全防护；
⑩ 通道口未搭设防护棚；
⑪ 防护棚搭设不符合要求；
⑫ 阳台临边无防护；
⑬ 屋边临边无防护。

# 一、事故与危害

## 1. 人的不安全行为

### （1）身体不健康

【例】 精神状态不佳，如因睡眠、休息不足而精神不振，酒后进行登高作业。例如患有高血压、心脏病、贫血等疾病或生理缺陷，不适于高处作业。某疾病预防控制中心为进一步了解高处（空）作业人员的职业禁忌证情况。按规定项目设计调查表，重点检查血压、胸透、血、尿常规、视力、心电图及运动功能等。220名高处作业者中，不适合高处作业者75例。其中，患高血压者28例，占12.73%；心电图异常者24例，占10.90%；双眼视力低于1.0者17例，占7.66%；红绿色盲者6例，占2.73%。

高处作业工人身体健康状况与安全生产关系密切，用人单位及高处作业工人的健康安全意识淡薄，建议应进一步加强国家相关法律法规等的贯彻学习。

### （2）疲劳、注意力分散

操作人员过于疲劳，各感觉机能减弱，注意力下降，动作准确性和灵敏性也下降，思维和判断的错误性高，无法正常操作，极易发生事故。施工人员不注意自我保护，坐在防护栏上休息，在脚手架上睡觉。

【例】 面板铺设施工中，工人将吊件引导至围栏内时，由于注意力集中在吊件上，脚下踩空，从待安装位置洞口坠落（图3.3）。

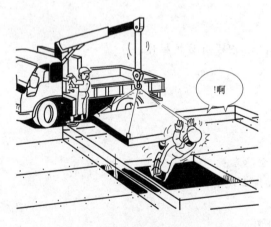

图3.3 脚下踩空从洞口坠落

### （3）习惯性违章

事故人因相关的行为表现常常表现为：

① 自以为是，习以为常。自己认为长年从事该项工作很有经验，习以为常、满不在乎，当工作条件和环境发生变化后没有全面分析周围环境、没有进行日常检查、没有意识到操作方法错误、没有注意到异常情况，放松警惕。一旦遇到突发事件，惊慌失措，没有采取有效措施，造成事故。

② 心存侥幸，总觉得没事。在遇到难干、麻烦的工作时，只图省事、省力侥幸完成任务，虽然感到操作有一些危险，但认为问题不大，不按操作规程执行，导致事故发生。这种现象在日常工作中随处可见，也是造成事故的主要原因之一。

③ 技术不熟，能力不够，冒险蛮干。自己没有工作能力和经验，又不向他人请教，没有感觉到危险的存在，而盲目地进行作业，导致事故。

④ 受情绪的影响，思想不集中。受到外界的刺激，心情不好，或遇到特别高兴的事，感情冲动，注意力不集中，易造成事故。

⑤ 麻痹思想。过去凭经验操作过许多次，认为作业太简单，不会出现问题。在这种思想支配下，也易发生事故。

【例】 劳务公司施工作业人员在脚手架上方进行脚手板铺设作业。塔吊将吊运的脚手板运至脚手架顶部，工人在摘除东侧卡环过程中，由于身上所系安全带没有拴挂，而不慎失稳从架上坠落地面（如图3.4所示，落差12m，无平网）死亡。操作者违反安全操作规程和安全防护标准是此次事故的直接原因。作为专业架子工，本应严格遵守安全操作规程和安全防护标准的有关规定，但是在实际工作中，虽然佩戴了安全带，却没有按照规定正确使用，导致在其失稳时安全带不能起到保护作用。劳务分包单位没有严格履行安全职责，对本单位作业人员安全教育、监督检查没有落实到位，导致其作业人员安全意识淡漠，违章作业，且没有及时发现和制止。

图3.4 没有正确佩戴安全带从脚手架上坠落

【讨论】 安全员工作。安全员作为施工现场的直接管理者，应严格工作流程（如图3.5），不留工作疏漏和安全隐患。

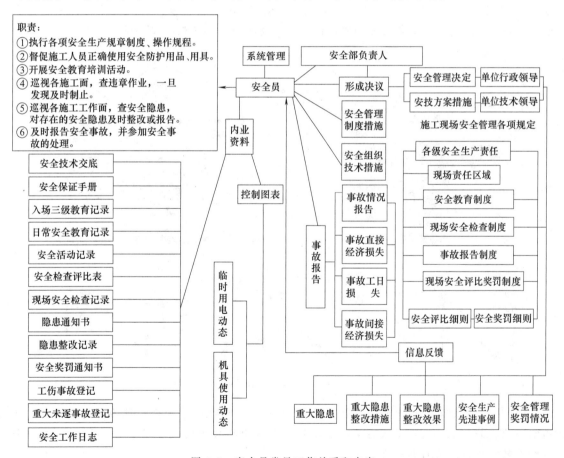

图3.5 安全员常见工作关系和内容

【例】 在安装脚手架时，工人为从下层脚手架攀爬至上层脚手架解除了安全带，途中身体失去平衡，从22m高处坠落（图3.6）。

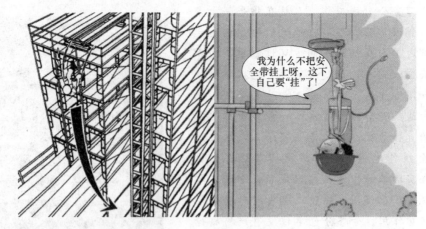

图 3.6　脚手架安装工解掉安全带后坠落

【讨论】　正确使用安全带（如图 3.7）。安全带使用前应检查绳带有无变质、卡环是否有裂纹、卡簧弹跳性是否良好；如安全带无固定挂处，应采用适当强度的钢丝绳或采用其他方法固定在建筑物上形成安全绳，安全带挂在安全绳上；安全带要高挂低用（尽量缩短坠落距离，减轻坠落过程中安全带对人体的拉扯伤害，并减小坠落时人体惯性力对安全带的拉力），不准将绳打结使用；注意防止摆动碰撞，使用 3m 以上的长绳应加缓冲器；金属钩应挂在连接环上使用；安全带上各种零部件不得任意拆除；妥善保管安全带。

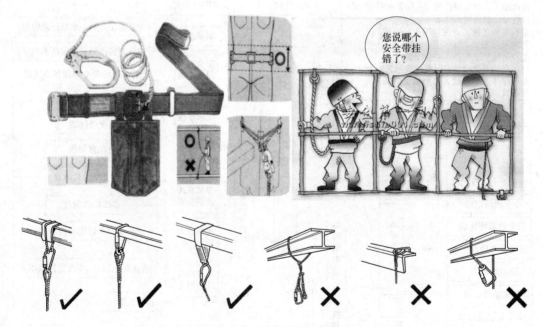

图 3.7　正确系挂安全带

【例】　安全带高挂低用的必要性。某人的质量为 60kg，系一个长度为 5m 的安全带在高空作业。若人不慎失足而从高空坠落，安全带从出现拉力到完全张紧历时共 1s。求安全带对人的平均作用力的大小为多少？

设人在自由下落 $L = 5\text{m}$ 时的速度是 $V$，则由 $V^2 = 2gL$ 得

$$V = \sqrt{2gL} = \sqrt{2 \times 10 \times 5} = 10 (\text{m/s})$$

在人的速度由 V 减小到 0 的过程中，取竖直向下为正方向，安全带对人的平均作用力大小是 F，则由动量定理得

$$(mg-F) \cdot \Delta t = 0 - mV$$

$$F = m\left(\frac{V}{\Delta t} + g\right) = 60 \cdot \left(\frac{10}{1} + 10\right) = 1200(\text{N})$$

人的骨骼的承受能力，如股关节承受力是体重的 3～4 倍（4×60×10＝2400N），膝关节是 5～6 倍（6×60×10＝3600N），小腿骨能承受 7000kN 的力，扭曲的负荷力是 3000N。

【例】 工人为抄近路，上到钢结构施工的钢梁上向对面走到端头后，想手扒柱子到楼层内，因距离远而失手落下砸落单层平网后落在 22m 下的地面身亡（图 3.8）。

### （4）不小心、错误操作

如操作人员操作不当、工作时行走或移动不小心、错误动作（如不戴工具袋手抓物件）造成身体不平衡、不系安全带等，都会导致人员从高处坠落（如图 3.9）。

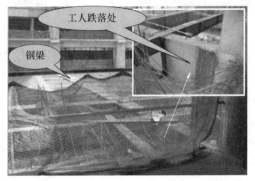

图 3.8 工人没走安全通道而坠落

图 3.9 工人不慎失足坠落

【例】 活梯、脚手架踏板和移动作业台跌落事故（如图 3.10）。工人站在活动脚手板上进行墙钢筋绑扎时，由于脚手板没捆绑固定，另脚手板伸出长度 500mm 呈悬挑不稳定状态，造成工人跌落。工人站在活梯上张拉主干线的作业中，干线与钢丝拉脱，由于用力过猛工人越过身后电梯井开口处的栏杆而跌落。工人在进行贴砖作业时，使用移动作业平台横向滑动，作业台的脚部跌下台阶，工人从上面跌落。

图 3.10 工人从活梯上坠落

【例】 在进行脚手架拆除作业中，因拆除扣件操作方法不当，工人的扳手从螺钉上脱落，其反弹力使站在架子钢管上的工人身体失去平衡而坠落（如图 3.11）。

【例】 某商业广场工程裙楼中庭，工人采用吊绳滑板作业方式对受污染部位补刷涂料。

在从二楼往一楼下滑过程中，由于主绳上的 U 形卸扣的螺栓反转脱落，致坠落至地下室地面，头部着地当场死亡（如图 3.12）。

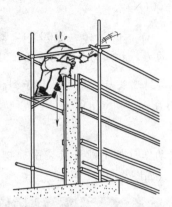

图 3.11　工人被操作反力作用失衡坠落

图 3.12　工人操作错误而坠落

原因分析：工人个人使用的吊绳滑板上的 U 形卸扣绑扎方向相反，当滑板下滑时，卸扣螺栓因与主绳摩擦而反转脱落，且无安全绳等其他安全防护措施，致使其高处坠落。工程管理人员对危险性较大的滑板作业无安全防护措施熟视无睹，未予纠正。

【例】　厦门市思明东路某工地在拆除塔吊作业。下午 16 时 30 分左右，拆除操作人员在塔吊顶升套架上进行塔吊回转的拆除作业（高度约 22.5m），突然，整个顶升套架连同在上面操作的四个工人一起坠落，操作人员被反弹出来，一名工人由于伤势严重送医后于 17 时 30 分死亡，另三人受伤。

## 2. 物的不安全状态

### （1）防护有缺陷

安全防护用品和材料质量不好，不符合安装和使用要求，或不按规定安装和使用（如图 3.13）。

办公区无防护措施

基坑临边无防护，钢筋作业棚离基坑近

图 3.13　现场防护不当示例

【例】　湖南省某县在悬崖绝壁上建设栈道（如图 3.14）吸引游客，以促进当地旅游业。在栈道修建中，既要考虑景区的规划，又要结合地形地貌，寻找合理的栈道线路。修建一条平均海拔高度约近400m、总长度近1km的悬崖栈道，施工难度极大。

修栈道的工人在几百米高的悬崖上作业时却没安全保障，没有安全绳（如图3.15），只有木板、手推车和生锈脚手架等简陋工具。工人们在毫无安全保护措施的情况下，站在悬崖边的脚手架上，只是修路的第一步。工人们背着沉重的木板，推着满载混凝土的推车，穿过搭建在几百米空中的木板路运输修路所需的材料。在完全没有安全措施的情况下（图3.16），站在薄薄的木板上，依靠自身的平衡修建道路。

图3.14　栈道，又一种建筑奇迹

图3.15　工人行走在悬崖边，没有安全保护绳却肩扛重物

图3.16　工作中的工人没有必要的安全设施

【例】　在搬运材料时，工人脚刚踏上脚手板，板便翘起，工人身体失去平衡而坠落（如图3.17）。

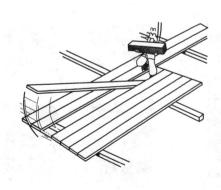

图3.17　脚手板没固定造成工人坠落

【例】　施工人员正在施工现场东北侧19层电梯机房屋面进行屋顶风机的吊运，在消声器吊到楼顶的时候，因竖井无防护（临时拆除，如图3.18），工人前去摘钩不慎掉下竖井，坠至17层地面死亡（洞口防护临时拆除后应按洞口临边施工情况，工人必须佩戴安全带、洞口内应悬挂水平安全网）。

【释】　洞口、临边作业。洞口作业是指孔、洞口旁边的高处作业，包括施工现场及通道旁深度在2m及2m以上的桩孔、沟槽与管道孔洞等边沿作业。临边作业（如图3.19）是指施工现场中，工作面边沿无围护设施或围护设施高度低于800mm高处作业。

图 3.18　临时拆除安全防护后工人坠落

图 3.19　临边作业

【讨论】　个人防护。使用劳动防护用品，通过采取阻隔、封闭、吸收、分散、悬浮等手段，保护机体的局部或全身免受外来物理、化学、生物性有害因素的侵害。个人防护用品包括：①头部防护，有安全帽（保护头部以消除或减缓坠落物、硬质物件的撞击、挤压伤害）、工作帽（防止头部脏污、擦伤、发辫手机器搅辗）；②坠落防护，有围栏作业安全带（用于电工、电讯工等杆上作业）、悬挂作业安全带（用于建筑、安装作业）、攀登作业安全带（用于攀登高塔等高处作业）；③眼面部防护，有防护眼镜、眼罩、面罩（用于存在粉尘、气体、蒸汽、雾、烟、飞屑等刺激眼睛或面部时）；④手部防护，有耐酸碱手套、电工绝缘手套、电焊工手套、防寒手套、耐油手套、放X射线手套、石棉手套等（防切割、防腐蚀、绝缘、隔热、保温、防滑、防渗透）；⑤足部防护，有防静电鞋、绝缘鞋、防砸鞋、炼钢鞋、防酸碱鞋、防油鞋、防滑鞋、防穿刺鞋、防寒鞋、防水鞋等（用于防砸、防腐蚀、防渗透、防滑、防火花等）；⑥身体防护，有防护服（用于保温、防水、防化学腐蚀、阻燃、防静电、防辐射等）；⑦听力防护，有耳塞、耳罩、头盔等护耳器（用于防止噪声对听觉器官的损伤）和适宜的通信设备；⑧呼吸防护，呼吸防护用品口罩、面部呼吸器等考虑是否缺氧、是否有易燃易爆气体、是否存在空气污染及其种类、浓度、特点等因素。

【释】　攀登作业（如图3.20）。是指借助建筑结构或脚手架上的登高设施或采用梯子或其他登高设施在攀登条件下进行的高处作业。

【例】　高层建筑装修吊篮中间断裂（如图3.21）。所幸工作中的工人均有必要的安全防护（其中安全带起到至关重要的作用），没有造成人员伤亡。

图 3.20　攀登作业

图 3.21　吊篮断裂现场

**（2）安全设施失效**

① 水平网内有横钢管（如图3.22）。在洞口内、临边处挂设水平安全网，是为了在有人或物品从高处坠落时能够有效挡住坠落的人和物，避免或减轻坠落及物击伤害。达到目的的关键是网受力强度必须经受住人体及携带工具等物品坠落时的冲击、平网承接部位要悬空。如果网内有障碍物，还是会造成落入网中的人员受伤。正确做法：水平网内、下方严禁有横杆等物。

② 横支撑伸到架子操作层内（如图3.23），通道受堵且易伤人。正确做法：横向支撑不得伸进架内。

图3.22　洞内水平安全网错误悬挂

图3.23　钢管伸入通道形成安全隐患

【例】　工人在脚手架上扶着护栏栏杆走动，栏杆上的钢管夹具脱落（如图3.24），工人身体失去平衡，从高处坠落。

事故原因：违反了《建筑施工扣件式钢管脚手架安全技术规范》（JGJ 130—2011）第8.1.3、8.1.4条。固定栏杆扶手的立杆间距太大；栏杆扣件强度不足；放线测量员安全意识不强。

预防对策：扣件的验收应符合下列规定：新扣件应有生产许可证、法定检测单位的测试报告和产品质量合格证。当对扣件质量有怀疑时，应按《钢管脚手架扣件》（GB 15831—2006）的规定抽样检测；旧扣件使用前应进行质量检查，有裂缝、变形的严禁使用，出现滑丝的螺栓必须更换；新、旧扣件均应进行防锈处理。另外，临边防护栏的立杆间距不应过大；施工人员应提高安全意识，避免安全事故的发生。

【例】　在外脚手架拆除作业中，由于主防护绳穿过架子致使拆除物无法搬出，于是工人试图将主绳改设在架子外侧，在移动中身体失去平衡而坠落（如图3.25）。

**（3）安全措施不齐**

① 梁两侧无护栏、跳板：工人在高处作业时，四周悬空极易造成失足跌落事故，如图3.26。正确做法：梁两侧跳板每侧至少并排铺两块；搭两道护栏。

【例】　施工人员在进行地下一层顶板模板施工时，从脚手板坠至地下一层底板死亡。现场存在安全隐患，施工现场的安全防护措施不到位，安全网的铺设存在漏洞（如图3.27），施工人员麻痹大意。

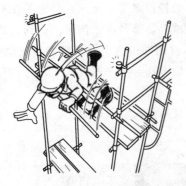

图 3.24  护栏安装不牢造成工人坠落

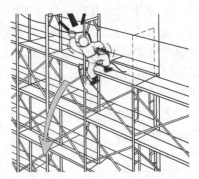

图 3.25  工人临时摘除安全绳而坠落

图 3.26  悬空脚手板没有防护栏

正确做法：脚手板外侧悬空处应搭设高 1m 以上的防护栏杆，水平安全网应满铺、悬挂（防坠落时网下不能用钢管支架支撑），脚手板至少要双板并铺有足够宽度、端头拼接处不能翘头以免工人绊倒。

② 爬架与结构之间未规定进行封闭（如图 3.28），工人在架子上操作或移动时，可能会从未封闭的空隙处坠落。

图 3.27  现场多处安全隐患

图 3.28  架体与建筑物之间应封闭

③ 洞口临边作业无可靠防护措施（如图 3.29）。应做好外架防护、工人正确佩戴安全带，柱架子外侧设 1.2m 高防护栏，大水平洞口应悬挂水平安全网兜在结构上。

临边作业无防护　　缺防护栏　　　未规定挂水平安全网

无防护栏杆、单跳板且没有固定措施　　架子与结构之间无防护　　临边防护被拆改,防护高度不够

图 3.29　几种常见洞口临边防护错误

【例】　施工人员用手推车在楼层内运送砂浆,经过预留洞口盖板上方时,盖板突然翘起位移,导致手推车掉落洞口内损坏。操作工人在脚手架上边走边清理墙面上防污染胶带,走到脚手架水平板上人孔处时,没有注意到盖板未盖,结果从上人孔跌落摔伤。如图 3.30。

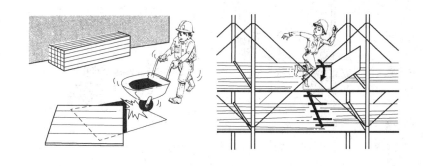

图 3.30　洞口防护不当

事故原因:违反了《建筑施工高处作业安全技术规范》(JGJ 80—2016)第 4.2.1 条。楼板预留洞盖板没有固定。

预防对策:板与墙的洞口,必须设置牢固的盖板、防护栏杆、安全网或其他防坠落的防护措施;楼板、屋面和平台等面上短边尺寸小于 250mm 但大于 25mm 的孔口,必须用坚实的盖板盖没。盖板应能防止挪动移位;楼板面等处边长为 250～500mm 的洞口、安装预制构件时的洞口以及缺件临时形成的洞口,可用竹、木等作盖板,盖住洞口。盖板须能保持四周搁置均衡,并有固定其位置的措施;边长为 500～1500mm 的洞口,必须设置以扣件扣接钢管而成的网格,并在其上满铺竹笆或脚手板。也可采用贯穿于混凝土板内的钢筋构成防护网,钢筋网格间距不得大于 200mm;边长在 1500mm 以上的洞口,四周设防护栏杆,洞口下张设安全平网。

【例】　某站台施工中,在完成盖板拆除作业后,为吊装横梁工人解开安全带作业(如图

3.31），由于吊件晃动工人身体失去平衡，从安全防护网未复原的扶手空挡处跌落至 19m 以下的地面。

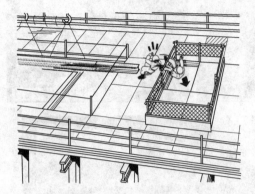

图 3.31　安全设施及个人防护临时解除造成坠落

④ 作业配合不当，互相伤害。

【例】　油漆工将合梯立于门后进行墙面施工，施工中其他人员突然推门进入房间，大门撞到合梯，或被其他班组人员搬运材料撞到合梯，导致油漆工重心不稳摔下合梯。如图 3.32。

事故原因：对于有安全隐患的作业现场没有醒目的警戒标志；逆向推门的施工人员动作过大。搬运材料的其他班组人员没有注意周围其他施工人员的存在，造成对他人伤害。

预防对策：油漆工应该在门外悬挂"门后施工请勿推门"等字样的标牌，或施工时直接把门打开；其他班组施工人员进行时应该先敲门或轻轻推门、应该注意到周围施工人员的存在，并和正在施工的油漆工打招呼请他留意，进门时动作不得过大。在施工现场，每个工人都应该做到不伤害自己、不伤害他人、不被他人伤害。

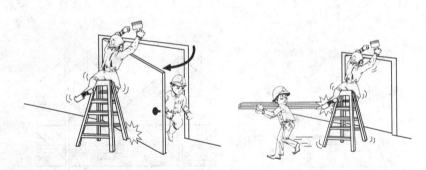

图 3.32　个人配合不当造成互相伤害

【例】　几种常见防护不当。

① 无护栏，单跳板（如图 3.33）。正确做法：搭设高 1.2m 的两道防护栏，并排两块跳板。

② 楼梯临边无防护措施（如图 3.34）。正确做法：搭设高 1.2m 的两道防护栏，立挂密目安全网。

图 3.33　作业面无护栏、单跳板

图 3.34　楼梯边无防护

③施工升降机防护门被拆改（如图3.35）。正确做法：搭设金属防护门（最好有联动装置）。

图3.35 施工升降机无防护门

【例】 在钢结构安装施工中，由于钢梁无法进入预定位置，使用吊车拉动时钢梁发生晃动，旁边作业的工人身体失去平衡而坠落。工人从斜梁移至横梁，将安全带从斜梁的安全绳上解开，重新挂到横梁的安全绳上时，失足坠落。周围没有设置水平安全网（图3.36）。

### 3.安全教育、个人防护不够

进行安全教育，要求工人进入施工现场应戴好安全帽系好帽带（如图3.37）。安全带应挂在安全牢固的地方，架板应采用双拼板、应单独搭设脚手架支撑严禁搭在临边护栏上。安全检查仔细、通道上不得过多摆放物品等。

图3.36 安装施工缺少安全措施

图3.37 安全教育不常做工人松懈

图3.38 脚手板搭设、固定不当

【例】 钢筋工站在由合梯和脚手架板组成的操作台上绑扎钢筋，走动时踩到脚手架板的端部，由于架板无支撑导致端部下陷（如图3.38）造成重心不稳滑倒摔伤。

事故原因：脚手架板没有固定好；施工操作人员站立在架板的端部施工。

预防对策：合梯上放置脚手架板时，一定要绑扎牢固，不得铺设成探头板；施工操作人员不应站立在水平架板的端部施工。

### 4. 作业环境不良

#### （1）恶劣天气

气候原因造成的事故，如突遇大风、暴雨，夏季高温中暑晕倒坠落，冬季、雨季、霜冻打滑摔倒坠落。

【例】 某工程项目部架子工开始搭设5楼外侧脚手架，在脚手架上行走时，不慎脚底踩滑，自5层楼高的脚手架上坠落在建筑物外侧地面上，抢救无效而死亡。

事故原因：架子工安全意识淡薄，为保暖和作业方便，在搭设脚手架时未穿着防滑鞋，而是穿着普通运动鞋；在脚手架上行进时，未使用安全带。施工单位疏于管理，没有对劳保穿戴进行严格监管；施工单位防护用品配备不全，没有配备足够的安全带。

预防对策：冬季登高作业人员必须佩戴防滑鞋、防护手套等防滑、防冻措施，并按要求正确戴好安全帽、系好安全带；遇到雨雪等恶劣天气时，要及时清除施工现场的积水、积雪；对施工现场脚手架、安全网等防护设施的拆除，要实行严格的审批制度，不得随意拆除。

冬季遇有霜冻天气，脚手架上的雪未融化之前，不得安排攀爬和搭设脚手架工作，其他高处作业人员应及时清除工作面上的冰霜，采取防滑措施后，才能进行操作，当遇有六级以上大风、雷电、暴雨、大雾等气候条件，不得安排露天高处作业。当恶劣天气过后，施工现场安全员负责组织对各类安全设施进行检查、维修，确认符合安全条件后再安排生产。

冬季户外高处作业时，一定要先活动筋骨，等手脚神经末梢有正常反应后再开始作业。

【讨论】 恶劣天气施工安全对策。接到恶劣天气预报，组织人员进行排查并停止高空等危险作业施工。加强各种危险源预防检查工作，结合工程特点，针对确认的危险源实施相应的预防控制措施。检查应急小组人员、应急救援药物、救援器械、救援通讯、救援车辆等是否满足需要。各种恶劣天气前具体检查事项：

1）大风气候

检查内外脚手架、模板支架、卸料平台，安全立网，特别是要加强对脚手架基础、架体结构、拉结点、剪刀撑的检查，确保脚手架稳固、安全。

排查高处作业情况，重点检查建筑工地"三宝"使用情况和临边洞口的防护情况、外脚手架平桥上及楼面施工层上零散的模板、扣件和杂物清理情况。对存在问题的，立即予以整改。遇暴雨、六级以上强风，一律禁止进行攀登、悬空露天作业，确保人员安全。

围栏、棚架、广告牌等易被风吹动的搭建物是否已加固。

立即排查所有塔吊、外用电梯、井字架等大型机械设备，重点检查大型机械设备的基础、附墙、拉结点、缆风绳等涉及结构稳定的关键设施。对存在问题的，及时采取加固措施；四级风时，一律停止大型设备拆装作业；六级风以上或暴雨时，一律停止大型垂直运输设备作业，保证大型机械设备安全。

立即排查建筑工地临时工棚、材料仓库、围墙等临时设施，对存在安全隐患的做好修缮加固工作，防止坍塌事故发生；

检查高压电线，施工临时用电动电线是否开闸断电。

2）雷雨气候

根据施工平面图、排水总平面图，检查是否按规定坡度挖好排水沟，排水是否畅通无阻。

对材料库进行检查，确保四周排水良好，墙基坚固，不漏雨渗水。材料存放采取相应的防雨措施，保证材料的质量安全。

组织各部门负责人参加，对全工地所有电气设备进行全面检查，检查出的问题须立即着手改进。所有电气设备均应有安全防护装置，防雨水措施，必要时可拆走电动机等核心部件。不允许有裸露的电线头，架空电缆能放下则放到地面固定，不能放下的则采取加固措施。

施工人员居住区是否安全（有无坍塌、积水、风吹的隐患），在防台风方案中有明确的人员疏散方案，事先规划好疏散地点、带队负责人、食物供应、工地值班员等办法，一旦出现人员疏散要求，能有条不紊地进入疏散程序。

检查建筑工地是否出现堵水或内涝，及时采取措施处理；对临时设施位于地质条件复杂或可能造成地质灾害地段的，及时报告国土、水务部门，落实防范措施；对可能出现安全问题的施工现场要及时撤离人员，防范地质灾害发生。

钢管脚手架、塔式起重机、施工电梯是否有避雷装置，电缆电线合理埋设，不得出现老化或破损。宿舍安置安全电压，安排专业电工现场值班检查，必要时立即拉闸断电。

3）高温气候

检查仓库及木工区的防护情况，加强对火源的管理。

检查易燃易爆物品（如氧气、乙炔）的存放是否符合要求。

有无采取降温、防中暑措施。如作息时间向两端压缩，避开中午的高温；准备降温食品茶水等。

**（2）光线不足**

【例】 夜间施工，灯光光线太弱，施工人员没有看到预留洞口而坠落摔伤（如图3.39）。

事故原因：夜间施工时施工现场照明灯光不足；预留洞口没有任何防护措施；施工人员在不明施工现场安全隐患的情况下不该到处走动，盲目施工。

预防对策：夜间施工时施工现场应加强照明灯光；施工人员在不明施工现场安全隐患的情况下不得到处走动，盲目施工；进行洞口作业以及在因工程和工序需要而产生的，使人与物有坠落危险的其他洞口进行高处作业时，板与墙的洞口必须设置牢固的盖板、防护栏杆、安全网或其他防坠落的防护设施；电梯井口必须设防护栏杆或固定栅门；电梯井内应每隔两层并最多隔10m设一道安全网。

图 3.39 夜间光线不足造成坠落

## 二、事故预防安全技术措施

【讨论】 预防坠落事故的常见措施。

① 对高处作业的人员上岗前必须进行体检，并定期检查。

② 遇有六级以上强风、浓雾时，不得进行高处作业；雨天和雪天必须采取可靠的防滑、防寒和防冻措施。凡水、冰、霜、雪，应及时清除。

③ 对施工人员进行加强自我保护教育，自觉遵守施工规范。

④ 危险地段或坑井边，陡坎处增设警示、警灯、维护栏杆，夜间增加施工照明亮度。

⑤ 购进符合规范的"三宝"、围护杆、栅栏、架杆、扣件、梯材等，并按规定安装和使用。

⑥ 洞口、临边、交叉作业、攀登作业悬空作业，必须按规范使用安全帽、安全网、安全带，并严格加强防护措施。

⑦ 提升机具要经常维修保养、检查，禁止超载和违章作业。

### 1. 作业人员身体健康状况

担任高处作业人员必须身体健康。根据《职业健康检查管理办法》（国家卫生和计划生育委员会令第 5 号-2015 年 5 月 1 日起施行）和《职业健康监护技术规范》GBZ 188—2014，高处作业职业禁忌症包括：未控制的高血压、恐高症、癫痫病、眩晕症、晕厥症、器质性心脏病或各种心率失常、四肢骨关节及运动功能障碍等。

患有高处作业禁忌病症和年老体弱、视力不佳的人员，不准参加高处作业；凡发现工作人员有饮酒时，禁止登高作业；疲劳过度、精神不振和思想情绪低落人员要停止高处作业。

### 2. 个人防护

穿戴劳动保护用品（如图 3.40），正确使用防坠落用品与登高器具、设备。作业人员防护如头戴安全帽，正确系好安全带并挂在高处（高挂低用）稳固的固定点。

从事高处作业人员，应穿紧口工作服，扣好纽扣，做到衣服贴身、轻便，衣着要灵活、轻便，不能穿过于宽松和飘逸的衣服。严禁赤脚或穿拖鞋进入施工现场，高空作业不准穿硬底鞋、容易打滑的鞋（要穿软底防滑鞋）或高跟鞋。如图 3.41。

图 3.40　个人防护用品要用好

图 3.41　个人穿戴要保证安全

高处作业暂时不用的工具，应装入工具袋内，随用随取，施工现场不得向下投掷物料。

【讨论】　正确使用安全帽（如图 3.42）。安全帽主要是防护头部来自物体打击、高处坠落、机械伤害、污染毛发（头皮）等的伤害。正确使用要点是：选购合格产品，保持清洁、经常检查、每 2 年更换，调校松紧使得帽衬与帽顶能保持 20～50mm（保证在外部打击时提供足够的缓冲空间）、四周空隙为 5～20mm。

【讨论】　正确使用安全带。①要束紧腰带，腰扣组件必须系紧系正；②利用安全带进行悬挂作业时，不能将挂钩直接勾在安全带绳上，应勾在安全带绳的挂环上；③禁止将安全带挂在不牢固或带尖锐角的构件上；④使用一同类型安全带，各部件不能擅自更换；⑤受到严重冲击的安全带，即使外形未变也不可使用；⑥严禁使用安全带来传递重物；⑦安全带要挂

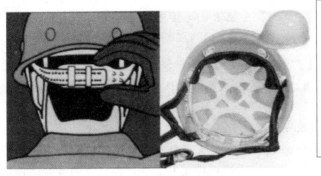

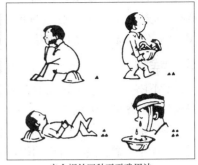

安全帽的四种不正确用法

图 3.42　安全帽要正确佩戴

在上方牢固可靠处，高度不低于腰部。⑧垂直攀登上下时，必须使用安全自锁器或速差自控器作防护保险。

【释】　安全绳自锁器（如图3.43）。正常使用时，自锁器一直在人体下方自由跟随人体上、下，安全绳将随人体移动自由伸缩，在自锁器内机构作用下，处于半紧张状态，使操作人员无牵挂感。人体一旦失足坠落，安全绳拉出速度明显加快，器内锁止系统即自动锁止。安全绳拉出距离不超过0.2m，人员坠落距离不超过1.6m、冲击力小于3kN，对坠落人员较安全。负荷解除即自动恢复工作。

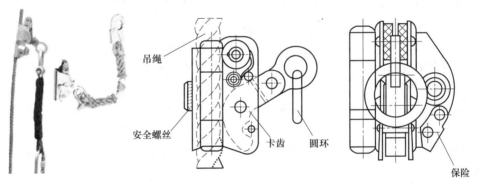

图 3.43　安全绳自锁器

速差自控器又叫速差防坠器（如图3.44），能在限定距离内快速制动锁定坠落人员。密封的铝金外壳防坠器，因速度的变化引起自控，通过抗棘齿双盘式制动系统，有效控制人体失控下坠。作业时自控器悬挂在使用者上方，把安全绳上的铁钩挂入安全带上的半圆环内，可随意拉出安全绳，绳索长度将随人体移动自由伸缩，不需经常更换悬挂位置。在正常上下（速度小于2m/s）情况下不影响正常作业。

应系安全带的情况包括：①有可能进行高空作业的工作，在进入工作场所时，身上必须佩有安全带；②高度超过2m的高空作业时；③倾斜

图 3.44　速差自控器及正确使用

的屋顶作业时；④平顶屋，在离屋顶边缘或屋顶开口1.2m内没有防护栏时；⑤任何悬吊的平台或工作台；⑥任何护栏，铺板不完整的脚手架上；⑦接近屋面或地面开孔附近的梯子上；⑧高处作业无可靠防坠落措施时。

### 3. 安全网

安全网主要用于作业现场高处作业场所，防止人员或物体坠落，以避免或减轻人员坠落伤亡及高处落物伤人的伤害。

① 高层建筑施工作业必须张挂建筑安全网。

② 在外架、桥式架，上、下对孔处都必须设置建筑安全网。建筑安全网的架设应里低外高，支出部分的高低差一般在500mm左右；支撑杆件无断裂、弯曲；网内缘与墙面间隙要小于150mm；网最低点与下方物体表面距离要大于3m。建筑安全网架设所用的支撑，木杆的小头直径不得小于70mm，竹竿小头直径不得小于80mm，撑杆间距不得大于4m。在架设立网时，底边的系绳必须系结牢固。

③ 建筑安全网在使用前应检查是否有腐蚀及损坏情况。在使用时必须经常地检查，并有跟踪使用，不符合要求的建筑安全网应及时处理。不使用时，必须妥善的存放、保管，防止受潮发霉。

④ 施工中要保证建筑安全网完整有效、支撑合理，受力均匀，网内不得有杂物。搭接要严密牢靠，不得有缝隙，搭设的建筑安全网，不得在施工期间拆移、损坏，必须到无高处作业时方可拆除。

⑤ 因施工需要暂拆除已架设的建筑安全网时，施工单位必须通知、征求搭设单位同意后方可拆除。施工结束必须立即按规定要求由施工单位恢复，并经搭设单位检查合格后，方可使用。

⑥ 要经常清理网内的杂物，在网的上方实施焊接作业时，应采取防止焊接火花落在网上的有效措施；网的周围不要有长时间严重的酸碱烟雾。

⑦ 新网在使用前必须查看产品的铭牌：首先看是平网还是立网，立网和平网必须严格地区分开，立网绝不允许当平网使用。建筑安全网产品必须带有有效的生产厂家的生产许可证；产品的出厂合格证。若是旧网在使用前应做试验，并有试验报告书，试验合格的旧网才可以使用。

### 4. 安全设施

#### （1）攀爬

不违章攀爬，不违章作业和不高空抛物。借助登高用具可登高设施进行高处作业时，应按归照规定的通道线路上下，严禁在阳台之间，龙门架、外用电梯、塔吊塔身、脚手架等非规定的通道攀登、翻越、以防发生高处坠落事故。

禁止在阳台栏杆、柱、墙钢筋和管架、柱、墙模板及其支撑杆上作业。禁止沿屋架上弦（持有特种作业上岗证书的人员除外）、檩条及未固定的物件上行走和作业。

设施必须牢固，物件必须放稳。直梯顶端应捆扎牢固或设专人扶梯（如图3.45）。

图3.45 梯子使用要注意安全

【讨论】 正确使用梯子和梯凳（如图3.46）。①使用前检查梯子、梯凳的强度，特别注意有无裂痕、腐朽和防滑垫；②梯子支靠的角度为75°左右，梯子顶端伸出支靠物长度应为600mm以上；③梯子上、下部分用绳索固定，不能固定时下面应有人扶住；④支承梯子的地面应为水平面，不得凹凸不平；⑤上下梯子、梯凳时脸面朝内，不得手持工具或物品；⑥两个梯凳的顶面或横条上搭脚手板时，梯凳间距不得超过1.8m，高度不得超过2m；⑦梯凳的铁扣需扣死。

图3.46　梯子使用中各种对错对比

### （2）脚手架

钢管脚手架的立柱，应置于坚实的地基上，立柱钢管加垫座，用混凝土块或用坚实的厚木块垫好（木垫不适宜高层建筑），加扫地杆牵系牢固。走桥上必须满铺脚手板，不得留有空隙和探头板，加踢脚板，所有铺板应用铁丝绑扎牢固。必须按规定设剪刀撑和支撑，必须与建筑物连接牢固。连墙杆必须与建筑结构部位连接（如图3.47），以确保承载能力（可承受拉力和压力）。脚手架落在的地面要按规定设

图3.47　外架与建筑物用连墙件牢固连接

置排水沟等保证地面不积水（积水会渗入地面使立杆基础下土变软破坏）。脚手架搭设不符合规定，会形成严重事故隐患，如图3.48。

图3.48　几种典型脚手架搭设错误

【释】　剪刀撑作用。钢管脚手架中立杆与横杆组合形成矩形框结构，属于几何可变体系，在矩形框对角线方向增加剪刀撑钢管，可形成稳定的三角形框，防止脚手架纵向平面变形，增强脚手架的整体刚度。

【讨论】　脚手架与卸料平台连接。两者不能进行结构受力上的连接，应独立设置（用悬挑梁直接固定在建筑物上）卸料平台。卸料平台悬在脚手架外侧，上面堆料很重，如果与脚手架连接会造成架体局部承受过大倾覆荷载，造成脚手架垮塌或倾覆

（图 3.49）。

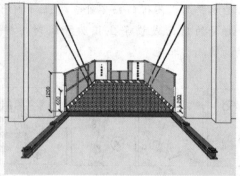

图 3.49　卸料平台与外架的关系

（3）出入口防护

正在施工的建筑物所有的出入口，必须搭设安全防护棚（如图3.50）。

（4）临边防护

施工过程中，对尚未安装的阳台周边、无边架防护的屋面周边、框架工程楼面周边、脚手架外侧、通道两侧、卸料平台外侧等，都必须设置安全防护栏杆挂安全立、平网，如图 3.51。

（5）高处行走防护

在天棚和轻型屋面上操作或行走，必须先在上面搭设跳板或在下方搭满安全网，不准站在小推车上或不稳定的物体上操作（如图 3.52）。

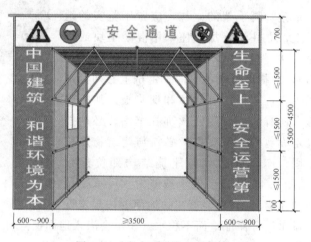

图 3.50　安全通道防护棚示意

长度一般为 3m、6m 两种（根据其上坠落物坠落半径定），

高度一般为 4.5m，双层棚顶（顶层满铺 50mm 厚脚手板）

两层间距 700mm，两侧搭设剪刀撑并满挂密目安全网

图 3.51　各种临边防护

【讨论】　移动作业平台的安全检查要点，参见图 3.53。

## （6）悬空作业

应有牢靠的立足点并正确系挂安全带；现场应视具体情况配置防护栏网、栏杆或其他安全设施。在进行攀登作业时，攀登用具结构必须牢固可靠，使用必须正确。

图 3.52　站在不稳定物体上作业危险

【例】　湖北省在建住宅发生载人电梯坠落事故（如图 3.54）。工地上一载满粉刷工人的电梯，为铁丝网全封闭结构。在上升过程中突然失控，直冲到 34 层顶层后，电梯钢绳突然断裂，厢体呈自由落体直接坠到地面。坠落时升降机距地面约 100m，当升降机下坠至十

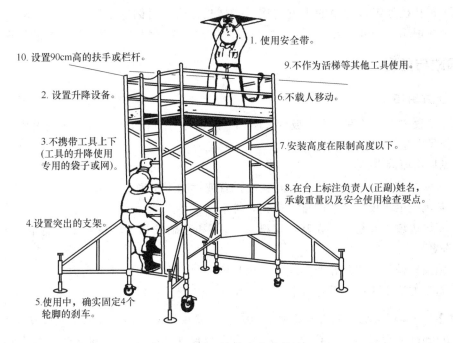

1. 使用安全带。
10. 设置90cm高的扶手或栏杆。
9. 不作为活梯等其他工具使用。
2. 设置升降设备。
6. 不载人移动。
3. 不携带工具上下（工具的升降使用专用的袋子或网）。
7. 安装高度在限制高度以下。
8. 在台上标注负责人（正副）姓名，承载重量以及安全使用检查要点。
4. 设置突出的支架。
5. 使用中，确实固定4个轮脚的刹车。

图 3.53　移动平台作业安全措施

图 3.54　电梯坠落事故现场

几层时，先后有 6 人从梯笼中被甩出，其中 2 人为女性。随即一声巨响，整个梯笼坠向地面。铁质梯笼已完全散架，笼内工人遗体散落四处。事故造成升降梯内 19 名工人全部随梯坠下，全部当场死亡。

事故原因：①该电梯已经超过限用期限（使用登记牌注明的使用期限），登记牌上标注了该电梯核定人数是 12 人，而事故现场电梯内有 19 名工人，明显超载；②未依照当地规定对施工升降机加节进行申报和验收，并擅自使用；③联系购买并使用伪造的施工升降机"建筑施工特种作业操作资格证"；④对施工人员私自操作施工升降机的行为，

制止管控不力；⑤安排不具备岗位执业资格的员工负责施工升降机维修保养；⑥未依照当地关于建筑起重机械备案登记与监督管理相关规定，对施工升降机加节进行验收和使用管理。

<br>

# 第二节　坍塌类事故

随着高层和超高层建筑的大量增加，坍塌事故呈上升趋势，伤亡人数和财产损失之大让人触目惊心。坍塌事故还引起高处坠落、物体打击、挤压伤害及窒息等次生事故。

坍塌：指建筑物、构筑物、堆置物等的倒塌以及土石塌方引起的事故，常见为因设计或施工不合理造成的倒塌，以及土方、岩石发生的塌陷。常见的坍塌事故有：①基坑、基槽开挖及人工扩孔桩施工过程中的土方坍塌。②楼板、梁、雨棚等结构物坍塌。③房屋拆除坍塌。④模板坍塌。⑤脚手架坍塌。⑥塔吊倾翻、井字架倒塌。⑦堆积的土石砂、物料坍塌。

## 一、事故与危害

### 1. 土方坍塌

土方工程中土质条件、土方坡度、施工方法、外力加载重量、天气等情况变化复杂，考虑不当极易发生事故。

常见坍塌原因有：

① 坑壁放坡或支护设计不合理，支撑设置或拆除不正确；

② 基坑施工未设置有效的排水措施，排水措施不力；

③ 基坑边坡顶部超载〔在基坑（槽）、边坡和基础桩孔边不按规定随意堆放建筑材料〕或振动荷载；

④ 施工机械不按规定作业和停放〔距基坑（槽）边坡和基础桩孔太近〕；

⑤ 施工方法不正确，开挖程序不对；超标高开挖。

【例】　某工程基坑边坡设计放坡1：0.5，面层喷50mm厚混凝土，内设双向200mm钢丝网，200mm水管排水；设计坡度无依据（合理坡度见表3.2），相当于自然放坡，明沟排水与方案不符。形成护坡坍塌（如图3.55）。

表3.2　临时性挖方边坡值

| 土的类别 | | 边坡值（高：宽） |
| --- | --- | --- |
| 砂土（不包括细砂、粉砂） | | 1：1.25～1：1.50 |
| 一般性黏土 | 硬 | 1：0.75～1：1.00 |
| | 硬、塑 | 1：1.00～1：1.25 |
| | 软 | 1：1.50 或更缓 |
| 碎石类土 | 填充坚硬、硬塑黏性土 | 1：0.50～1：1.0 |
| | 充填砂土 | 1：1.00～1：1.50 |

注：1. 设计有要求时，应符合实际标准。

2. 如果采用降水或其他加固措施，可不受本表限制，但应计算复核。

3. 开挖深度，对软土不应超过4m，对硬土不应超过8m。《建筑地基基础工程施工质量验收规范》（GB 50202—2002）

【讨论】　边坡失稳与放坡。造成边坡失稳的原因：①开挖土体，且边坡坡度过陡；②雨

图 3.55　某工程基坑边坡失稳

水、地下水渗入基坑，导致土体饱和增加重量，或土体内部水的动水力作用；③基坑上口边缘堆载过大或由于地震、打桩等引起的动力荷载等；④土方开挖顺序、方法未遵守"从上至下、分层开挖；开槽支撑、先撑后挖"的原则；⑤由于外界各种因素影响导致土体抗剪强度降低，促使土坡失稳破坏，如孔隙水应力的升高，气候变化产生的干裂、冻融，黏土夹层因雨水等侵入而软化以及黏性土蠕变导致的土体强度降低等。留设边坡（放坡）需考虑的因素：①挖填高度：高度大则坡度缓，反之坡度陡，甚至不放坡；②土的工程性质：土的类别、含水量，有无地下水等。土的密度小、含水量大，则坡度缓；反之坡度陡；③施工特点：坡顶有荷载、施工在雨季、施工期长等，坡度缓；反之坡度陡。

【例】　基坑土钉墙护壁垮塌（如图 3.56）。上层滞水（两层滞水）未疏干。冬季施工混凝土强度不够，反复冻融。土钉与面板连接点强度不够。面板钢筋网放置位置不合理。

图 3.56　某基坑土钉墙护壁垮塌现场

【例】　上海某地铁车站工程工地上，正在进行深基坑土方挖掘施工作业。11 名工人下基坑开始在平台上施工。土方突然开始发生滑坡，当即有 2 人被土方所掩埋，另有 2 人埋至腰部以上，其它 6 人迅速逃离至基坑上。几分钟后发生第二次大面积土方滑坡，将另外 2 人也掩没，并冲断了基坑内钢支撑16根。事故发生后，虽经项目部极力抢救，但被土方掩埋的四人终因窒息时间过长而死亡。

该工程所处地基软弱，开挖范围内基本上均为淤泥质土，其中淤泥质黏土平均厚度达9.65m，土体抗剪强度低，灵敏度高达5.9。饱和软土受扰动后极易发生触变现象。且施工期间遭百年一遇特大暴雨影响，造成长达171m基坑纵向留坡困难。而在执行小坡处置方案时未严格执行有关规定，造成小坡坡度过陡，是造成本次事故的直接原因。

在狭长形地铁车站深基坑施工中，对纵向挖土和边坡留置的动态控制过程，尚无比较成熟的量化控制标准。设计、施工单位对复杂地质地层情况和类似基坑情况估计不足，对地铁施工的风险意识不强和施工经验不足，尤其对采用纵向开挖横向支撑的施工方法，纵向留坡与支撑安装到位之间合理匹配的重要性认识不足。

【例】 住宅楼工程已结构封顶，完成东侧附属台阶挡墙施工，墙高1.4m，实际埋深0.8m，全长12m。该工程在距东侧附属台阶挡墙外200mm处进行雨水管沟施工，沟深1.3m、宽0.8m。在挡墙外挖污水沟，挖到墙基础的下面，由于雨水管沟挖深1.3m，超过挡墙的基础深度，没有采取措施。当5名工人在清理基槽准备浇筑垫层时，挡墙朝雨水管沟方向整体倒塌（如图3.57），致使正在作业人员2人死亡2人重伤。

图3.57 某住宅楼基槽边挡墙倾倒

图3.58 某工程交叉作业碰倒围护墙
造成土方坍塌

【例】 施工现场，两批施工人员分别在进行塔基基坑内脚手架拆除作业和塔吊拆除作业（违章交叉作业），拆塔单位使用汽车吊拆配重时不慎将塔基围护墙碰到，致使土方坍塌（如图3.58），将当时在基坑底部作业的架子工埋于土中死亡。

【释】 交叉作业（如图3.59）。两个或以上的工种在同一个区域、空间贯通状态下同时施工，称为交叉作业。施工现场常会有上下立体交叉的作业。进行交叉作业时，必须遵守下列安全规定。

① 支模、砌墙、粉刷、安装等各工种，一般不得在同一垂直方向上下交叉作业，否则应实施层间水平和垂直封闭，以免落物伤人。在交叉作业中，不得在同一垂直方向上下同时操作。下层作业的位置必须处于依上层高度确定的可能坠落范围半径之外。不符合此条件，中间应设安全防护层。禁止下层作业人员在防护栏杆、平台下方休息。

② 拆除脚手架与模板时，下方不得有其他操作人员。

③ 拆下的模板、脚手架等部件，临时堆放处离楼层边缘应不小于1m。堆放高度不得超过1m。楼梯口、通道口、脚手架边缘等处，严禁堆放卸下物件。

图 3.59　垂直交叉作业危险

④ 结构施工至二层起，凡人员进出的通道口（包括井架、施工电梯的进出口）均应搭设安全防护棚。高层建筑高度超过24m的层次上交叉作业，应设双层防护设施。

⑤ 由于上方施工可能坠落物体，以及处于起重机把杆回转范围之内的通道，其受影响的范围内，必须搭设顶部能防止穿透的双层防护廊或防护棚。

【例】　现场土质不太好，施工人员违章采用掏挖方式挖槽，沟槽边沿堆土过高过近，并且原混凝土路面破碎后还赶上一个伸缩缝处，两名作业工人在此清槽，造成坍塌（如图3.60），将其中一名下身压住，经抢救无效身亡。

【例】　夏季下雨后，在人工清理基槽槽底的施工过程中，基坑边坡坍塌（如图3.61），槽底施工人员不幸被埋。

图 3.60　某工程挖槽倒塌现场

图 3.61　雨后基坑边坡坍塌

事故原因：挡土墙土质不稳，且没有防雨设施，下雨后没有及时察看基坑边坡土质变化情况。

预防对策：应该掌握基坑边坡土质情况，降雨前做好防雨措施，施工人员进入基底施工前应该先察看边坡变化情况，根据实际情况采取预防坍塌措施。

【例】　在基槽土方开挖的过程中，挖土人员直接在基壁上掏挖取土（如图3.62），造成土方坍塌。

事故原因：违反施工安全操作规程。施工人员安

图 3.62　坑壁掏挖造成坍塌

全意识不强，施工现场没有采取任何安全防护措施。

预防对策：人工开挖土方，两人横向间距不得小于 2m，纵向间距不得小于 3m。严禁掏洞挖土、严禁搜底挖槽。

【例】 广州某广场基坑事故，开始基坑深度是 16.2m，后来开发商决定再加 4.1m，开挖深度到 20.3m。于是施工单位开始接桩（不能盲目接桩，必须重新做设计）。左侧宾馆部分倒塌、右侧居民楼基础桩外漏部分承台滑落、部分断裂（如图 3.63）。导致 3 人死亡、4 人受伤，临近的七层宾馆倒塌，多家商铺失火被焚，一栋七层居民楼受损，三栋居民被迫转移。

图 3.63　广州某工程基坑坍塌事故现场

事故原因：基坑设计方案本身有问题没有整改，后增加基坑深度也没有重新计算。基坑施工的金属构件，如锚索、支护桩都暴露在潮湿的露天环境中，容易锈蚀，根据安全要求，基坑工程应该在一年内完成，而实际上该工程却用了两年零九个月，构件预应力进一步降低，甚至失效，造成原本就不牢固的基坑喷锚支护桩成为"悬空"桩，完全失去支撑能力。后来根据此事，当地管理部门不允许施工单位设计基坑，必须由原设计单位设计基坑。

【例】 某地铁支线站基坑地下工程，基坑下部挖掘机正在进行土方开挖工作。基坑南侧深度约 8m 处有水渗出，5 分钟后出现大量涌水，10 分钟后基坑南侧边上出现裂缝，现场值班人员发现此情况后，立即要求基坑内所有人员马上撤离。基坑南侧中间部分突然坍塌，并迅速向两侧发展，造成斜向钢支撑体系脱落，引起两侧围护桩倒塌。塌方导致基坑南侧的通信电缆和其它电缆裸露悬空。基坑东侧 $\phi600$ 自来水管断裂，自来水注入基坑内，同时造成一根 $\phi1600$ 上水管弯曲，一根直径 800 的污水管断裂，一根燃气管线外露，多根电信管线断开，如图 3.64。

事故原因：发现隐患排出不及时，对事故征兆认识不够，没有及时进行治理。倒塌的南侧基坑外围均为管线改移区，$\phi800$ 的污水管（距南侧基坑边缘 5.1m）渗漏严重。在车站基坑南端形成水囊，水对车站南端土体长期浸泡使土体的稳定性受到破坏。基坑南端喷射混凝土厚度仅为 80mm，不能抵挡内侧土性质变化带来的侧压力变化，并在水的作用下开始出现裂缝，水从裂缝渗出，很快发展到涌出，并夹带着大量稀泥，最后在桩体背后形成空洞及松散区域，在东西两侧土体压力的共同作用下造成斜向支撑的整体失稳，从而形成基坑倒塌。

预防对策：对基坑周边的管线应该摸查清楚，严查管线滴漏现象；对已经出现的事故征兆要及时果断处理；做好应急预案和应急演练工作，以防万一；严格保证施工质量，为安全提供保障。

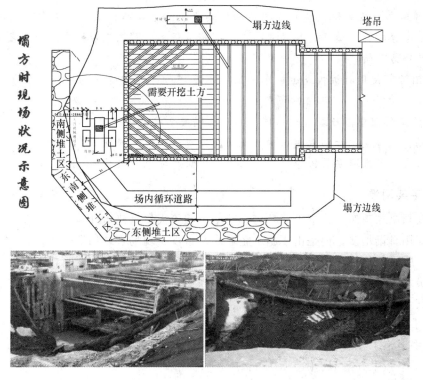

图 3.64　地铁站地下工程基坑塌方现场

【讨论】　预防基坑（槽）土方坍塌的常见措施。

① 基础施工挖、填土方，应编制深基坑（槽）安全边坡、土壁支护、高切坡、桩基及地下暗挖工程等专项施工技术方案，并组织专家评审。所谓深基坑（槽）是指开挖深度超过5m的基坑（槽）或深度虽未超过5m但地质情况和周围环境较复杂的基坑（槽）；高切坡是指岩质边坡超过30m或土质边坡超过15m的边坡；土壁支护要进行支护计算，并交底执行；挖、填土方要按照施工程序组织施工。

② 根据地基挖掘深度与土质和地下水位情况，分别按规定采取留置安全边坡、加设固壁支撑、挡土墙、设置土钉或锚杆支护等安全技术措施，严禁挖掘负坡度土壁的违章作业行为。

③ 土方开挖前要在确认地下管线、人防结构等地下物及废井、坑的埋置深度、位置及防护要求后，制定防护措施，经施工技术负责人审批签字后方可作业。土方开挖时，应对相邻建（构）筑物、道路的沉降和位移情况，派专人密切观测，并做出记录。

④ 如遇地下水位高于工程基础底面或地表水使土壁渗水情况，应采取降水、排水措施；如遇流沙土质应采取压、堵、挡等特殊安全措施；拆除固壁支撑时应按回填土顺序自下而上逐层拆除，并随拆随填，防止边坡塌方或对相邻建筑物产生破坏。

⑤ 在地形、地质条件复杂、可能发生滑坡、坍塌的地段挖土方时，应有施工单位与设计单位商定施工技术方案与排水方案。在深基坑（槽）和基础桩施工及在基础内进行模板作业时，施工单位应指定专人监护、指挥。

⑥ 在基坑（槽）、边坡和基础桩孔边堆土、堆物应按规定保持安全距离，堆放数量不大的建筑材料距土壁应不小于1.5m，挖出的余土应堆放在距土壁1m以外，高度不超过1m。

⑦ 距基坑（槽）3m范围内不得有重型车辆通行或重物、重型设备存放；如附近有建筑

物（含围墙等临建设施），应采取临时加固措施。

⑧ 雨季施工，在基坑（槽）周围应采取堵水、排水措施，基坑内泡水，应使用潜水泵抽水排除；冬季挖土、填土，基础表面应进行覆盖保温，解冻期应检查土壁有无因化冻而失去粘聚力的塌方险情。

⑨ 如附近有使用打桩机或运输车辆通行以及爆破等产生的振动力，应采取土壁加固安全措施。

⑩ 在施工作业中，应经常对基坑（槽）土壁安全状况进行检查，发现土壁裂缝、剥落、位移、渗漏、土壁支护和临近建（构）筑物有失稳等险情，应及时撤出基坑（槽）内危险地带的作业人员，并采取妥善排除措施，当险情排除后才准继续作业。

### 2. 脚手架坍塌

高层及超高层建筑、大型工业厂房、地下工程等大量兴建，外脚手架、模板工程、临时操作架的应用日渐增多。但是由于施工企业的不重视、现场管理的缺陷等，导致安全事故的不断发生。脚手架作为施工的载体，不仅承受着一定的建筑材料和建筑设备的荷载，同时还是施工人员水平垂直交通的通道和作业平台，因此常常是施工人员伤亡事故的多发部位。常见脚手架安全隐患有：

① 脚手架高度超过规范规定无设计计算书；

② 脚手架施工方案未经审核批准；

③ 脚手架施工方案不具体、不能指导施工；

④ 脚手架立杆少底座；

⑤ 脚手架无扫地杆；

⑥ 架体与建筑物少拉结；

⑦ 未按规定设置剪刀撑；

⑧ 脚手架未按规定设置密目式安全网；

⑨ 施工层未设 1.2m 高防护栏杆；

⑩ 施工层未设 18cm 高挡脚板；

⑪ 脚手架搭设未按规定办理验收手续；

⑫ 施工层脚手架内立杆与建筑物之间未进行封闭；

⑬ 架体未设上下通道；

⑭ 卸料平台未经设计计算；

⑮ 悬挑式钢平台安装不符合设计要求；

⑯ 落地式卸料平台支撑系统与脚手架连接；

⑰ 卸料平台无荷载限定标志；

⑱ 脚手架杆件搭设间距不符合要求。

【例】 外墙双排脚手架直接搭设在天然土壤上，因不均匀沉降，脚手架倾料、歪倒，如图3.65。

事故原因：脚手架基础没夯实；没有任何排水措施；雨后没有检查就直接使用。

预防对策：搭设脚手架的场地必须平整坚实并

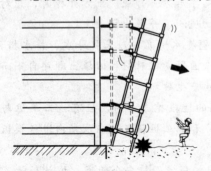

图 3.65 外脚手架地基不牢造成倾倒

作好排水，回填土地面必须分层回填，逐层夯实；根据脚手架专项安全施工组织设计（施工方案）和安全技术措施交底的要求，基础验收合格后，放线定位；每次下雨后要有专人负责检查脚手架情况，及时发现并消除安全隐患。

【释】 外架基础积水。外脚手架立杆基础落在地面，当地面由于施工或天气原因形成积水，如果不能有效及时清除积水，会渗入立杆基础下土体，造成土体松散或变软，不能承担立柱传下来的荷载，出现沉陷破坏、立杆基础悬空，直接威胁脚手架稳定，极易造成脚手架倒塌事故，如图3.66。正确做法：在架子外侧设排水沟等措施，将地面积水及时排除。

【例】 外墙双排脚手架不均匀超量堆放重物（如图3.67），导致脚手架倾斜倒塌。

图 3.66 外架基础积水形成安全隐患

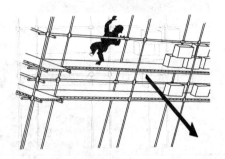

图 3.67 脚手架堆载超重造成倾倒

事故原因：违反建筑工程施工安全操作规程。脚手架上放置的材料过于集中，而且严重超过了脚手架的承载能力。

预防对策：脚手架上堆放料量不得超过规定荷载，均布荷载每平方米不得超过3kN，集中荷载不得超过1.5kN；脚手架上的工具、材料要分散放稳。

【例】 施工现场临街围墙，没有进行基础处理，下雨后向街道方向歪倒（如图3.68），砸伤街道行人。

事故原因：围墙地基基础没有处理；没有任何排水措施；下雨之前没有采取任何加固措施。

预防对策：作为施工现场临时围墙，也需要做好基础处理，做好排水沟，下雨之前应该采取加固措施，防止围墙倒塌。

【例】 南京某高层住宅楼工地，固定在14层的约半墙面的脚手架突然坠落（如图3.69），砸死地面工作的工人。

图 3.68 施工现场围墙基础不牢造成倾倒

事故原因：吊拉挑梁的拉杆固定于混凝土墙体，穿墙螺栓内侧没设垫片，受力后螺栓被拉出混凝土。

【讨论】 脚手架不规范搭设。一些常见情况如下。
① 泵管严禁搭设在外架上（如图3.70），应单独搭设泵管架。
② 外脚手架连墙件被随意拆掉，脚手架极易失稳（图3.71）。
③ 卸料平台搭设在外双排架上，把卸料荷载传递给脚手架，造成脚手架超载破坏（图3.72）。

图 3.69　升降脚手架坠落后残余架体和破坏的固定点

泵管搭设在外架上

图 3.70　混凝土泵管搭设在外脚手架上错误

外架连墙件拉接点被拆改

图 3.71　连墙件被拆改失去固定作用

卸料平台搭设在外双排架上

图 3.72　卸料平台架设在外脚手架上

④ 缺少剪刀撑、没有满铺跳板、立杆基础跨沟没有加固、部分立杆未落地、缺少立面立网封闭，如图 3.73。

⑤ 内排架与建筑物之间距离大于 0.30m，并不进行封闭（正确做法是在两者间隙处每层进行水平封闭，满铺脚手板或张挂水平安全网，如图 3.74。

【例】　西安市某大厦建设工地，正在该楼东侧外墙作业的附着式脚手架突然从 20 层（63.1m）高处坠落（如图 3.75），导致正在脚手架上作业的 12 名工人从高处坠落地面，造成 10 人死亡、2 人受伤。

事故分析：事故中，作业人员在没有先悬挂电葫芦、撤离架体上人员（脚手架在下降时站有 12 人）的情况下，就直接进行脚手架下降作业，导致坠落。按照附着式脚手架操作相关规定，附着式脚手架在准备下降时，应先悬挂电葫芦，然后撤离架体上的人员（升降时一律不准站人），最后拆除定位承力构件，方可进行下降。

【讨论】　预防脚手架坍塌的常见措施。

① 搭设多层及高层建筑使用的脚手架，均应编制专项施工技术方案；高度在 50m 以上

的落地式钢管脚手架、悬挑式脚手架、门型脚手架、挂式脚手架、附着式升降脚手架、吊篮脚手架等还应进行专门构造设计与计算（承载力、强度、稳定性等计算）。

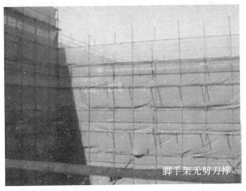
脚手架无剪刀撑

架子搭设不规范

图 3.73　脚手架搭设各种错误

② 搭、拆脚手架的操作人员必须经过专门培训，持证上岗。

③ 搭设脚手架的材料、扣件及定型构配件，均应符合国家规定的质量标准。使用前应经检查验收，不符合要求的不准使用。

④ 脚手架结构必须按国家规定的标准和设计方案要求进行搭设。按规定设置剪刀撑和与建筑物进行拉结，保持架体的允许垂直度及其整体稳定性；并按规定绑设防护栏杆、立网、兜网等防护设施，架板铺设严密，不准有探头板及空隙板。

内排架与建筑物之间间隙应封闭

图 3.74　双排脚手架的内排架与建筑物间应进行封闭

⑤ 脚手架搭设应分段进行检查验收，确保符合质量安全要求，施工期间还应定期与不定期（特别是在大风、雨雪后）组织进行检查，严格建立脚手架使用管理制度。

⑥ 附着式升降脚手架安装完成初验合格后要经专门检测部门检验，发给使用证才准使用。

图 3.75　西安某工程脚手架坠落现场

⑦ 附着式升降脚手架必须有安全可靠的提升设备和防坠落、防外倾及同步预警监控等安全装置，其型钢构造的垂直支承主框架及水平支承框架必须采取焊接或螺栓连接，不得采用扣件与钢管连接。升降架体时要统一指挥，加强巡视，严防挂撞、阻力、冲击、架体倾斜

晃动。如出现险情应立即停机排查。

⑧ 落地式钢管脚手架宜双排搭设，立杆接头断面错开一个步距，根部置于长垫板上或支座上，按规定绑扫地杆。支撑立杆的地面应平整夯实，防止因地基下沉立杆出现悬空现象。

⑨ 悬挑式脚手架底层部位的挑梁应使用型钢，用强度满足要求的埋置卡环将挑梁牢固固定支设于梁面或楼板上，并根据搭设架体高度，按设计要求使用斜拉钢丝绳作部分卸荷装置。

⑩ 吊篮脚手架应使用定型框架式吊篮架，吊篮构件应选用型钢或其他适合的金属结构材料制造，其结构应具有足够的强度和刚度；升降吊篮应使用有控制升降制动装置和防倾覆装置的合格提升设备；操作人员均必须经过培训，持证上岗。

⑪ 施工使用的悬挑转料平台应经设计计算。平台不得附着于脚手架上使架体受力，必须独立设置；平台两侧的吊挂斜拉钢丝绳应与建筑物拉结受力；平台荷载应严格限量。

⑫ 一切起重设备和混凝土输送泵管在使用中与脚手架要采取有效隔离和防振措施，以防脚手架受到振动、冲击而失稳。

⑬ 拆除脚手架应制定和交待安全措施，不得先将连墙杆拆除，应按顺序自上而下逐层拆除，拆脚手架场所应设置警戒区。

### 3. 模板坍塌

各类施工支架在承载和使用中发生坍塌时，大多都会造成相当严重的后果。特别是混凝土楼（层）盖模板支架在浇筑中发生的坍塌事故，往往都会造成惨重的人员伤亡、巨大的经济损失和不良的社会影响。不仅给遇难人员家庭带来难以弥合的创伤，也会严重危及企业的生存与发展。

【释】 模板及其支撑。

模板：接触混凝土并控制预定尺寸、形状、位置的构造部分。面板体系包括面板和所联系的肋条。

支承：支持和固定模板的杆件、桁架、联结件、金属附件、工作便桥等。支撑体系包括纵横围图、承托梁（龙骨）、承托桁架、悬臂梁、悬臂桁架、支柱、斜撑与拉条等。

连接配件：包括穿墙螺栓、模板面联结卡扣、模板面与支承构件以及支承构件之间连接零配件等。

作用在模板上的荷载：垂直荷载有构件、机具、操作人员、模板本身、堆放材料等自重，振捣和倾倒混凝土产生的动荷载；水平荷载有混凝土的侧压力、振捣和倾倒混凝土产生的侧压力、风力等。

【例】 模板工程的常见安全隐患。

① 模板工程无施工方案；

② 模板工程施工方案未按规定进行审批；

③ 未针对混凝土输送方法采取有针对性安全措施；

④ 模板支撑系统未按规定进行设计计算；

⑤ 模板支撑系统不符合设计要求；

⑥ 立柱间距不符合要求；

⑦ 立柱底部无垫板；

⑧ 未按规定设置横向支撑；

⑨ 模板上堆料超过设计要求；

⑩ 高处作业无安全防护措施；

⑪ 模板拆除未设置警戒线，无监护人；

⑫ 留有悬空的模板未拆除；

⑬ 模板工程无验收手续；

⑭ 支拆模未进行安全技术交底；

⑮ 作业孔洞和临边无防护措施；

⑯ 垂直交叉作业无上下隔离防护措施。

【讨论】　造成模板坍塌事故的原因。①现场管理不规范。不按规定编制专项施工方案或不按方案搭设，对方案不审核支撑体系不验收，高大模板支撑体系不备案。②支撑搭设不规范，整体稳定性不好。不按构造要求搭设，缺少剪刀撑、扫地杆，支撑体系整体稳定性不足，立杆底部处理不当造成地基不均匀下沉。③结构方案不合理，荷载计算不科学，强度不够。荷载计算有误，荷载组合未按最不利原则考虑，泵送混凝土引起的动力荷载估计不足等。④扣件钢管不合格。钢管壁厚度不达标、平直度较差甚至明显弯曲，扣件开裂，锈蚀严重等。⑤系统验收不严密。扣件扭紧力矩达不到规范要求，受力后滑动等。⑥安装不当、拆模过早。

【释】　拆模强度。混凝土构件，混凝土强度达到设计的立方体抗压强度标准值的一定数额时，方可进行模板的拆除。

各种构件的底模，需要承担构件自重、施工荷载等重量。拆模强度需要比较高。混凝土构件不能形成受力结构，模板及支撑拆除后构件会垮掉，造成安全事故。

**（1）支模架体系失效**

失效因素在设计方面有计算理论不完善、设计方案不当、计算错误、荷载取值不符合实际等；在施工方面有搭设不规范、材料选用不当或质量不合格、使用中超载等。

【例】　某工程中模板支架方案存在缺陷，支架立杆伸出长度过大搭设质量差，使用的钢管、扣件、顶托等材料存在质量缺陷，导致模板支架坍塌（如图 3.76），造成 8 人死亡 21 人受伤。

图 3.76　某工程模板支架坍塌事故现场

【例】 某工地浇筑高架路箱梁时发生高支模坍塌。事后检查发现，抽查高支顶扣件的扭紧力矩，合格率只有24％；部分的立杆间距和水平间距超出安全技术规范的规定，腹板处的立杆间距，方案规定是400mm，但现场搭接时擅自调整为450mm，水平连杆步距有20.8％的点数超过方案规定的尺寸。立杆的承载力小于额定承载力，超载率为9.3％；另外，专项方案也没有考虑高支模在浇筑混凝土时产生的水平推力。

【例】 柱钢模板整体倾覆。工地木工在对三层楼面的一根高度为3.5m的钢筋混凝土柱的钢模板进行搭设安装过程中，未采用高凳或搭设工作平台等作业措施，擅自利用自己立好的柱模板板肋做支点攀登高处作业，致使柱模重心偏斜、失稳、柱筋弯曲。导致柱模整体倾覆，造成后脑碰撞到三层楼面多孔板上，紧接着柱模砸到其头部左侧。经抢救无效死亡。

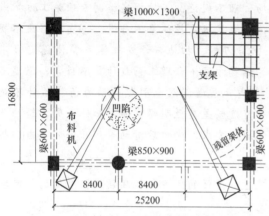

图 3.77 施工平面图和破坏起始位置

【例】 北京某工程4#地的中庭，5层、总高21.9m，楼盖为四周框架梁加550mm厚现浇预应力空心楼板，长3×8.4m，宽2×8.4m，面积423m²、混凝土总量约为200m³。使用扣件钢管支架（步距1.5m，立杆间距板下1.2～1.5m，梁下0.6m）、地下一层和地下二层连支。当楼盖浇筑快接近完成时，从楼盖中部偏西南部位突然发生凹陷式坍塌（如图3.77、图3.78），造成死亡8人、重伤21人的重大事故。

图 3.78 坍塌现场局部及部分支架受损变形情况

事故原因：由各种明显的设计和施工存在的技术安全缺陷、特别是立杆伸出长度过大引发支架上部失稳所造成的模板支架整体坍塌。该工程没有按规定对施工方案进行专家组论证，支架方案未经审批就进行搭设（在报送二稿时，支架已搭设完毕），且存在立杆伸出长度达1.4～1.7m、横杆漏设、扣件拧紧程度普遍不合格、可调托座丝杆直径偏小、扫地杆过高、混用碗扣架（发现无上碗扣、横杆浮搁情况）和随意搭设情况突出等各种问题。而监理虽未在方案送审稿上签字，但也没有行文制止搭设和浇筑混凝土。

【讨论】 哪些工程需要专家论证。住房和城乡建设部《危险性较大的分部分项工程安全管理办法》（建质〔2009〕87号）规定：施工单位应当在危险性较大的分部分项工程施工前编制专项方案；对于超过一定规模的危险性较大的分部分项工程，施工单位应当组织专家对专项方案进行论证，见表3.3。

表3.3　危险性较大的分部分项工程范围

| 序号 | 名称 | 危险性较大的分部分项工程<br>范围 | 超过一定规模的<br>危险性较大的分部分项工程<br>范围 | |
| --- | --- | --- | --- | --- |
| 1 | 基坑支护、降水工程 | 开挖深度超过3m（含3m）或虽未超过3m但地质条件和周边环境复杂的基坑（槽）支护、降水工程 | 深基坑工程 | 开挖深度超过5m（含5m）的基坑（槽）的土方开挖、支护、降水工程 |
| 2 | 土方开挖工程 | 开挖深度超过3m（含3m）的基坑（槽）的土方开挖工程 | | 开挖深度虽未超过5m，但地质条件、周围环境和地下管线复杂，或影响毗邻建筑（构）物安全的基坑（槽）的土方开挖、支护、降水工程 |
| 3 | 模板工程及支撑体系 | 各类工具式模板工程：包括大模板、滑模、爬模、飞模等工程 | 包括滑模、爬模、飞模工程 | |
| | | 混凝土模板支撑工程：搭设高度5m及以上；搭设跨度10m及以上；施工总荷载10kN/m² 及以上；集中线荷载15kN/m 及以上；高度大于支撑水平投影宽度且相对独立无联系构件的混凝土模板支撑工程 | 搭设高度8m及以上；搭设跨度18m及以上；施工总荷载15kN/m² 及以上；集中线荷载20kN/m 及以上 | |
| | | 承重支撑体系：用于钢结构安装等满堂支撑体系 | 用于钢结构安装等满堂支撑体系，承受单点集中荷载700kg以上 | |
| 4 | 起重吊装及安装拆卸工程 | 采用非常规起重设备、方法，且单件起吊重量在10kN及以上的起重吊装工程 | 采用非常规起重设备、方法，且单件起吊重量在100kN及以上的起重吊装工程 | |
| | | 采用起重机械进行安装的工程 | 起重量300kN及以上的起重设备安装工程 | |
| | | 起重机械设备自身的安装、拆卸 | 高度200m及以上内爬起重设备的拆除工程 | |
| 5 | 脚手架工程 | 搭设高度24m及以上的落地式钢管脚手架工程 | 搭设高度50m及以上落地式钢管脚手架工程 | |
| | | 附着式整体和分片提升脚手架工程 | 提升高度150m及以上附着式整体和分片提升脚手架工程 | |
| | | 悬挑式脚手架工程 | 架体高度20m及以上悬挑式脚手架工程 | |
| | | 吊篮脚手架工程 | | |
| | | 自制卸料平台、移动操作平台工程 | | |
| | | 新型及异型脚手架工程 | | |
| 6 | 拆除、爆破工程 | 建筑物、构筑物拆除工程 | 码头、桥梁、高架、烟囱、水塔或拆除中容易引起有毒有害气（液）体或粉尘扩散、易燃易爆事故发生的特殊建、构筑物的拆除工程 | |
| | | | 可能影响行人、交通、电力设施、通讯设施或其它建、构筑物安全的拆除工程 | |
| | | | 文物保护建筑、优秀历史建筑或历史文化风貌区控制范围内的拆除工程 | |
| | | 采用爆破拆除的工程 | 采用爆破拆除的工程 | |

| 序号 | 名称 | 危险性较大的分部分项工程 | 超过一定规模的<br>危险性较大的分部分项工程 |
|---|---|---|---|
| | | 范围 | 范围 |
| 7 | 其他 | 建筑幕墙安装工程 | 施工高度50m及以上的建筑幕墙安装工程 |
| | | 钢结构、网架和索膜结构安装工程 | 跨度大于36m及以上的钢结构安装工程；跨度大于60m及以上的网架和索膜结构安装工程 |
| | | 人工挖扩孔桩工程 | 开挖深度超过16m的人工挖孔桩工程 |
| | | 地下暗挖、顶管及水下作业工程 | 地下暗挖工程、顶管工程、水下作业工程 |
| | | 预应力工程 | |
| | | 采用新技术、新工艺、新材料、新设备及尚无相关技术标准的危险性较大的分部分项工程 | 采用新技术、新工艺、新材料、新设备及尚无相关技术标准的危险性较大的分部分项工程 |

注：取自住建部《危险性较大的分部分项工程安全管理办法》（建质〔2009〕87号）文。

【释】 危险性较大的分部分项工程，指建筑工程在施工过程中存在的、可能导致作业人员群死群伤或造成重大不良社会影响的分部分项工程。危险性较大的分部分项工程安全专项施工方案，是在编制施工组织设计的基础上，针对危险性较大的分部分项工程单独编制的专项施工方案。

**（2）模板支架搭设不规范**

主要表现有：①支架基础不牢（图3.79）；②缺少扫地杆（立杆受压后缺少水平向连接，会产生侧向滑移而失稳）；③扣件质量差、扭矩没控制好（会造成扣件破坏、摩擦力不足锁不住钢管）；④上下段立柱错开（造成立杆柱受偏压后失稳）、固定在水平拉杆上（造成水平杆受弯破坏）；⑤模板支撑借助外架（如图3.80，为避免脚手架超载，严禁模板支顶在外架上）。

图3.79 模板支架搭设错误

图3.80 模板借助脚手架支撑

【例】 某工程正在进行9层3段支搭模板施工，由于固定模板的铁丝折断，其中一块模板（重约2吨）倒塌，当即砸死2名工人（图3.81）。

【例】 某运动场看台施工，木模板垮塌事故（如图3.82）。

事故原因：木模板设计不对，吊筋穿法不合理，吊装前无验收，吊筋未严格按设计穿法施工，且为点焊应双面焊4倍直径长。

【例】 某电视台演播中心演播厅工程高支模支架垮塌（如图3.83）。正在浇注混凝土准备封顶的屋盖（面积624m²，高38m，其中地上高29.3m）模板支架（高36.4m），在浇筑刚过中部大梁后，在一声巨响中轰然倒塌，数十名施工人员瞬间被埋进了钢管和混凝土形成的"山包"中。死6人、重伤11人、轻伤24人。

图 3.81　墙模固定不当造成倒塌

图 3.82　某运动场工程木模板垮塌现场

图 3.83　高支模垮塌事故现场

事故原因：如此高大的模板支架工程竟无设计和计算，任由工人凭经验搭设（如图3.84）。查看残存钢管支架的立杆间距达1.5m以上，步距1.5～2.0m（漏设水平杆的竟达3.9m），底部步高约1.8m，在地坑处步高达2.6m，且均未设置扫地杆；支架的立杆连续4根钢管接头在同一高度，架子底部与周边支架的水平连系杆很少，立杆的横向约束很弱；板下钢管立杆间距1000mm×1000mm，梁下立杆增加密度为@500，但水平连系杆未增加，增加的立杆横向约束少，无效。

【例】　郑州某工程中庭模板支架突然坍塌（如图3.85），造成7死17伤。

图 3.84　事故工程几种支模错误

图 3.85　郑州某工程坍塌事故现场

事故原因：未严格执行施工方案和标准规定，梁下立杆间距方案设计为 0.4m，实际搭设为 1.3m；监理监管不力；浇筑工艺程序有问题。

【讨论】　模板支架发生坍塌的技术原因。

单从技术角度来讲：脚手架结构模板支架坍塌破坏之所以会发生，不外乎出现了两种情况，或者二者兼而有之：一是架体或其杆件、节点实际受到的荷载作用超过了其实际具有的承载能力，特别是稳定承载能力；二是架体由于受到了不应有的荷载作用（侧力、扯拉、扭转、冲砸等），或者架体发生了不应有的设置与工作状态变化（倾斜、滑移和不均衡沉降等），招致发生非原设计受力状态的破坏。引发模板支架坍塌的直接起因：

① 支架因设计和施工缺陷，不具有确保安全的承载能力。在正常浇筑和荷载增加的过程中，随时都会在任何首先达到临界/极限应力或变形（位移）的部位发生失稳和破坏，从而引起支架瞬间坍塌。这类支架一旦开始进行混凝土浇筑作业，就面临坍塌破坏的危险境地，且难以监控。除非因已发现显著变形、晃动或异常声响（连接件、节点开裂、破坏）而立即停止作业、撤离人员，则事故将不可避免。没有进行方案设计或设计安全度不够的，按脚手架构造搭设的、任由工人单凭经验搭设的和在搭设之中任意扩大尺寸与随意减少杆件的支架，就属于这一方面。

② 支架因设计或施工原因。使其承载能力没有多大富余。在遇到显著超过设计的荷载作用时，由局部失稳开始，迅即引起模板支架整体坍塌。这种情况多出现在自一侧起向另一侧整体推进浇筑工艺、并浇筑至高重大梁时和在浇筑的最后阶段、过多集中浇捣设备与人员作业时。所谓"被最后一根稻草压垮"的临界加载作用，是其主要特征。

③ 支架因采用的构架尺寸较大、未设水平剪刀撑加强层及竖向斜杆（剪刀撑）设置不够等，造成构架的整体刚度不足。当因局部的模板、木格栅和直接承载横杆发生折断或节点

破坏垮塌时，架体承受不了局部垮塌的冲击和扯拉作用，而酿成整体坍塌。

【讨论】 预防高、大模板支架及各类工具式模板工程（含滑模）坍塌的常见措施。

① 根据设计与规范要求，编制模板支架搭设与拆除方案，并切实执行；对超高、超重、大跨度模板支撑系统的专项施工方案和设计计算资料，应组织专家评审。所谓超高、超重、大跨度模板支撑系统是指高度超过8m，或跨度超过18m，或施工总荷载大于$10kN/m^2$，或集中线荷载大于$15kN/m$的模板支撑系统。

② 进行高、大型模板支架设计计算，主要内容为：支架的静载与动载承载力计算；模板底板与力木衬的抗弯、抗剪及挠度计算；支托梁（大、小横杆）的抗弯、抗剪及挠度计算；顶撑钢管的强度计算；扣件抗滑移力计算；模板支架整体稳定性计算。

③ 按设计方案及规范要求搭设模板支架，材质、规格、立杆顶撑、支座、扫地杆、纵横水平拉杆的间距、竖向与水平剪刀撑的搭设及扣件数量设置和脱模剂涂刷、支模工艺等均应符合设计方案与质量安全规范要求，确保模板支架的整体稳定性。模板支架检查验收合格，才准浇筑混凝土。

④ 模板支撑宜用钢支撑材料作支撑立柱，不得使用严重锈蚀、变形、断裂、脱焊、螺栓松动的钢支撑材料和竹材作立柱；对超高、超重、大跨度模板支架应采用加强型支撑系统，确保其强度及刚度，支撑立柱基础应牢固、平整夯实，并按设计计算严格控制模板支撑系统（含大梁起拱）的沉降量。支撑立柱接头应正确，根部应加设垫板。斜支撑和立柱应牢固拉结，形成整体。

⑤ 制作滑模的材料、构配件、千斤顶等设备应有合格证，操作平台各部件的焊接质量应符合设计要求，液压滑升模板时统一指挥。操作平台应限制施工荷载，严格掌握混凝土出模强度不低于0.2MPa；滑升作业人员应经培训合格，持证上岗。

⑥ 模板支架上不得直接承受混凝土输送泵管的附加冲击振动力或塔吊卸料斗的冲击力，对此应采取有效预防措施。

⑦ 在模板支架上浇筑混凝土时，应先浇筑柱、梁、楼板（屋面板），后浇筑挑梁及檐板，防止出现偏心荷载而使支架失稳。

⑧ 严格控制模板支架承受的荷载，模板及其支撑体系的施工荷载应做到均匀分布，并不得超过设计要求；但当出现因超载、偏心荷载、外力冲击振动等因素而使模板支架失稳、倾斜、下沉等险情时，应紧急撤出作业区全部人员至安全区域，确保人身安全，然后采取妥善排除措施。

### 4. 拆除工程坍塌

【例】 在拆除外墙双排脚手架时违章操作，先拆除全部的连墙件，结果当大风来临时，脚手架倒塌（如图3.86）。

事故原因：违反了《建筑施工扣件式钢管脚手架安全技术规范》（JGJ 130—2011）第7.4.2条。拆除施工前没有对操作人员进行岗位培训；施工管理人员及施工操作人员安全意识不强。

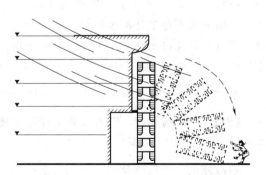

图3.86 连墙件被拆除后脚手架被风吹倒

预防对策：连墙件必须随脚手架逐层拆除，严禁先将连墙件整层或数层拆除后再拆脚手架；分段拆除高差不应大于两步，如高差大于两步，应增设连墙件加固。

【例】 某工程现场活动房拆除时倒塌（如图 3.87），造成 3 死 16 伤的恶性事故。原因主要是无拆除方案、交底未到每一位施工人员（如图 3.88）、未按交底设支撑、拆除顺序不对。

图 3.87 活动板房拆除时倒塌现场

【讨论】 拆除的顺序。原则上按受力的主次关系（传力关系）的次序来确定。即先拆非承重构件，然后拆次要受力构件，最后拆除主要受力构件（如：屋面板——屋架或梁——非承重隔墙——承重墙或柱——基础）。要由上而下，一层一层往下拆，禁止数层同时拆，严禁采用掏挖（即先拆部分下部结构，后用推倒或拉倒）的拆除方法。

【例】 工长违章指挥，工人无知蛮干。违反作业程序和作业规定（建筑物结构必须采用机械设备进行拆除）进行拆除作业，两端开口的墙体突然倒塌（如图 3.89），周某下跳到地面时，与正在旁边捡砖的董某被倒塌的墙体砸中，当场死亡。

【例】 某工地 7.5m 高的支模用木材。事发时刚开始进行了屋面边缘排水天沟的拆

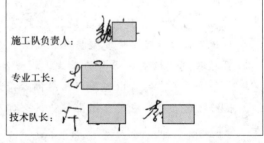

安全技术交底

1. 东侧民工活动房拆除应从高至低逐层拆除。
2. 每拆除一层则加剪刀撑以保证钢架稳定性。
3. 所拆除材料码放到建筑物的南侧。
4. 设置专职技术人员、安全员负责现场技术以及安全。
5. 要求现场施工人员做好安全防护措施，即进入拆除现场带安全帽，现场不得吸烟。
6. 现场所有连接件不应强行敲击拆除，应用扳手等专业工具安全进行施工。

施工队负责人：

专业工长：

技术队长：

图 3.88 拆除作业安全技术交底现场记录

模作业（此时混凝土龄期仅 13 天），而拆模作业下方安排工人进行贴外墙瓷片的交叉作业，支模突然倾覆垮塌，造成压埋死亡。

事故原因：支模材料选用不当；拆模强度不足；违规交叉作业又没有相应隔离措施。

【例】 拆除墙体时，没有做好支撑等防倾倒措施，直接掏掘墙根，导致墙体歪倒砸伤施工人员（图 3.90）。

事故原因：违反建筑工程施工安全操作规程。拆除工程中，掏掘之前没有采取任何支撑措施。

预防对策：拆除建筑物不得采用推倒或拉倒的方法，遇有特殊情况，必须报请领导同意，拟定安全技术措施，在有关人员的监护下施工；为防止墙壁向构掘方向倾倒，在掏掘

前，必须用支撑撑牢。在推倒之前，必须发出信号，施工人员服从指挥，待全体人员避至安全地带后，方可进行推倒。

图 3.89  未拆除的独立墙体倒塌现场

图 3.90  墙体拆除时掏墙根错误

【讨论】  拆除作业安全注意事项。

拆除工作开始前，应先将天线、天然气管道、供热管道等通往拆除建筑物的支线，支管切断或者迁移。应在建筑物周围设安全围栏，在作业区处规定的范围内建立拆除警戒区域。挂警告牌，并派专人监护，禁止非拆除人员进入拆除场地。拆除方案要合理，交底要充分。

对未能拆除且不稳固的构件，应先进行必要的加固，防止其在拆除过程中突然倒塌。

拆除建筑物时，楼板上不得多人聚集和集中堆放材料，以免楼盖结构超载发生倒塌，就不准将墙体推倒在楼板上，防止将楼板压塌。

拆除石棉瓦及轻型结构屋面时，严禁人工直接踩踏在石棉瓦及其它轻型板上，必须使用移动板梯，板梯上端必须挂牢，防止高处坠落。

拆除较大的或超重的构件，应用起重机械吊下和运走，散碎材料可使用溜放槽，顺槽溜下，禁止向下抛掷，拆下材料要及时清理运走。

拆除作业时，做好防粉尘淋水工作，作业人员应戴好口罩、护眼罩等防护用品。

【例】  某工地进行拆除58m高的ST-2A型人货两用施工升降机作业中，发生电梯笼失控，从52m的高空坠落的重大事故，造成4人死亡。电梯拆除工作准备把梯笼下滑到预定位置拆除第二节立柱时，限速器发生动作，梯笼被锁卡在导轨中不能升降。机械技术员打开限速器闸，发现调节螺栓松不动，无法调整，于是将限速器整体拆除（限速器保证安全的措施，擅自拆除，使梯笼失掉了安全保证）。当操作电气开关，梯笼下降500mm后，又被卡阻在导轨中，既不能下降又不能上升。手压开电磁抱闸，扳动一下传动轮，但传动轮扳不动。又用电气开关启动，梯笼仍然不动。技术员就拿管钳和扳手调整刹车，螺栓松了约1.5个螺纹（电磁制动器的制动力矩绝不允许有丝毫减少，以确保刹车。违章松开电磁制动器刹车和调松电磁制动器，减少了制动力矩）之后，继续用电气开关启动，梯笼还是不动。技术员就命工人出梯笼检查，没有发现什么异常情况。就在这时只听"哗啦"一声，梯笼失去控制（直径12.5mm的保险钢丝绳抵不住巨大冲击力，被导轨架上角铁切断，没有起到保险作用），从52.8m的高空坠落下去，造成梯笼内2人和梯笼顶部2人死亡。

事故原因：①该设备在拆卸立柱作业中，平衡重已拆除，电梯在不平衡状态下运行，依靠自重和涡流制动下降，依靠电磁制动器刹车、限速器保证安全。而技术员在发现限速器发生动作后，不是设法修复，却擅自将限速器整体拆除，使梯笼失掉了安全保证；②限速器被拆除后，电梯已处于安全没有保障的情况下，电磁制动器的制动力矩只能增加，绝不允许有丝毫减少，以确保刹车。但是技术员违章松开电磁制动器刹车和调松电磁制动器，减少了制动力矩，加速了坠落速度。③保险钢丝绳挂设不当又未进行验算。致使直径 12.5mm 的钢丝绳在梯笼失控自由坠落时，抵不住巨大冲击力，被导轨架上角铁切断，没有起到保险作用。④厂方提供的人货两用施工电梯说明书的型号和设备电气原理与实物不符，使现场技术人员对设备的技术性能了解不够。

### 5. 建筑物坍塌

建筑物在设计、施工、使用、改建过程中，处理不当造成垮塌。

【例】 玻璃厂厂房翻建屋顶，厂房跨 18m、长 48m、脊高 7.2m、檐高 3.9。工人在进行翻建挂瓦施工时发生屋顶塌陷（如图 3.91）。造成 1 死 2 伤事故。原因是玻璃厂聘用无资质施工队进行施工。无土地证、规划证、开工证、无施工单位、监理单位、无监督、无设计图纸。实际设计不合理：钢屋架支撑系统问题严重、雨棚钢筋放反、构造柱混凝土内有红机砖、水泥砂浆标号太低、山墙高厚比不够等。

图 3.91　翻建屋顶坍塌事故现场

【例】 钢框架安装施工中，为了安放横梁二松动柱脚的四个固定螺栓。当工人拉动校正钢丝绳（如图 3.92）时，钢架倒塌，钢架上施工的工人与梁一起坠落。固定螺栓不稳定（如图 3.93）的情况。

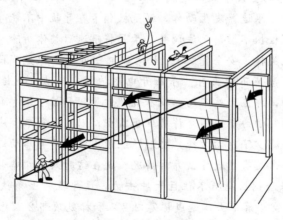

图 3.92　校正钢框架时倒塌事故现场

【例】 韩国某百货大楼突然倒塌（如图 3.94），事故造成 502 人死亡，930 人受伤，113人失踪，堪称房屋倒塌史上的最大惨剧。

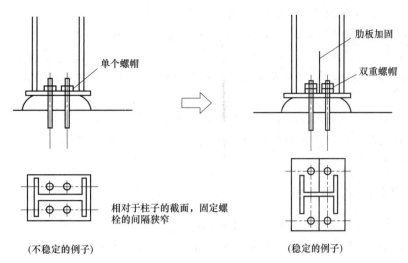

图 3.93　钢柱脚固定方法对比

事故直接原因：房屋的加层、扩建、更改结构和盲目增加荷载。大楼的第五层改建、屋面板超厚及楼顶安装冷却塔等累计增加了近 $10kN/m^2$ 的荷载，使四、五层部分没有支撑的立柱不堪重负而产生失稳破坏，最终导致大楼倒塌。

【讨论】　预防建筑物（含临建设施）坍塌的常见措施。

① 确保建筑材料和构配件的质量。

② 按技术图纸和施工质量验收规范要求及施工程序组织施工，对技术复杂与30m 及以上的高

图 3.94　改建工程倒塌事故现场

空作业建筑工程、大跨度建筑工程结构和城市房屋拆除爆破工程的施工方案，均应经专家评审论证。

③ 严格掌握混凝土及砂浆配合比及计量。

④ 严格工程检验与试验制度，确保工程结构强度及其安全性能。

⑤ 钢筋混凝土结构：钢筋绑扎符合质量要求，混凝土养护及时，按设计要求掌握拆模时间。

⑥ 钢结构：钢结构的材质、型号、规格及加工安装均应符合设计与规范要求，一二级焊缝要经金属探伤仪检测。

⑦ 施工现场使用的组装式活动房屋应有产品合格证，各种临建设施搭成后都应组织检查验收，经验收合格后经安全主管人签字后方准使用。

⑧ 工地临时工棚及围墙应采用水泥混合砂浆砌筑并抹灰，严禁用泥土砌筑，砖柱间距不大于5m；房盖严禁搭设在围墙上；临建设施墙基附近应设排水沟。

⑨ 工地搭设灯塔、水塔、水泥罐等临时设施的结构与基础必须牢固安全，高度超过5m 的塔体应设斜支撑或缆风绳。

⑩ 临建设施在1m 范围内不得挖掘沟槽或堆置余土及建筑材料与构件，防止造成临建设施失稳倒塌。

⑪ 发现临建设施不安全的隐患，应及时排除或采取加固措施。

⑫ 对建筑物严格控制施工荷载，楼面、屋面堆置建筑材料、模板、施工机具或其他材料时，应严格控制数量、重量，防止超载；堆放数量较多时应进行荷载计算，并对楼板、尾面板底部采取支撑临时加固，或采取其他保护措施。施工中严防损伤建筑构件。

⑬ 正在施工的建筑物室内不得住人，工地临建设施与施工的建筑物应按规定保持安全距离。

⑭ 防止外力对建筑物产生碰撞、激烈振动和破坏。

⑮ 对旧建筑物拆除时，应制定拆除的安全措施方案，指派专业队伍拆除，严禁采取掏空、推倒的拆除方法。

### 6. 堆积的土石砂、物料坍塌

【例】 由于工地现场空间限制，新挖基槽距离原有建筑很近，从基槽内挖出的土只有堆放在槽边，造成距离基槽边沿 1m 范围内堆土高度远远高于 1.5m，造成基壁土方整体下滑（如图 3.95）。

事故原因：违反施工安全操作规程。基坑边沿堆土过多，而且没有相应的安全防护措施。

预防对策：槽、坑、沟边 1m 以内不得堆土、堆料、停置机具。堆土高度不得超过 1.5m。槽、坑、沟与建筑物、构筑物的距离不得小于 1.5m。开挖深度超过 2m 时，必须在周边设两道牢固护身栏杆，并立挂密目安全网。

【例】 由于施工现场材料场空间太小，红机砖堆放总高度超过 2m，在雨后的大风天气，车辆通过时，砖堆倒塌（如图 3.96），砸伤行走的工人。

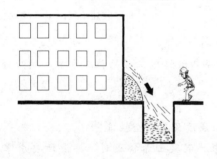

图 3.95 基槽边堆土造成槽壁土体滑动

图 3.96 施工现场材料堆放过高

事故原因：施工现场的平面布置不合理；材料堆放高度超高；搬运工人安全意识太差。

预防对策：在施工组织设计中应该合理做好现场平面布置，综合考虑材料场位置及空间；施工人员在码放材料的时候应该根据不同材料的不同性质，按规范要求进行码放。

图 3.97 施工现场模板堆放超高

【释】 堆放超高（如图 3.97）。物品堆放要考虑货架承受重力能力、下层包装承受压力能力、节约用地、提取方便、利于摆放和观察纸箱标签等。确保货物堆叠高度不超过最高存储高度，以提供安全及有效率的储存空间。堆垛间距要合理，便于吊装或作消防通道。正确做法：按规定材料堆放高度，参见表 3.4。

**表 3.4　施工现场常见物品堆放限高**

| 序号 | 堆放物 | 限高 | 条件 | 备注 |
|---|---|---|---|---|
| 1 | 砖、砌块 | ≤2m | 应堆放整齐,地硬化地面及不积水,上盖下垫 | |
| 2 | 夹板、木枋,夹板、木枋周转材料 | ≤2m | 上盖下垫,硬化地面及不积水 | 周转材料要分类堆放 |
| 3 | 螺丝拉杆 | ≤1.2m | 场地硬化地面及不积水,上盖下垫 | 用搭钢管架子堆放限高≤2m |
| 4 | 钢管 | ≤2m | 场地硬化地面及不积水 | |
| 5 | 钢管周转材料 | ≤1.2m | 场地硬化地面及不积水 | 采用搭钢管架子堆放限高≤2m |
| 6 | 条形捆扎钢筋原材料 | ≤1.2m | 场地硬化地面及不积水,不同型号的钢筋用槽钢分隔 | 每种型号钢筋分别挂醒目标识牌 |
| 7 | 圆盘钢筋 | 单盘立放 | 场地硬化地面及不积水 | 每种型号钢筋分别挂醒目标识牌 |

| 序号 | 堆放物 | 限高 | 条件 | 备注 |
|---|---|---|---|---|
| 8 | 钢筋半成品<br> | ≤1.2m | 场地硬化地面及不积水，不同型号及不同规格的钢筋半成品分别堆放 | 分别挂醒目标识牌 |
| 9 | 水泥 | ≤10袋 | 设置水泥专用仓库，库房要干燥，地面垫板要离地30cm，四周离墙30cm | |
| 10 | 模板半成品 | ≤2m | 场地硬化地面及不积水，不同尺寸的模板用钢管分隔开，在集中加工场旁设置模板半成品堆场 | 每种尺寸模板分别挂醒目标识牌 |

【例】 由于场地限制，搬运工人搬运红机砖时，采取从砖垛中间掏、抽等取砖方式，造成砖垛倒塌（如图3.98），砸伤搬砖工人。

图3.98 搬取砖垛方法错误

事故原因：违反建筑工程施工安全操作规程。直接从砖垛中间掏、抽取红机砖，从砖垛一端取砖，一码拿到底。

预防对策：从砖垛上取砖应该由上而下阶梯式拿取，严禁一码拿到底或在下面掏拿。传砖时应整砖和半砖分开传递，严禁抛掷传递。

【例】 在配合塔吊进行脚手管倒运作业时，工人头部直接钻入钢管堆放架（搭设不符合规范）底部穿钢丝绳，此时钢管堆放架倾斜倒塌（如图3.99），将工人头部砸在钢管下当场死亡。

【例】 吊车将铝板吊送到指定地点后，操作人员把固定铝板的绳索解开时，铝板堆忽然全部松散倒塌（如图3.100），压伤操作人员。

倾倒的钢管堆放架

图3.99 钢管堆放架倒塌事故现场

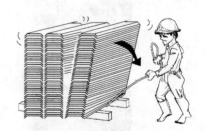

图3.100 吊运时铝板堆倒塌

事故原因：堆放铝板的地面有一定坡度；铝板的堆放高度过高；没有突然倒塌防护措

施；卸吊后没有及时检查货物堆放的自立性是否良好。

预防对策：指挥吊车时应注意把货物却吊在平坦的地面上；运送、堆放货物应该注意安全高度；松开固定绳索之前应该注意先检查铝板的稳定性。

## 二、事故预防安全技术措施

### 1. 土方工程安全措施要点

#### （1）临边防护

① 基坑施工具体要求按"五临边"临边防护要求执行。

② 开挖深度超过 2m 的基坑施工，还必须在栏杆式防护的基础上加密目式安全网防护（如图 3.101）。

③ 基坑内垂直作业各工种进行上下立体交叉作业时，不得在同一垂直方向上操作。悬空作业各工种进行上下立体交叉作业时，下层作业的位置处于上层可能坠落物件范围半径之外，或处于起重机把杆回转范围之内的通道（在其受影响的范围内），必须搭设防止落物的双层防护棚。

图 3.101　基坑临边正确防护现场

#### （2）降排水措施

施工现场基坑边应做好排水沟等地面排水措施（如图 3.102）。工程标高低于地下水位时，要降低地下水位，常见的地下水控制方法有集水明排、降水、截水和回灌等型式单独或组合使用。常用的地下水控制方法有明排水、井点降水、自流深井排水等，如图 3.103。

图 3.102　基坑地面明排水措施

图 3.103　基坑降水措施

深基坑施工采用坑外降水的，必须有防止引起邻近建筑物危险沉降的措施。

#### （3）坑边荷载

① 基坑、边坡和基础桩孔边堆置各类建筑材料的，应按规定距离堆放。当土质良好时，堆土可或材料堆放一般应距挖方边缘 1.5m，高度不宜超过 1.5m。

② 各类施工机械距基坑、边坡和基础桩孔边的距离，应根据设备重量、基坑、边坡和基础桩的支护、土质情况确定，堆载不得超过设计规定，以保证边坡和直边壁的稳定。与基坑、边坡的距离小于规定时，应对施工机械作业范围内的基坑支护、地面等采取加固措施。

### （4）上下通道

① 基坑作业时必须设置专供作业人员上下的通道，作业人员不得攀爬临时设施，严禁在坑壁上掏坑攀登上下。

② 通道（如图3.104）的设置，在结构上必须牢固可靠，数量、位置上应符合有关安全要求。

### （5）土方开挖

① 土方施工机械应由有关部门检查验收合格后进场作业，操作人员应持证上岗，遵守安全技术操作规程。

② 机械开挖土方时，作业人员不得进入机械作业半径范围内进行坑底清理或找坡作业。

③ 挖土方前对周围环境要认真检查，不能在危岩或建筑物下面作业。施工时应遵循自上而下的开挖顺序，严禁先切除坡脚，并不得超挖。

④ 要按土质条件考虑采取护壁（如图3.105）等技术措施，对比邻建筑物必须采取有效的安全防护措施，并进行认真沉降观测（如图3.106）。作业时要随时检查土壁变化，发现有裂纹或部分塌方，必须采取果断措施，将人员撤离，排除隐患，确保安全。

图3.104　深基坑上下通道

图3.105　基坑开挖排桩加水平支撑护壁现场

图3.106　基坑监测点

⑤ 挖方深度超过2m时，周边必须按要求设两道护身栏杆；危险处，夜间设红色警示灯。

### 2. 脚手架模板安全措施要点

### （1）控制荷载

脚手架上，楼板面不能集中堆放物料，防止坍塌。严格控制施工荷载，尤其是楼板上集中的荷载重量不要超过设计要求。

**（2）规范搭拆**

各种模板支撑，必须按照设计方案要求搭设和拆除。不得使用严重锈蚀、变形、断裂、脱焊、螺栓松动的钢支撑材料和竹材做立柱。严禁随意拆除模板、脚手架的稳固设施。

拆建（构）筑物，严格按施工方案和安全技术措施拆除。一般应该按照自上而下顺序进行，不能采用推倒办法、禁止数层同时拆除，拆除某一部分的时候，应该防止其他部分坍塌。

## 第三节　物体打击类

物体打击：指失控物体的重力或惯性力造成的人身伤害事故，如落物、滚石、锤击、碎裂、崩块、砸伤等。容易砸伤建筑施工现场工作人员，甚至出现生命危险。常见的物体打击事故有：①高处落物（砖石、工具等从建筑物等高处落下）伤害；②滚物伤害；③从物料堆上取物时，物料散落、倒塌造成伤害；④打桩、锤击造成碎物飞溅物伤害。

# 一、事故与危害

### 1. 高处坠物

高处坠物，指工具零件、砖瓦、木块、钢筋钢管等物从高处掉落。

**【例】**　在高空持物行走或传递物品时失手将物件跌落，在高处切割物件材料时无防坠落措施，脚手架上材料堆放不稳、过多、过高。

**（1）安全通道两侧未进行封闭**

正在施工的建筑物出入口，是人员出入的集中位置，为防止高处有物品掉落砸伤过往人员，应搭设出入口防护棚将入口向建筑物远处延伸。但如果防护棚两侧不进行封闭，人员可以随意从侧面进入出入口，就起不到防护的作用，如图3.107。正确做法：通道两侧立挂密目安全网。

外架封闭不严（如图3.108），宜发生物体打击事故。正确做法：挂密目安全网封严。

图 3.107　施工安全通道搭设不合理　　　　图 3.108　外脚手架立面封闭不严

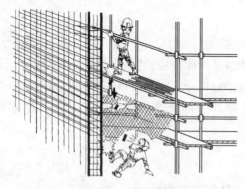

图 3.109 钢筋坠落伤人

【例】 钢筋工站在 2 楼脚手架上对外墙进行植筋，随手把钢筋头放在脚下，转身时不小心踢落其中一支，钢筋从安全网连接缝隙中坠落（如图 3.109），砸伤下边的工作人员。

事故原因：施工作业场所有坠落可能的钢筋头，没有加以固定；水平安全网有缝隙；施工人员垂直交叉作业。

预防对策：施工作业场所有坠落可能的物件，应一律先行撤除或加以固定；水平安全网应该连接紧密；不得进行垂直交叉作业；施工人员不得麻痹大意，工程管理人员需要加强对工人进行安全教育；施工人员严禁上下垂直交叉作业。

**（2）交叉作业无措施**

【例】 垂直交叉作业现场（如图 3.110），施工操作架外侧未挂立网，极易造成下方作业人员伤害。

**（3）作业平台未设置安全栏杆**

出料平台：必须有设计方案并报批后方可使用，平台上的脚手板必须铺严绑牢，平台周围须设置不低于 1.5m 高防护围栏，围栏里侧用密目安全网封严，下口设置 18cm 高挡脚板（或围栏内侧用竹夹板全封闭），护栏上严禁搭放物品。

卸料平台：卸料平台上的脚手板必须铺严绑牢，两侧设 1.2m 防护栏杆，18cm 高的挡脚板，并用密目安全网封闭，外侧设推拉式（或开启式）的防护门，防护门要灵活，开关方便以确保防护门随时处于关闭状态。

提升机运料平台：提升机运料平台内外两侧均应设不低于 1.2m 的开启方便并有利于施工的防护门。

【例】 某施工现场临时操作平台（如图 3.111），没有设置安全护栏，工人也没有佩戴安全带等，没有任何安全防护措施，并平台上下同时作业，极易造成人员、物品坠落，伤及下面作业人员。

图 3.110 交叉作业现场

图 3.111 临时操作平台没有任何安全防护措施

**（4）工具掉落**

【例】 架子工在搭设外脚手架时，扳手或连接材料掉落，砸伤地面上的其他作业人员（如图 3.112）。

图 3.112　作业工具脱手伤人

事故原因：搭设脚手架现场的周围没有设置围挡措施，没有阻止闲杂人员进入作业现场；架子工安全意识不强。操作员将扳手、扣件等随手放置脚下，转身时不小心把扳手或扣件踢落。违反了《建筑施工高处作业安全技术规范》（JGJ 80—2016）第 4.1.1 条，临空一侧设置防护栏杆，没有采用密目式安全立网或工具式栏板封闭，没设置挡脚板。搭设脚手架的施工现场没有设置围挡，有其他工作人员出入。

预防对策：搭设脚手架施工现场应设置安全围挡，严禁闲杂人员进入施工现场；架子工搭设脚手架时，传递物件禁止抛掷工具、材料等，使用随身工具时系好工具防坠绳（如图 3.113）用完应随手放入工具袋；架子工施工时应精力集中，不可麻痹大意。作业现场有坠

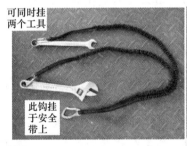

图 3.113　各种工具防坠绳

落可能的物件，应一律先行撤除或加以固定；高处作业中所用的物料，均应堆放平稳，不妨碍通行和装卸；作业中的走道、通道板和登高用具，应随时清扫干净；拆卸下的物件及余料和废料均应及时清理运走，不得任意乱置或向下丢弃；搭设脚手架的施工现场不得有其他人员进入。

【例】 外墙安装石材施工现场，工人使用吊篮在外墙打孔作业时，手中的手电钻不慎坠落，砸伤地面上的其他工作人员（如图 3.114）。

事故原因：高处作业没有对手持工具加防坠绳等措施；工作人员粗心大意，安全意识不强；

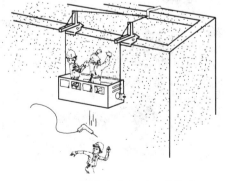

图 3.114　吊篮中作业时工具脱手

采用了垂直交叉作业。

预防对策：支模、粉刷、砌墙等各工种进行上下立体交叉作业时，不得在同一垂直方向上操作。下层作业的位置，必须处于依上层高度确定的可能坠落范围半径之外（见表3.5）。不符合以上条件时，应设置安全防护棚；高处作业时应对手持工具加防坠绳等防坠落措施。

表3.5 坠落半径

| 序号 | 上层作业高度/m | 坠落半径/m |
|---|---|---|
| 1 | $2 \leqslant h < 5$ | 3 |
| 2 | $5 \leqslant h < 15$ | 4 |
| 3 | $15 \leqslant h < 30$ | 5 |
| 4 | $h \geqslant 30$ | 6 |

（摘自《建筑施工高处作业安全技术规范》JGJ 80—2016）

【例】 高层建筑施工现场清理钢模板，发生钢模板坠落，造成一人死亡。3人在工地清理钢模板，架子工谢××将爬升架爬升受阻的情况向项目工程师汇报，回答要他们自己拆模板，而架子工未答应。下午上班后，架子工看到木工刚好在该处脚手架上加固模板，就向木工说了这个模板和钢管碍事爬升，木工就一手抓钢管，一手拿锤头自行拆除这块钢模板（作业人员既不得自作主张随意作业，又不得未经管理人员同意指挥他人作业）。因为钢模板与混凝土之间隔着木板，使钢模板没有水泥浆的粘吸附着力，当锤头击打掉回形卡后，钢模板就自行脱落，由于拆除时没有采取任何防护措施，钢模板从脚手架的空档中掉落（悬挑脚手架必须按规定设置水平挑网，架体底部必须严密封闭），击中了正在该处下方清理钢模板的工人头部，击破安全帽，造成脑外伤死亡。

事故原因：①木工未按高处拆模的安全操作规程拆除钢模板，在没有采取安全防护措施的情况下，违章拆除钢模（操作人员应做到自己不伤害自己，自己不伤害他人，自己不被他人伤害）；②现场管理协调不力，安全防护设施不到位；③施工员未及时安排有经验的工人清除障碍；④在上部有人作业的情况下，下部却安排工人作业，未实行交叉作业安全防护；⑤安全挑网未及时设一道；⑥地面人员作业无安全防护棚。

### 2. 高处抛落

人为从高处向下抛掷物件。如从高处往下抛掷建筑材料、杂物、垃圾或向上递工具、小材料。

图3.115 高处掉落钢管砸中地面工人

【例】 施工人员在楼外侧化粪池顶部整理模板卡子时，被从16层掉下的一根3m长（$\phi 48 \times 3.5mm$）的钢管砸中头部（如图3.115），安全帽被砸碎，鲁某当场死亡。

正确做法：将洞口、临边材料清理干净，严禁往楼下扔材料等。

【例】 施工人员三人在工地西北角食堂门前的施工现场筛沙子时，现场上方落下一根长1.5m（$\phi 48 \times 3.5mm$）的钢管，正好砸在一个工人头部安全帽顶部，安全帽被砸成一道横向凹槽（如图

3.116），工人不治身亡。

【例】 拆除施工的工人在拆除管道间隔墙的时候，拆下的石块掉落到下一层（如图3.117），砸伤下层正在清理现场的施工人员。

图3.116 钢管坠落现场

图3.117 交叉作业落石

事故原因：拆除工人在没有任何防掉落措施的情况下进行拆除施工；垂直交叉作业；施工人员安全意识不强，忽视了施工现场"禁止进入"的标志。

预防对策：在楼板洞口附近进行拆除施工时，要有防掉落措施；任何情况下都严禁垂直交叉作业；提高工人安全意识，加强安全教育，让工人懂得禁止、警告、命令等安全标志以及所有安全标志所表示的意思。

### 3. 飞溅物伤害

【例】 工人在脚手架上对外墙不平整面进行打磨修整，不小心沙粒飞入眼中（如图3.118），导致操作人员失衡跌落。

图3.118 打磨作业飞溅物

事故原因：施工工人施工操作没有佩戴必需的护眼罩等安全防护用具；安全意识不强；脚手架不稳定而且尺寸过窄；没有佩戴安全带。

预防对策：进行打磨操作时一定要戴好安全防护用品；各种类型的脚手架都应严格按照相关的规范、规程和要求搭设。

### 4. 起重吊装物掉落

起重作业过程中，造成吊装物掉落伤人（如图3.119）。常见的情形有：起重吊装设备带故障运行、违章操作设备、材料或构配件绑扎不牢安放不稳、吊物上零星物件没有绑扎或清理，造成机械损坏、倾倒、吊件从吊运途中或安装位置掉落。各种起重机具（钢丝绳、卸卡等）因承载力不够而被拉断或折断导致落物。用于承重的平台承载力不够而使物件坠落。

【例】 吊运的砂浆小车从高空坠落。某工程为砖混结构，楼顶正面有飞檐，超出阳台外边缘500mm，事故发生时，楼房主体已完工，正在进行六楼内墙抹灰。以六楼东边阳台作为内墙抹灰所用砂浆等物的进料口，进料口下方是翻斗式搅拌机进料口。塔式起重机将砂浆吊运进六楼，倒完砂浆，空车推出，六楼操作工人挂好钩，示意塔吊司机起吊，塔吊司机响铃后，吊起料车，吊离阳台。操作工发现料车上四只挂钩有两只脱落。由于楼顶边缘有飞檐，料车吊离阳台有一定的距离，六楼阳台上的操作工用手向阳台内拉料车，但未能拉入阳

图 3.119　起重作业掉落物事故

台，不慎脱手，造成料车大幅度摆动。料车与阳台碰撞后使吊索从塔机吊钩中滑出，料车从高处坠落下来，正在楼下地面向搅拌机进料的工人被料车砸中死亡。

事故原因：

① 该工程六楼有超出阳台宽度达 500mm 的飞檐，使塔式起重机不能将被吊运的物体垂直吊放，而必须由六楼阳台上操作工去推、拉被吊物体及塔机吊钩来完成吊放，这种行为既影响阳台上操作工的人身安全，又增加了被吊物体在空中的摇摆幅度。按规定必须搭设正规的进料平台，可是该工程没有搭设。

② 砂浆搅拌机选址不当。搅拌机正上方是六楼进料口，砂浆搅拌机的操作人员一直处于被吊运重物的正下方，增加了危险系数。

③ 在砂浆搅拌机上方应搭设防落物冲击的防护棚，但实际未搭设，施工过程中坠落的任何物体，都直接威胁着搅拌机处操作人员的人身安全。

④ 塔式起重机吊钩应设有防脱棘爪，因本工程使用的塔机吊钩没有安装吊钩防脱棘爪而造成吊索在摆动中脱离吊钩坠落。

【例】　吊车在吊运钢板过程，钢丝绳突然松脱，钢板坠落（如图 3.120）导致砸伤指挥人员。

事故原因：吊运作业前没有检查钢丝绳索紧固钢板的情况；挂钩人员工作不认真，麻痹大意；起吊前没有进行试吊检查。

预防对策：吊运作业前应该先检查钢丝绳索紧固钢板的情况，及时发现安全隐患并及时消除安全隐患；吊挂人员挂钩时应该认真负责，不得麻痹大意，敷衍了事；正式起吊前应该先进行试吊，经检查确认无误后方可正式吊运。

【例】　脚手架钢管刚被吊车吊运到一人多高时，忽然有一根钢管滑出（如图 3.121），戳伤吊挂人员。

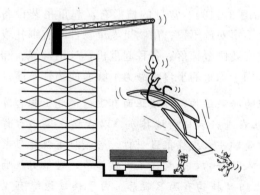

图 3.120　吊装过程中钢板松脱

图 3.121　吊装过程中钢筋滑落

事故原因：钢管没有捆扎牢固；吊挂人员没有正确选择吊点，吊挂人员挂钩后没有立刻转移到安全位置。

预防对策：所有吊运材料必须捆绑牢固，管材、构件等必须用紧线器紧固；吊挂人员必须要正确选择吊点位置；试吊时先慢慢把吊绳绷紧，吊运材料稍吊离地面，检查材料不松脱、整体稳定、重心平衡后方可正式起吊。

【例】 吊车将铁管吊至指定地点后，水电工人解开吊索后钢管突然垮散（如图 3.122）砸伤水电工人。

事故原因：吊运配管时没有加固定措施；施工人员没有安全意识。

预防对策：钢管吊运前应该进行捆绑；吊挂人员要有安全意识，不可麻痹大意、掉以轻心。

【例】 在搬运钢管时，部分靠立在墙壁上的钢管倒下（如图 3.123），工人的手被夹在肩扛的钢管和倒下的钢管中。

图 3.122　吊装卸载时钢管散落

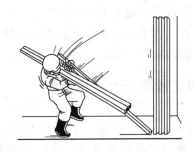

图 3.123　钢管靠立不稳

【例】 在安装钢结构框架中，工人用工具调整螺栓孔时，钢梁突然下降，把工人放在柱上的手夹在钢梁法兰和柱托之间（如图 3.124）。

【例】 搬运钢板（每块 60kg）到台车上时，由于台车的前轮卡在铁板坡道（倾角 11°）的端部，台车上的钢板向后滑落（如图 3.125）击中搬运工人。

图 3.124　钢结构安装中构件夹挤伤害

图 3.125　搬运途中钢板滑落

【例】 施工人员在卸最后一堆玻璃时，玻璃滑落（如图 3.126），将卸玻璃的两人砸死。工作进展到最后时，施工人员麻痹大意，导致了事故的发生，造成了人员伤亡。

【例】 挖运物掉落。在土方开挖施工现场，挖运土方的挖斗载土过满，有部分土块掉落

（如图 3.127），砸伤下边的施工人员。

图 3.126　玻璃卸货时散落事故现场

图 3.127　挖掘机载土过满掉落

事故原因：施工现场没有设置专人指挥；挖运土方的挖斗超载，导致有土块掉落；挖斗从施工人员头上通行；地面施工人员边说闲话边挖土，没有注意到上方的安全情况。

预防对策：施工现场应该设置专人进行指挥；挖运土方的挖斗不得过满超载，避免土块掉落；挖运物不得从地面上施工人员的头上通行；所有施工人员都要精力集中，随时随地注意到周围的安全情况，不得站在挖斗下施工。

## 二、事故预防安全技术措施

【讨论】　预防物体打击事故的常见措施。

① 拆除工程应有施工方案，并按要求搭设防护隔离棚和护栏，设置警示标志和搭设围网。

② 安全防护用品要保证质量，及时调换、更新。

③ 经常检查地锚埋设的牢固程度和缆风绳的使用情况。

④ 严格按照吊装技术操作规程作业。

⑤ 改正不良作业习惯，严禁往下或向上抛掷建筑材料、杂物、垃圾和工具。

⑥ 清理脚手架上堆放的材料，做到不超重、不超高、不乱堆乱放。

### 1. "三宝、四口、五临边"防护

按规定正确穿戴安全带和安全帽，做好安全网搭设。

【释】　三宝：安全帽、安全带、安全网。四口：楼梯口、电梯井口、预留洞口、出入口。五临边：地面基坑周边，楼面、屋面、雨篷、挑檐周边，尚未安装栏杆或挡板的阳台、卸料平台周边，分层施工的楼梯口与梯边段，井架、施工用电梯、外脚手架等通向建筑物通道的两侧边以及水箱与水塔周边等。

#### （1）"三宝"防护

是减少和防止高处坠落、物体打击事故发生的重要防护用品。除必须按规定配备，还要正确佩戴和使用。

① 安全帽正确佩戴要点：帽衬与帽壳不能紧贴，应有一定的间隙；必须系紧下颚带。

② 安全带正确的使用要点：应高挂低用；不准将绳打结使用，应持有挂在连接环上使用。

③ 安全网正确使用要点：安全网是用来防止人、物坠落或用来避免、减轻坠落及物击伤害的网具。要选用有合格证书的安全网；安全网若有破损、老化应及时更换；安全网与架体连接不宜绷得过紧，系结点要沿边分布均匀绑牢；立网不得作为平网使用；立网应优先选用密目式安全网。

【例】 施工人员不戴安全帽（如图3.128）。

### （2）"四口"防护

必须视具体情况分别设置牢固的盖板（如图3.129）、防护栏杆（如图3.130）、安全网（如图3.131）或其他坠落的防护设施。任何人不得随意拆除，如要拆除，必须经工地负责人同意批准。周围必须用安全防护围栏封闭，留出专用人行通道，并搭设宽于通道两侧各1m的防护棚。

图3.128 施工现场工人不戴安全帽

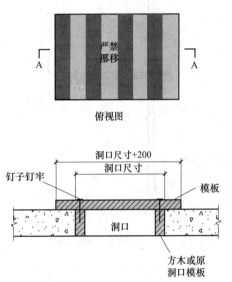

图3.129 平面洞口（＜1500mm）防护示意

图3.130 平面洞口（≥1500mm）防护示意

洞口尺寸不大于2m时中间设一道立杆，大于2m时立杆间距不大于1200mm；主体结构施工时洞口用木板和木枋封闭，安装及装修施工时洞口用水平安全网封闭

### （3）"五临边"防护

临边高度越高危险性越大，所以临边均应设置防护栏，否则不得作业。还要在栏杆上涂警示色标（红白相间）。

① 基坑临边防护如图3.132。

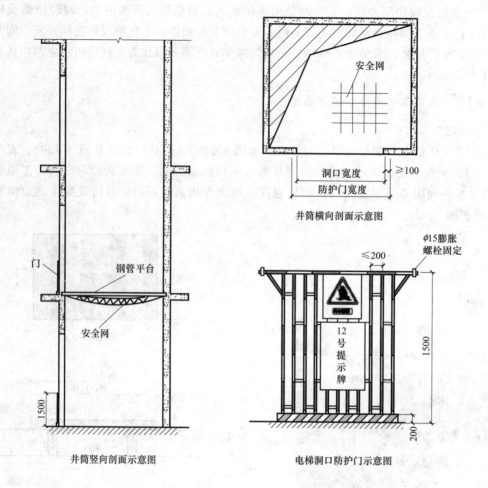

安全网

洞口宽度
防护门宽度
≥100

井筒横向剖面示意图

φ15膨胀
螺栓固定

≤200

⚠️

12
号
提
示
牌

1500

200

电梯洞口防护门示意图

门

钢管平台

安全网

1500

井筒竖向剖面示意图

图3.131  电梯井（管道井）口安全防护示意
井内每隔两楼层（≤10m）搭设钢管平台，上面满铺脚手板
（主体结构施工时）或兜挂安全水平网（装修施工时）

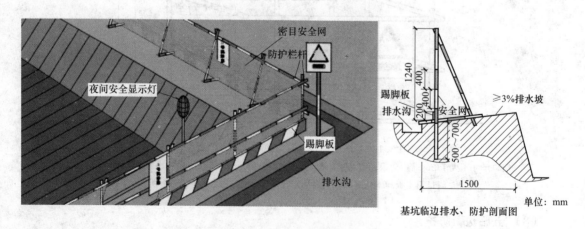

密目安全网
防护栏杆
夜间安全显示灯
踢脚板
排水沟

φ15膨胀

1240
400
400
200
踢脚板
排水沟
安全网
≥3%排水坡
500~700

1500

单位：mm

基坑临边排水、防护剖面图

图3.132  基坑临边安全防护示意

② 楼层边、阳台边、屋面边防护如图3.133。

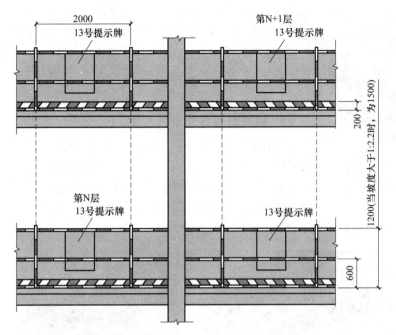

图 3.133　楼层边、阳台边、屋面边防护示意

水平栏杆高第一道 1200mm（坡度大于 1：2.2 的屋面处不低于 1500mm，并增设一道水平杆满挂密目安全网）、第二道 600mm、第三道 150mm，立杆间距不大于 2000mm

③ 楼梯临边防护如图 3.134。

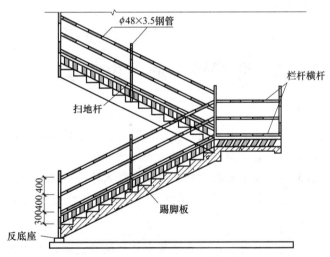

图 3.134　楼梯临边防护示意

独立楼梯若两边均无有效遮挡，则两边均应设防护栏杆并加设安全立网或踢脚板（宽度不小于 200mm、厚度不小于 25mm）

## 2. 工具入袋、不抛送物品、物料收好

作业过程中的一般常用工具必须放在工具袋内，大件工具要绑上保险绳；物料传递中不准往下或向上抛递。上下传递物件时要用绳传递，携带传递小型工件、工具时使用工具袋（如图 3.135）。

高空作业场所及脚手架上物料堆放平稳、合理，不得放在临边及洞口附近，不可妨碍通

图 3.135 随身工具袋

行。加强小件物品清理、存放管理，做好物件防坠措施。

物料吊运有专人指挥、散料用容器吊运。高空起重、安装，必须由持证上岗人员进行指挥，散料应使用专用吊具（如吊篮）装置好后才能起吊。起吊前对吊物上杂物及小件物品清理或绑扎。

### 3. 拆除或拆卸作业

要在设置警戒区内、有专人监护的条件下进行，建筑垃圾要及时清理和运走，不得在走道上任意乱放或向楼下丢弃。切割物件材料时应有防坠落措施。尽量避免交叉作业，拆架或起重作业时，作业区域设警戒区，严禁无关人员进入。

垂直交叉作业防护严密，如图 3.136。

图 3.136 交叉作业用水平安全网或防护棚隔离

## 第四节 触 电 类

人体是导体，当人体接触到具有不同电位两点时，由于电位差的作用，就会在人体内形成电流，这种现象就是触电。电流流经人体进入大地或其他导体形成导电回路，形成电击和电伤，造成人体生理伤害就形成了触电事故。主要包括人体接触带电设备金属外壳、裸露线头、带电导体（如漏电的手持电动工具）、起重设备误触高压线或感应带电，雷击伤害，触电坠落，电灼伤等事故。

【释】 电击和电伤。电击和电伤伤害在事故中可能同时发生，尤其在高压触电事故中比较多，绝大部分属电击事故。

**（1）电伤**

主要对人体外部的局部伤害。

① 电灼伤。指电流通过人体产生热电效应、电生理效应、电化学效应和电弧、电火花、熔化金属等致人体以及皮肤、皮下组织、深层肌肉、血管、神经、骨关节和内部脏器的广泛损伤。

② 电烧伤。触电、雷击均可引起电烧伤。皮肤角质电阻高，触电时产热而造成出、入口的电烧伤。

（2）电击

电流通过人体内部，影响呼吸、心脏和神经系统，引起人体内部组织的破坏，以致死亡。电击伤轻者仅有一过性神志丧失、头晕、恶心、心悸、耳鸣、乏力等，不留后遗症；重者可发生电休克或呼吸、心跳骤停。此外，电火花或电弧使衣服燃烧，热力烧伤面积较大。

电击伤害严重程度与通过人体的电流大小、电流通过人体的持续时间、电流通过人体的途径、电流的频率以及人体的健康状况等因素有关。

【例】 常见施工用电安全隐患：

① 无临时用电施工组织设计；

② 临时用电施工组织设计针对性不强；

③ 未达到三级配电、两级保护；

④ 总电源处动力和照明供电未分开；

⑤ 无总漏电保护装置；

⑥ 电缆电线随地敷设；

⑦ 电缆电线未使用绝缘材料固定；

⑧ 与外电线路安全距离达不到，未按规定采取防护措施；

⑨ 临时用电由专用电力变压器供电，未采用 TN-S 保护接零系统；

⑩ 工作零线和保护零线从总电源处未分开设置；

⑪ 未按规定选用安全电压；

⑫ 照明末端各单相回路中未设置漏电保护器；

⑬ 室内外照明线用花线、塑胶线；

⑭ 用电设备未设专用开关箱，无专用漏电保护器；

⑮ 箱体和箱内低压电器选用、安装不当；

⑯ 分配电箱中一把分闸接两台及两台以上用电设备；

⑰ 熔断器和熔丝安装、选用不当；

⑱ 电箱内未设置接零排。

# 一、事故与危害

【讨论】 常见触电事故的主要原因。

① 电气线路、设备检修中措施不落实，电气线路、设备安装不符合安全要求（如电动机械设备不按规定接地接零，机电设备的电气开关无防雨、防潮设施、接线错误，电箱不装门、锁，电箱门出线混乱，随意加保险丝，并一闸控制多机，手持电动工具无漏电保护装置），绝缘受到磨损破坏；

② 非电工任意处理电气事务，电工不按规定穿戴劳动保护用品；

③ 移动长、高金属物体触碰高压线；

④ 建筑物或脚手架与户外高压线距离太近，不设置防护网；

⑤ 现场临时用电管理不善导致（如施工现场电线架设不当、拖地、与金属物接触、高度不够）；

⑥ 在高位作业（天车、塔、架、梯等）误碰带电体或误送电触电并坠落；

⑦ 操作漏电的机器设备，使用漏电电动工具（包括设备、工具无接地、接零保护措施；设备、工具已有的保护线中断；电钻等手持电动工具电源线松动；水泥搅拌机等机械的电机

受潮；打夯机等机械的电源线磨损；浴室电源线受潮；带电源移动设备时因损坏电源绝缘；电焊作业者穿背心、短裤、不穿绝缘鞋、汗水浸透手套、焊钳误碰自身；湿手操作机器按钮等）；

⑧ 蛮干行为导致（包括盲目闯入电气设备遮栏内；搭棚、架等作业中，用铁丝将电源线与构件绑在一起；遇损坏落地电线用手拣拿等）；

⑨ 因暴风雨、雷击等自然灾害导致（如不按规定高度搭建设备和安装防雷装置）。

### 1. 擅自修理机电设备、带故障运行设备

【例】 某住宅小区工地进行装饰工程的墙面批嵌作业。油漆工用经过改装的手电钻搅拌机（金属外壳）伸入桶内搅拌批嵌材料。发现工人倒卧在地上，面色发黑，不省人事，触电身亡。

现场施工中用不符合安全使用要求的手电钻搅拌机，本人又违反规定私接电源（在接插电源时未经漏电保护，违反"三级配电，二级保护"原则），加之在施工中赤脚违章作业，缺乏有效的操作规程和安全检查，工人自我保护意识差，是造成本次事故的主要原因。

【例】 焊机外壳带电造成事故。焊工甲和乙进行点焊时，发现焊机一段引线圈已断。电工找了一段软线交给乙自己更换。乙换线时发现一次线接线板螺栓松动，使用扳手拧紧（此时甲不在现场），然后试焊几下后离开现场。甲返回后不了解情况便开始点焊，只焊了一下就触电死亡。

事故原因：①接线板烧损，线圈与焊机外壳相碰；②焊机外壳未接地。③电工违章让非电工维修电器；④协同工作没有做好工作交接。

【例】 带电搬运刨床造成触电。项目部临时工（木工）在该工地施工时，因考虑加工的材料离木工间的平刨机距离较远（约15m），两人用铁丝将木工间的平刨机绑扎，准备用钢管抬移至木料堆放处，由于抬不动，叫来另外两人一起抬。在抬的过程中，未将平刨机的电源切断，抬至5m左右踩到电源线，导致平刨机电源开关进线的一根红线破损，电线裸露部分碰上开关外壳，致使四人遭受电击。其中，余某被电击抛出1m远，其余三人被电击倒在地，其中一人死亡。

事故原因：①在搬运平刨机时，未按操作规程规定切断电源，造成电源线与平刨机直接接触，平刨机外壳带电；②安全教育不够深入，民工缺乏安全用电常识；③现场电工在对配电箱的功能没有全面掌握的情况下盲目接电，未按规定对平刨机采取保护接零、设备负荷线的首端处设置漏电保护器。

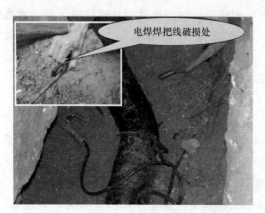

图3.137 潮湿环境下电缆线破损漏电现场

### 2. 使用电器工具触电

主要表现为接触带电设备金属外壳或裸露的临时电线、漏电的手持电动工具。

【例】 施工人员进行消防水管湾头焊接工作时，操作电焊不慎触电（如图3.137），后经抢救无效身亡。

正确做法：带电工具使用前，应检查工

具及电缆线，工作时应穿戴绝缘鞋和手套。

【例】 某工地杂工第一天到工地干活，辅助电焊工在施工楼面上焊接钢筋。当电焊工临时离开时岗位时，该工人出于好奇心模仿焊工作业，一手扶着钢筋网上的钢筋，另一只手拿焊钳，由于触及焊钳的带电部位导致焊机次级线短路，电流经两只手流过心脏造成触电身亡。交流电焊机二侧（次级）线上焊钳带电点与回路馈线（俗称地线）的电位差（电压），在焊机空载时约 70～90V，当人体在这个回路上触电时，身体通过很大的电流，足可致死。

【例】 在一建筑工地，操作工发现潜水泵开动后漏电开关动作，便要求电工把潜水泵电源线不经漏电开关接上电源。起初电工不肯，但在王某的多次要求下照办了。潜水泵再次启动后，操作工拿一条钢筋欲挑起潜水泵检查是否沉入泥里，当挑起潜水泵时随即触电倒地，经抢救无效死亡。

事故原因：①操作工由于不懂电气安全知识，在电工劝阻的情况下仍要求将潜水泵电源线直接接到电源上，在明知漏电的情况下用钢筋挑动潜水泵，违章作业；②电工违章接线，明知故犯，留下严重的事故隐患。

【例】 在临时架空高压电缆因雪压风刮断落到下面正绑扎施工的钢筋上（如图 3.138），几个人同时触电。

事故原因：违反了《施工现场临时用电安全技术规范》JGJ 46—2005 第 4.1.1 条。临时高压电线杆间隔太远；施工人员安全意识不强，在高压线下施工。

预防对策：在建工程不得在高、低压线路下方施工；高低压线路下方不得搭设作业棚、建造生活设施，不得堆放构件、架具、材料及其他杂物等。现场临时架空电线架设时必须按要求设立电线杆。

【例】 人工挖沟槽时，镐头扎破地下电缆（如图 3.139），造成触电。

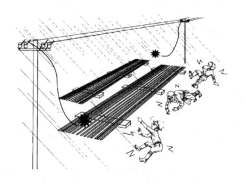

图 3.138 高压线断落伤人

图 3.139 作业破坏地下电缆

事故原因：挖土前没有向有关单位了解地下管线情况；挖土过程中麻痹大意。

预防对策：挖土前应了解地下管线、人防及其他构筑物情况和具体位置，地下构筑物外露时，必须进行加固保护，作业过程中应避开管线和构筑物，在现场电力、通信电缆 2m 范围内和现场燃气、热力、给排水等管道 1m 范围内挖土时，必须在主管单位人员监护下采取人工挖土方式。

【例】 某工地，在进行线路维修接驳，接线后未按规定及时绝缘包扎，电源开关断开后无专人监管和挂警示牌。被不知情者合闸，造成工人触电，经抢救无效死亡。

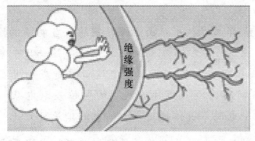

图 3.140　空气导电

### 3. 人与带电体距离过小

当人体与带电体的距离过小时，虽然没有直接与带电体相接触，但由于空气的绝缘强度小于电场强度，空气被击穿（如图 3.140）气体电绝缘状态突然变为良导电状态的过程，就有可能发生触电事故。

【释】　绝缘强度。指绝缘本身耐受电压的能力。作用在绝缘上的电压超过某临界值时，绝缘将损坏而失去绝缘作用。空气的绝缘强度，用它产生放电时的击穿电场强度或放电电压来衡量，每厘米间隙距离不超过 25kV。空气击穿的物理过程包括电子碰撞电离、电子崩、流注放电。气体的放电机理：在一段空气间隙上施加一定的电压，空气中的正负离子在电场力的作用下，相互运动而产生电流。当施加的电压到一定程度时，加速正负离子的游离碰撞运动，出现"电子崩"现象，造成气隙的击穿。大雾天气对空气的绝缘强度影响不是很大。

【例】　移动式起重机卸载钢筋时，吊杆过于接近（间距约 900mm）上空的高压输电线（如图 3.141），致地面拆卸钢筋的工人触电。

【例】　汽车式起重机在行走的时候没有收回起重臂，导致起重臂触及高压电线（如图 3.142），造成触电事故。

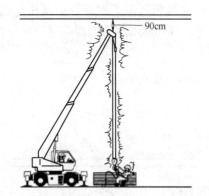

图 3.141　机械移动时过于接近高压线

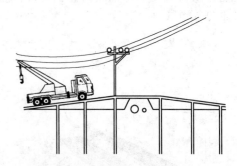

图 3.142　吊车行走时触及高压线

事故原因：违反了《建筑机械使用安全技术规程》（JGJ 33—2012）第 4.3.16 条。起重机在作业后没有把起重臂全部缩回放在支架上。

预防对策：作业后应将起重臂全部缩回放在支架上，再收回支腿。吊钩应用专用钢丝绳挂牢；应将车架尾部两撑杆分别撑在尾部下方的支座内，并用螺母固定；应将阻止机身旋转的销式制动器插入销孔，并将取力器操纵手柄放在拖开位置，最后应锁住起重操纵室门。

【例】　工人协助电焊工进行焊接作业中，工人扶着焊接中的模板角钢，背部碰触到次梁钢筋（主梁接地，但次梁未接地）触电（如图 3.143）。

【例】　作业人员使用移动式工具脚手架进行厂房雨篷安装作业。厂房中门雨篷安装完毕后，现场负责人指挥并带领其他 5 名作业人员，将移动式工具脚手架（长宽尺寸分别为3.6m 和 3.7m，钢管立杆最高点距地面 6.46m）从厂房中门向北门移动，在从场区内架空高压线下方穿行时，未注意穿行地点高压线高度（高压线距地面 6.4m），导致脚手架钢管立杆与10kV高压线接触（如图3.144），造成3人触电死亡。

图3.143　焊接作业碰触金属触电

图3.144　移动操作平台转场途中碰触高压线现场

【例】　为扩建厂房，在与厂毗邻的围墙外扩大用地面积，工地的二十几名工人，一起将位于工地南面的铁结构的阿望亭搬到北面。他们大约搬移了200m，阿望亭的上端碰到在工地的3条万伏高压线（如图3.145），发生特大触电事故12人惨死。

图3.145　移动构筑物途中碰触高压线现场

事故原因：①高压线架设采用的是12m电杆，架设后的高压线与原地面距离有7米以上，因厂方进行"三通一平"填土，致使高压线距现地面的高度减少；②违章指挥，在不了解情况和打桩承包人在场的情况下，擅自要求该厂工人搬动阿望亭（该亭长2.5m、宽2.3m、高5.3m）；③工人缺乏安全用电常识和自我保护的安全意识，在搬动阿望亭时，只顾下面，不顾上面，致使高达5.3m的阿望亭触到高压线，导致触电。

【例】　桩基工程，爬梯触电缆线造成一人死亡，二人电伤。施工现场两台钻机已安装就位，急需接通电源试钻。电工李××到指定的配电箱处勘查，发现配电箱周有0.5～0.8m深的水坑，配电箱距水面高度约2.5m，难以接通电缆，即向施工队长汇报，后施工队又向项目部副经理反映，对方让施工队自行解决。电工李××将90mm²的输电电缆拖到配电箱去接电，李用感应电笔测了水中无电。因现场找不到木梯，找来活动板房铁栏杆作为登高梯子，长约3m，但仍够不着拉闸接电，就把电缆吊在配电箱下面，找到2根长约2m的脚手管，将脚手管用铁丝绑在梯子下方（共长4.5m）。四人把梯子竖起来，一人爬上梯子试稳不稳，梯子上端已压在原打井队从配电箱引出的一根剥去一段护套的电缆线上，电流经铁梯造成四人触电倒在水中。

事故原因：项目部对施工现场用电不及时认真检查，设备不及时检测，积水不及时排除，以至隐患存在，没有为施工队提供安全生产条件。电工李××擅自用活动板房栏杆和钢管脚手接长的铁梯接电，本人违章又指挥他人违章作业。

### 4. 跨步电压

带电电线断落在地面，如果人站在距离电线落地点8～10m以内（如图3.146），就可能发生跨步电压触电事故。触电者的症状是脚发麻、抽筋、跌倒在地，跌倒后电流可能改变路径（如从头到脚或手）而流经人体重要器官，使人致命。

【释】跨步电压。由于雷电、大风的破坏等原因，电气设备、避雷针的接地点或断落电线的断头接地点附近，有大量的扩散电流向大地流入，于是地面上以导线落地点为中心，形成了一个电势分布区域，使得周围地面上分布着不同电位，离落地点越远电流越分散，地面电势也越低（如图3.147）。当人的脚与脚之间同时踩在不同电位的地表面两点时，两脚之间形成电位差（断线接地后肯定不是良好接地，这样等效于从接地点到地线之间串联了许多电阻，每个电阻两端都有电压，当你跨步时相当于把自己并联在电阻两端），电流将从一只脚经跨步到另一只脚与大地形成回路，就会发生跨步电压触电。人的跨距一般取0.8m，在沿接地点向外的射线方向上，距接地点越近，跨步电压越大；距接地点越远，跨步电压越小；距接地点20m外，跨步电压接近于零。

图3.146 跨步电压示意

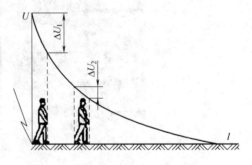

图3.147 跨步电压电势与距离的关系

图3.148 锯断电线造成触电

### 5. 操作失误，违章作业

【例】木工在施工现场切割木板时，没有注意到电锯的电源线正压在木板下，电锯锯断电源线（如图3.148）导致木工触电。

事故原因：操作人员没有看清电源线正压在木板下；电动工具没有保护接零，同时操作人员没有站在绝缘台上操作。

预防对策：使用电动工具时应随时注意不要把电源线靠近工具工作部分的削、据、砸、轧、撞、挤、钻等部位，以消除安全隐患；使用手持式电动工具时应注意根据实际情况选择戴绝缘手套或是站在绝缘台上施工。

【例】下雨天气，电焊工在焊接围墙大门门框的时候，将地线连接在外墙脚手架上（如图3.149），导致感电受伤。

事故原因：下雨天气继续在室外进行电焊作业；电焊工把地线接在外墙脚手架上；施工人员安全意识不强。

预防对策：下雨天气应该停止室外露天电焊作业；电焊工必须正确接线，设有良好的漏电保护装置；必须在下雨天气室外施焊的情况下，应该有可行的保护措施；电焊工施工前，必须经过技术培训，考核合格后持证上岗。

【释】 感电。在触电事故中，人体对触电的反应取决于流过人体电流（即感电电流）之大小，而感电电流之大小又取决于感电电压、人体电阻及人体与大地及设备间之接触电阻。

【例】 在搭设脚手架施工现场，施工人员在架立立管时，高举的钢管接触到高压电线（如图3.150），施工人员触电倒地。

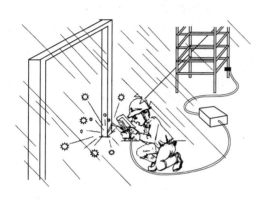

图3.149 电焊地线错误连接

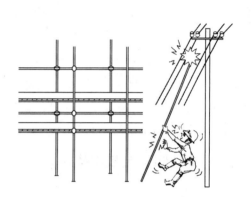

图3.150 工人举钢管碰触高压线

事故原因：违反了《施工现场临时用电安全技术规范》（JGJ 46—2005）第4.1.2条。脚手架没有与外电架空线路的边线保持安全距离（见表3.6）。

表3.6 在建工程（含脚手架）的周边与架空线路的边线之间的最小安全操作距离

| 外电线路电压等级/kV | <1 | 1~10 | 35~110 | 220 | 330~500 |
|---|---|---|---|---|---|
| 最小安全操作距离/m | 4.0 | 6.0 | 8.0 | 10 | 15 |

注：上、下脚手架的斜道不宜设在有外电线路的一侧。

预防对策：在建筑工程（含脚手架）的外侧边缘与外电架空线路的边线之间保持安全操作距离。

【例】 在路面打夯现场，打夯拐弯时电线被拉裂漏电（如图3.151），击倒打夯机操作人员。

事故原因：违反施工安全操作规程。只有一人扶打夯机，无人拉线；操作人员没有按要求戴绝缘手套、穿绝缘鞋。

预防对策：使用打夯机时，每台打夯机应设两名操作人员，一人操作打夯机，一人随机整理电线，操作人员均应戴好绝缘手套、穿绝缘鞋；随机整理

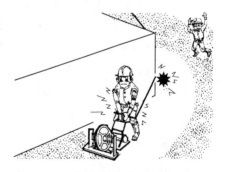

图3.151 打夯机移动时拉断电缆线

电线者应随时将电缆整理通顺，盘圈送行，并应与打夯机保持3~4m的余量，发现电缆线有扭结缠绕、破裂及漏电现象，应及时切断电源，停止作业。

【例】 某一电建扩建工程，90T汽车吊（桁架式臂长39m）由技术员办理完起重机械移

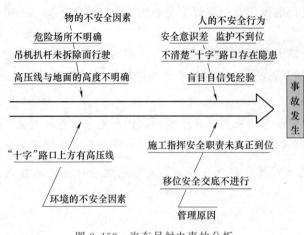

图 3.152　汽车吊触电事故分析

位工作票后，在起重机械移位负责人（起重指挥）的指挥下，驾驶员起动该吊机，前往施工地点。当车辆行驶到电厂经二路与纬一路交叉口时，汽车吊起重臂与路口上方10kV高压线接触，造成高压线相间短路跳闸，整条线路停电四小时，汽车吊一根变幅拉索（长度为9m）被电弧灼伤报废。

事故原因：分析结果用因果分析图表示，如图3.152。

预防对策：①作业前必须了解工作环境，熟悉机械结构和性能，对作业活动危险源进行识别，并制订可控制措施方法；②严格坚持工作票制度，明确指挥人员、司机的岗位职责，并对参与人员进行交底；③平时加强班组安全教育，提高各类人员的安全防范意识；④加强作业过程的监护，特别是重大危险源的控制，在实施后必须进行验证确认；⑤损伤拉索调换，确保机械运行安全性和可靠性。

## 二、事故预防安全技术措施

【讨论】　预防触电事故的常见措施。

① 加强劳动保护用品的使用管理和用电知识的宣传教育。

② 建筑物或脚手架与户外高压线距离太近的，应按规范增设保护网。

③ 在潮湿、粉尘或有爆炸危险气体的施工现场要分别使用密闭式和防爆型电气设备。

④ 经常开展电气安全检查工作，对电线老化或绝缘性降低的机电设备进行更换和维修。

⑤ 电箱门要装锁，保持内部线路整齐，按规定配置保险丝，严格一机一箱一闸一漏配置。

⑥ 根据不同的施工环境正确选择和使用安全电压。

⑦ 电动机械设备按规定接地接零。

⑧ 手持电动工具应增设漏电保护装置。

⑨ 施工现场应按规范要求高度搭建机械设备，并安装相应的防雷装置。

⑩ 严格执行施工现场临时用电的三项基本原则［必须执行《施工现场临时用电安全技术规范》（JGJ 46—2005），必须执行 TN-S 系统，三相五线制；必须执行三级配电；必须执行两级漏电保护，保护接零］。

### 1. 线路、用电器防护

设备外壳进行防护性接地、接零（同一电网内，不允许一部分用电设备采用保护接地，而另外一部分设备采用保护接零，因为如果采用保护接地的设备发生漏电碰壳时，将会导致采用保护接零的设备外壳同时带电），不乱接电线；当看到安全标志牌（如当心触电、禁止合闸、止步、高压危险）时应特别注意以免触电；施工过程中如遇跳闸或烧保险丝时，不要自行合闸、更换，不准用铜线或其他金属线代替保险丝。

必须实行"一机一闸"制。每台用电设备应有各自专用的开关箱，不允许将两台用电设备的电气控制装置合置在一个开关箱内（为避免发生误操作等事故），严禁同一开关电器直接控制两台及两台以上用电设备（含插座）。配电箱盖务必关闭，拉合闸刀时不能正面对着开关箱（应站在侧边旁边操作），附近不得放置物品。

【例】 错误做法如图 3.153。正确做法：一闸一机、更换接点；施工现场禁止使用线磙子，清除现场，用末级手提电箱。

一闸多机、虚接、接点脱落　　施工现场使用线磙子

图 3.153　一机多闸及末级开关箱的错误做法

### 2. 检修、移动设备

设备检修时，要停电检修，并采取可靠的安全措施，如装挂临时接地、悬挂警示牌防止误向正在检修的设备送电致使检修人员触电。使用移动设备要做好防护（如图 3.154），搬运钢筋、钢管及其他金属物时，严禁触碰到电线。

### 3. 正确用电

不踩踏、不乱拖电线（缆）以免磨损绝缘层，导线被物体压住时不要硬拉，防止将导线拉断，不触碰

电焊机防护专用箱

图 3.154　移动用电设施要做好安全防护

外电线路。电线必须架空，不得在地面、施工楼面随意乱拖，若必须通过地面、楼面时应有过路保护，物料、车、人不准压踏碾磨电线。使用电气设备前必须要检查线路绝缘、插头、插座、漏电保护装置是否完好。使用振捣器等手持电动机械和其他电动机械从事作业时，要由电工接好电源，安装漏电保护器，操作者必须穿戴好绝缘鞋、绝缘手套后再进行作业。在架空输电线路附近工作时，应停止输电，不能停电时，应有隔离措施，要保持安全距离，防止触碰。

恰当使用安全电压，安装漏电保护装置〔用电设备除作保护接零外，必须在设备负荷线的首端处设置漏电保护装置。在加装漏电保护器时，不得拆除原有的保护接零（接地）措施〕。

【释】 安全电压。在各种不同环境条件下，人体不戴任何防护设备也没有任何防护措施，直接接触到一定电压的带电体后，不发生任何损害，这种电压称为安全电压。但安全电压值取决于人体的电阻值和人体允许通过的电流值。在常规环境下人体的平均电阻在 1kΩ 以上，当人体在潮湿环境下、汗湿、皮肤破裂、承受的电压增加等情况下，人体电阻会急剧下降，此时原来安全的电压并不是绝对安全的，如果人触及电源也有可能发生电击伤害。

设备安全电压值的选择应根据使用环境、使用方式和工作人员状况等因素选用不同等级

的安全电压。例如，手提照明灯、携带式电动工具可采用 42V 或 36V 的额定工作电压；若在工作环境潮湿又狭窄的隧道和矿井内，周围又有大面积接地导体时，应采用额定电压为24V 或 12V 的电气设备。

图 3.155　一种漏电保护器

【讨论】漏电保护器的作用。漏电保护器的正确称呼为剩余电流保护装置，是一种具有特殊保护功能（漏电保护）的空气断路器（如图 3.155），利用检测被保护电网内所发生的相线对地漏电或触电电流的大小，而作为发出动作跳闸信号，并完成动作跳闸任务。是防止电气设备和线路等漏电引起人身触电事故、火灾事故，监视或切除接地故障，在设备漏电时自动切断电源。

它所检测的是剩余电流，即被保护回路内相线和中性线电流瞬时值的代数和（其中包括中性线中的三相不平衡电流和谐波电流）。为此保护器的整定值（即其额定动作电流），只需躲开正常泄漏电流值即可，此值以 mA 计，所以保护器能十分灵敏地切断保护回路的接地故障，还可用作防直接接触电击的后备保护。

在装设漏电保护器的低压电网中，正常情况下电网相线对地泄漏电流（对于三相电网中则是不平衡泄漏电流）较小，达不到漏电保护器的动作电流值，因此漏电保护器不动作。当被保护电网内发生漏电或人身触电等故障后，通过漏电保护器检测元件的电流达到其漏电或触电动作电流值时，则漏电保护器就会发生动作跳闸的指令，使其所控制的主电路开关动作跳闸，切断电源，从而完成漏电或触电保护的任务。

#### 4. 人员防护

非电工严禁拆接电气线路、插头、插座、电气设备、电灯等。电气线路或机具发生故障时，应找电工处理，非电工不得自行修理或排除故障。用电作业应当穿工作服，在导电物附近工作时应小心不要触碰导电物。

打扫卫生或擦拭设备时，严禁水冲、湿布擦电气设备，以防短路和触电。禁止使用照明器烘烤、取暖，禁止擅自使用电炉和其他电加热器。禁止在电线上挂晒物料。

## 第五节　机械、起重伤害类

### 一、机械伤害事故原因与危害

机械伤害：指由运转中的机械设备引起伤害的事故。在使用、维修机械设备和工具过程中机械设备与工具引起的绞、辗、割戳、切、轧等伤害，如工件或刀具飞出伤人，切屑伤人，手或身体被旋转机械卷入或被转动的机构缠住，手或其他部位被刀具碰伤，压力机施压，传送带及履带碾压，工程机械倾覆、砸、压，刀具、砂轮片等旋转物体甩出等。

随着建筑行业施工工业水平的提高，在提高劳动生产率的同时，机械伤害事故也在逐年增加，所造成的伤情惨重。常见的机械伤害有：①违章指挥；②违章作业；③没有使用和不正确使用个人劳动保护用品；④没有安全防护和保险装置或不符合要求；⑤机械不安全状态。

【例】 常见施工机具安全隐患：

① 中小型施工机械露天使用，无操作防护棚；

② 中小型施工机械传动部位无防护罩；

③ 中小型施工机械使用倒顺开关；

④ 机械不使用时未切断电源；

⑤ 使用前未按规定进行验收；

⑥ 木工机械刀口部位无安全装置；

⑦ 机械上护管破损；

⑧ 随机机械安全装置损坏、不起作用；

⑨ 焊接机械外侧防护挡板不全；

⑩ 电焊机一、二次无防护罩；

⑪ 焊机一次侧未装漏电保护装置；

⑫ 焊机一次侧导线截面过小；

⑬ 原手持电动工具上电源线加长；

⑭ 手持电动工具外壳破裂；

⑮ 在危险场合使用 1 类手持电动工具；

⑯ 氧气、乙炔瓶使用时，间距小于 5m；

⑰ 氧气、乙炔瓶使用时距离明火小于 10m，无隔离措施；

⑱ 乙炔气瓶未直立使用；

⑲ 乙炔气瓶使用时无回火装置；

⑳ 露天高温时使用氧气、乙炔瓶无防晒措施；

㉑ 气瓶存放处不符合要求；

㉒ 潜水泵工作时未站立水中使用；

㉓ 潜水泵电缆 5m 内有接头；

㉔ 潜水泵电缆破损。

### 1. 检查、检修过程中忽视安全措施

人进入设备检修时，如果不切断电源，也没有张挂"不准合闸"的警示牌，不设专人监护，临时停电或者没有等设备惯性运转彻底停住就下手工作，都可能造成严重后果。

在机械运行中进行清理卡料、上皮带蜡等作业，不具备操作机械素质的人员上岗，非操作人员乱动机械，都易造成事故。

【例】 拆除打桩机导杆时，导杆的连接螺钉脱落，中间导杆横向晃动掉落（如图 3.156），击中旁边准备向导杆顶端安装连接螺栓的工人。

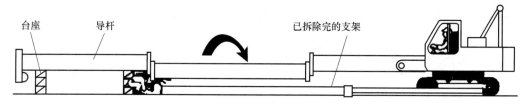

图 3.156　打桩机拆卸时导杆脱落

【例】 混凝土浇筑完后，清洗泵车清理剩余的混凝土时，工人为了取出漏斗内的混凝土将手伸进导管，手被夹在转动的机器里。也有站在漏斗处脚踏在转轴上，踏空失足，脚被转轴割伤。如图 3.157。

【例】 混凝土工班完成浇筑，进行混凝土管清洗工作。清洗混凝土管采用风压冲洗，冲洗时发现混凝土管接头漏气，海棉球未能冲出。这时混凝土工人要把漏气处拆开重新安装，在拆开之前叫其他人远离现场，有人不听其劝告，把管口松开，造成管道留气外泄冲倒该滞留的工人，经抢救无效死亡。

【例】 浇筑混凝土时，为了清除堵在混凝土泵车软管头部的混凝土而上升吊杆，堵在软管中的混凝土突然喷出，其反弹力使得软管振动，软管端头击中工人头部，如图 3.158。

图 3.157　混凝土泵车伤人

图 3.158　混凝土泵布料管伤人

【例】 工地发生混凝土搅拌机料斗挤压伤人，造成 1 人死亡。搅拌机操作工兼机修工操作搅拌机时，当料斗提升到距地面 1.4m 时，发现料斗下降困难，经检查系搅拌机提升滚筒上钢丝绳跑出滚筒处，夹在转轴与轴承之间。工人在搅拌机旁边寻找了一块 150cm×30cm 的钢模支撑料斗后端中央底部，使料斗提升钢丝绳松动，以便将夹在转轴与轴承间的钢丝绳理顺出来。工人站在料斗后端右侧面用钢模支撑料斗后，料斗钢丝绳松动，而钢模受力后上端从料斗后端底部滑出。由于料斗冲击力大，致使料斗制动刹无法刹住，导致料斗突然坠落，工人来不及避让，被满载负荷的料斗（约 350kg）压在底部。

事故原因：①在排除机械故障时未能采取安全可靠的措施，未将料斗挂牢；②发现机械故障后，未能及时报告工地负责人调动人员协助排除（机械维修时一定要有辅助人员进行监护）；③项目部对施工机具维修保养制度执行不严。

图 3.159　混凝土输送车伤人

【例】 在混凝土罐车罐体仍在旋转的情况下，司机爬到罐口清除罐口内残余的混凝土，不慎将头部绞入罐口内当场死亡（图 3.159）。

事故原因：司机违章维修作业，应先停机再进行维修作业。

**2. 设备运行中出差错**

【例】 基础钢管柱施工中，油压锤被吊至 4m 高并右转时，由于吊挂锤的绳索松弛导致锤下落（如图 3.160），击中在下面施工的工人。

【例】 吊车将货物吊离卡车时，吊杆旋转过快，吊钩晃动砸伤吊挂人员，如图 3.161。

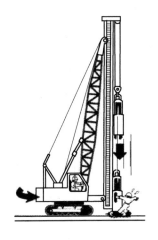

图 3.160 打桩机桩锤掉落

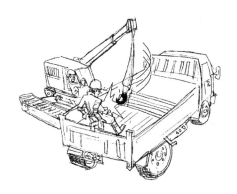

图 3.161 吊车卸货时吊杆伤人

事故原因：违反了《建筑机械使用安全技术规程》(JGJ 33—2012) 第 4.1.5 条、第 4.1.9 条。吊运施工时无专人指挥；吊杆回旋过快，吊钩过低；吊挂人员站于吊车作业回旋半径之内。

预防对策：起重吊装的指挥人员必须持证上岗，作业时应与操作人员密切配合，执行规定的指挥信号。操作人员应按照指挥人员的信号进行作业，当信号不清或错误时，操作人员可拒绝执行。操作人员进行起重机回转、变幅、行走和吊钩升降等动作前，应发出音响信号示意。

### 3. 操作失误、违章

【例】 堆高机在运铁管时撞伤其他施工人员，如图 3.162。

事故原因：没有专人指挥堆高机施工；堆高机司机没有确定前方情况盲目操作。

预防对策：其他施工人员施工时应注意周边安全情况，与堆高机保持安全距离；堆高机搬运重物达 100kg 或长管类材料时，应该配置专人指挥、疏导现场人员；堆高机司机应该留意载物的前后左右，防止撞击等事故的发生。

【例】 在打测量桩的操作中，扶桩的工人误认为打桩已经完成，伸手到桩顶面确认桩的稳定时，打锤的工人没有注意到他的手继续打桩，结果手被击伤，如图 3.163。应加强联合作业时的配合与联络。

图 3.162 铲车运输途中伤人

图 3.163 联合作业配合不当

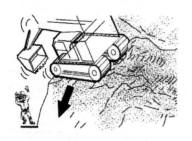

图 3.164　挖土机沿坡面横向移动时侧翻

【例】　挖土机行走在有高低差的路面上,行走过程中,侧边履带打滑、跌落低处,造成挖土机机身严重倾斜(如图 3.164),挖土机在调整过程中,因为路面很窄,不慎翻进路边的沟渠中。

事故原因:违反施工安全操作规程。挖土机在沟槽附近行驶时速度过快,并且与沟渠、基坑边保持的距离小于规定的安全距离。

预防对策:挖土机应在平坦坚实的地面上作业、行走和停放,在沟槽附近行驶时要低速慢行,并应与沟渠、基坑保持不小于 1.5m 的安全距离。另外,挖土机行走时,臂杆应与履带平行,且制动回转机构,铲斗离地面宜为 1m。行驶路面纵坡不应大于 20°、横坡不应大于 15°,上下坡均应用低速行驶。

【例】　一人使用台式圆盘锯切割不足 30cm 长的木料,操作时又不专心,边和别人说话边操作,导致失手切掉手指,如图 3.165。

事故原因:操作人员违章操作;精力不集中,麻痹大意。

预防对策:使用圆盘锯锯短窄料时,应用推棍,接料要使用刨钩,严禁锯小于 50cm 长的短料;操作圆盘锯时应该精力集中,不得麻痹大意。

【例】　在工地施工机械停放场,开始施工前工人启动铲土机的引擎后离开驾驶室,进行引擎检查,牵引设备突然启动撞倒工人,如图 3.166。

图 3.165　圆盘锯操作不当

牵引设备D75P

图 3.166　铲土机错误操作

【例】　移动式起重机起吊用于柱钢筋绑扎的移动平台,驾驶员一边移动一边放落吊杆时,超载报警鸣笛。但看到信号员要求再移动一点,驾驶员关闭警报器,继续放倒吊杆时,起重机倾覆并击中附近整理钢筋的工人,如图 3.167。

【例】　在施工用的电梯上,将货物从 1 层运送到 13 层,驾驶员将电梯升降按钮用扫帚固定。当经过 11 层时听到其他工人的呼叫,驾驶员将

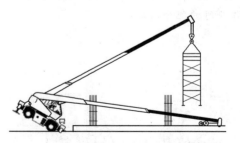

图 3.167　违章操作起重机造成倾覆

头伸出电梯外张望,扫帚抵压按钮失效电梯启动运行(如图 3.168),头部被夹在电梯扶手与 13 层阳台楼板之间。

【例】 用没有防护罩的圆盘磨光机进行打磨作业，工人没有戴防护眼镜（如图 3.169），被飞起的碎片击中眼部。

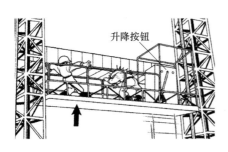

图 3.168 施工电梯违章操作

图 3.169 使用磨光机没做个人防护

【例】 用电锯切割模板时，工人按压木板的左手的手套被卷入电锯（如图 3.170），将左手手指切断。

## 二、事故预防安全技术措施

【讨论】 预防机械伤害事故的常见措施。
① 机械设备要安装固定牢靠。
② 增设机械安全防护装置和断电保护装置。
③ 对机械设备要定期保养、维修，保持良好运行状态。
④ 经常进行安全检查和调试，消除机械设备的不安因素。
⑤ 操作人员要按规定操作，严禁违章作业。

图 3.170 使用电锯时违章戴手套

### 1. 严格检修制度

检修机械必须严格执行断电检修、悬挂"禁止合闸"警示牌并安排专人监护等制度（如图 3.171），机械在运转中不得进行维修、保养、加固、调整等作业，机械断电后必须确认其惯性运行已经彻底消除后并挂"检修中"等警示标识，才可进行工作；检修完毕试运转前，必须对现场进行仔细检查，确认机械部位人员全部彻底撤离才可取牌合闸；检修试车时，严禁有人留在设备内进行发动。机械开关布局须合理（布局不合理有了紧急情况不能立即停车，几台机械的开关设置在一起，极易造成误开机械）。

禁止合闸

图 3.171 严格机械检修流程预防意外

严禁无关人员进入危险因素大的机械作业现场，操作起重机械、物料提升机、混凝土搅拌机、砂浆机等必须经专业安全技术培训持证上岗，严格执行有关规章制度，严禁无证人员开动机械设备。

### 2. 关注人的身心状态

对操作者心理、情绪、体力进行合理调节，恰当安排工作（如图3.172）。企业领导和项目管理人员应与机械操作人员多接触交流，随时掌握他们的心理状况，发现问题及时处理。

图3.172 工人身心状况影响安全

【讨论】 良好的安全心理。在施工中，我们要克服易引发事故的心理因素，避免产生开玩笑、超负荷工作、放纵喧闹、注意力不集中等不良行为，尤其克服以下心理：

① 侥幸心理：许多违章人员在行动前的一种重要心态。把出事的偶然性绝对化，认为出事是偶然的，以前也是这么做，这次应该不会有问题，结果就出了事。不是不懂安全操作规程，缺乏安全知识，技术水平不低，而是"明知故犯"；错误认为违章不一定出事，出事不一定伤人，伤人不一定伤己。

② 麻痹心理：造成事故的主要心理因素之一，是以往成功经验或习惯的强化，多次做也无问题。对安全隐患、不安全行为不重视，盲目相信自己的以往经验，认为技术过硬，保准出不了问题。行为上表现为马马虎虎、大大咧咧、我行我素、口是心非。也是高度紧张后精神疲劳，产生麻痹心理；是个性因素，一贯松松垮垮，不求甚解的性格特征，自以为绝对安全；是因循环守旧，缺乏创新意识的一种表现。

③ 冒险心理：也是引起违章操作的重要心理原因之一。为节省时间，嫌麻烦、图省事，冒险蛮干。一种表现情况是理智性冒险，明知山有虎，偏向虎山行；另一种表现是非理智性冒险，受激情的驱使，有强烈的虚荣心、怕丢面子、硬充大胆。

④ 偷懒心理：也称为"节能心理"，是指在作业中尽量减少能量支出，能省力便省力、能将就凑合就将就凑合的一种心理状态，也是懒惰行为的心理依据。表现为懒得想、懒得做，能凑合就凑合，干活图省事，嫌麻烦，得过且过。

⑤ 逞强心理：争强好胜本来是一种积极的心理品质，但如果它和炫耀心理结合起来，且发展到不恰当的地步，就会走向反面。表现为在安全措施没有保障的情况下，争强好胜积极表现自己，能力不强但自信心过强，别人不敢做，而我敢做。长时间做相同冒险的事，终有一失。

⑥ 逆反心理：是一种无视社会规范或管理制度的对抗性心理状态，一般在行为上表现为"你让我这样，我偏要那样、越不许干，我越要干"等特征。一种情况是显现对抗：当面顶撞，不但不改正，反而发脾气，或骂骂咧咧，继续违章；另一种情况是隐性对抗：表面接受，心理反抗，阳奉阴违，口是心非。

⑦ 凑趣心理：也称凑兴心理，是在社会群体成员之间人际关系融洽而在个体心理上的反映。表现为个体为了能获得心理上的满足和温暖，喜欢凑热闹，寻开心忘乎所以；或过火的玩笑，伤害成员之间的感情，产生误会和矛盾。

⑧ 从众心理：是指个人在群体中由于实际存在的或头脑中想象到的社会压力与群体压

力，而在知觉、判断、信念以及行为上表现出与群体中大多数人一致的现象。表现为自觉从众、心悦诚服、甘心情愿与大家一致违章；或是被迫从众，表面上跟着走，心理反感。

⑨ 无所谓心理：表现为遵章或违章心不在焉，满不在乎。是本人根本没意识到危险的存在，认为章程是领导用来卡人的；是对安全问题谈起来重要、干起来次要、比起来不要，不把安全规定放眼里；认为违章是必要的，不违章就干不成活。

⑩ 好奇心理：是对外界新异刺激的一种反应。以前未见过，感觉很新鲜，乱摸乱动，一些设备处于不安全状态，而影响自身或他人的安全。

此外还有如情绪波动、思想不集中、顾此失彼、手忙脚乱，高度兴奋导致不安全行为，技术不熟练、遇险惊慌、工作枯燥、厌倦心理，错觉下意识心理（错觉是有刺激物的情况下发生的，一般不会消失，不同于幻觉），心理幻觉近似差错（莫名其妙的"违章"，其实是人体心理幻觉所致），环境干扰判断失误（在作业环境中，温度、色彩、声响、照明等因素，超出人们的感觉功能的限度时，会干扰人的思维判断，导致判断失误和操作失误）。

### 3. 落实责任人

大型机械应交给以机长负责的机组人员，中小型机械应交给以班组长负责的全组人员，人机固定应贯穿在机械设备的使用过程中，由使用者负责保管、操作使用。

杜绝违章操作、违章指挥。机械安装、使用过程中违章作业、违章指挥，一般都是因为作业人员缺乏安全知识、心存侥幸造成的，有的负责人为了超载吊运违章指挥（如图 3.173），责令机手摘掉力矩限制器、超高限位器等安全装置，造成事故。

图 3.173　违章指挥

【例】 防止机械伤害的"一禁、二必须、三定、四不准"：

① 不懂电器和机械的人员严禁使用和摆弄机电设备。

② 机电设备停电、停工休息时必须拉闸关机，按要求上锁。

③ 机电设备应完好，必须有可靠有效的安全防护装置。

④ 机电设备应做到定人操作，定人保养、检查。

⑤ 机电设备应做到定机管理、定期保养。

⑥ 机电设备应做到定岗位和岗位职责。

⑦ 机电设备不准在运转时维修保养。

⑧ 机电设备不准超负荷运转。

⑨ 机电设备不准带病运转。

⑩ 机电设备运行时，操作人员不准将头、手、身伸入运转的机械行程范围内。

## 三、起重伤害事故原因与危害

起重吊装是用起重、运输机械将预先制作的构件、按照设计要求在施工现场组装起来的施工工程。具有重量大、高空作业的特点。

常见塔式起重机安全隐患：

① 塔式起重机未取得机械检测合格证；

② 塔式起重机未按要求办理使用登记手续；

③ 吊钩无防脱棘爪保险装置；

④ 塔吊高度超过规定不安装附墙装置；

⑤ 附墙装置安装不符合说明书要求；

⑥ 未制定塔吊安装拆卸施工方案；

⑦ 安装单位无安装资质；

⑧ 安装单位的安装资质不符合要求；

⑨ 基础无隐蔽工程验收手续；

⑩ 塔吊与架空线路小于安全距离无防护措施；

⑪ 两台以上塔吊作业无防碰撞措施；

⑫ 安装完毕后未按规定进行验收；

⑬ 安装拆卸塔吊未履行安全技术交底；

⑭ 验收中无量化验收内容；

⑮ 架体垂直度超过说明书要求；

⑯ 电气控制无漏电保护装置；

⑰ 在避雷保护范围外无避雷装置。

### 1. 起吊条件不对

吊钩与起吊物重心应在一条铅垂线上。否则吊物重力与吊绳拉力形成水平合力（如图 3.174），起吊物一旦离地面，在水平力作用下将产生摆动，极易造成事故。

【例】 施工人员和信号工（无证上岗）配合塔司吊运大模板，信号工发出起吊信号后，塔司起吊模板，模板刚离开地面，模板开始剧烈晃动（吊物时吊钩没有与吊物垂直，歪拉斜吊），工人用手扶而没有扶住，此时晃动的模板将旁边的一块模板碰倒，工人躲避不及被倒塌的模板砸伤致死，如图 3.175。

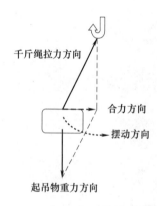

图 3.174　吊物重心与吊绳不在铅垂线上

图 3.175　违章起吊作业现场

正确做法：起重作业的司机、指挥、司索（主要从事地面工作，如准备吊具，捆绑挂钩、摘钩卸载等）人员均应取得"特种作业人员操作证"持证上岗。严禁无证指挥和操作。指挥人员不得兼作其它工作（一人不得同时兼顾信号指挥和司索作业），应认真观察周围环境，确保信号无误。人员在作业过程中站立位置要确保自身安全，司索与吊件保持一定的安全距离，不能对晃动的吊物近前扶稳（对易晃动的吊物应起吊前拴好拉绳，通过拉绳控制吊物的空中姿态）。司机应及时采取有效的稳钩措施。

【释】 稳钩。指使摇摆着的吊钩平稳地停于所需要的位置，或使吊运的物体随着起重机平稳运动的操作方法。稳钩操作是在吊运物件游摆到最大幅度，而尚未向回摆动的瞬间，把车跟向吊钩摆动的方向，使吊钩在向回摆的瞬间受到相反的力，从而抵消向回摆动的力，达到消除摆动的目的。

【例】 塔吊吊卸已拆除的脚手架，工人不慎与吊件一起被拉向建筑物外（如图3.176），从4层楼上跌落。

【例】 塔吊将吊件吊向建筑物外部时，吊件被挂在外墙钢筋上。工人为了解除钩挂推压吊件时，与吊件一起被带向建筑物外而坠落，如图3.177。

图 3.176 工人被吊件拖拉

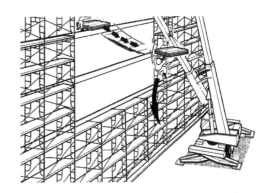

图 3.177 工人推吊件

【例】 在两点垂直起吊桩基础的钢筋笼施工中，当钢筋笼吊至距地面2.5m高时，一个吊点脱落（如图3.178），下面工人被晃动的钢筋笼击中。

## 2. 超载

【例】 施工人员在使用塔吊吊运钢筋时，塔身突然折断（如图3.179），塔司死亡。事故的原因是超载导致塔式起重机的钢结构发生破坏，当时吊物重量已经达到额定载荷的213%。

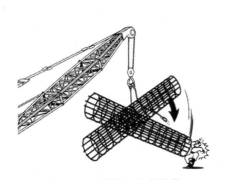

图 3.178 吊件在空中脱落

图 3.179 超载塔吊塔身断裂

**【例】** 2名钢筋工用井字架吊钢筋时,在吊运过程中索具断裂,钢筋坠落击中施工员头部,造成一起物体打击死亡事故。2名钢筋工用井字架吊臂吊钢筋,他们用直径18mm的生麻绳(破断力为254.34kg),捆绑了平均长度为3.2m的直径14mm螺纹钢(重量约270kg)。当吊物起吊至13m高处,施工员经过吊臂下,这时吊在空中的钢筋捆绑索具(生麻绳)突然断裂,钢筋在空中散落,正巧砸在施工员的头部和身上,其中6根钢筋击穿安全帽,进入头部钢筋最深有12cm,经抢救无效死亡。

事故原因:①捆绑钢筋采用了生麻绳作为索具,索具的破断力不够(现场安全巡回检查,发现违章作业必须立即制止);②施工员安全意识淡薄,站位不当,不应站在吊臂下(起重吊运过程中必须有专人指挥,设定警戒区)。

### 3. 违反安全操作规程,误操作

**【例】** 从仓库内向外运输钢板。钢板每张长6m、宽1.6m、重450kg,10张钢板为一组,每组间均匀地垫放3根方木,每垛钢板高约2m左右,每垛钢板之间间距大约0.4m。

正常情况下担任钢板吊运装卸车任务由一名专业吊装司索人员甲担任,当临近下班之前,一辆卡车开进仓库停靠在最外边的一垛钢板旁边,此钢板垛已运走一半之多,约有0.9m之高。由于甲当时脱岗不在现场,便临时由一位仓库管理人员乙替代甲吊运钢板装车,乙虽会操作起重机运转但不甚熟练。由于卡车停靠离钢板垛太近,乙选择了站在两个钢板垛之间(约0.4m间距)吊装钢板,用钢板专用吊具装好一组重4.5t的钢板组,乙按动手门起升按钮使吊载起升距地面1.5m高左右,乙应该按动向卡车方向移动的手电门按钮,不料按动了向卡车相反方向移动的按钮,结果吊载4.5t重的钢板组以45m/min速度向操作者乙冲来,由于乙站在钢板垛的狭缝中躲闪不及,当时被挤压在吊载与钢板垛之间,经抢救无效而身亡。

事故原因:①起重机操作者乙违章操作,又无证上岗,自身操作不熟练导致操作失误(为了安全可以先点动一下按钮不要直接起动),操作起重机选择的站位错误(缺乏自我保护意识),站在钢板垛狭窄的空间操作本身就是十分危险的;②起重机操作方式为跟随式或造成操作者距离吊载太近,势必存在有吊载撞击的潜在危险;③起重机运行速度为45m/min(地面操作速度过快),再加上没有调速机能,起动太快太猛,吊载的冲击力很强而加重了对操作者的撞击及挤压力量。

**【例】** 石家庄某工程,在进行塔吊顶升作业时,液压系统出现故障,在修理过程中塔身回转支撑以上部分向北倾覆坠地,造成在塔吊上作业的3人死亡,1人受伤。

事故原因:①作业人在顶升状态下更换液压泵时,违章回转;②安全管理不到位,安全责任制不落实,未严格审查安装人员的特种作业证书,部分安拆人员无上岗证;③顶升及维修中技术人员与专职安全员未在现场指导和检查。

**【例】** 某住宅小区,施工项目部准备进行塔吊加节顶升作业,工长随意安排4名工人进行塔吊加节顶升施工。塔吊加节施工开始,顶升外套架时,作业人员在未松动顶节封口螺栓情况下,擅自将顶节下端螺栓全部拆除,造成顶部失稳,外套架根部以上及大臂全部倾覆至地面,造成1死1伤。

事故原因:①违章指挥,4名施工作业人员均不是塔吊安装拆卸特种作业人员,属于无证上岗;②冒险蛮干,塔吊加节顶升作业无专项施工方案、无专门防护措施、无专人监护,未设安全隔离区；③管理责任未落实，未执行国家相关规定及企业相关的各项规章制度。

## 四、事故预防安全技术措施

① 起重机选型合理，道路平坦坚实，不得在斜坡上工作。

② 起重机要做到"十不吊"：吊物重量不明或超负荷不吊、指挥信号不明不吊、违章指挥不吊、吊物捆绑不牢不吊、吊物上有人不吊、起重机安全装置不灵不吊、吊物被埋在地下不吊、作业场所光线阴暗或视线不清不吊、斜拉吊物不吊、有棱角的吊物没有采取相应的防护措施不吊。并禁止在六级及六级以上强风的情况下进行吊装作业。

③ 避免带载行走，短距离带载行走载荷不大于允许起重量的 70%，构件离地面不大于 50cm。

④ 双机抬吊合理负荷分配，统一指挥，密切配合。

⑤ 吊索需经计算，绑扎方法可靠。起重工具定期检查。

⑥ 吊点应与重物的重心在同一垂直线上，吊点应在重心之上。

⑦ 指挥人员必须持证上岗，与起重机司机密切配合。

⑧ 严禁起吊重物长时间悬挂在空中。

⑨ 吊钩吊环检查，吊钩吊环严禁补焊。

### 第六节　其 他 类

## 一、中毒窒息

中毒和窒息：指人接触有毒物质，吃有毒食物、呼吸有毒气体引起的人体急性中毒事故。如煤气、油气、沥青、化学、一氧化碳中毒；在坑道、深井、涵洞、管道、发酵池等通风不良处作业，由于缺氧造成的窒息事故。这类事故经常发生在密闭空间的环境。

【释】 密闭空间。满足三个条件：①空间足够大但有限；②进出口受限制、入口或人孔仅能容纳 1 人进出、通风不良；③非常规、连续作业场所。如炉、塔、釜、罐、管道、烟道、隧道、下水道、沟、坑、井、池、涵洞、船舱、地下仓库、储藏室、地窖等。存在的危害：①可燃物浓度达到或超过可燃下限，容易引起爆炸；②空气中的氧浓度低于 18%，容易引起人的缺氧反应；③空气中有害物质的浓度超过作业场所职业危害因素接触限值，容易引起职业中毒。

### 1. 中毒事故

【例】 地下室内对顶棚和墙面进行涂层施工中（如图 3.180），使用的合成涂料含有甲苯、甲醇、醋酸乙酯。作业现场除喷涂施工工人外其他工人均没使用防毒面具，也没有进行充分的换气，发生有机溶剂中毒。

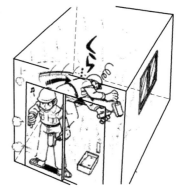

事故原因：①在喷漆施工现场没有采取任何的通　图 3.180　封闭现场有机物挥发造成中毒

风措施；施工之前没有安全对策；②油漆工在施工过程没有佩戴防毒面具；③施工工人安全意识不强。

预防对策：①通风条件差的施工现场，油漆施工时应加强通风措施；②在施工组织设计中应重点提出油漆施工方案及安全对策；③油漆施工工人应该按照要求配戴安全防护用具；④对工人应该加强安全教育。

图 3.181  封闭空间排放废气造成中毒

【例】  地下室积水排除中，工人使用烧汽油的水泵进行排水施工（如图 3.181），导致一氧化碳中毒。

正确做法：①人进入密闭空间时，应先充分通风换气，使氧气浓度达到 18% 以上，并保持通风换气，随时监测有害气体的浓度；②进入密闭空间工作前应得到作业负责人许可，并设专人监护，进入后随时与监护人保持联络；③由于工作性质的原因不能通风或情况不明时，应使用空气面罩、氧气面罩等呼吸防护用品。

【例】  工人宿舍同时烧几个煤炉取暖，夜晚门窗封闭严密，导致室内工人煤气中毒。冬季施工期间，地下室提前进入装修施工，现场采用大量煤火取暖，由于门窗封闭严密，现场施工人员煤气中毒。如图 3.182。

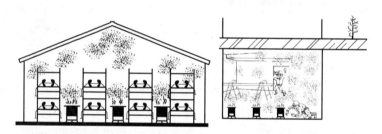

图 3.182  明火取暖产生废气造成中毒

事故原因：①冬季室内煤火取暖时，没有任何的排烟措施；②夜晚室内封闭严密，不通风；③施工现场通风条件太差；④现场取暖采用自制煤火炉，构造不合理，煤炭燃烧不充分；⑤煤炉没有设置任何排烟措施。

预防对策：①冬季室内煤火取暖时，应做好排烟措施；②室内应保持良好的通风；③施工现场采用煤火取暖时，一定注意要经常通风换气；④自制煤火炉时，煤火炉构造要合理，应该有排烟措施。

【例】  某工地人工挖孔桩井。桩孔直径 1.2m、深 14m（从地表算起），出事前的一天下过中雨，井孔内积水约 4m。当天由施工人员安排 1 名工人在井内装超声波管，该工人在未作井下气体检测就擅自下井，下井后就掉到水里。因井下潜水泵在抽水，地面人员误认为触电，关闭电源后 3 人先后下井救人，结果均中毒死亡。

预防对策：①每次下井前，应对井孔内气体进行抽样检查，发现有毒气体含量超过允许值，应将毒气清除后，并不致再产生毒气时，方可下井工作；②在工作过程中始终控制化学毒物在最低允许浓度的卫生标准内，而且要采用足够的安全卫生防范措施，如对深度超过

10m 的孔进行强制送风，设置专门设备向孔内通风换气（先用鼓风机向孔底通风，通风量不少于 25L/s，必要时应送氧气，然后再下井作业）等措施，以防止急性中毒事故的发生；③严禁用纯氧进行通风换气；④在其他有毒物质存放区施工时，应先检查有毒物质对人体的伤害程度，再确定是否采用人工挖孔方法。

【释】 纯氧环境中人会中毒。我们每天都在呼吸，从人体呼吸生理来看，人体进行新陈代谢离不开氧气。但是早在 19 世纪中叶，英国科学家保尔·伯特首先发现，如果让动物呼吸纯氧会引起中毒，人类也同样。即使在常压下呼吸纯氧 4 小时以上就会出现上呼吸道刺激现象；呼吸高压氧达到一定时间就可出现明显的氧中毒症状和体征。人如果在大于 0.05MPa（半个大气压）的纯氧环境中，对所有的细胞都有毒害作用，吸入时间过长，就可能发生"氧中毒"。肺部毛细管屏障被破坏，导致肺水肿、肺淤血和出血，严重影响呼吸功能，进而使各脏器缺氧而发生损害；在 0.1MPa（1 个大气压）的纯氧环境中，人只能存活 24 小时，就会发生肺炎，最终导致呼吸衰竭、窒息而死。人在 0.2MPa（2 个大气压）高压纯氧环境中，最多可停留 1.5～2h，超过了会引起脑中毒、生命节奏紊乱、精神错乱、记忆丧失。如加入 0.3MPa（3 个大气压）甚至更高的氧，人会在数分钟内发生脑细胞变性坏死、抽搐昏迷，导致死亡。此外，过量吸氧还会促进生命衰老。进入人体的氧与细胞中的氧化酶发生反应，可生成过氧化氢，进而变成脂褐素。这种脂褐素是加速细胞衰老的有害物质，它堆积在心肌，使心肌细胞老化，心功能减退；堆积在血管壁上，造成血管老化和硬化；堆积在肝脏，削弱肝功能；堆积在大脑，引起智力下降，记忆力衰退，人变得痴呆；堆积在皮肤上，形成老年斑。

【例】 电焊工在井底焊接管道，由于井口较小，井内没有通风设施（如图 3.183），导致电焊工缺氧窒息。

事故原因：电焊工深井施焊，没有采取通风设施；深井施工没有设置专人监护。

预防对策：在深井施工时应该安排专人在井口监护，及时观察井底施工情况，发现安全事故及时抢救；深井内作业时，应该采取往井底通风措施。

【例】 污水管道维修工，在地下疏通管道，管道水平长度较长，工人所处位置距离管道竖井入口较远，由于管道内垃圾及杂物较多，而且空气不流通（如图 3.184），导致维修工窒息。

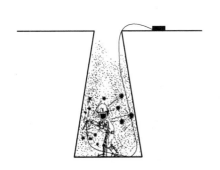

图 3.183 井底无通风措施造成缺氧

图 3.184 管道过长通风不畅

事故原因：施工人员进入地下管道内，没有采取配带氧气等相应措施，井口处没有配置向井内通风的设施，没有安排专人负责监视管道内的施工情况。

预防对策：施工人员进入地下管道进行施工时，应该佩戴氧气瓶或采取相应的其他措施，井口处设置向井内通风的设施，安排专人负责监视管道内的施工情况。

【例】 电焊工在油罐内部长时间进行施焊，油罐仅仅上部有一圆孔，罐内烟雾弥漫（如图 3.185），施工人员没有采取任何的安全防护措施，导致窒息。

图 3.185　密闭空间施焊

事故原因：违反建筑工程施工安全操作规程。焊接曾经储存易燃物的油罐之前没有进行多次的置换及清洗；长时间在密封的油罐内施焊，没有采取任何的通风措施；没有安排专人负责监护，不能及时发现并解决安全事故。

预防对策：焊接曾经储存易燃易爆物品的容器时，应根据介质进行置换及清洗，并打开所有孔口，经检查确认安全后方可施焊。在密封的容器内施焊时，应采取通风措施，间歇作业时，焊工应该到外面休息。容器内照明电压不得超过 12V，焊工身体应用绝缘材料与焊件隔离，焊接时必须设专人监护，监护人员应熟知焊接操作规程和相应的抢救方法。

### 2. 事故预防安全技术措施

上班前，应先对井孔内的气体进行检测，确认没有有毒气体后，方可下井作业。施工中向孔底送风，如闻到异常气味或身体感到不适，或有坍塌迹象应立即停止施工，迅速上井，待原因查明可险情排除后方可下井施工。

发生中毒或缺氧窒息事故时，必须立即报告管理人员，并同时向井下送风或戴好有供氧的防毒用具及救生绳，方可入井救人（千万不可盲目入井救人）。

井下有人作业时，井上配合人员必须坚持警戒或监控，并与井下保持可靠的联络方式。禁止夜间进行挖掘作业。每人井下连续作业不超过 2 小时。

## 二、火灾爆炸

火灾，是指在时间和空间上失去控制的燃烧。它是可燃物与氧化剂作用发生的放热反应，通常伴有火焰、发光和发烟的现象。燃烧，必须具备可燃物、助燃物和火源三个必要条件。

火灾事故，指企业发生火灾及在扑救火灾过程中，造成本企业职工或非本企业的人员伤亡事故。

### 1. 违章操作

【例】 施工人员从楼顶找来一个稀料桶（高25cm、直径18.5cm）准备当作盛水的器具，请正在做电焊工作的何某使用电焊切割小桶，切割时桶内残存的稀释料（醇酸稀释剂）爆燃（如图3.186），将何某烧伤至死。

事故原因：没有申请动火证而擅自操作，对易燃易爆物品没有专业处理、麻痹大意。

预防对策：施工现场需动火（如烧焊等）必须办理动火申请手续。动火人员要严格执行安全

图 3.186　稀释剂桶切割时爆炸现场

操作规程。动火前必须检查环境,对周围的易燃易爆物品采取清除或隔离等到动火防火防爆措施。监护人员和动火人员在动火后,必须彻底清理现场,确保无火灾隐患后方可离开施工现场。

【例】 在钢结构工程施工过程中,电焊工进行局部焊接时,电焊火花不慎从楼板预留洞缝隙中掉落到下层的废纸箱上,引燃纸箱导致室内堆放的可燃物燃烧造成火灾(如图3.187)。

事故原因:楼板预留洞口没有封堵严密;电焊工施工时没有注意周边的安全情况;楼层内废弃的包装材料等杂物没有及时清理干净。

预防对策:电焊施工现场10m范围内严禁堆放易燃易爆物;楼板预留洞口应该提前封堵严密;电焊工施工时应该注意到是否引燃下层的易燃材料;楼层内不得堆放废弃的包装材料等杂物。

【例】 电焊工在H形钢梁上焊接角钢,由于焊点过热,引燃H形钢梁背后的保温材料(如图3.188)导致火灾。

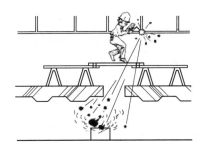

图3.187 焊接作业电焊火花造成火灾

图3.188 电焊焊点高温引燃保温材料

事故原因:施工工序错误;电焊工施工时没有注意到钢梁背后冒烟起火现象;在有易燃物的施工现场施焊,没有任何的防护措施。

预防对策:应该等电焊施工工序全部完工后再进行保温层施工;电焊操作人员在施工过程中应该及时发现周边的安全情况,尽量把安全事故控制到最小化;电焊施工现场范围内严禁堆放易燃易爆物,必须要进行焊接施工时应该采取合理的防护措施。

【例】 钢筋工站在操作平台上用氧气、乙炔切割柱头钢筋,没有注意到火花掉落到刚支完的顶板模板上(如图3.189)引起火灾。

事故原因:违反了《建筑机械使用安全技术规程》JGJ 33—2012第12.1.4条。在刚支完顶板模板的施工现场进行氧气、乙炔切割作业时,没有采取任何的防护措施;氧气、乙炔切割作业现场没有准备灭火器等防火设备。

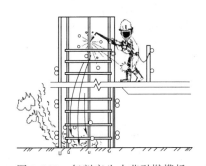

图3.189 气割产生火花引燃模板

预防对策:施焊现场10m范围内,不得有油类、木材等易燃、易爆物品;氧气、乙炔切割作业现场应该配置灭火器等消防器材。

【例】 两名油漆工在施工现场进行木门油漆施工的过程中,无视旁边立着的"施工现场严禁抽烟"警戒牌,施工时叼着烟卷(如图3.190)。

事故原因：违反建筑工程施工安全操作规程。施工人员安全意识不强，在禁止吸烟的施工现场吸烟。

预防对策：施工现场用火，应申请办理用火证，并派专人看火，严禁在禁止吸烟的地方吸烟，吸烟应到吸烟室；各种油漆材料应单独存放在专用库房内，不得与其他材料混放，库房应通风良好，易挥发的汽油、稀料应装入密闭容器中，严禁在库内吸烟或使用任何明火。

【例】 木工房现场混乱，共三人在场操作，其中两工人嘴巴叼着烟卷，另一工人顺手将烟头丢进锯末刨花堆起火（如图3.191），引燃木工房旁边的方木堆。

图3.190 油漆作业现场违规抽烟

图3.191 木工房丢烟头造成火灾

事故原因：木工不知道本工种的安全操作规程和施工单位现场安全管理制度，违章作业；安全意识不强，麻痹大意，无视安全操作规程和现场安全管理制度。

预防对策：加强对工人进行安全教育，让工人懂得本工种的安全操作规程和施工现场的安全生产制度，提高工人的安全意识，让工人自觉做到安全施工。

【例】 搬运工把"易爆品"从车上卸下，其中一人从车上搬动"易爆品"转身时，被脚下台阶绊倒，"易爆品"被远远扔出（如图3.192），因剧烈撞击导致爆炸。

事故原因：违反建筑工程施工安全操作规程。搬运易爆品时跌倒，导致撞击易爆物品。

预防对策：装卸搬运危险物品（如炸药、氧气瓶、乙炔瓶等）和有毒物品时，必须严格按规定安全技术交底措施执行，装卸时必须轻拿轻放，不得互相碰撞或掷扔等剧烈振动，作业人员按要求正确穿戴防护用品，严禁吸烟。

【例】 上海一栋高层公寓起火（如图3.193）。事故原因是由无证电焊工违章操作引起

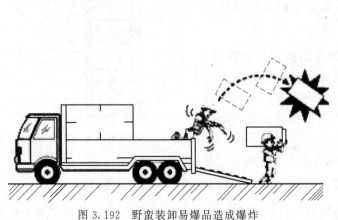
图3.192 野蛮装卸易爆品造成爆炸

图3.193 电焊作业引燃作业面易燃材料火灾现场

的；违规使用大量尼龙网、聚氨酯泡沫板等易燃材料；以及有关部门安全监管不力等问题。

### 2. 违章使用生活电器

【例】 施工人员在工地宿舍内违章使用电热器，离开后未断电，导致火灾事故发生（如图 3.194），造成正在别的房间休息的人员死亡。

正确做法：宿舍内严禁使用电热器具，严禁使用火炉、油炉等烧煮各种食物。宿舍内不得存放汽油、天那水、鞭炮等。不得在宿舍内焚烧信件和烧香拜佛。使用照明灯泡时，不能紧挨着衣物、蚊帐、木材等易燃易爆物品，以免发生火灾和爆炸。

### 3. 消防意识淡漠

【例】 某地领导到液化气站查看安全生产情况，在气站现场某领导手里夹着点燃的香烟（如图 3.195），形成重大安全隐患。

县安监局局长████陪同县长████在液化气站察看安全生产

图 3.194　工地临时宿舍违章用电火灾现场　　　图 3.195　管理者缺乏安全意识

【讨论】 烟头为什么能引起火灾。燃着的烟头（火源）表面温度为 200～300℃，其中心温度可达 700～800℃，而一般可燃物如纸张、棉花、木材、涤纶、纤维等燃点为 130～139℃，所以没有熄灭的烟头一旦遇到此类可燃物极易引起火灾。而可燃气体和易燃液体蒸气的点火能量一般在 1mJ（毫焦耳）以下，烟头的危险性就更大。另外未完全燃烧的炭灰里有火，掉在干燥的疏松的可燃物上，也易引燃起火。

另外，通常人体静电电压在 1000～10000V 之间，当人体静电电压达到 220V 时，人体与静电导体之间的放电能量可达 0.4mJ。由于人体与物体接触摩擦，可带上 5～15kV 的静电高压。当人体带电超过 10kV 时，放电能量可达到 5mJ 以上，足以使可燃气体混合物发生燃烧或爆炸。

## 三、车辆伤害

车辆伤害：指本企业内机动车辆和提升运输设备引起的人身伤害事故。如机动车辆在行驶中发生的挤、压、撞以及倾覆事故及车辆行驶中上、下车和提升运输中的伤害等。

【例】 指挥人员指挥混凝土输送车倒车到桩孔位置，准备浇灌混凝土，当混凝土输送车倒车接近钻孔机时，指挥人员打手势要求停车，但是混凝土输送车司机没有看到，导致把指挥人员夹在钻孔机中间受伤（如图 3.196）。

事故原因：①指挥人员动作不灵活；②指挥人员站在车后指挥，导致司机视线死角，看不见指挥手势；③司机在看不见指挥人员的情况下，盲目操作。

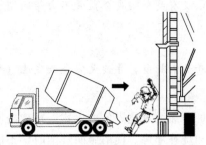

图 3.196　车辆倒车不当

预防对策：①指挥人员应站在安全的位置进行指挥，同时保证站在司机的视线范围内进行指挥；②司机应听从指挥人员的指挥，在没有得到指挥信号的情况下不得盲目行驶；③结合现场实际情况，司机应有主观判断能力，等确定指挥人员指挥信号后再进行操作；④司机有权拒绝违章指挥。

【例】　混凝土输送车倒车到桩孔位置，在倒车过程中，后轮滑出坡道导致车身倾翻（如图 3.197）。

事故原因：①坡道宽度不足；②直接倒车时没有按照步骤倒车；③混凝土输送车倒车角度不正确；指挥人员指挥失误。

预防对策：①临时施工坡道应该增加宽度；②应该按照正确的倒车步骤倒车；③司机应与指挥人员协商，总结正确的倒车步骤；④指挥人员应注意车轮的位置，主动通知司机。

【例】　非司机人员驾驶汽车，导致汽车翻落基坑。

图 3.197　倒车不当翻车

图 3.198　无证驾驶造成车辆倾翻

事故原因：违反建筑施工安全操作规程。没有经过相关部门培训的非司机人员，无照驾驶汽车。

预防对策：施工现场内行驶机动车辆的驾驶人员，必须经专业安全技术培训，考试合格，持《特种作业操作证》上岗作业。未经交通部门考试发证的人员严禁上路行驶。

【讨论】　防止车辆伤害的基本安全要求。

①未经劳动、公安交通部门培训合格持证人员，不熟悉车辆性能者不得驾驶车辆。

②应坚持做好例保工作，车辆制动器、喇叭、转向系统、灯光等影响安全的部件如作用不良不准出车。

③严禁翻斗车、自卸车车厢乘人，严禁人货混装，车辆载货应不超载、超高、超宽，捆扎应牢固可靠，应防止车内物体失稳跌落伤人。

④乘坐车辆应坐在安全处，头、手、身不得露出车厢外，要避免车辆启动制动时跌倒。

⑤车辆进出施工现场，在场内掉头、倒车，在狭窄场地行驶时应有专人指挥。

⑥现场行车进场要减速，并做到"四慢"，即：道路情况不明要慢，线路不良要慢，起步、会车、停车要慢，在狭路、桥梁弯路、坡路、岔道、行人拥挤地点及出入大门时要慢。

⑦在临近机动车道的作业区和脚手架等设施，以及在道路中的路障应加设安全色标、安全标志和防护措施，并要确保夜间有充足的照明。

⑧装卸车作业时，若车辆停在坡道上，应在车轮两侧用楔形木块加以固定。

⑨ 人员在场内机动车道应避免右侧行走；避让车辆时，应不避让于两车交会之中，不站于旁有堆物无法退让的死角。

⑩ 机动车辆不得牵引无制动装置的车辆，牵引物体时物体上不得有人，人不得进入正在牵引的物与车之间，坡道上牵引时，车和被牵引物下方不得有人作业和停留。

## 四、其他

### 1. 灼烫伤害

指生产过程中因火焰引起的烧伤，高温物体引起的烫伤，放射线引起的皮肤损伤，或强酸、强碱引起人体的烫伤，化学灼伤等伤害事故。但不包括电烧伤以及火灾事故引起的烧伤。

【例】 电焊工在操作架上切割 H 形钢，切割火花掉落进电焊工裤内，烧破衣服同时烫伤电焊工（如图 3.199）。

事故原因：违反建筑工程施工安全操作规程。电焊工没有穿专用的工作服；电焊工操作姿势不正确。

预防对策：电焊工施工操作时应穿电焊工作服、绝缘鞋和戴电焊手套、防护面罩等安全防护用品、高处作业时系安全带；电焊工应该调整操作姿势，防止火花直接掉向自己的身体。

【例】 防水工在屋面施工过程中，由于负责沥青浇灌的人员动作急躁，把灼热的沥青洒落在其他施工人员的手上（如图 3.200）。

图 3.199　电焊时火花烫伤

图 3.200　热沥青浇灌烫伤

事故原因：施工人员动作不协调统一；施工过程过于急躁，用力太猛；作业人员在作业前没有通过专业技术培训和安全教育。

预防对策：施工人员动作应协调统一，配合默契；施工过程应注意力度，不得用力太猛；对于专业作业人员在作业前应先进行专业技术培训和安全教育。

【例】 在钢结构焊接施工过程中，电焊工在没有采取任何防护措施的情况下进行垂直交叉作业，导致上层电焊工掉落的电焊火花烫伤正在下层施工的电焊工（如图 3.201）。

事故原因：电焊工垂直交叉作业；施工现场没有采取安全防护措施；电焊工安全意识不强。

图 3.201　电焊交叉作业火花烫伤

预防对策：电焊工禁止垂直交叉作业；电焊工施工时应有防止火花到处掉落的安全措施；加强对操作人员的安全教育。

【例】 电焊工在焊接施工时，不戴防护面罩、不戴电焊手套，导致被强光刺伤眼睛（如图3.202）。

图3.202 电焊作业缺乏个人防护

事故原因：违反建筑工程施工安全操作规程。电焊工施焊时没有按要求配戴个人安全防护用品。

预防对策：电焊工操作时，应穿电焊工作服、绝缘鞋和戴电焊手套、防护面罩等安全防护用品，高处作业时系安全带。

【例】 电焊工焊接铁件完成后，去别的地方施工。其他施工人员过来拿起铁件使用，被还没有冷却的铁件烫伤（如图3.203）。

事故原因：电焊工没有把刚焊接完工的焊件做好标志；施工人员麻痹大意，没有向电焊工询问。

预防对策：加强对工人进行安全教育，提高工人的安全意识；施工人员在施工现场应随时注意做到"三不伤害"，即：不伤害自己、不伤害他人、不被他人伤害。

【例】 气焊工精力不集中，在和别人说笑的时候点燃焊炬，火苗喷向另外一人脸部（如图3.204），导致该工人被烧伤。

图3.203 施焊后高温焊件烫伤

图3.204 气焊焊炬伤人

事故原因：违反建筑工程施工安全操作规程。气焊工点火时，焊炬正对着其他施工人员；气焊工施工时精力不集中，麻痹大意。

预防对策：点火时，焊炬不得对着人，不得将正在燃烧的焊炬放在工件或地面上，焊炬带乙炔气和氧气时，不得放在金属容器内；气焊工施工时应精力集中，不得麻痹大意。

### 2. 其他伤害

#### （1）摔伤

【例】 夜间施工时，施工人员在绑扎完的楼板钢筋上行走，不小心陷入钢筋缝隙中（如图3.205），跌倒摔伤。

事故原因：夜间施工临时照明不足；绑扎完的钢筋上没有铺设步道板就直接在上面行走；施工人员没有注意脚底的安全情况，安全意识和成品保护意识不强。

预防对策：夜间施工临时照明要充足；绑扎完的钢筋

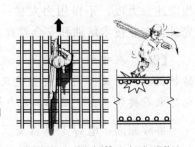

图3.205 在钢筋上行走跌伤

上面必须先铺设步道板然后才可以在上面行走；施工人员在夜间行走时一定要注意脚底的安全情况；加强对工人进行安全教育，提高工人的安全意识和成品保护意识。

【例】 施工人员在双排脚手架上行走时，不小心踩到架板缝隙内（如图3.206），跌倒时把脚扭伤。

事故原因：施工人员行走时没有注意到水平架板上的缝隙；脚手架水平板上的缝隙没有及时进行封堵。

预防对策：施工人员在施工现场行走时应该慢速行走，并应该随时注意周边的安全情况；楼板、屋面和脚手架水平板、操作平台等面上短边尺寸小于25cm但大于2.5cm的孔口，必须用坚实的盖板盖没，盖板应能防止挪动移位。

（2）压伤

【例】 两名安装电工准备进行配线，滚动电缆轴盘的过程中（如图3.207），前面的工人倒行时被压伤脚部。

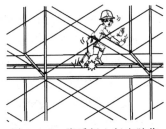

图3.206 脚手板上行走跌伤

图3.207 电缆轴盘碾压

事故原因：施工人员滚动电缆过程中向后倒行时只把注意力集中在电缆上，没有注意自己的脚部安全，太过于麻痹大意。

预防对策：施工人员注意自己的姿势，保证安全施工；滚动电缆时工人不应该站在滚动方向的前方倒行。

（3）扎伤

【例】 下班工人返回生活区时直接穿越木工垃圾区，被方木上的铁钉扎伤脚部（如图3.208）。

事故原因：工人安全意识不强，不遵守安全生产管理制度，不走人行通道而是违章穿越垃圾区；木工垃圾区没有进行围挡或隔离。

预防对策：施工现场应做好平面规划，规划建筑垃圾堆放区并设立垃圾分拣站；加强对工人进行安全教育，提高工人的安全意识，落实安全生产管理制度。

图3.208 铁钉扎伤

【例】 短钢筋头易伤人、未挂立网（如图3.209）。正确做法：及时切除或打弯挂密目安全网（如图3.210）。

（4）噪声、振动危害

噪声会使人出现阶听力减退、职业性耳聋、睡眠障碍和植物神经功能紊乱等，引发心血管、消化、神经、生殖系统疾病，引起注意力不集中、反应迟钝等症状，工作效率下降，导致事故。

图 3.209　通道地面裸露钢筋头隐患　　　　　图 3.210　楼地面裸露钢筋头防护措施

**【讨论】** 噪声性耳聋的听力损失。当听力损失在 10dB 以内影响不大；在 30dB 以内时为轻度噪声性耳聋，普通谈话声（50～60dB）听起来很吃力；在 30～60dB 为中度噪声性耳聋；在 60dB 以上时，为重度噪声性耳聋，此时与患者交谈需在耳边大声喊。突如其来的巨响或一次强烈噪声，可找出听觉器官的急性损伤。

因此在混凝土搅拌和振动、圆锯、鼓风机、打桩机、施工放炮、砂轮机打磨机和砂轮切割机切割等作业时，应自觉做个人防护，带好耳塞（耳罩）或头盔等防噪声用品。

防护措施：正确选择（0.6×护耳器降噪值＞噪声超标值）和使用（用前阅读说明书，在噪声环境中检查佩戴，在无污染环境存放等）耳塞（如图 3.211）、耳罩、头盔等护耳器。

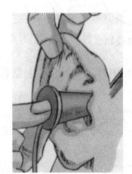

振动危害：振动会产生肢端痉挛、双手震颤、腕关节骨质变形、肌肉触痛、内分泌障碍等。振动危害作业有风钻作业、振捣混凝土作业、打夯作业、铲运机作业等，为防止振动危害。可对设备用橡胶垫、软木垫等隔振，对一些手持振动工具的手柄可包扎泡沫塑料等隔振垫。操作时戴好专用的防振手套。

图 3.211　正确佩戴耳塞

**（5）放射性危害**

放射性伤害会引起造血性障碍，白血球减少，代谢机能失调，内分泌障碍，再生能力消失，内脏器官病变等。放射性伤害常发生在电焊、用射线进行工业探伤、焊缝质量检查等工作中。电焊的紫外线，会引起皮肤红斑和眼角结膜炎。电焊工及其辅助工必须使用专用的防护面罩、防护眼镜，以及适宜的防护手套，不得裸露皮肤。

## 【本章小结】

本章针对建筑工程施工现场常见的安全事故类型，对相关案例从事故发生条件、原因、表现、危害、预防等方面进行分析归纳。并适当提供相关知识、原理、技术、管理等方面的基本素材，从而深入理解安全事故案例实质，有利于预防未来的事故。

## 【关键术语】

高处坠落、坍塌、物体打击、触电、机械伤害、车辆伤害、中毒窒息、火灾爆炸、个人防护、安全设施。

## 【知识链接】

国家安全生产监督管理总局-监管监察-事故查处（事故挂牌督办情况、结果，特别重大事故调查报告）：http：//www. chinasafety. gov. cn/newpage/Channel _ 21382. htm

中华全国总工会-热点聚焦-劳动保护：http：//www. acftu. org/template/10041/column1. jsp？cid＝1119

国家卫生和计划生育委员会-卫生标准-职业卫生：http：//www. moh. gov. cn/zhuz/pyl/wsbz. shtml

中国安全生产协会：http：//www. china-safety. org. cn/

中国职业安全健康协会：http：//www. cosha. org. cn/

## 【习题】

1. 与安全生产有关的入刑情况有哪些？

## 【参考答案】

按照《安全生产法》第九十条的规定，生产经营单位的从业人员不服从管理，违反安全生产规章制度或者操作规程，造成重大事故，构成犯罪的，依照《刑法》有关规定追究刑事责任。这里讲的构成犯罪，主要是指构成《刑法》第一百三十四条规定的重大责任事故的犯罪。构成本条规定的犯罪，须具备以下条件：一是从业人员在客观上实施了不服从管理，违反规章制度的行为；二是造成重大事故（按照《刑法》第一百三十四条的规定，工厂、矿山、林场、建筑企业或者其他企业、事业单位的职工，由于不服从管理、违反规章制度，或者强令工人违章冒险作业，因而发生重大伤亡事故或者造成其他严重后果的，处三年以下有期徒刑或者拘役；情节特别恶劣的，处三年以上七年以下有期徒刑）。

《刑法》中涉及安全生产的有关罪名，见表3.7。

表 3.7　刑法与安全生产有关的 28 种罪名

| 刑法条文 | 罪　名 | 刑法条文 | 罪　名 |
|---|---|---|---|
| 第 115 条 | 放火罪 | 第 134 条 | 重大责任事故罪 |
| | 过失决水罪 | | 强令违章冒险作业罪 |
| | 过失爆炸罪 | 第 135 条 | 重大劳动安全事故罪 |
| | 过失投放危险物质罪 | | 大型群众性活动重大安全事故罪 |
| | 过失以危险方法危害公共安全罪 | 第 136 条 | 危险物品肇事罪 |
| 第 119 条 | 过失损坏交通工具罪 | 第 137 条 | 工程重大安全事故罪 |
| | 过失损坏交通设施罪 | 第 138 条 | 教育设施重大安全事故罪 |
| | 过失损坏电力设备罪 | 第 139 条 | 消防责任事故罪 |
| | 过失损坏易燃易爆设备罪 | | 不报、谎报安全事故罪 |
| 第 124 条 | 过失损坏广播电视设施、公用电信设施罪 | 第 140 条 | 生产、销售假劣产品罪 |
| 第 131 条 | 重大飞行事故罪 | 第 146 条 | 生产、销售不符合安全标准的产品罪 |
| 第 132 条 | 铁路运营安全事故罪 | 第 244 条 | 强迫劳动罪 |
| 第 133 条 | 交通肇事罪 | 第 397 条 | 滥用职权罪 |
| | 危险驾驶罪 | | 玩忽职守罪 |

注：根据《中华人民共和国刑法（2015年9月版）》（主席令第83号）编制。

2. 为什么三相插头接地线的插头比较长？

## 【参考答案】

在设计电源插头时，为考虑到使用者的安全，有意识地将接地脚设计得比导电脚（两个较短的脚）长几毫米。这样在插入三脚插头时，接地脚先接触插座内的接地线，这样可先形成接地保护，后接通电源；反之，在拔出三脚插头时，导电脚先与电源插座内的导电端分开，接地脚后断开。如果家用电器的金属外壳由于绝缘体损坏等原因而带电，这时接地脚就会形成接地短路电流，使家用电器的金属外壳接地而对地放电，从而使人不被触电，起到安全保护的作用。

3. 什么是圆盘漏洞理论？

**【参考答案】**

该理论是分析航空维修人为因素的一种模式，它从人为因素的五个方面分析研究引起不安全事件的诱因。

主要内容：人、机、料、法、环像五个穿在一根轴上又按各自的规律运转的圆盘，每个圆盘存在着不同的漏洞，不安全因素就像一个不间断光源，透过这些圆洞的组合时，事故就会发生，如图3.212。

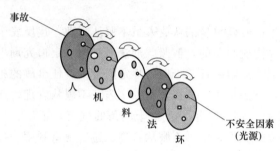

图 3.212　圆盘漏洞理论原理示意

故障调查分析方法：利用 Excel 收集、整理、归类故障记录，可以很方便地找到某阶段故障频发的设备和部件；利用图表可以更直观地比较某阶段设备和部件的故障率，以及故障变化趋势。重点研究故障频发且严重影响飞行安全的设备和部件，从人、机、料、法、环五方面详细分析故障频发的原因，提出对策并付诸实施，再定期跟踪评估，通过比较验证对策是否正确可行。该过程如图 3.213 所示。

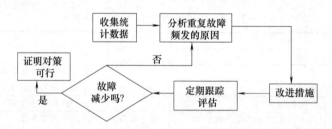

图 3.213　故障调查流程示意

故障调查分为四个步骤：收集统计数据、分析原因、采取改进措施、定期跟踪评估。

① 收集统计数据：收集的基础数据信息包括：故障编号、设备名称、设备编号、故障部件、故障现象、处理措施、备注。再对基础数据进行排序、分类汇总，把数据归为两类：

a. 由某类故障部件引起故障 3 次以下，作为一般故障处理，可不予特别关注。

b. 同类设备某故障部件引起故障 3 次以上；某部设备某故障部件引起故障 3 次以上。作为多次重复故障处理，予以重点关注。

② 分析原因：利用圆盘漏洞理论从人、机、料、法、环五方面对重复故障进行详细分析，找到引起故障的主次原因。

a. 人：指人为个体因素，如人的技能、经验、文化水平、责任心、应变能力不够，培训不到位，不熟悉标准、规范，违章操作，监督检查缺失，管理有漏洞等。

b. 机：相关的维护器材不能满足条件，如人机工程设计有缺陷、维护操作不便、调节困难等。

c. 料：材料本身的质量问题。

　　d. 法：安全法规、操作规程不健全，对技术手册、标准的制定和理解存在偏差。检查相关的技术维护手册、规范，重新理解和确认。

　　e. 环：环境因素，包括维护环境和使用环境，如空间、照明、温度、湿度、噪声、粉尘、毒物、防静电、磁场、气压、高原等，检查它们是否满足技术指标的要求。

　　③ 采取改进措施：根据故障的原因，限期采取改进措施，以避免或减少故障再次发生。

　　④ 定期跟踪评估：采取改进措施后，定期对改进措施的效果进行评估。

　　4. 法律对延长工作时间所作的限制条件、劳动者在维护工作时间与休息权方面的权利和义务？

## 【参考答案】

　　(1) 限制条件

　　① 生产经营的需要；

　　② 在加班加点前必须与工会和劳动者协商；

　　③ 加班加点的时间必须符合法律规定：每日一般不得超过一小时；因特殊原因需要延长工作时间的，在保障劳动者身体健康条件下，每日不得超过三小时；每月总时数不得超过三十六小时。

　　(2) 权利

　　① 任何单位和个人不得擅自延长劳动者的工作时间，并严格按法律规定延长职工的工作时间；

　　② 对用人单位违反法律、法规规定强迫劳动者延长工作时间的，劳动者有权拒绝。

　　(3) 义务

　　有下列情况，劳动者不得拒绝延长工作时间：

　　① 发生自然灾害、事故或因其他原因，使人民的安全健康和国家财产遭到严重威胁，需要紧急处理的；

　　② 生产设备、交通运输线路、公共设施发生故障，影响生产和公众利益，必须及时抢修的；

　　③ 必须利用法定节日或公休日的停产期间进行设备检修、保养的；

　　④ 为完成国防紧急任务，或者完成上级在国家计划外安排的其他紧急生产任务，以及商业、供销企业在旺季完成收购、运输、加工农副产品紧急任务的。

　　5. 学习安全事故案例的方法？

## 【参考答案】

　　从案例中学习安全知识是解决安全问题最简单的实用办法。用传统的办法，拿出一个案例供大家讨论，往往每个人都有不同的看法，而且拿来供学习的案例一般都没有结构化的描述，大家往往记住事故的不同侧面，也可能记住的不是该案例最重要的教训、对预防未来事故最有效的方面，甚至根本记不住什么，这样的案例学习，效果很不好。

　　所以学习事故案例或者从事故案例中学习，需要将案例事故做结构化分析，由结构化实现数据化，这样学习者才能从某一案例中学习到最重要的东西，容易牢牢记住最重要的东西。这样才最有利于预防未来的事故，达到学习的目的（预防）。

　　如图 3.214 这个模型就是一个方便的事故分析工具，用它能够分析得到结构化的事故原因，且能实现事故原因的数据化，容易记忆。当然，使用这个模型正确地分析事故，还需要较长时间的训练，这样学习别人精准分析好了的事故案例就成了很方便的学习途径。

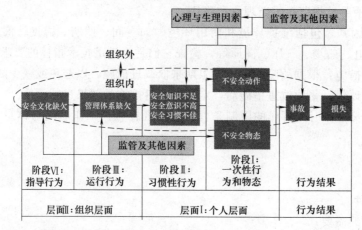

图 3.214　事故结构化分析流程

## 【实际操作训练或案例分析】

### 三级配电、二级漏保

1. 三级配电二级漏保总体要求

① 施工现场配电系统应采用三级配电、二级漏电保护系统（如图 3.215）；

② 用电设备必须有各自专用的开关箱；

③ 漏电保护器参数应匹配并灵敏可靠；

④ 总配电箱与开关箱应安装漏电保护器分配电箱与开关箱、开关箱与用电设备的距离应符合规范要求。

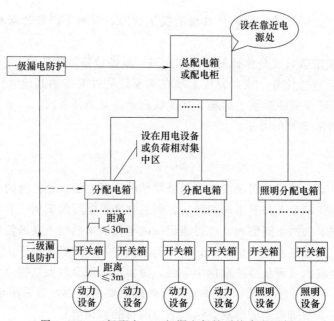

图 3.215　三级配电、二级漏电保护系统参考图例

2. 总配电箱设置

① 箱体结构、箱内电器设置（如图3.216）及使用应符合规范要求；

② 配电箱、开关箱电器可靠、完好，进出线整齐。

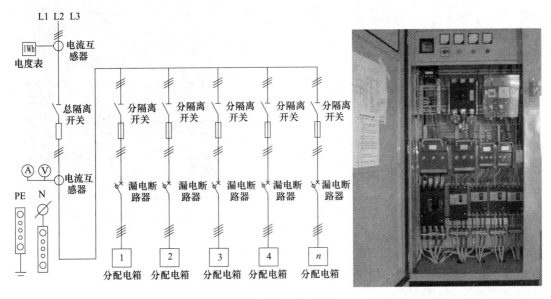

图 3.216　总配电箱线路、构造示意

设置要求：

① 总配电箱以下可设若干分配电箱，分配电箱以下可设若干开关箱；总配电箱应设在靠近电源的区域，分配电箱应设在用电设备或负荷相对集中的区域，分配电箱与开关箱的距离不得超过30m，开关箱与其控制的固定式用电设备的水平距离不宜超过3m（JGJ 46—2005 第8.1.2条）。

② 开关箱中漏电保护器的额定漏电动作电流不应大于30mA，额定漏电动作时间不应大于0.1s；使用于潮湿和有腐蚀介质场所的漏电保护器应采用防溅型产品，其额定漏电动作电流不应大于15mA，额定漏电动作时间不应大于0.1s（JGJ 46—2005 第8.2.10条）。

③ 总配电箱中漏电保护器的额定漏电动作电流应大于30mA，额定漏电动作时间应大于0.1s，但其额定漏电动作电流与额定漏电动作时间的乘积不应大于30mA·s（JGJ 46—2005 第8.2.11条）。

3. 分配电箱、开关箱设置

① 箱体结构、箱内电器设置（如图3.217、图3.218）及使用应符合规范要求。

② 配电箱、开关箱电器可靠、完好，进出线整齐。

设置要求：

① 配电箱、开关箱应采用冷轧钢板或阻燃绝缘材料制作，钢板厚度应为1.2～2.0mm，其中开关箱箱体钢板厚度不得小于1.2mm，配电箱箱体钢板厚度不得小于1.5mm，箱体表面应做防腐处理（JGJ 46—2005 第8.1.7条）。

② 配电箱、开关箱的进、出线口应配置固定线卡，进出线应加绝缘护套并成束卡固在箱体上，不得与箱体直接接触。移动式配电箱、开关箱的进、出线应采用橡皮护套绝缘电缆，不得有接头（JGJ 46—2005 第8.1.16条）。

③ 配电箱、开关箱外形结构应能防雨、防尘（JGJ 46—2005 第8.1.17条）。

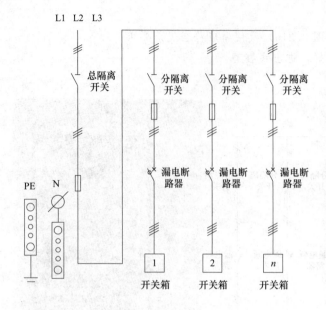

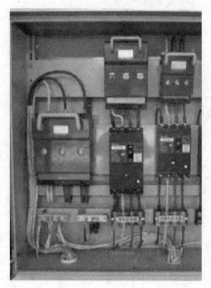

图 3.217  分配电箱线路、构造示意

图 3.218  开关箱示意图

④ 配电箱、开关箱内的电器必须可靠、完好，严禁使用破损不合格的电器（JGJ 46—2005 第 8.2.1 条）。

⑤ 总配电箱的电器具备电源隔离，正常接通与分断电路，以及短路、过载、漏电保护功能（JGJ 46—2005 第 8.2.2 条）。

⑥ 当总路设置总漏电保护器时，还应装设总隔离开关、分路隔离开关以及总断路器、分路断路器或总熔断器、分路熔断器。当所设总漏电保护器同时具备短路过载漏电保护功能的漏电断路器时，可不设总断路器或总熔断器（JGJ 46—2005 第 8.2.2 条）。

⑦ 当各分路设置分路漏电保护器时，还应装设总隔离开关、分路隔离开关以及总断路器、分路断路器或总熔断器、分路熔断器。当分路所设漏电保护器是同时具备短路、过载、漏电保护功能的漏电断路器时，可不设分路断路器或分路熔断器（JGJ 46—2005 第 8.2.2 条）。

⑧ 熔断器应选用具有可靠灭弧分断功能的产品（JGJ 46—2005 第 8.2.2 条）。

⑨ 总开关电器的额定值、动作整定值应与分路开关电器的额定值、动作整定值相适应（JGJ 46—2005 第 8.2.2 条）。

⑩ 总配电箱应装设电压表、总电流表、电度表及其他需要的仪表。装设电流互感器时，其二次回路必须与保护零线有一个连接点，且严禁断开电路（JGJ 46—2005 第 8.2.3 条）。

⑪ 分配电箱应装设总隔离开关、分路隔离开关以及总断路器、分路断路器或总熔断器、分路熔断器。其设置和选择应符合前面总配电箱的要求（JGJ 46—2005 第 8.2.4 条）。

⑫ 开关箱必须装设隔离开关、断路器或熔断器，以及漏电保护器（JGJ 46—2005 第 8.2.5 条）。

⑬ 配电箱、开关箱的电源进线端严禁采用插头和插座活动连接（JGJ 46—2005 第 8.2.15 条）。

⑭ 对配电箱，开关箱进行定期检查、维修时，必须将其前一级相应的电源隔离开关分闸断电，并悬挂"禁止合闸、有人工作"停电标志牌，严禁带电作业（JGJ 46—2005 第8.3.4条）。

4. 其他安装注意事项

隔离开关箱设置要求：

隔离开关（如图3.219）应设置于电源进线端，应采用分断时具有可见分断点，并能同时断开电源所有极的隔离电器。如采用分断时具有可见分断点的断路器（如图3.220），可不另设隔离开关（JGJ 46—2005 第8.2.2条）。

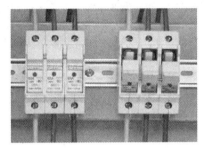

图3.219　隔离开关　　　　　　　　　　　　　　　图3.220　漏电断路器

配电箱必须分设工作零线零线端子板（如图3.221）的设置及连接应符合规范要求。

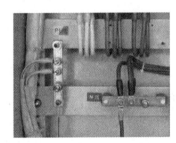

图3.221　零线端子板

设置要求：

① 配电箱的电器安装板上必须设N线端子和PE线端子板。N线端子板必须与金属电器安装板绝缘；PE线端子板必须与金属电器安装板做电器连接。

② 进出线中的N线必须通过N线端子板连接；PE线必须通过PE线端子板连接（JGJ 46—2005 第8.1.11条）。

箱体安装位置、高度及周边通道应符合规范要求。

设置要求：

① 配电箱、开关箱应装设在干燥通风及常温场所（如图3.222）（JGJ 46—2005 第8.1.5条）。

② 配电箱、开关箱周围应有足够2人同时工作的空间和通道，不得堆放任何妨碍操作、维修的物品；不得有灌木杂草（JGJ 46—2005 第8.1.6条）。

③ 配电箱、开关箱应装设端正、牢固；固定式配电箱、开关箱的中心点与地面的垂直距离应为1.4～1.6m；移动式配电箱、开关箱应装设在坚固的支架上，其中心点与地面的垂直距离宜为0.8～1.6m（JGJ 46—2005 第8.1.8条）。

图 3.222　电箱安装示意

箱体应设置系统接线图和分路标记；箱体应设有门、锁及防雨措施。

设置要求：

① 配电箱、开关箱应有名称、用途、分路标记及系统接线图（JGJ 46—2005 第 8.3.1 条）。

② 配电箱、开关箱箱门应配锁，并应由专人负责（JGJ 46—2005 第 8.3.2）。

# 工程事故检测

## 【教学要点】

| 序号 | 知识目标 | 教学要点 |
|---|---|---|
| 1 | 检测、工程检测、事故检测的定义,事故检测的特点 | 工程事故检测的概念、特点<br>事故检测与工程检测的区别 |
| 2 | 熟悉在事故现场的检验检测方法和步骤,熟悉几种常用测试仪器的功能原理和使用方法 | 工程事故检测的种类、内容;<br>钢筋混凝土构件的检测方法、内容、要点、仪器;<br>砌体构件的检测方法、内容、要点、仪器;<br>钢构件的检测方法、内容、要点、仪器;<br>建筑物的变形观测方法、内容、要点、仪器 |
| 3 | 了解事故处理的程序及基本方法 | 提供现行法律法规文件信息,引导阅读 |

## 【技能要点】

运用工程事故检测的原则和方法,会使用必要仪器和设备进行基本的事故检测。

## 【导入案例】

### 南京市质监局查处南京建正建设工程质量检测中心出具虚假证明案

据国家质量监督检验检疫总局公布围绕国务院供给侧结构性改革关于化解过剩产能、推进"互联网+"行动、加强事中事后监管等决策部署,围绕消费品质量提升,深入开展"质检利剑"打假专项行动。公布的典型案例:2016年5月12日,根据检验检测机构专项执法计划安排,南京市质监局稽查分局执法人员对南京建正建设工程质量检测中心开展执法检查。经查,2016年1月1日至2016年5月12日,该中心对企业送检样品未经仪器检测共向社会出具检验结论为"合格"的《混凝土抗渗检测报告》805份。违法所得共计403150.00元。

2016年8月,南京市质量技术监督局依法对该检测中心作出行政处罚决定,没收违法所得403150元;同时对机构和主要责任人分别予以行政处罚。

统计数据显示,"十二五"期间,全国质检系统查办各类质量违法案件51.1万起,其中查办大案要案、移送公安机关涉刑案件数,比"十一五"期间分别增加121.1%、298.1%。质检总局执法督查司被全球反假冒机构(GACG)授予2016年度全球反假冒国家公共机构执法部门最高贡献奖。

## 第一节　工程事故检测概念

　　检测就是用指定的方法检验测试某种物体（气体、液体、固体）指定的技术性能指标。适用于各种行业范畴的质量评定，如：土木建筑工程、水利、食品、化学、环境、机械、机器等。

　　质量检测就是依据国家有关法律、法规、工程建设强制性标准和设计文件，对建设工程的材料、构配件、设备，以及工程实体质量、使用功能等进行测试确定其质量特性的活动。

### 一、工程检测

　　工程检测是指为保障已建、在建、将建的建筑工程安全，在建设全过程中对与建筑物有关的地基、建筑材料、施工工艺、建筑结构、构配件、设备及工程实体质量、使用功能等进行检验和测试确定其质量特性的一项重要工作。

　　【释】　测试与检验。测试是指具有实验性质的测量（一被测定对象的量值为目的的操作）和试验（对迄今为止未知的被研究对象，置于某种特定的或人为的环境条件下，通过实验数据来探讨其性能的探索性认识过程）的综合，依靠一定的科学技术手段来定量地获取研究对象原始信息的过程。检验是检查和验证，是为确定某一物质的性质、特征、组成等而进行的测定，根据一定的要求和标准来检查试验对象品质的优良程度。

#### 1. 检测类型

　　① 常规的外观检测。如平直度、偏离轴线的公差、尺寸准确度、表面缺陷、砌体的咬槎情况等。其中很重要的一项是对裂缝情况的检测。

　　② 强度检测。如材料强度、构件承载力、钢筋配置等。

　　③ 内部缺陷的检测。如混凝土内部孔洞、裂缝，钢结构的裂纹、焊接缺陷等。

　　④ 材料成分的化学分析。如混凝土骨料分析，水泥成分分析，钢材化学成分分析等。

　　⑤ 建筑物的变形观测。如建筑物的沉降观测、倾斜观测等。

#### 2. 事故检测

　　当建筑结构发生事故后，为了分析事故原因、为事故纠纷处理提供客观公正的技术证据、为事后的修复加固提供参考数据等，对事故结构进行事故检测。对发生质量事故的结构进行检测，相比常规检测有很重要的特点：

　　① 检测工作大多在现场进行，条件差，环境因素干扰大。

　　② 事故工程常常管理不善，没有完整的技术档案，甚至没有技术资料，有时还会遇到虚假资料的干扰。

　　③ 有些强度检测常常要采用非破损或少破损的方法进行。因事故现场特别是非倒塌事故一般不允许破坏原构件，或者从原构件上取样时只能允许有微破损，稍加加固后即不影响结构强度。这就需要采用无损检测技术。

　　④ 检测数据要公正、可靠，经得起推敲。

### 二、无损检测方法

　　工程质量无损检测是利用物质的声、光、磁和电等特性，在不破坏待测物质原来的状态、化学性质等前提下，在不损害或不影响被检测对象使用性能的前提下，检测被检对象中是否存在缺陷或不均匀性，给出缺陷大小、位置、性质和数量等信息，对材料或制件或此两者进行宏观缺陷检测、几何特性测量、化学成分、组织结构和力学性能变化的评定。常用射线法、声学法、电学法、磁学法、力学法、光学法、电磁波法、渗透法检测。

### 1. 无损检测特点

与破坏性检测相比，无损检测有以下特点。

① 具有非破坏性。因为它在做检测时不会损害被检测对象的使用性能。

② 具有全面性。由于检测是非破坏性，因此必要时可对被检测对象进行100%的全面检测，这是破坏性检测办不到的。

③ 具有全程性。破坏性检测一般只适用于对原材料进行检测，如工程中普遍采用的拉伸、压缩、弯曲等；对于产成品和在用品，除非不准备让其继续服役，否则是不能进行破坏性检测的。而无损检测因不损坏被检测对象的使用性能。所以它不仅可对原材料、各中间工艺环节、直至最终产成品进行全程检测，也可对服役中的结构构件进行检测。

【讨论】 不同的检测手段适用于不同的检测目的。例如：

① 测定表面硬度、声波传播速度，可以反映混凝土强度大小；

② 测定声波传播时间、波形衰减，可以反映混凝土内部缺陷有无、大小、位置、形状；

③ 测定磁感应强度、电位，可以反映混凝土内部钢筋位置及锈蚀程度。

### 2. 工程常用方法

国内外无损检测技术发展很快。结构混凝土无损检测技术工程应用，主要有结构混凝土的强度、缺陷和损伤的诊断测试，而钢筋的位置、直径和保护层厚度，以及钢结构焊缝质量检测也得到比较广泛的应用，随着新技术的开发，结构水渗漏、气密性和保温性能、钢筋腐蚀程度的检测也日益得到重视。例如常见的混凝土无损检测方法见表4.1。

表 4.1  国内外无损检测方法分类

| 检测目的 | 常用方法 | 测试量 | 基本原理 |
|---|---|---|---|
| 混凝土强度 | 回弹法<br>超声脉冲法<br>回弹—超声综合法<br>超声—衰减综合法<br>射线法<br>落球法(脉冲回波)<br>钻芯法<br>拔出法<br>压痕法<br>射击法 | 回弹值<br>超声脉冲传播速度<br>回弹值和声速<br>声速和衰减<br>吸收或散射强度<br>振动参数<br>芯样抗压强度<br>拉拔强度<br>压力和压痕直径或深度<br>探针射入深度 | 根据混凝土应力应变性质与强度的关系，用弹性模量或粘塑性指标推算标准抗压强度及特征强度；根据混凝土密实度推算强度振动参数与强度的关系；局部区域的抗压、抗拉或抗冲击强度推算成标准抗压强度及特征强度 |
| 混凝土内部缺陷 | 超声脉冲法<br>射线法<br>脉冲回波法<br>雷达法 | 声时、波高、波形、频谱、反射回波<br>穿透后的射线强度<br>反射波位置<br>雷达波反射位置 | 波的绕射、衰减、叠加等<br>射线强度记录或摄影<br>缺陷表面形成反射波<br>缺陷表面形成雷达反射信号 |
| 混凝土受力历史和损伤程度 | 声发射法<br><br>超声脉冲法 | 声发射信号、事件记数、幅值分布、能谱等<br>声速、衰减 | 声发射信号源定位、声发射的凯塞效应、破坏过程的连续观察 |
| 弹性模量和黏塑性性质及耐久性 | 共振法<br>敲击法<br>超声法<br>透气法 | 固有频率、品质因数<br>对数衰减率<br>声速、衰减系数、频谱<br>气压变化 | 振动分析<br>应力波传播分析<br>孔隙渗透性 |
| 钢筋位置和锈蚀 | 磁测法<br>电测法<br>射线法 | 磁场强度<br>钢筋的半电池电位<br>射线 | 钢筋对磁场的影响<br>电化学分析<br>射线摄影 |

无损检测技术的应用，已遍及建筑、交通、水利、电力、地矿、铁道等系统的建设工程质量检测与评估，正如国际上权威人士早就预言的"混凝土工程应用无损检测技术程度，是标志着一个国家对结构工程验收和质量检测技术的高低"，正说明了发展无损检测技术的必要性和实际意义。

## 三、微破损检测

微破损检测，指在不影响结构承载能力的前提下，对结构进行局部的不影响结构性能的轻微破损检测。常用的有取样法、拔出法等方法。

## 第二节　混凝土结构事故检测

## 一、混凝土表面检测

### 1. 裂缝检测

裂缝检测的项目包括：

① 裂缝的部位、数量和分布状态；

② 裂缝的宽度、长度和深度；

③ 裂缝的形状，如上宽下窄、下宽上窄、中间宽两端窄、八字形、网状形、集中宽缝形等；

④ 裂缝的走向，如斜向、纵向、沿钢筋方向，是否还在发展等；

⑤ 裂缝是否贯通、是否有析出物、是否引起混凝土剥落等。

**（1）裂缝长度、宽度**

裂缝长度可用钢尺或直尺量，宽度可用检验卡（如图4.1，上面印有不同宽度的线条，可作对比表明裂缝宽度）、塞尺（如图4.2，不同厚度级差的薄钢片组成，可用一片或数片重叠插入间隙，以稍感拖滞时间隙值接近塞尺上所标出的数值）和20倍的刻度放大镜（如图4.3，有宽度标注，可直接读取）测定。

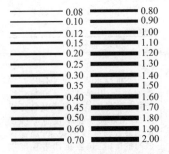

| | |
|---|---|
| 0.08 | 0.80 |
| 0.10 | 0.90 |
| 0.12 | 1.00 |
| 0.15 | 1.10 |
| 0.20 | 1.20 |
| 0.25 | 1.30 |
| 0.30 | 1.40 |
| 0.35 | 1.50 |
| 0.40 | 1.60 |
| 0.45 | 1.70 |
| 0.50 | 1.80 |
| 0.60 | 1.90 |
| 0.70 | 2.00 |

图 4.1　检验卡

新式的仪器有各种裂缝检测仪，可以现场拍照、自动判读，如图4.4。

图 4.2　塞尺

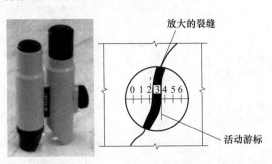

图 4.3　工程用放大镜

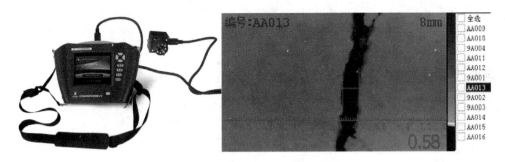

图 4.4　HC-CK102 裂缝测宽仪

**（2）裂缝深度**

可用细钢丝或塞尺探测，也可用注射器注入有色液体，待干燥后凿开混凝土观测，或用超声波方法测定。也有一些自动检测仪器可供选择，如图 4.5 所示的测试仪可以应用超声波衍射（绕射）原理测量混凝土等非金属材料表面裂缝的深度。

**【讨论】**　混凝土构件裂缝检测结果描述。检测完成后，除了详细填写有关数据记录表外，可以在构件展开图（如图 4.6）上绘制裂缝具体数量、长短、形状、位置、走势等，更加清晰明确。

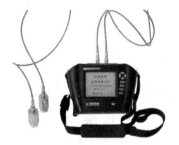

图 4.5　HC-CS201 裂缝深度测试仪

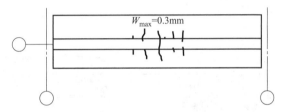

图 4.6　混凝土梁表面裂缝展开图

### 2. 蜂窝面积的测定

可用钢尺、直尺或百格网进行测量，以面积及蜂窝面积百分比计。

**【释】**　蜂窝。蜂窝的现象为混凝土结构局部出现酥散，无强度状态，如图 4.7。其产生的原因有：①下料不当或下料过高，未设串筒使石子集中，造成石子砂浆离析；②混凝土未分层下料，振捣不实，或漏振，或振捣时间不够；③模板缝隙未堵严，水泥浆流失；④钢筋

图 4.7　工程混凝土构件蜂窝缺陷

较密，使用的石子粒径过大或坍落度过小；⑤基础、柱、墙根部未稍加间歇就继续灌上层混凝土。

## 二、混凝土强度检测

混凝土检测按选择的方法不同，一般需遵照以下技术规程的要求：

《回弹法检测混凝土抗压强度技术规程》JGJ/T 23—2011；

《回弹仪》GB/T 9138—2015；

《超声回弹综合法检测混凝土抗压强度技术规程》CECS02—2005；

《后锚固法检测混凝土抗压强度技术规程》JGJ/T 208—2010；

《拔出法检测混凝土强度技术规程》CECS69—2011；

《剪压法检测混凝土抗压强度技术规程》CECS278—2010；

《钻芯法检测混凝土强度技术规程》CECS03—2007。

### 1. 回弹法

回弹法是用回弹仪（如图 4.8）的一弹簧驱动的重锤，通过弹击杆（传力杆），弹击混凝土表面，并测出重锤被反弹回来的距离，以回弹值（反弹距离与弹簧初始长度之比）作为与强度相关的指标，来推定混凝土强度的一种方法。由于测量在混凝土表面进行，所以应属于一种表面硬度法，是基于混凝土表面硬度和强度之间存在相关性而建立的一种检测方法。基本过程如图 4.9 所示。

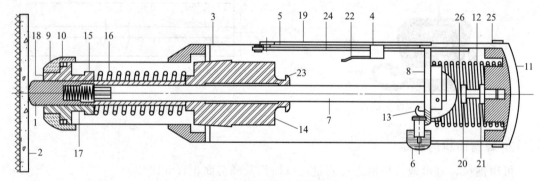

图 4.8　直读式回弹仪构造

1—冲杆；2—试验构件表面；3—套筒；4—指针；5—刻度尺；6—按钮；7—导杆；8—导向板；9—螺丝盖帽；10—卡环；11—盖；12—压力弹簧；13—钩子；14—锤；15—弹簧；16—拉力弹簧；17—轴套；18—毡圈；19—护尺透明片；20—调整螺钉；21—固定螺钉；22—弹簧片；23—铜套；24—指针导杆；25—固定块；26—弹簧

【释】　回弹仪（如图 4.10），通过测定混凝土表面的硬度，以确定混凝土的强度。功

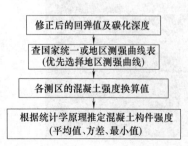

图 4.9　回弹法推定混凝土强度流程

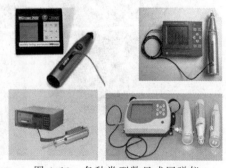

图 4.10　各种类型数显式回弹仪

能：对混凝土的强度和缺陷进行检测，只反映表面强度。回弹仪按回弹冲击能量大小分为重型、中型和轻型，回弹仪还分为机械式和数显式两类。普通混凝土抗压强度不大于 C50 时，通常采用中型回弹仪；混凝土抗压强度不小于 C60 时，宜采用重型回弹仪。

【讨论】 机械式和数显式回弹仪的对比。数显回弹仪在检测过程当中，自动记录、计算检测结果，并能一键生成检测报告，如图 4.11。既减少了检测人员的人力付出，又大大提高了检测的效率和精度。已经成为各检测单位的必备检测设备之一。

回弹值是弹簧加载锤撞击混凝土表面回弹的刻盘读数。回弹仪应该在光滑表面上使用，最好是模制面。对于非模制面和不同的弹射角度，回弹值是不相同的，应该加以修正。虽然混凝土的硬度和强度之间并无确切的关系，但对相同的混凝土来说，通过试验可以确定该硬度和强度的经验关系，表达为测强曲线。

【释】 测强曲线。混凝土试块的抗压强度与无损检测的参数（超声声速值、回弹值、碳化深度、拔出力等）之间建立起来的关系曲线称为测强曲线。它是无损检测推定混凝土强度的基础，曲线一旦测定，可以作为评价混凝土强度的一种尺度。测强曲线根据材料来源，分为统一测强曲线、地区测强曲线和专用（率定）测强曲线三类，见表 4.2。

**回弹法检测混凝土强度流程图**

**检测前期**

机械回弹仪　　　1　　　数显回弹仪

委托检测登记
2

试验员了解检测情况确定检测方案
3

回弹仪率定
4

检测前准备

**检测过程**

机械回弹仪　　　　　　数显回弹仪

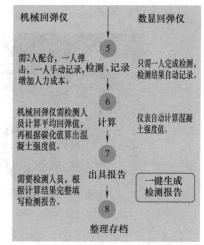

5

需2人配合，一人弹击，一人手动记录，检测、记录增加人力成本。

只需一人完成检测，检测结果自动记录。

6　计算

机械回弹仪需检测人员计算平均回弹值，再根据碳化值算出混凝土强度值。

仪表自动计算混凝土强度值。

7　出具报告

需要检测人员，根据计算结果完整填写检测报告。

一键生成检测报告

8　整理存档

图 4.11　机械式和数显式
回弹仪的对比

表 4.2　测强曲线分类、选用

|  | 专用测强曲线 | 地区测强曲线 | 统一测强曲线 |
|---|---|---|---|
| 材料、成型工艺 | 全国有代表性的 | 本地区常用的 | 构件混凝土相同的 |
| 选用顺序 | 1 | 2 | 3 |

### （1）测试资料准备

采用回弹法检测混凝土强度时，宜具有下列资料：①工程名称、设计单位、施工单位；②构件名称、数量及混凝土类型、强度等级；③水泥安定性，外加剂、掺合料品种，混凝土配合比等；④施工模板，混凝土浇筑、养护情况及浇筑日期等；⑤必要的设计图纸和施工记录；⑥检测原因。

### （2）测区选定

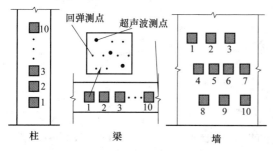

图 4.12　回弹法检测混凝土的测区布置

测区宜选在能够使回弹仪处于水平方向的混凝土浇筑侧面，当不能满足这一要求时，也可选在使回弹仪处于非水平方向的混凝土浇筑表面或底面（如图 4.12）。对于一般构件，测区数不宜少于 10 个（如图 4.13）；当受检构件数量大于 30 个且不需要提供单个构件推定强度或受检构件某一方向尺寸不大于 4.5m 且另一方向尺寸不大于

0.3m 时，每个构件的测区数量可适当减少，但不应少于 5 个；相邻两测区的间距不应大于 2m，测区离构件端部或施工缝边缘的距离不宜大于 0.5m，且不宜小于 0.2m。

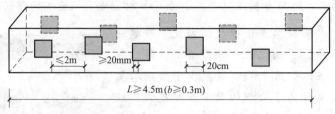

图 4.13　混凝土梁测区布置示意

测区要求：①测区表面应清洁、平整、干燥，避开蜂窝麻面；②当表面有饰面层、浮浆、杂物油垢时，可以除去或避开；③应该避免钢筋密集区；④如构件体积小、刚度差或测试部位混凝土厚度小于 10cm（弹击时产生颤动），回弹混凝土构件的侧面，应加支撑加固后测试，否则影响精度。

测区表面处理：检测面应清洁、平整，不应有疏松层、浮浆、油垢、图层以及蜂窝麻面，必要时可以用砂轮清除疏松层和杂物（如图 4.14），且不应有残留的粉末或碎屑。

**（3）回弹值测量**

测量回弹值时，回弹仪的轴线应始终垂直于混凝土检测面（如图 4.15），并应缓慢施压、准确读数、快速复位。

图 4.14　检测面表面处理（砂轮打磨）

图 4.15　回弹仪操作

每一测区应读取 16 个回弹值，每一测点的回弹值读数应精确到 1，同一测点应只弹击一次。测点宜在测区范围内均匀分布，相邻两测点的净距离不宜小于 20mm；测点距外露钢筋、预埋件的距离不宜小于 30mm；测点不应在气孔或外露石子上。

**（4）回弹值计算**

① 平均值：计算测区平均回弹值时，应从该测区的 16 个回弹值中剔除 3 个最大值和 3 个最小值，其余的 10 个回弹值取平均值：

$$R_m = \frac{\sum_{i=1}^{10} R_i}{10} \tag{4.1}$$

式中　$R_m$——测区平均回弹值，精确至 0.1；

　　　$R_i$——第 $i$ 个测点的回弹值。

当回弹仪为非水平方向且测试面为混凝土的非浇筑侧面时，应先对回弹值进行角度修正，并应对修正后的回弹值进行浇筑面修正。

【释】 回弹仪角度。回弹仪测定原理是利用冲击能量与回弹能量转换情况，间接判断混凝土强度，如果回弹仪的工作状态的位置和方向不同，由于锤的重力及在导杆上滑行阻力、冲杆与混凝土面接触状态等，都会影响这个能量的大小和转换过程，导致测得的结果发生偏差。根据《回弹法检测混凝土抗压强度技术规程》JGJ/T 23—2011规定，回弹仪基本工作状态是水平弹击混凝土浇筑表面侧面。a. 当回弹仪为非水平方向检测混凝土浇筑侧面时，进行角度修正；b. 当水平方向检测混凝土浇筑表面或浇筑底面时，进行浇筑面修正；c. 当回弹仪为非水平方向且测试面为混凝土的非浇筑侧面时（上述 a 和 b 组合），应先进行角度修正，再进行浇筑面修正。

② 角度修正：回弹仪非水平方向检测混凝土浇筑侧面时（如图 4.16），测区的平均回弹值应按式 4.2 修正：

$$R_m = R_{m\alpha} + R_{a\alpha} \tag{4.2}$$

式中　$R_{m\alpha}$——非水平方向检测时测区的平均回弹值，精确至 0.1；

　　　$R_{a\alpha}$——非水平方向检测时回弹值修正值，应按附录查表 4.3 取值。

表 4.3　不同测试角度 $\alpha$ 的回弹值修正值 $R_{a\alpha}$

| $R_{m\alpha}$ | 测试角度 $\alpha$ | | | | | | | |
|---|---|---|---|---|---|---|---|---|
| | $+90°$ | $+60°$ | $+45°$ | $+30°$ | $-30°$ | $-45°$ | $-60°$ | $-90°$ |
| 20 | −6.0 | −5.0 | −4.0 | −3.0 | +2.5 | +3.0 | +3.5 | +4.0 |
| 30 | −5.0 | −4.0 | −3.5 | −2.5 | +2.0 | +2.5 | +3.0 | +3.5 |
| 40 | −4.0 | −3.5 | −3.0 | −2.0 | +1.5 | +2.0 | +2.5 | +3.0 |
| 50 | −3.5 | −3.0 | −2.5 | −1.5 | +1.0 | +1.5 | +2.0 | +2.5 |

注：表中未列入的相应于 $R_{m\alpha}$ 的 $R_{a\alpha}$ 修正值，可用内插法求得，精确至 1 位小数。表中＋、－符号含义见图 4.17。

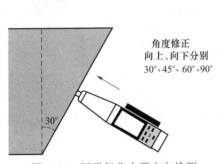

图 4.16　回弹仪非水平方向检测

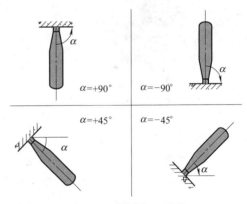

图 4.17　测试角 $\alpha$ 示意

③ 浇筑面修正：回弹仪垂直方向检测混凝土浇筑表面（顶面）或浇筑底面时（如图 4.18），测区的平均回弹值应按下式修正：

$$R_m = R_m^t + R_a^t \tag{4.3}$$
$$R_m = R_m^b + R_a^b$$

式中　$R_m^t$、$R_m^b$——水平方向检测混凝土浇筑表面、底面时，测区的平均回弹值，精确至 0.1；

　　　$R_a^t$、$R_a^b$——混凝土浇筑表面、底面回弹值的修正值，应按表 4.4 取值。

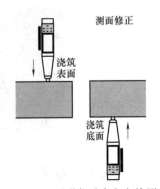

图 4.18　回弹仪垂直方向检测

表 4.4 浇筑表面、底面的回弹值修正值 $R_a^t$、$R_a^b$

| $R_m$ | $R_a^t$、$R_a^b$ | | $R_m$ | $R_a^t$、$R_a^b$ | | $R_m$ | $R_a^t$、$R_a^b$ | |
| --- | --- | --- | --- | --- | --- | --- | --- | --- |
| | 表面 | 底面 | | 表面 | 底面 | | 表面 | 底面 |
| 20 | +2.5 | −3.0 | 35 | +1.0 | −1.5 | 50 | 0 | 0 |
| 25 | +2.0 | −2.5 | 40 | +0.5 | −1.0 | | | |
| 30 | +1.5 | −2.0 | 45 | 0 | −0.5 | | | |

④ 混凝土强度计算：结构或构件第 $i$ 个测区混凝土强度换算值（$f_{cu}$），由平均回弹值 $R_m$ 和平均碳化深度值 $d_m$ 按《回弹法检测混凝土抗压强度技术规程》JGJ/T 23—2011 附录 A 或 B 查表得出（根据测强曲线查出混凝土的强度换算值）。结构或构件的测区混凝土换算强度平均值可根据各测区的混凝土强度换算值计算。当构件使用的是泵送混凝土时还需对强度换算值进行修订。当测区数为 10 个及以上时，还应计算强度标准差。

【释】 碳化深度。空气中的二氧化碳渗透到混凝土内，与其碱性物质起化学反应后生成碳酸盐和水，我们把这一过程称之为混凝土碳化。因混凝土本身呈碱性，而碳化后呈酸性，故我们利用酚酞溶液（试剂的配制酚酞∶酒精＝1∶99）遇碘变色的性质来测定混凝土的碳化深度（如图 4.19）。

碳化深度测定时，对测试点处理要采用适当的工具在混凝土表面形成直径 15mm 的孔洞，其深度应大于碳化深度，清除孔洞中的粉末及碎屑（如图 4.20）。

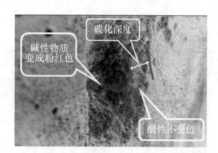

图 4.19 混凝土碳化深度测定

图 4.20 碳化深度测试点处理

碳化深度的测定点不应少于构件测区数的 30%，取其平均值为该构件每测区的碳化深度值。当碳化深度值极差大于 2.0mm 时，应在每一测区测量碳化深度值。用碳化深度测量专用卡尺测量粉色与未变色交界线到混凝土构件表面的距离即碳化深度（如图 4.21），测量不应少于 3 次，取平均值。每次读数精确至 0.5mm。

图 4.21 碳化深度的测量

⑤ 强度推定值的计算：结构或构件的混凝土强度推定值（$f_{cu,e}$）应符合下列规定：
构件测区数少于 10 个时，应按下式计算：

$$f_{cu,e} = f_{cu,min}^c \tag{4.4}$$

式中 $f_{cu,min}^c$——构件中最小的测区混凝土强度换算值。

当构件测区强度值中出现小于 10.0MPa 时，应按下式计算：

$$f_{cu,e} < 10.0MPa \tag{4.5}$$

当构件测区数不少于 10 个或按批量检测时，应按下式计算：

$$f_{cu,e} = m_{f_{cu}} - 1.645 S_{f_{cu}} \tag{4.6}$$

式中 $m_{f_{cu}}$——构件测区混凝土强度换算值的平均值（MPa），精确至 0.1MPa；

$$m_{f_{cu}} = \frac{\sum\limits_{i=1}^{n} f_{cu,i}^c}{n} \tag{4.7}$$

$n$——对于单个检测的构件，取该构件的测区数；对于批量检测的构件，取所有被抽检构件测区数之和；

$S_{f_{cu}}$——结构或构件测区混凝土强度换算值的标准差（MPa），精确至 0.01MPa。

$$S_{f_{cu}} = \sqrt{\frac{\sum\limits_{i=1}^{n} (f_{cu,i}^c)^2 - n(m_{f_{cu}})^2}{n-1}} \tag{4.8}$$

### 2. 超声检测

超声波是声波的一部分，是人耳听不见、频率高于 20kHz 的声波，它和声波有共同之处，即都是由物质振动而产生的，并且只能在介质中传播，具有较高的频率与较短的波长。

超声波是弹性机械振动波，它与可听声相比还有一些特点：传播的方向较强，可聚集成定向狭小的线束；在传播介质质点振动的加速度非常之大。

#### （1）超声波检测混凝土强度的原理

由于混凝土独特的内部构造方式，使得超声波的传输也具有独特性质。在混凝土中，超声波的传播衰减比较大，指向性比较差。由于折射与反射作用的影响，使其在混凝土内部传输时并非直线进行，存在着入射声波、反射波、折射波以及转换后的横波。检测仪探头所接受的信号，也是上述声波的叠加。

超声仪器发射转换器，以一定的重复性频率所间断性的发出超声脉冲（超声波），会进一步促使电压晶体获取高频脉冲。产生的脉冲会进一步传输到混凝土中，相应的接收转换器会接受混凝土中的信号数据，进而将超声波在混凝土中的传播距离与传播时间测量出来，进而计算出混凝土中超声波的传播速度，如图 4.22。

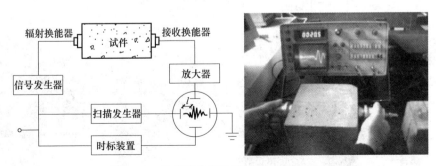

图 4.22 超声测定仪检测混凝土的原理示意

【释】 混凝土超声测定仪（如图4.23）。用于监控和检验混凝土质量，测定仪能测定混凝土强度，因该测定值与标准强度测定值有相关关系，故能在无损情况下检验整个构筑物。该测定仪可识别混凝土中存在的蜂窝、孔隙、冻结的部位，裂缝和其他非均质情况。

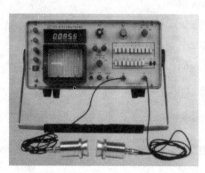
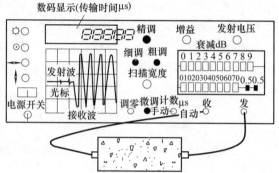

图4.23 一种混凝土超声测定仪

混凝土中声波的传播速度，能够详细地反映混凝土密实度，而混凝土强度与混凝土密实度存在直接联系。混凝土越密实，其强度就越高，混凝土中声波的传输时间就越短，声速越大。混凝土越稀疏，其强度就越低，混凝土中声波传输时间就越长，声速越低。

通过混凝土中超声脉冲的传播规律以及与混凝土强度之间存在的某种关系，通过对脉冲参数的具体分析，最终得出混凝土强度。

超声检验可应用于新的和旧的构筑物、板、柱、墙、遭受火灾的区段、水电构筑物、管路、预制和预应力梁、圆柱体和其他混凝土制件。

超声传播特性应是描述混凝土强度的理想参数。但是，由于混凝土强度是一项十分复杂的指标，它受许多因素的影响，要想起立强度和超声传播特性之间的简单关系是困难的。至今超声测强还只能建立在试验归纳的基础上，一般是通过试验建立强度与声速的关系曲线（即R-C曲线）或经验公式，作为超声法测强的基本换算依据。所以超声脉冲法测强的关键，就在于建立准确的R-C关系，精确地测量被测混凝土的声速，以及搞清各种影响R-C关系的因素这三个方面。

**（2）数据采集**

① 测区布置（如图4.24）：在构件上均布划出不少于10个200mm×200mm方网格，以每个网格视为一个测区；对同批构件，抽检30%，且不少于4个，每个构件测区不少于10个。

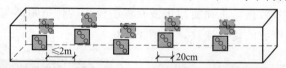

图4.24 超声法的测区布置

测区应布置在构件混凝土浇注方向的侧面，侧面应清洁平整，应预先扫净砂土浮灰，如果混凝土表面粗糙、不平整，而测区又无法移位时，应将表面用砂轮片打磨，或用快硬水泥浆取最小厚度填平，使探头与被测混凝土表面有良好的声耦合。

【释】 声耦合。混凝土表面整平后，在探头与试件之间仍需加耦合剂，以减少声能反射损失。在混凝土测试中常用黄油、凡士林、水玻璃、水等。探头与试件之间的压紧程度，也将对耦合情况造成影响，因而也会影响衰减值而导致声时读数的误差。为使探头压紧力稳定，可采用图 4.25 所示的压紧装置。

② 测点布置：为使混凝土测试条件、方法尽可能与率定曲线时一致，在每个测区内布置 3～5 对测点。

② 数据采集：量测每对测点之间的直线距离，即声程，采集记录对应声时。可布置多个测站，在同一测站中应布置不同的测点（比如3～5 个），测区声速取其平均值。

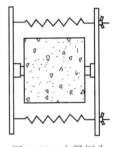

图 4.25　夹紧探头的装置示意

**（3）强度推定**

根据各测区超声声速检测值，按回归方程计算或查表得出对应测区混凝土强度值。

① 当按单个构件检测时，单个构件的混凝土强度推定值，取该构件各测区中最小的混凝土强度换算值。

② 当按批抽样检测时，该批构件的混凝土强度推定值应按数理统计公式计算。

③ 当同批测区混凝土强度换算值标准差过大时，以该批每个构件中最小的测区混凝土强度换算值的平均值和第 I 个构件中的最小测区混凝土强度换算值（MPa）为准。

④ 当属同批构件按批抽样检测时，按单个构件检测：当混凝土强度等级低于或等于 C20 时，$S>2.45$MPa；当混凝土强度等级高于 C20 时，$S>5.5$MPa。

当前常用的透射式超声检测设备，通过发射换能器（发射探头）向混凝土中发射低频超声脉冲，然后通过接收换能器（接收探头）接收透射超声信号并将信号经过放大、滤波等信号处理以后显示出来，某些智能化的超声仪器能将信号储存下来进行后期的信号处理，通过对这些信号的计算、加工，可以分析被测混凝土的内部质量。

**3. 超声回弹综合法**

由于影响声速的因素很多，如水泥品种、水泥用量、含砂率，粗骨料品种和最大粒径、含水率、龄期等，当所用材料、含水率和龄期不同时，传播速度与混凝土的强度关系将有很大不同，因此用超声法很难准确地测定混凝土的强度，目前通常是将超声法和回弹法综合在一起来测定混凝土的强度，即所谓超声回弹综合法（单一的超声法主要还是检测混凝土的匀质性）。

超声和回弹法都是以材料的应力应变行为与强度的关系为依据的。但超声速度主要反映材料的弹性性质，同时由于它穿过材料，因而也反映了材料内部构造的某些信息。回弹法反映了材料的弹性弹质，同时在一定程度上也反映了材料的塑性性质，但它只能确切反映混凝土表层（约 30mm）的状态。因此，超声与回弹的综合，既能反映混凝土的弹性，又能反映混凝土的塑性，既能反映表层的状态，又能反映内部的构造，自然能较确切地反映照凝土的强度。实践证明声速 C 和回弹值 N 合理综合后，能消除原来影响 R-C 与 R-N 关系的许多因素。例如，水泥品种的影响，试件含水量的影响及碳化影响等，都不再像原来单一指标时那么显著。这就使综合的 R-N-C 关系有更广的适应性和更高的精度，而且使不同条件的修正大为简化了。

按照《超声回弹综合法检测混凝土强度技术规程》CECS 02—2005 测得的混凝土强度比混凝土的实际强度小，但其规律比较明显，且离散性较小，说明这种方法还是比较可靠的，但需要根据各地区的混凝土所用材料及环境条件建立相应的测强曲线。

（1）应用范围

① 对原有预留试块的抗压强度有怀疑，或没有预留试块时；

② 因原材料、配合比以及成型与养护不良而发生质量问题时；

③ 已使用多年的老结构，为了维修加固处理，需取得混凝土实际强度值，而且有从结构上钻取的芯样进行校核的情况下。

（2）测区的布置和抽样办法

测区的数量分为按单个构件检测或按批检测两种情况：按单个构件检测时，测区数放不少于 10 个。若构件长度不足两米，测区数可适当减少，但最少不得少于 3 个；按批检测时，同一批的构件抽样数量应不少于同批构件总数的 30%，而且不少于 4 个，每个构件上测区数不少于 10 个。

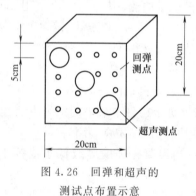

图 4.26　回弹和超声的
测试点布置示意

超声的测试点应布置在同一个测区的回弹值测试面上，但探头安放位置不宜与弹击点重叠（如图 4.26）。每个测区内应在相对测试面上对应地布置三个测点，相对面上的收、发探头应在同一轴线上。只有在同一个测区内所测得的回弹值和声速值才能作为推算强度的综合参数，不同测区的测值不可混淆。

（3）R-C-N 关系曲线

在综合法测强中，结构或构件上每一个测区的混凝土强度，是根据该测区实测的并经必要修正的起声波声速值 $C$，及回弹平均值 $N$，按事先建立的 R-C-N 关系曲线推算出来的，因此必须建立可靠的 R-C-N 关系曲线。

曲线的制定方法是：采用常用的水泥、粗骨料、细骨料按最佳配合比配制强度为 C10～C50 级的混凝土，并制成边长为 150mm 的立方体试块，按龄期 7、14、28、60、90、180、365 天进行回弹、超声及抗压强度测试。每一龄期每组试块须 3 个（或 6 个），每种强度等级的试块不少于 30 块，并应在同一天内成型。

试件进行标准养护后，按规定的龄期进行测试。测定声速值 $C$ 时，测点的布置如图所示。测定回弹值时，应将试块放在压力机上，用 30～50kN 压力固定，然后在两相对面上各弹击 8 个点，并按规定计算回弹平均值 $N$，然后加荷至破坏，得抗压强度值。推算强度关系如式（4.9）。

$$R = AC^B N^D \qquad (4.9)$$

式中　　$R$——混凝土推算强度；

　　　　$C$——超声法测得的声速值；

　　　　$N$——回弹法测得的回弹值；

$A$、$B$、$D$——率定系数。

我国建筑科学研究院收集了 22 个省、市、自治区的建筑科学研究所、建筑工程公司、高等院校等 29 个单位所提供的资料，共 8096 个试块的声速值、回弹值、碳化深度值及抗压强度值。这些试块的制作基本上与各地现场同条件，或根据制定地区曲线的要求制作。回弹仪进行标准率定，超声仪虽然型号不同，但均采用统一率定，测试技术基本统一。因此，所得试验数据的测试条件基本统一。然后，将这批数据进行统计分析，选用 10 种综合法回归方程式 33 种组合，最后选定了按卵石、碎石两种回归方程式作为通用基准曲线，如式 4.10、式 4.11。

卵石混凝土： $$R = 0.0038C^{1.23}N^{1.95} \qquad (4.10)$$
碎石混凝土： $$R = 0.0080C^{1.72}N^{1.57} \qquad (4.11)$$

#### 4. 钻芯法

运用钻芯检测混凝土强度的方法，其原理主要是在混凝土结构上进行钻芯取样，然后进行一定的处理之后对其开始抗压测试。混凝土龄期不低于 15 天，强度高于 10MPa 的混凝土基本上都能够采用。但是因为钻芯取样之后会对混凝土结构造成或多或少的损伤，所以在进行这类检测的过程中必须要经过设计单位的同意。

**（1）优缺点**

优点是非常直接并且准确率较高，能够准确反映结构物的实际强度；适用于不同龄期混凝土的强度推定。缺点就在于劳动强度相对较大，设备复杂，费用高，对于混凝土结构往往容易造成内部的损伤，有时在进行取样的过程中常常会碰到钢筋而导致取样工作无法顺利开展。

**（2）选用条件**

通常当运用无损检测的手段无法准确地检测混凝土的强度等级时，就可以选择这类检测方法，同时在取样之后也可以直接的查看混凝土结构的内部情况，例如说是否存在裂缝、骨料的分布情况等。

**（3）主要步骤**

1）取芯

首先取芯部位要选择在结构受力较小、混凝土强度质量具有代表性、便于安装钻芯机（如图 4.27）与操作，避开主筋和其他的钢筋及管线的部位。固定钻机用人造金刚石空心薄壁钻头，在结构上直接钻取圆柱形芯样（公称直径为 100mm，高径比为 1∶1 的混凝土圆柱

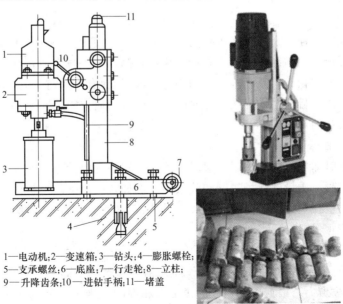

1—电动机；2—变速箱；3—钻头；4—膨胀螺栓；
5—支承螺丝；6—底座；7—行走轮；8—立柱；
9—升降齿条；10—进钻手柄；11—堵盖

图 4.27　钻芯机构造及芯样

体试件），取出芯样进行编号，并记录被取芯样的构件名称、位置和方向。

【讨论】 取芯的部位应注意以下几点：

① 取芯部位应选择结构受力小，对结构承载力影响小的部位。在结构的控制截面、应力集中区，构件接头和边缘处等一般不宜取芯；

② 取芯部位应避开构件中的钢筋和预埋件，特别是受力主筋；

③ 作为强度试验用的芯样，不应取在混凝土有缺陷的部位（如裂缝、蜂窝、疏松区）。

2）芯样试件的技术处理

芯样抗压试件的高度与直径的比应在 1~2 的范围内；芯样试件内不应含有钢筋，如不能满足此项要求则每个试件内最多只允许含有两根直径小于 10mm 的钢筋，且钢筋应与芯样轴线基本垂直；切锯后的芯样当不能满足平整度及垂直度要求时应进行端面补平加工，补平层与芯样层要结合牢固，以使受压时的补平层与芯样的结合面不提前破坏。

3）取芯后的修补

结构物的芯样钻取后所留下孔洞应及时进行修补，以保证其正常工作。

① 材料：使用合成树脂为胶结材料（粘结强度高）的细石混凝土，或用微膨胀水泥混凝土填补。这些材料的选用是为了预防当新补混凝土在硬化过程中产生收缩，与原混凝土结合面不牢或脱离，造成新旧混凝土无法共同工作，失去补强的作用。

② 填补前应细心清除孔中的污物及碎屑，用水湿润。修补后要细心养护。

4）使用限制

① 对于预应力构件，一般不允许钻取芯样，以确保结构的安全；

② 对小截面构件，钻芯直径尺寸超过构件尺寸之半，则易危及安全，也不宜采用；

③ 低强度（混凝土强度<C10）构件，取样后芯样外表面粗糙，难以修整得符合要求，不宜采用钻芯法。

5）钻芯确定混凝土强度推定值

确定和修正方法参见《钻芯法检测混凝土强度技术规程》CECS03—2007 中 3.2 节的要求。

### 5. 拔出法

拔出法检测混凝土强度是一种半破损的检测方法，即使用空心千斤顶或者其他相关的设备去将安装在混凝土中的锚固件（大头螺栓）拔出，测出极限拔出力，利用事先建立的极限拔出力和混凝土强度的相关关系，推定被测构件的混凝土强度。按锚固件安放时间分为预埋拔出法、后装拔出法。目前对拔出法检测时的破坏机理的研究尚存在一些未明确的问题，对其破坏机理尚无公认的理论。

（1）预埋拔出法

在浇筑混凝土时即埋入锚固件，待混凝土达到一定强度或龄期，安装拔出仪，检测混凝土强度。适合于混凝土质量的现场控制和验收中，例如，决定拆除模板或加置荷载的适当时间，决定施加或放松预应力的适当时间，决定吊装、运输构件的适当时间，决定停止湿热养护或冬季施工时停止保温的适当时间等。

（2）后装拔出法

指在已硬化的混凝土表面钻孔、磨槽、嵌入锚固件并安装拔出仪进行拔出试验（如图4.28），测定极限拔出力，根据预先建立的拔出力和混凝土强度之间的相关关系检测混凝土强度。这种方式有很强的灵活性和可变动性，经常用在一些已经建设完成的混凝土结构的检测中，适用于事故检测。使用这种检测法对于混凝土结构的损伤并不是很大，而且可以在后期采取修复措施，因此经常被采用，下面作重点介绍。

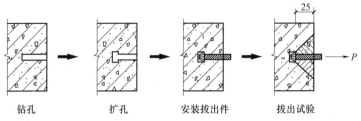

图 4.28　后装拔出法操作流程

1）试验装置

拔出仪由加荷装置、测力装置及反力支承三部分组成。拔出仪的加载装置一般采用油压系统，由手动式油泵的油压使油缸的活塞产生很大的拔出力；测力显示装置可采用数显式或指针式；拔出仪反力支承有圆环式和三点式两种。圆盘式拔出仪如图 4.29、图 4.30，三点式拔出仪如图 4.31、图 4.32，主要由钻孔机（钻头）、磨槽机、锚固件及拔出仪等组成。

钻孔机可采用金刚石薄壁空心钻或冲击电锤。钻孔机宜有控制垂直度及深度的装置，金

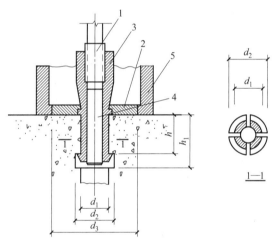

图 4.29　圆盘式拔出仪试验装置示意
1—拉杆；2—对中圆盘；3—胀簧；4—胀杆；5—反力支撑

(a) 钻孔、拉拔机　　　　　(b) 磨槽机　　　　　(c) 胀簧器

(d) 打入头(胀杆)　　　　　(e) 拔出千斤顶

图 4.30　圆盘式后装拔出法装置

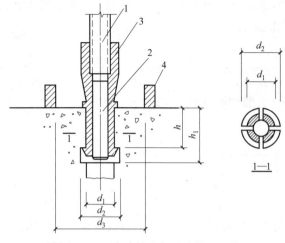

图 4.31　三点式拔出仪试验装置示意
1—拉杆；2—胀杆；3—胀簧；4—反力支承

图 4.32　三点式拔出仪

刚石薄壁空心钻应有冷却水装置。磨槽机由电钻、金刚石磨头、定位圆盘及冷却水装置组成。锚固件由胀簧和胀杆组成。

2）操作

① 钻孔与磨槽：在钻孔过程中，钻头应始终与混凝土表面保持垂直，垂直度偏差不应大于 3°。在混凝土孔壁磨环形槽时，磨槽机的定位圆盘应始终紧靠混凝土表面回转，磨出的环形槽应规整。成孔尺寸要求：a. 成孔直径，当采用圆环式时应为 18.1～19.0mm，当采用三点时应为 22.1～23.0mm；b. 成孔深度应比锚固深度深 20～30mm；c. 锚固深度，当采用圆环式时应为 25±0.8mm，当采用三点时应为 35±0.8mm；d. 环形槽深度应为 3.6～4.5mm。

② 拔出检测：将胀簧插入成型孔内，通过胀杆使胀簧锚固台阶完全嵌入环形槽内，保证锚固可靠。拔出仪与锚固件用拉杆连接对中，并与混凝土表面垂直。施加拔出力应连续均匀，速度应控制在 0.5～1.0kN/s。施加拔出力至混凝土开裂破坏（如图 4.33）、测力显示器读数不再增加为止，记录极限拔出力值精确至 0.1kN。对结构或构件进行检测时，应采取有效措施防止拔出仪及机具脱落摔坏或伤人。当拔出检测过程中出现异常时，应作详细记录，并将该值舍去，在其附近补测一个测点。拔出检测后，应对拔出检测造成的混凝土破损部位进行修补。

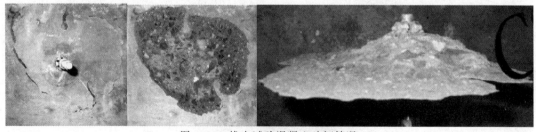

图 4.33　拔出试验混凝土破坏情况

③ 适用范围：在常用混凝土（混凝土强度≤C60）范围内，拔出力与混凝土强度有良好相关性。圆环式拔出试验装置，宜用于粗骨料最大粒径不大于 40mm 的混凝土；三点式拔出试验装置，宜用于粗骨料最大粒径不大于 60mm 的混凝土。检测部位的混凝土表层与内

部质量应一致。当混凝土表层与内部质量有明显差异时，应将薄弱表层清除干净后方可进行检测。

拔出法破损小，破损面直径小于 100mm，深度不超过 30mm，大概在保护层厚度附近，不影响结构强度，因而其使用受限制少，可更广泛地应用。

3）强度推算

① 单个构件的混凝土强度推定。单个构件的拔出力计算值，应按下列规定取值：当构件 3 个拔出力中的最大和最小拔出力与中间值之差均小于中间值的 15% 时，取最小值作为该构件拔出力计算值；当加测时，加测的 2 个拔出力值和最小拔出力值一起取平均值，再与前一次的拔出力中间值比较，取较小值作为该构件的拔出力计算值。按单个构件的拔出力计算值计算出强度换算值，作为单个构件混凝土强度推定值。

② 按批抽检检测的混凝土强度推定，参见式（4.12）～式（4.14）。

$$f_{cu,e1} = m_{f_{cu}^c} - 1.645 s_{f_{cu}^c} \tag{4.12}$$

$$f_{cu,e2} = m_{f_{cu,min}^c} = \frac{1}{m} \sum_{j=1}^{m} f_{cu,min,j}^c \tag{4.13}$$

$$f_{cu,e} = \max(f_{cu,e1}, f_{cu,e2}) \tag{4.14}$$

式中　$m_{f_{cu,min}^c}$ ——批抽检构件混凝土强度换算值中最小值的平均值；

　　　$f_{cu,min,j}^c$ ——第 $j$ 个构件混凝土强度换算值中的最小值。

### 6. 拉脱法

基于拔出法改进总结出一种新的方法：拉脱法。拉脱法测强技术是利用混凝土抗拉强度和抗压强度之间的相关关系，检测、推定混凝土结构或构件的抗压强度，它是在已有的微破损检测技术的基础上，综合其他检测技术的优点，经反复试验，依托具有自动夹紧、动态调节径向夹紧力的拉脱仪（如图 4.34），完成芯样试件的拉脱操作。

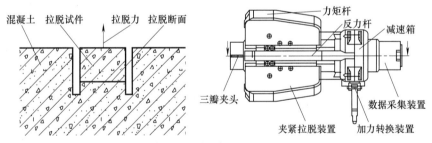

图 4.34　拉脱法测强原理

拉脱法试件制作过程为在结构上钻制深 44mm 的小芯样，不取出。试验方法为采用自动调节夹紧力，夹紧、拔出一体化的拉脱仪直接拔出芯样，采集拔出时的拉力峰值。

该技术操作工艺简单，设备轻便；试件不需加工，检测快捷、方便；可以检测钢筋密集部位的混凝土抗压强度；可检测不同龄期和 10～100MPa 强度的混凝土抗压强度。由于拉脱法是在拔出法基础上发展起来的，目标是致力于克服拔出法的不足，到目前还没有发现系统性缺陷。

### 7. 射钉法

#### （1）目的和适用范围

① 目的：采用发射枪使射钉射入混凝土，以射钉外露长度代表贯入阻力，通过相关关系快速评定水泥混凝土的硬化强度。可用于快速评定新混凝土的硬化强度，以检测现场混凝

土的匀质性，了解质量低劣的部位或范围。它仪器未标准化，国内尚无专门标准，特别适合老结构，不适用于施工质量的评定验收与仲裁。

② 适用范围：适用于抗压强度不大于 50MPa、且厚度不小于 15cm 的水泥混凝土。

**【讨论】** 射钉法的基本原理。利用发射枪对准混凝土表面发射子弹，弹内火药燃烧释放出来的能量推动钢钉高速进入混凝土中（射入深度 20～70mm，受混凝土表面状况及碳化影响较小），一部分能量消耗于钢钉与混凝土之间的摩擦，另一部分能量由于混凝土受挤压破碎而被消耗。子弹发射的初始动能被全部吸收，因而阻止了钢钉的回弹作用，钢钉被牢固地嵌入混凝土中。如果子弹初始动能是固定的、钢钉的尺寸形状和力学性能一致性很好，则钢钉贯入混凝土中的深度取决于混凝土的力学性质。因此测量钢钉外露部分的长度即可确定混凝土的贯入阻力。现场检验时，可事先通过试验建立贯入阻力与混凝土强度的经验关系式，推定出被检测混凝土的实际强度。

### （2）仪具与材料

① 发射枪（如图 4.35）：经国家有关部门批准许可的专门用于向混凝土发射射钉、并保证射钉能嵌入混凝土中的发射设备。发射能量应能使射钉嵌入混凝土中的深度和外露长度均不小于 10mm，不大于 70mm。

图 4.35 射钉法仪具

② 子弹：经国家有关部门批准许可的发射枪专用的配套子弹，内有标准重量的火药。

③ 射钉：用淬火的合金钢制成，尖端锋利，顶端平整，应便于测定外露长度和抽出回收。射钉长度均匀一致，长度误差在 ±0.5% 范围内。

④ 游标卡尺：准确至 0.05mm。

⑤ 定位装置：为对准射击点而放在混凝土表面的一种装置。

### （3）准备工作

① 操作前应首先检查发射枪是否装有保险装置，如未安装保护罩时，不得发射。

② 根据不同混凝土强度选用不同型号的射钉与子弹，当射钉全部向往混凝土内时，可选用能量较低的子弹。测试时的子弹型号必须与标定时的型号相同。

③ 发射枪安装射钉和子弹后，应将管口朝下，防止发生意外。射钉和子弹应妥善保管，不得靠近火源或受潮。使用射钉枪的试验售货员必须是经专用训练并经许可的人员。

④ 混凝土表面如不平整，射钉枪保护不能表面时，应先将表面处理平整之后进行试验。

⑤ 布置射钉之间的距离不小于 140mm，射钉与混凝土表面的边缘相距不得小于 100mm。在试验点放置定位装置。

### （4）试验步骤

① 试验应由专人用同一支发射枪及同一批射钉与子弹进行。

② 从发射枪口装入射钉，用送钉器将射钉推至发射管最深位置。

③ 拉出送弹器，装上子弹，推回原位。用定位装置或在画定位置对准混凝土表面射击点，垂直混凝土表面进行射击，把射钉射入混凝土中。

④ 在外露的射钉上套入一块中间有孔的标准厚度的金属片，套进射钉稳定的放于混凝土表面，以金属片为基准，用卡尺测量射钉外露长度，计算时将金属片厚度计入，并作记录。测量外露长度之前应检查射钉嵌入是否牢固，嵌入不牢固的射钉不能作为试验结果，外

露长度不宜小于10mm，也不宜大于70mm，否则该试验值应予废弃。

⑤ 每次测定发射3枚射钉，射钉的间距宜为20cm，取3枚射钉外露长度的平均值作为本次试验结果。

**（5）标定方法**

① 必须对每一支枪及每一批子弹针对工程实际情况进行标定试验，建立射钉外露长度与混凝土强度的相关关系，相关系数必须经数理统计检验为高度显著，且不得小于0.90。变异系数不宜超过15%。

② 对于同一工程，标定用的混凝土强度宜采用钻芯强度，也可采用标准尺寸的试件，与现场相同条件养护，温差护和干养护应分别建立相关关系，采用温养护时在试验前24h将试件搬到大气中养护。强度范围应包括抗压强度5~50MPa（或抗折强度1.5~7.0MPa），试验级数以10~30为宜。

【讨论】 事故构件混凝土强度检测方法比较，见表4.5。

表4.5 常用混凝土强度检测方法比较

| 测试方法 | 技术成熟性 | 装置经济性 | 准确性 | 测量简便性 | 结构物适用性 | 直观性 | 对结构无损性 |
|---|---|---|---|---|---|---|---|
| 回弹法 | ★★★★★ | ★★★★★ | ★★★ | ★★★★★ | ★★★★★ | ★★ | ★★★★★ |
| 超声回弹综合法 | ★★★★★ | ★ | ★★★★ | ★★★ | ★★★★ | ★★★ | ★★★★★ |
| 射钉法 | ★★★ | ★★★ | ★★★ | ★★★★★ | ★★★★★ | ★★★ | ★★★ |
| 后装拔出法 | ★★★★ | ★★ | ★★★★ | ★★ | ★★★ | ★★★★ | ★★ |
| 取芯法 | ★★★★★ | ★★★★ | ★★★★★ | ★★ | ★★ | ★★★★★ | ★ |

## 三、内部缺陷检测

### 1. 超声法

超声法（超声脉冲法）指采用带波形显示功能的超声波检测仪，测量超声脉冲波在技术条件相同（指混凝土的原材料、配合比、龄期和测试距离一致）的混凝土中的传播时间或速度（简称声速）、接收波的首波幅度（简称波幅）和接收信号主频率（简称主频）等声学参数，并根据这些参数及其相对变化，依照《超声法检测混凝土缺陷技术规程》CECS21-2000判定混凝土中的缺陷情况。

【释】 超声法测定混凝土缺陷基本原理：①根据超声波在混凝土中遇到缺陷时，产生绕射，可根据声时及声程的变化，判别和计算缺陷的大小；②超声波在混凝土中的缺陷界面产生散射和反射，声波波幅显著减少，频率明显降低，接收信号波形畸变，可根据这些变化判断混凝土的缺陷情况。

【讨论】 虽然实际上超声波在混凝土中由于受到石子、气孔、微裂缝、钢筋等影响，会产生散射、绕射等过程，致使其传播方向改变（非直线传播），但由于我们在测量时主要取首波，因此基本上还是认为在正常混凝土中，超声波沿近似直线的路径传播。当遇到缺陷时则绕射是主要的，因此导致了声速及波幅、频率均下降，波形产生畸变。在对缺陷进行定位时，也是以超声在混凝土中的直线传播为假设前提的。

用途：混凝土孔洞或疏松等内部缺陷检测、新旧混凝土结合面质量检测、裂缝深度检测、表面损伤层深度检测、钢管混凝土质量检测、声波透射法检测混凝土灌注桩桩身完整性等。

**（1）内部空洞缺陷大小的检测**

不密实区和空洞检测要求检测部位必须具有一对或两对相互平行的测试面。检测的时候，应在同条件的正常混凝土上进行对比测试，对比测点数不得少于 20 点。必须在测试部位弹画网格线，网格间距一般为 $100\sim300\text{mm}$，测试部位表面必须清理干净、必要时打磨平整。如果存在缺陷，可以采用高强度快凝砂浆抹平，干后测试。

**【释】** 不密实区。是指因振捣不足、漏浆、石子架空等原因造成的蜂窝状缺陷，或者因水泥缺少而形成的松散状以及遭受意外损伤造成的疏松状混凝土区域。

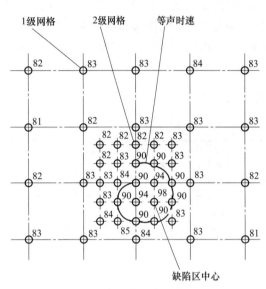

图 4.36 用网格法搜索内部缺陷

**【讨论】** 缺陷部位的判断。由于内部缺陷无外露痕迹，如果进行普遍搜索费工费时效率不高。一般做法是以较大的间距（例如 $300\text{mm}$）划出网格作为第一级网格，测定网格交叉点处的声时值；然后在声速变化较大的区域，以较小的间距（如 $100\text{mm}$）划出第二级网格，再测定网格交叉点的声速。将具有较大声速值的点（或异常点）连接起来，则该区域即可初步定为缺陷区，如图 4.36。

① 对测法：适用于构件具有两对相互平行的测试面，如图 4.37 所示。

测点布置：在测试部位两对相互平行的测试面上，分别画出等间距的网格（网格间距：工业与民用建筑为 $100\sim300\text{mm}$，其他大型结构物可适当放宽），并编号确定对应的测点位置，如图 4.38。

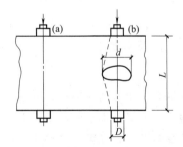

图 4.37 内部孔洞尺寸的对测法

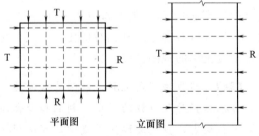

图 4.38 对测法测点布置示意

② 斜测法：当只有一对相互平行测试面时，可采用斜测、对测结合的方法，如图 4.39 所示。斜测的目的在于能发现水平走向的缺陷。测点布置如图 4.40。

**（2）裂缝深度检测**

① 单面平测法（如图 4.41）：适用于结构只有一个表面可供测试时，如混凝土路面、地下室剪力墙、飞机跑道、大体积混凝土等。最大检测深度为 $500\text{mm}$。

平测裂缝基于下列的假设：a. 裂缝附近混凝土质量基本一致（声速基本相等）；b. 跨缝声速和不跨缝声速一致；c. 超声波绕过裂缝尖端传播。

**【讨论】** 使用单面平测法的前提条件是超声波绕过裂缝尖端传播。当裂缝尖端存在水

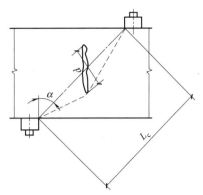

图 4.39　内部孔洞尺寸的斜侧法

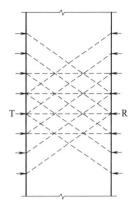

图 4.40　斜测法测点布置示意

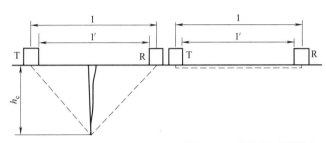

图 4.41　裂缝单面平测法

分、尘土颗粒等杂质时，或者裂缝局部被水分、尘土颗粒等填充时，会成为超声传播的通道，因此导致深度测试的误差（使裂缝深度偏小）。

测点布置如图 4.42 所示。注意测距是测量两个换能器的内边缘距离。

根据上述假设，通过图 4.42 的几何关系，可以推导出裂缝深度的计算公式如下：

$$h_{ci} = \frac{l_i}{2}\sqrt{\left(\frac{t_i^0 v}{l_i}\right)^2 - 1} \qquad (4.15)$$

图 4.42　单侧平测法测点布置

式中　$h_{ci}$——第 $i$ 点计算的裂缝深度值，mm；

　　　$l_i$——不跨缝平测时第 $i$ 测点的超声波
　　　　　　实际传播距离，mm；

　　　$t_i^0$——第 $i$ 点跨缝平测的声时值，μs；

　　　$v$——不跨缝平测的混凝土声速值，km/s。

【释】　不跨缝平测时测点的超声波实际传播距离、混凝土声速。将 T 和 R 换能器置于裂缝附近同一侧，以两个换能器内边缘间距（$l'$）等于 100、150、200、250（mm）分别读取声时值（$t_i$），绘制"时-距"坐标图（图 4.43）或用回归分析的方法求出声时与测距之间的回归直线方程，如式（4.16）：

$$l_i = a + bt_i \qquad (4.16)$$

每测点超声波实际传播距离 $l_i$ 为：

$$l_i = l' + |a| \qquad (4.17)$$

式中　$l_i$——第 $i$ 点的超声波实际传播距离，mm；

　　　$l'$——第 $i$ 点的 R、T 换能器内边缘间距，mm；

　　　$a$——"时-距"图中 $l'$ 轴的截距或回归直线方程的常数项，mm。

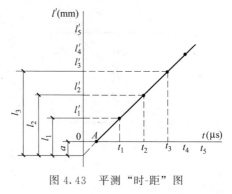

图 4.43　平测"时-距"图

不跨缝平测的混凝土声速值为：

$$v = \frac{l'_n - l'_1}{t_n - t_1} \quad \text{(km/s)}$$

$$\text{或} \quad v = b \quad \text{(km/s)} \quad (4.18)$$

式中　$l'_n$、$l'_1$——第 $n$ 点和第 1 点的测距，mm；

　　　$t_n$、$t_1$——第 $n$ 点和第 1 点读取的声时值，μs；

　　　$b$——回归系数。

② 双面斜测法：当结构的裂缝部位具有两个相互平行的测试表面时，可采用双面穿透斜测法检测。测点布置如图 4.44 所示，将 T、R 换能器分别置于两测试表面对应测点 1、2、3… 的位置，读取相应声时值 $t_i$、波幅值 $A_i$ 及主频率 $f_i$。

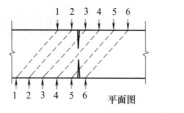
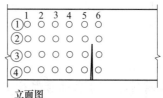

平面图　　　　　　立面图

图 4.44　裂缝双面斜测法

裂缝深度判定：当 T、R 换能器的连线通过裂缝，根据波幅、声时和主频的突变，可以判定裂缝深度以及是否在所处断面内贯通（根据波幅、声时和主频的突变来判定超声波是否穿过裂缝传播，可以判断裂缝是否贯通截面）。

【例】　用对测法检测某闸墩裂缝，结果见图 4.45。

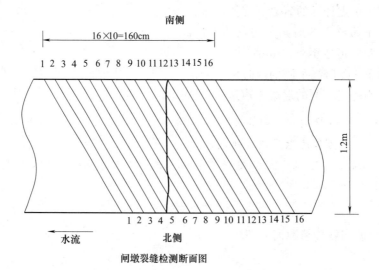

闸墩裂缝检测断面图

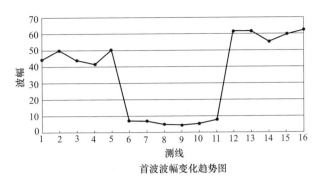

图 4.45　对测法检测闸墩裂缝首波波幅

**（3）缺陷判断**

根据各测点的声时（或声速）、波幅或频率值的相对变化（见表4.6），确定异常测点的坐标位置，从而判定缺陷的范围。数据处理及判断可参照《超声法检测混凝土缺陷技术规程》CECS21－2000中6.3节提供的方法。

表4.6　各种检测方法测点表现

| 检测方法 | 声速法 | 波形法 | 振幅法 | 频率法 |
|---|---|---|---|---|
| 缺陷处表现 | 变慢 | 波形畸变首波滞后 | 减小 | 高频分量减少、低频分量增加 |

### 2. 冲击回波法

在混凝土表面用一个短时的微小机械冲击（用小钢球或小锤轻敲混凝土表面）产生低频应力波，波在混凝土中传播时遇到缺陷或构件底面反射回来产生回波，被安装在冲击点附近的传感器接受下来，送到内置告诉数据采集和信号处理的便携仪器（如图4.46），计算机将信号进行频谱分析并绘制频谱图，其中峰值就是波在冲击表面与底面（或内部缺陷）间来回反射产生瞬态共振形成的，据最高峰值处的频率值算出结构厚度，推断有无缺陷及所处位置（如图4.47）。

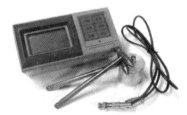

图 4.46　便携式冲击回波检测仪

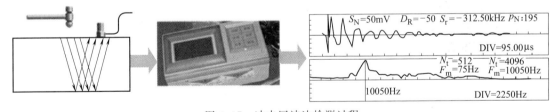

图 4.47　冲击回波法检测过程

【例】　无缺陷处和有缺陷处的测试结果对比，如图4.48。

## 四、混凝土中钢筋检测

可用于探测钢筋的方法有电磁感应法（电磁感应法钢筋探测仪、钢筋保护层厚度检测仪）、雷达法（地质雷达）、红外成像法、X射线法、局部破损法（电锤、铁锤、铁钎、游标卡尺）。可供参照的技术规程有《混凝土中钢筋检测技术规程》JGJ/T 152—2008、《水工混凝土试验规程》SL 352—2006等。

第四章　工程事故检测

257

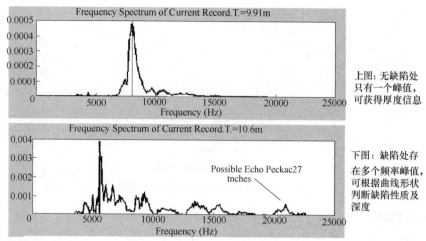

上图：无缺陷处只有一个峰值，可获得厚度信息

下图：缺陷处存在多个频率峰值，可根据曲线形状判断缺陷性质及深度

图 4.48　回波频率峰值对比示意

## 1. 工作原理

### （1）电磁感应法原理

磁场线圈在所要检查的混凝土中产生高脉冲的一次电磁场，如混凝土中有金属物体，则该物体将感应产生二次电磁场（如图 4.49）。每一次磁场线圈所产生的电磁场的脉冲间隙会引起第二次电磁场的衰减，这样就使感应线圈产生电压变化。混凝土是带弱磁性的材料，而结构内配置的钢筋是带有强磁性的材料，因此可以利用电磁感应原理，测量钢筋表面与探头之间的电位差。电磁感应法可以检测钢筋的位置、大小及内部缺陷，具有映射效应，在应用中具有一定的局限性。

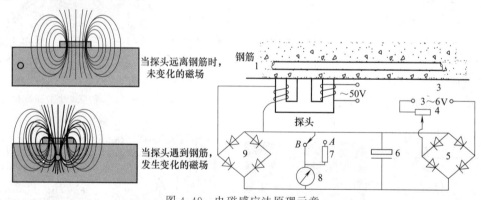

图 4.49　电磁感应法原理示意

【释】　映射效应。如图 4.50，第一层钢筋磁场的阴影覆盖了第二层钢筋，因此无法探测第二层钢筋。

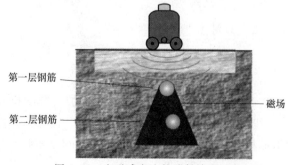

图 4.50　电磁感应法的映射效应示意

电磁感应法常见的仪器有：①PROCEQPROFOMETERPM-630 高级混凝土扫描保护层测量仪；②PRO-CEQPROFOMETERPM-630/650；③HILTIPS200 钢筋探测仪（如图 4.51）；④北京智博联 ZBL-R630A 电磁感应法钢筋探测仪；⑤天津津维 GW50 钢筋位

置测定仪等。

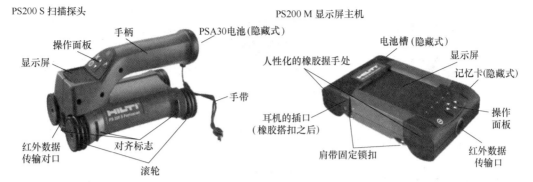

图 4.51　HILTIPS200 钢筋探测仪

### （2）雷达法原理

从天线发射的电磁波穿透混凝土表面后遇到钢筋、孔洞等与混凝土介电常数不同的物体时电磁波反射回天线，根据电磁波在混凝土中传播速度来计算混凝土厚度。

雷达法仪器有：手持式钢筋扫描透视仪 StructureScanMini（美国 GSSI 公司），如图 4.52。

### （3）局部破损法原理

使用工具破坏混凝土保护层，裸露钢筋直接测量。

【讨论】　四种无破损测试方法比较，见表 4.7。

### 2. 钢筋布置检测

钢筋布置直接影响到钢筋混凝土构件的承载力和耐久性，我们对其检测主要包含：钢筋位置、间距、混凝土保护层厚度、钢筋公称直径。

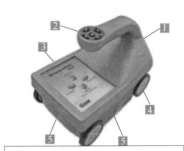

1. 手持式一体化主机系统
2. 符合人体工程学的手柄和控制键
3. 彩色显示屏，界面容易操作
4. 自带测量轮编码器
5. 定位引导激光

图 4.52　手持式钢筋扫描透视仪

表 4.7　混凝土中钢筋的无破损检测方法对比

| 方法 | 原理 | 图像 | 特点 | 条件 |
| --- | --- | --- | --- | --- |
| 电磁感应法 | 磁场 | | 探测深度达 180m 保护层厚度准确性高可以估算钢筋的直径图像简单易懂 | 不容易探测出重叠钢筋 只可探测金属 不适合含有铁磁性物质的混凝土检测 |
| 雷达法 | 雷达波 | | 探测深度达 300m 可探测出建筑物中的任何物体 | 保护层厚度不准确 不能提供直径的数据 价格昂贵 图像可读性低 不可工作与潮湿的表面 |
| 红外成像法 | 热探测　Δ°C/°F | | 可探测建筑物的金属成分 | 不能提供保护层厚度及钢筋直径的数据 所测位置的结果不准确 只可探测金属 不容易成像 |

| 方法 | 原理 | 图像 | 特点 | 条件 |
|---|---|---|---|---|
| X 射线法 | 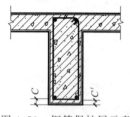发射器<br>X射线<br>接收器 |  | 探测深度可达1m<br>对建筑物中的任<br>何物体都能清晰<br>成像 | 不能提供保护层厚度<br>及钢筋直径的数据<br>价格昂贵<br>有放射性<br>必须在被测物体的另<br>一侧放置接收器 |

【释】 保护层厚度指钢筋外边缘至混凝土表面的距离，如图 4.53。钢筋公称直径指与钢筋的公称横截面积相等的圆的直径。

图 4.53 钢筋保护层示意

**（1）电磁感应法**

利用电磁感应原理，测定钢筋混凝土内的磁场分布情况，确定钢筋位置及尺寸。钢筋距探头越近，钢筋直径越粗，磁感应强度越大，相位差也越大。

① 检测前，首先接通电源，应对钢筋探测仪进行调零，调零时探头放在空位（应远离金属物体等导磁体至少 300mm）。在检测过程中，应核查钢筋探测仪的零点状态。预设钢筋直径，可以提高测量精度。

② 选择检测面。对于具有饰面层的结构和构件，应清除饰面层后在混凝土面上进行检测。结合设计资料了解钢筋布置情况（如图 4.54），检测时应避开钢筋接头和绑丝。

③ 把探头在检测面上垂直于钢筋方向平移（如图 4.55），探头平行于要测钢筋方向，移动速度不得大于 2cm/s，尽量保持匀速移动，避免在找到钢筋前向相反方向移动（会造成较大的检测误差甚至漏筋），直到钢筋探测仪保护层厚度示值最小，此时蜂鸣器报警，提示已经找到钢筋，此时探头中心线与钢筋轴线应重合，探测仪自动锁定钢筋保护层厚度值和钢筋直径，在相应位置做好标记。通常仪器直接给出钢筋间距，当同一构件检测钢筋不少于 7 根时，也可给出被测钢筋的最大间距、最小间距和平均间距。

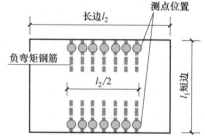

图 4.54 双向板负筋保护层厚度测点位置示意

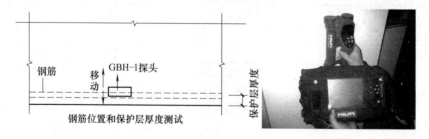

图 4.55 钢筋探测仪移动方向

④ 按上述步骤将相邻的其他钢筋位置逐一标出。

钢筋距探头越近，钢筋直径越粗，磁感应强度越大，相位差也越大。

在同一位置检测钢筋保护层厚度两次。当两次检测值相差大于 1mm 时，该组数据应无效，并查明原因，在原处重新检测。仍不满足要求时，应更换仪器或采用钻孔、剔凿的方法验证。

**【讨论】** 应采用局部破损法验证的情况：①认为相邻钢筋对检测结果有影响；②钢筋实际根数、位置与设计有较大偏差或无资料可供参考；③公称直径未知或有异议（电磁感应法）；④混凝土含水率较高（雷达法）；⑤钢筋以及混凝土材质与校准试件有显著差异。

**（2）雷达法**

雷达法宜用于结构及构件中钢筋间距的大面积扫描检测；当检测精度满足要求时，也可用于钢筋的混凝土保护层厚度检测。

根据被测结构及构件中钢筋的排列方向，雷达仪探头或天线应沿垂直于选定的被测钢筋轴线方向扫描，应根据钢筋的反射波位置来确定钢筋间距和混凝土保护层厚度检测值。

### 3. 钢筋力学性质检测

**（1）钢筋实际应力**

检测部位应选择实际应力构件的最大受力部位，该部位钢筋的实际应力能反映该构件的承载力情况。

先凿开需检测部位的混凝土保护层，在钢筋暴露处一侧贴上应变片，通过应变仪测其应变值，用游标卡尺测量钢筋直径的减小量。根据测量结果计算出钢筋实际应力，见式（4.19）。

$$\sigma_s = \frac{\Delta \varepsilon_s E_s A_{s1}}{A_{s2}} + E_s \frac{\sum_1^n \Delta \varepsilon_{si} \cdot A_{si}}{\sum_1^n A_{si}} \qquad (4.19)$$

式中　$\Delta \varepsilon_s$ —— 被削磨钢筋的应变增量；

　　　$\Delta \varepsilon_{si}$ —— 构件上被测钢筋邻近处第 $i$ 根钢筋的应变增量；

　　　$E_s$ —— 钢筋弹性模量；

　　　$A_{s1}$ —— 被测钢筋削磨后的截面积［如图 4.56（a）］；

　　　$A_{s2}$ —— 被测钢筋削磨掉的截面积［如图 4.56（b）］；

　　　$A_{si}$ —— 构件上被测钢筋邻近处第 $i$ 根钢筋的截面积。

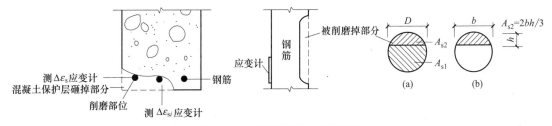

图 4.56　钢筋实际应力检测方法

注意事项：

① 经削磨减小后的钢筋直径不宜小于 2/3d（钢筋的原直径）。

② 削磨钢筋应分 2～4 次进行，每次都要记录钢筋截面积减小量和钢筋削磨部位的应变增量。

③ 钢筋的削磨面要平滑。测量削磨后的钢筋面积应使用游标卡尺。削磨时，因摩擦将使被削钢筋温度升高而影响应变读数。一定要等到钢筋削磨面的温度与大气温度相同时，方可记录应变仪读数。

④ 测试后的构件补强：在测试结束后，应用 $\phi 20$、$l = 200\text{mm}$ 的短钢筋焊接到被削磨钢

筋的受损处，并用比构件高一强度等级的细石混凝土补齐保护层。

**（2）钢筋强度**

从结构构件上现场截取钢筋试样，实验室检测其极限抗拉强度、屈服强度及延伸率等。

考虑到所取试样的代表性的同时，因现场取样对结构承载力有影响，应尽可能在一般承重构件或构件的非重要部位（如受力较小）取样，使得截取试样对结构的损伤达到最小。截取试样后应采取补强措施。

### 4. 钢筋锈蚀检测

钢筋混凝土结构中所产生的腐蚀通常为电化学腐蚀，预应力钢筋混凝土结构多为应力腐蚀和氢脆腐蚀。钢筋锈蚀是钢筋混凝土结构破坏和早期失效的主要原因之一。钢筋在混凝土中呈钝态，但由于各种原因使混凝土的碱性状态发生了改变后，破坏了钢筋表面的钝化膜，导致钢筋锈蚀（如图 4.57）。

梁混凝土保护层剥落
纵筋严重锈蚀，箍筋锈断

1/B轴梁12-13轴间

图 4.57 某钢筋混凝土梁钢筋锈蚀破坏情况

**【讨论】** 使钢筋钝化膜破坏的主要因素。①有 $Cl^-$ 离子作用破坏钢筋钝化膜；②当无其他有害物质时，由碳化作用破坏钢筋钝化膜；③由 $SO_4$ 或其他酸性介质侵入而使混凝土碱度降低而使钝化膜破坏；④混凝土中掺入大量活性混合物材料或采用低碱度水泥，导致钝化膜破坏或根本不生成钝化膜。其中第一个因素是主要因素。

钢筋锈蚀程度的指标有阳极电流密度、失重速率或截面损失率、锈蚀深度等。目前可通过物理方法和电化学方法进行非破损检测。

**（1）物理方法**

通过测定与钢筋锈蚀引起的电阻、电磁、热传导、声波传播等物理特性的变化来测定钢筋锈蚀程度。主要包括：电阻棒法、射线法、声发射探测法、红外热像法以及基于磁场的检测方法等。物理检测方法的优点是操作简便，受环境的影响小。其缺点是只能用于定性分析，比较难以进行定量分析，目前基本停留在实验室阶段。

**（2）电化学法**

通过测定钢筋混凝土腐蚀体系的电化学特性，可以分析出钢筋的锈蚀程度或速度。常用的方法见表 4.8。

表 4.8 常用的电化学方法的比较

| 测试方法 | 自然电位法 | 交流阻抗法 | 线性极化法 | 恒电量法 | 电化学噪音法 | 混凝土电阻法 | 谐波法 |
|---|---|---|---|---|---|---|---|
| 应用情况 | 最广泛 | 一般 | 广泛 | 较少 | 较少 | 一般 | 较少 |
| 检测速度 | 快 | 慢 | 较快 | 快 | 较慢 | 较慢 | 较慢 |
| 定性/定量 | 定性 | 定量 | 定量 | 定量 | 半定量 | 定性 | 定量 |
| 干扰程度 | 无 | 较小 | 小 | 微小 | 无 | 小 | 较小 |
| 方法适用性 | 实验室和现场 | 实验室 | 现场 | 现场 | 均较差 | 均较差 | 均较差 |

注：1. 自然电位法即为半电池电位法；

2. 指对钢筋混凝土体系的干扰。

① 自然电位法检测基本原理：由于混凝土碳、氯离子侵入等原因使钢筋表面的钝化膜层破坏，产生活态，从而使钢筋容易锈蚀。钢筋锈蚀后表面有腐蚀电流存在，其电位发生变

化。钢筋不同锈蚀程度处的电位也不同，它们之间的电位差的大小反映了钢筋该处的锈蚀状态。测定其电位变化，钢筋锈蚀程度与测量电位间建立的一定关系和电位高低变化的规律，可判断钢筋锈蚀的可能性及其锈蚀程度。

【释】 自然电位法。是在不供电的条件下，测量由于电化学性质而产生的自然电场。

电位：是衡量电荷在电路中某点所具有能量的物理量。在数值上，电路中某点的电位等于正电荷在该点所具有的能量与电荷所带电荷量的比。电路中任一点的电位，就是该点与零电位点之间的电位差。比零电位点高的电位为正，比零电位点低的电位为负。电位降低的方向就是电场力对正电荷做功的方向。

电位差：电路中任意两点的电位之差。

自然电位：混凝土中水分常以饱和氢氧化钙溶液形式存在，混凝土中的钢筋一旦与这些强碱性介质接触，就在自身表面形成一种钝化膜，这个膜在钢筋表面建立起一个稳定的电位。

② 自然电位法检测方法：自然电位法检测时可用单电极法［如图 4.58（a）］和双电极法［如图 4.58（b）］，前者适用于钢筋端头外露的结构，后者适用于钢筋不外露的结构。

单电极法检测时将电极和钢筋分别连接在伏特计上，并令参考电极沿钢筋混凝土结构表面不断移动，测出各点钢筋的电位值，画出自然电位图，然后据此判断钢筋是否锈蚀。

【释】 钢筋的连接点。导线一端与钢筋连接，另一端与二次仪表的输入端连接。导线与钢筋连接有两种方法：①与暴露钢筋连接时，应使钢筋与混凝土脱开，用砂纸和钢丝刷清除钢筋上的残留混凝土和锈蚀部分，然后将加压型鳄鱼夹夹在处理好的钢筋上；②在钢筋上钻一个小孔并拧上螺丝，将导线焊接在钉帽上或直接将加压型鳄鱼夹夹在钉帽上。

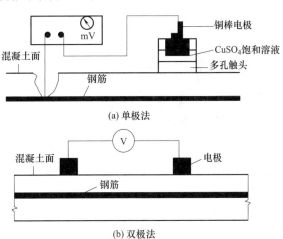

图 4.58 自然电位法检测钢筋锈蚀示意

在选定的测区内，测定钢筋和混凝土组成的电极与混凝土表面的铜和硫酸铜参考电极的电位差（如图 4.59）。钢筋和混凝土中的电化学活性成分可以构成半个弱电池组（钢筋的作用是一个电极，混凝土中电化学活性成分是电解质），钢筋表面层上某一点的电位可以通过和表面铜-硫酸铜参考电极的电位做比较进行测定。

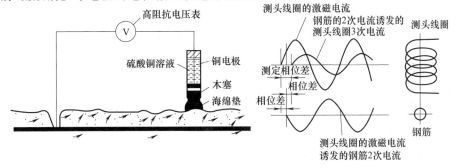

图 4.59 自然电位法检测示意

【释】 测区。应选择有迹象表明钢筋已锈蚀或可能锈蚀的有代表性的结构部位作为测区。测区上一般布置200mm×200mm的测试网格,如果测区内的相邻测点的读数相差150mV(高锈蚀活动区)或受到被测构件截面尺寸的限制(如梁底主筋的位置),也可采取200mm×100mm、100mm×100mm的测区。

测区混凝土表面的处理,当混凝土处于干燥或表面有非导电性覆盖层时,因不能形成回路而不能检测。为了保证良好的电接触,测量前应使用自来水是测区充分湿润。

双电位法是将两个参考电极沿钢筋混凝土结构表面移动,若两处钢筋处于相同状态则无电位差,若处于不同状态(如一处锈蚀另一处未锈蚀),则可测出电位差,并依次判断各处钢筋是否锈蚀,见表4.9。

表4.9 钢筋电位与钢筋锈蚀状况判别

| 电位/mV | 钢筋状态 | 电位/mV | 钢筋状态 |
|---|---|---|---|
| 0～−100 | 未锈蚀 | −300～−400 | 发生锈蚀的概率>90%,全面锈蚀 |
| −100～−200 | 发生诱蚀的概率<10%,开始有锈蚀 | <400 | 肯定锈蚀,锈蚀严重 |
| −200～−300 | 锈蚀状态不明确,可能有坑蚀 | | |

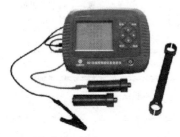

图4.60 RT70钢筋锈蚀仪

现已有各种专用电位仪(如图4.60)用于测定钢筋锈蚀程度,可参考《建筑结构检测技术标准》GB/T 50344—2004中附录D。

【讨论】 自然电位法检测的缺点:只能定性地对钢筋锈蚀可能性作判断,不能定量测定钢筋的锈蚀速率,不能定量测量钢筋锈蚀比例;在混凝土表面有绝缘体覆盖或不能用水浸润的情况下不能使用该种方法进行测试。

# 第三节 砌体结构事故检测

砌体工程是指普通黏土砖,承重黏土空心砖,蒸压灰砂砖,粉煤灰砖,各种中小型砌块和石材的砌筑。

砌体墙指的是用块体和砂浆通过一定的砌筑方法砌筑而成的墙体。砖砌体包括烧结普通砖(黏土砖和硅酸盐砖)、非烧结硅酸盐砖和承重粘土空心砖砌体;砌块砌体包括混凝土(或加气混凝土、轻骨料混凝土)中型、小型空心砌块和粉煤灰中型实心砌块砌体;石砌体,包括各种料石砌体、毛石砌体和毛石混凝土砌体,如图4.61。

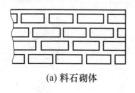
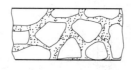

(a) 料石砌体　　　　　　(b) 毛石砌体　　　　　　(c) 毛石混凝土砌体

图4.61 常见石砌体类型

块体是砌筑用的人造块材,是一种新型墙体材料,外形多为直角六面体,也有各种异型体砌块。一般包括:实心砖、空心砖、轻骨料混凝土砌块、混凝土空心砌块、毛料石、毛石等。

【释】 砖。建筑用的人造小型块材，分烧结砖（主要指黏土砖）和非烧结砖（灰砂砖、粉煤灰砖等）。黏土砖以黏土（包括页岩、煤矸石等粉料）为主要原料，经泥料处理、成型、干燥和焙烧而成。①按材质分：黏土砖、页岩砖、煤矸石砖、粉煤灰砖、灰砂砖、混凝土砖等。②按孔洞率分：实心砖（无孔洞或孔洞小于25％的砖）、多孔砖（孔洞率等于或大于25％，孔的尺寸小而数量多的砖，常用于承重部位，强度等级较高。）③空心砖（孔洞率等于或大于40％，孔的尺寸大而数量少的砖，常用于非承重部位，强度等级偏低。）④按生产工艺分：烧结砖（经焙烧而成的砖）、蒸压砖、蒸养砖。⑤按烧结与否分：免烧砖（水泥砖）和烧结砖（红砖）。

【讨论】 砌块。砌块是利用混凝土、工业废料（炉渣，粉煤灰等）或地方材料制成的人造块材，外形尺寸比砖大，具有设备简单，砌筑速度快的优点，符合了建筑工业化发展中墙体改革的要求。

砌块按尺寸和质量的大小不同分为小型砌块、中型砌块和大型砌块。砌块系列中主规格的高度大于115mm而小于380mm的称作小型砌块、高度为380～980mm称为中型砌块、高度大于980mm的称为大型砌块。使用中以中小型砌块居多。

砌块按外观形状可以分为实心砌块和空心砌块，如图4.62。空心率小于25％或无孔洞的砌块为实心砌块；空心率大于或等于25％的砌块为空心砌块。空心砌块有单排方孔、单排圆孔和多排扁孔三种形式，其中多排扁孔对保温较有利。

图4.62 常见砌块类型

按砌块在组砌中的位置与作用可以分为主砌块和各种辅助砌块。

根据材料不同，常用的砌块有普通混凝土与装饰混凝土小型空心砌块、轻集料混凝土小型空心砌块、粉煤灰小型空心砌块、蒸压加气混凝土砌块、免蒸加气混凝土砌块（又称环保轻质混凝土砌块）和石膏砌块。吸水率较大的砌块不能用于长期浸水、经常受干湿交替或冻融循环的建筑部位。

砂浆，建筑上砌筑和抹灰工程使用的黏结物质，由一定比例的细骨料（砂）和胶结材料（水泥、石灰膏、黏土等）加水拌合而成，也叫灰浆。常用的有水泥砂浆、混合砂浆（或叫水泥石灰砂浆）、石灰砂浆和黏土砂浆。普通砂浆材料中还有的是用石膏、石灰膏或黏土掺加纤维性增强材料加水配制成膏状物，称为灰、膏、泥或胶泥。常用的有麻刀灰（掺入麻刀的石灰膏）、纸筋灰（掺入纸筋的石灰膏）、石膏灰（在熟石膏中掺入石灰膏及纸筋或玻璃纤维等）和掺灰泥（黏土中掺少量石灰和麦秸或稻草）。

【释】 砂浆用于砌筑和抹灰工程。可分为砌筑砂浆和抹面砂浆，前者用于砖、石块、砌块等的砌筑以及构件安装；后者则用于墙面、地面、屋面及梁柱结构等表面的抹灰，以达到防护和装饰等要求。

【讨论】 水泥砂浆区别混合砂浆。混合砂浆由于加入了石灰膏，改善了砂浆的和易性，操作起来比较方便，有利于砌体密实度和工效的提高。但石灰是气硬性材料，怕水，不能用于潮湿或有水的环境，另外作为胶凝材料，石灰要比水泥的粘结强度低很多，所以混合砂浆通常比水泥砂浆的强度要低。

分辨方法：①看颜色，石灰砂浆是白色的，混合砂浆是中灰色的，水泥砂浆颜色更深（没有掺白灰嘛！）。②石灰砂浆的早期强度虽然低，但在空气中气硬后强度不低，指甲是划不动的。③可以根据用在的部位判断。

砌体构件，用砖或砌块配合砂浆按一定规则组砌的构件。其检测内容：材料（砖或其他材料砌块及砂浆）强度、砌体强度、砌体裂缝、砌筑质量等。

## 一、砌体裂缝检测

砌体结构常见裂缝一般有：荷载裂缝、结构沉降裂缝以及收缩、温度等裂缝。可以通过现场裂缝的主要发展形态和特征来大致判断裂缝的性质。

砌体结构荷载裂缝，由于结构构件受力形式不同，产生的裂缝形态及特点也不同。

砌体结构沉降裂缝，因地基沉陷、基础下沉而发生不均匀沉降，使基础沉陷部位对应的上部结构砌体中产生附加应力，当其超过了砌体极限强度时，则在砌体薄弱处发生沉降裂缝。这两种裂缝典型特征和形态详见表 4.10。

表 4.10  各种典型原因下裂缝特征

| 裂缝原因 | 主要特征 | |
| --- | --- | --- |
| | 裂缝常出现位置 | 裂缝走向及形态 |
| 受压 | 承重墙活窗间墙中部 | 多为竖向裂缝，中间宽，两端窄 |
| 偏心受压 | 受偏心荷载的墙或者柱 | 压力较大一侧产生竖向裂缝；另一侧产生水平裂缝，边缘宽，向内渐窄 |
| 局部受压 | 梁端支撑强体；受集中荷载处 | 竖向裂缝并伴有谢烈峰 |
| 受剪 | 受压墙体受较大水平荷载处 | 水平通缝 |
| | | 沿灰缝阶梯形裂缝 |
| | | 沿灰缝和砌块阶梯形裂缝 |
| 不均匀沉降 | 底层大窗台下、建筑物顶部、纵横墙交接处 | 竖向裂缝，上部宽，下部窄 |
| | 窗间墙上下对角 | 水平裂缝，边缘宽，向内渐窄 |
| | 纵、横墙竖向变形较大窗口对角，下部多、上部少，两端多、中减少 | 斜裂缝，正八字形 |
| | 纵、横墙挠度较大的窗口对角，下部多、上部少，两端多、中减少 | 斜裂缝，倒八字形 |

砌体结构温度裂缝，主要是由于温度作用引起的。由于砌体结构的结构体系、组成材料（砖、砂浆、混凝土组成）的性质和施工技术条件的限制，各个材料的温度膨胀系数各不相同，当砌体结构受到温度作用时，各个构件发生温度胀缩变化，各个材料变形不一致，加之结构之间的互为约束，就会产生较高的温度应力，使得砌体产生裂缝。

温度裂缝是砌体结构中常见的一种裂缝，也是检测鉴定工作中经常遇到的。一般有斜向、竖向和水平向三种形态。温度裂缝一般有以下特点：①裂缝一般为对称分布，如房屋尽端成对出现；②裂缝多发生在房屋顶层，特别是顶层两端山墙及内纵墙，部分房屋有向下发展的倾向；③裂缝较多发生在房屋竣工后的夏季及冬季，裂缝往往随着环境温度变化，有大有小，一般经过一年后基本稳定，不会无限扩展；④向阳面重、背阴面轻，现浇板重，预制板轻。

了解以上三种常见的砌体结构裂缝的特征后，在检测鉴定工作中遇到裂缝，需要根据裂缝的形态特征以及其他相关资料来判断裂缝的性质，根据裂缝的性质进行有针对性的检测和采取相应的防护措施：

① 对于砌体结构发生荷载裂缝，要确定砌体结构的承载力情况，是否可以继续承载，必要时根据现场检测结构的实际强度和截面尺寸，进行结构承载力的验算。要根据砌体破坏的严重程度，及时采取加固措施，并防止可能发生房屋垮塌的重大安全事故。

② 对于砌体结构沉降裂缝，根据裂缝出现的部位、深度、长度、开裂方向等；砌体结构体系、布局、地基土质及处理、基础形式等；沉降观测时间、沉降速率、沉降差等判定沉降裂缝的类型、严重程度及其是否稳定，从而确定其对结构安全的影响。对超过标准所规定的不均匀和不稳定沉降、裂缝情况，应采取及时处理和紧急处理的措施，以控制基础沉降，保证结构正常使用的安全。

③ 对于砌体结构温度裂缝要根据其严重程度，决定是否继续承载。一般当砌体结构中发生轻度的非受力裂缝，比较常见，比如圈梁、楼盖与砌体之间产生的温度裂缝，一般不影响正常使用，当裂缝宽度不是很大时，也可暂不采取措施。

具体砌体裂缝的检测方法，基本与混凝土裂缝检测一样，这里就不再重复了。

## 二、砌体强度的检测

砌体由砖与砂浆砌筑而成，砖强度高于砂浆，所以破坏大多发生在砂浆中。同时，砌体抗压强度高，抗拉强度与抗弯强度较低，容易发生受拉与受弯破坏。

根据《砌体基本力学性能试验方法标准》GB/T 50129—2011、《砌体工程现场检测技标准》GB/T 50315—2011 等标准的要求，主要的现场原位检测技术有：冲击法、扁顶法、轴压法、单砖双剪法、取芯法、顶推法、推出法、砂浆片剪切法、贯入法、回弹法、砌体通缝单剪法、筒压法、点荷法、拉拔法、应力波法、射钉法等十多种检测方法。这些方法能测试砌体的抗压强度、抗剪强度，砌体的工作应力、弹性模量，砌筑砂浆强度，砌筑砖强度。检测的指标，应用于砌体工程施工质量的检测、鉴定，房屋的加层、改造，以及古建筑砌体工作应力、强度和弹性模量的测评。

目前强度检测应用较广的几种方法，将其特点、用途和限制条件列于表 4.11 中，可以根据工程的特点和试验条件进行选用。但在试验中不得构成结构或构件的安全问题。

表 4.11 　砌体强度试验方法特点一览表

| 检测方法及标准 | 特　点 | 用　途 | 限 制 条 件 |
|---|---|---|---|
| 砖回弹法《建筑结构检测技术标准》GB/T 50344—2004 | 1. 属原位无损检测，测区选择不受限制；<br>2. 回弹仪性能较稳定，操作简便；<br>3. 检测部位的装修面层受到损伤 | 检测烧结黏土砖、页岩砖、煤矸石砖的强度 | 不适用于推定高温、长期浸水、化学侵蚀、火灾等情况下的砖抗压强度 |
| 砂浆回弹法《砌体工程现场检测技标准》GB/T 50315—2011 | 1. 属原位无损检测，测区选择不受限制；<br>2. 回弹仪性能较稳定，操作简便；<br>3. 检测部位的装修面层仅局部损伤。 | 1. 检测烧结普通砖墙体中的砂浆强度；<br>2. 适宜于砂浆强度均质性普查 | 1. 砂浆强度不应小于2MPa；<br>2. 不适用于推定高温、长期浸水、化学侵蚀、火灾等情况下的砂浆抗压强度 |
| 贯入法《贯入法检测砌筑砂浆抗压强度技术规程》JGJ/T 136—2001 | 1. 属原位无损检测，测区选择不受限制；<br>2. 回弹仪性能较稳定，操作简便；<br>3. 检测部位的装修面层仅局部损伤 | 检测水泥混合砂浆或水泥砂浆的抗压强度 | 不适用于推定高温、冻害、化学侵蚀、火灾等表面损伤的砂浆检测，以及冻结法施工的砂浆在强度回升阶段的检测 |
| 点荷法《砌体工程现场测技标准》GB/T 50315—2011 | 1. 属取样检测；<br>2. 试验工作较简单；<br>3. 检测部位局部损伤 | 检测烧结普通砖砌体中的砌筑砂浆强度 | 砂浆强度不应小于2MPa |

| 检测方法及标准 | 特　点 | 用　途 | 限制条件 |
|---|---|---|---|
| 推出法<br>《砌体工程现场<br>检测技术标准》<br>GB/T 50315—2011 | 1. 属原位检测,直接在墙体上测试,测试结果综合反应了施工质量和砂浆质量;<br>2. 设备较轻便;<br>3. 检测部位局部破损 | 检测普通砖墙体的砂浆强度 | 当水平灰缝的砂浆饱满度低于65%时,不宜选用 |
| 砂浆片剪法<br>《砌体工程现场<br>检测技术标准》<br>GB/T 50315—2011 | 1. 属取样检测;<br>2. 专用的砂浆测强仪和其标定仪;<br>3. 试验工作较简便;<br>4. 取样部位局部损伤 | 检测烧结砖普通墙体中的砂浆强度 | |
| 贯入法<br>《贯入法检测砌筑<br>砂浆抗压强度<br>技术标准》<br>JGJ/T 136—2001 | 1. 属原位无损检测,测区选择不受限制;<br>2. 贯入仪性能较稳定,操作简便;<br>3. 检测部位的装修面层仅局部损伤 | 检测水泥混合砂浆或水泥砂浆的抗压强度 | 不适用于推定高温、长期浸水、化学侵蚀、火灾等情况下的砂浆抗压强度以及冻结法施工的砂浆强度回升阶段的检测 |
| 射钉法<br>《砌体工程现场<br>检测技术标准》<br>GB/T 50315—2011 | 1. 属原位无损检测,测区选择不受限制;<br>2. 射钉枪、子弹、射钉均有配套定产品,设备较轻便;<br>3. 墙体装修面层仅局部损伤 | 用于烧结砖和多孔砖砌体中,砂浆强度均质性普查 | 1. 定量推定砂浆强度,宜与其他检测方法配合使用;<br>2. 砂浆强度不低于2MPa;<br>3. 检测前,设备需要用标准靶检校 |
| 筒压法<br>《砌体工程现场<br>测技标准》<br>GB/T 50315—2011 | 1. 属取样检测;<br>2. 取样部位局部损伤;<br>3. 仅用一般混凝土试验室的常用设备 | 检测烧结普通砖墙体中的砂浆强度。 | 测点数量不宜太多 |
| 切割法<br>《砌体基本力学能<br>试验方法》<br>GBJ 129—2011 | 1. 属取样检测;<br>2. 取样部位局部损伤;<br>3. 需要压力不小于2000kN、行程不小于1000mm的压力机或反力装置 | 检测砌体的抗压强度 | 1. 仅能切取窗间墙体进行试验;<br>2. 测点数量不宜太多 |
| 原位轴压法<br>《砌体工程现场<br>测技标准》<br>GB/T 50315—2011 | 1. 属原位检测,直接在墙体上测试,测试结果综合反映了材料质量和施工质量;<br>2. 直观性、可比性强;<br>3. 设备较重;<br>4. 检测部位局部破损 | 检测普通砖和多孔砖砌体的抗压强度 | 适用于240mm厚普通砖砌体的抗压强度 |
| 扁顶法<br>《砌体工程现场<br>检测技术标准》<br>GB/T 50315—2011 | 1. 属原位检测,直接在墙体上测试,测试结果综合反映了材料质量和施工质量;<br>2. 直观性、可比性较强;<br>3. 扁顶重复使用率较高;<br>4. 砌体强度较高或轴向变形较大时,难以测出抗压强度;<br>5. 设备较轻;<br>6. 检测部位局部破损 | 1. 检测普通砖砌体的抗压强度;<br>2. 测试具体工程的砌体弹性模量;<br>3. 测试古建筑和重要建筑的实际应力 | 1. 槽间砌体每侧的墙体宽度应不小于1.5m;<br>2. 同一墙体上的测点数量不宜多于1个,测点总数不宜太多 |
| 原位单剪法<br>《砌体工程现场<br>检测技术标准》<br>GB/T 50315—2011 | 1. 属原位检测,直接在墙体上测试,测试结果综合反应了施工质量和砂浆质量;<br>2. 直观性强;<br>3. 检测部位局部破损 | 检测各种砌体的抗剪强度 | 1. 测点选在窗下墙部位,且承受反作用力的墙体应有足够长度;<br>2. 测点数量不宜太多 |
| 单砖双剪法<br>《砌体工程现场<br>检测技术标准》<br>GB/T 50315—2011 | 1. 属原位检测,直接在墙体上测试,测试结果综合反应了施工质量和砂浆质量;<br>2. 直观性强;<br>3. 设备较轻便;<br>4. 检测部位局部破损 | 检测烧结普通砖砌体的抗剪强度,其他墙体应经试验确定有关换算系数 | 当砂浆强度低于5MPa时,误差较大 |

**【讨论】** 检测方法按测试内容分类：检测抗压强度用原位轴压法、扁顶法；检测工作应力用弹性模量法、扁顶法；检测抗剪强度用原位单剪法、双剪法；检测砂浆强度用推出法、筒压法、砂浆片剪法、回弹法、点荷法、射钉法（贯入法）。

### （1）切制抗压试件法

根据《砌体工程现场检测技术标准》GB 50315—2011 中第六节，本方法是使用电动切割机砖墙上切割两条竖缝，间距可取 370mm 或 490mm，从中人工取出与标准砌体抗压试件尺寸相同的试件，运至实验室进行砌体抗压强度测试。本方法适用于推定普通砖砌体和多孔砖砌体的抗压强度。当宏观检查认为墙体的砌筑质量差或砌筑砂浆强度等级低于 M2.5（含 M2.5）时，不宜选用本方法。

① 试样尺寸：试样截面尺寸长×宽为 240mm×370mm 或 370mm×490mm，高度为较小边长的 2.5~3 倍，如图 4.63。

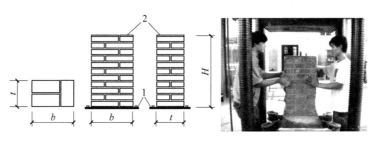

图 4.63　标准砌体抗压试件
1—钢垫板；2—找平砂浆

② 试样制取：抽取部位一般宜在窗孔洞部位切取试件；同一墙体上，砌体切取数不宜多于一个；切取砌体的水平净距不得小于 2.0m。取样数量一般砌筑的同一种砖（或块材）和砂浆的强度等级试件，一组不宜少于 6 个。确定尺寸后在墙上标出切割线（宜选取竖向灰缝上下对齐的部位），并在拟切制试件上下两端各钻孔 2 个，如图 4.64。

将切割机的锯片（锯条）对准切割线，并垂直于墙面，然后启动切割机在砖墙上切出两条竖缝。之后凿掉试件顶部一皮砖，适当凿取试件底部砂浆，伸进撬棍将水平灰缝撬松动。竖缝切割后四周暂时用角钢包住（也可用其他适宜的临时固定方法将试件绑扎牢固），小心取下，注意防止碰撞并应采取减小振动的措施，不让试件松动。

切出的试样应放在带吊钩的钢板（厚度不小于 10mm）垫板上以备实验室运装试件，垫板应抄平后坐浆。然后在加压面用厚度 10mm 的 1:3 砂浆坐浆抹平，并采用水平尺检查平整度，在自然养护 3d 后再进行抗压测试。试件应作外观检查，当有碰撞或其他损伤痕迹时应作记录；当试件破损严重或断裂时，应舍去该试件。

③ 抗压试验步骤：包括试件在试验机底板上的对中方法、试件顶面找平方法、加荷制度、裂缝观察、初裂荷载及破坏荷载等检测及测试事项，均应符合《砌体基本力学性能试验方法标准》GB/T 50129—2011 中第 4 章的有关规定。

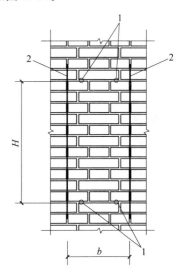

图 4.64　切制普通砖砌体
抗压试件示意

1—钻孔；2—切割线；
$H$—试件高度；$b$—试件宽度

试压时，坐浆与找平砂浆的强度等级不应低于 M10，砌体应保持原有的含湿状态。

在试件四个侧面上，应画出竖向中线。在试件高度的 1/4、1/2、3/4 处，应分别测量试件的宽度与厚度，测量精度应为 1mm，测量结果应采用平均值。试件的高度，应以垫板顶面为准，量至找平层顶面。

试件的安装，应先将试件吊起，清除粘在垫板下的杂物，然后置于试验机的下压板上。当试件承压板小于试件截面尺寸时，应加刚性垫板；当试件承压面与压板的接触面不均匀紧密时，尚应垫平。试件就位时，应使试件四个侧面的竖向中线对准压力机的轴线。

试验采用分级加载。每级的荷载，应为预估荷载值的 10%，并应在 1～1.5min 内均匀加完；恒荷 1～2min 后施加下一级荷载。施加荷载时，不得冲击试件。施加荷载过程中，应有试验人员观察砌体四周第一条裂缝出现的时间，并及时做好记录。

加荷至预估破坏荷载值的 80% 后，应按原定加荷速度连续加荷，直至试件破坏。当试件裂缝急剧扩展和增多，测力计指针明显回退时，应定为该试件丧失承载能力而达到破坏状态。其最大荷载读数应为该试件的破坏荷载值。

④ 数据分析：单个切制试件的抗压强度、测区的砌体抗压强度平均值均按《砌体工程现场检测技术标准》GB 50315—2011 中第 4 章的有关公式计算。计算结果表示被测墙体的实际抗压强度值，不应乘以强度调整系数。

单个试件的抗压强度 $f_{cm}$，应按式（4.20）计算，其计算结果取值应精确至 0.1N/mm：

$$f_{cm} = N/A \tag{4.20}$$

式中　$f_{cm}$——试件的抗压强度（$0.1N/mm^2$）；

　　　$N$——试件的抗压破坏荷载值，N；

　　　$A$——试件的截面面积，$mm^2$，测得的试件平均宽度和平均厚度计算。

砌体抗压强度平均值，应按下式计算：

$$f_{mi} = \frac{1}{n_1}\sum_{j=1}^{n_1} f_{mij} \tag{4.21}$$

式中　$n_1$——砌体的个数。

当砌体偏心受压破坏，其承载力数据为异常数据。

**（2）原位轴压法**

原位轴压法属于原位测试砌体抗压强度方法，采用少破损法直接在原砌体上，用原位轴压仪（扁千斤顶）对砌体进行施压，测定其强度。适用于推定 240mm 厚普通砖砌体或多孔砖砌体的抗压强度测定，还反映了砌筑质量对砌体抗压强度的影响。

【释】　原位轴压仪。原位轴压仪由手动油泵、扁式千斤顶、反力平衡架等组成（如图4.65），主要技术指标，应符合表 4.12 的要求。

图 4.65　原位轴压仪、扁千斤顶

表 4.12　原位轴压仪主要技术指标

| 项　目 | 指　标 | |
| --- | --- | --- |
| | 450 型 | 600 型 |
| 额定压力/kN | 400 | 500 |
| 极限压力/kN | 450 | 600 |
| 额定行程/mm | 15 | 15 |
| 极限行程/mm | 20 | 20 |
| 示值相对误差/% | ±3 | ±3 |

砌体原位轴心抗压强度测定法是结构在原始状态下进行检测，砌体不受扰动，所以它可以全面考虑砖材和砂浆变异及砌筑质量等对砌体抗压强度的影响，这对于结构改建、抗震修复加固、灾害事故分析以及对已建砌体结构的可靠性评定等尤为适用。此外，这种方法以局部破损应力作为砌体强度的推算依据，结果较为可靠。更由于它是一种半破损的试验方法，对砌体所造成的局部损伤易于修复。

1）检测频率及取样部位

检测时，应以每一楼层且总量不大于 250m³ 的材料品种和设计强度等级相同的砌体作为 1 个检测单元，每检测单元最少布置 6 个测区，每 1 个测区至少布置 1 个测点（每 1 个检测单元最少布置 6 个测点），当 1 个检测单元不足 6 片墙时，可适当减少测点数；测试部位宜选在墙体中部距楼、地面 1m 左右的高度处，槽间砌体每侧的墙体宽度不应小于 1.5m（保证有足够的约束墙体，防止出现破坏影响测试结果）；同一墙体上测点不宜多于 1 个，且宜选在沿墙体长度的中间部位，多于 1 个时其水平净距不得小于 2.0m；检测过程会对被测墙体造成一定损坏，削弱砌体结构的承载力，所以测试部位不得选在挑梁下、应力集中部位以及墙梁的墙体计算高度范围内。

2）测定方法

① 在墙体上开凿两条水平槽孔（开槽时应避免扰动四周的砌体），其中上水平槽尺寸应为 240mm×250mm×70mm（深×宽×高），下水平槽尺寸为 240mm×250mm×140mm（深×宽×高）（下槽的高度视压力机型号不同而调整），上下水平槽孔对齐，两槽间相隔 7 皮砖（多孔砖砌体槽间砌体高度应为 5 皮砖），净距约 430mm，槽间砌体的承压面修平整，并在上槽下表面和扁式千斤顶的顶面，均匀铺设厚 10mm 湿细砂垫层或石膏等，如图 4.66。

图 4.66　墙体开槽

② 安放原位压力机（如图 4.67），将反力板置于上槽孔、扁式千斤顶置于下槽孔，安放四根钢拉杆，并使两个承压板上下对齐后，拧紧螺母并调整其平行度（四根拉杆的上下螺母间的净距误差不应大于 2mm）。

③ 正式测试前，应进行试加荷载试验，试加荷载值可取预估破坏荷载的 10%。检查测试系统是否灵敏以及上下压板和砌体受压面接触是否均匀密实，待系统正常后卸荷即开始测试。

④ 正式测试时分级加荷。每级荷载约为预估破坏荷载的 10%，并在 1～1.5min 内均匀加完，然后恒载 2min；加荷至预估破坏荷载的 80% 后，连续加荷直至槽间砌体破坏（当槽间砌体裂缝急剧扩展和增多而压力表指针明显回退时，即为槽间砌体的破坏荷载），检测过程中应记录开裂荷载、裂缝开展情况及破坏荷载。

3）数据处理

图 4.67  原位压力机测试工作状况

1—手动油泵；2—压力表；3—高压油管；4—扁式千斤顶；5—拉杆（共 4 根）；

6—反力板；7—螺母；8—槽间砌体；9—砂垫层

槽间砌体的抗压强度，应按下式计算：

$$f_{uij} = N_{uij} / A_{ij} \qquad (4.22)$$

式中  $f_{uij}$——第 $i$ 个测区第 $j$ 个测点槽间砌体的抗压强度，MPa；

$N_{uij}$——第 i 个测区第 j 个测点槽间砌体的受压破坏荷载值，N；

$A_{ij}$——第 $i$ 个测区第 $j$ 个测点槽间砌体的受压面积，$mm^2$。

槽间砌体抗压强度换算为标准砌体的抗压强度，应按下列公式计算：

$$f_{mij} = f_{uij} / \varepsilon_{1ij} \qquad (4.23)$$

$$\varepsilon_{1ij} = 1.36 + 0.54 \sigma_{oij} \qquad (4.24)$$

式中  $\varepsilon_{1ij}$——原位轴压法的无量纲的强度换算系数；

$\sigma_{oij}$——该测点上部墙体的压应力，MPa，其值可按墙体实际所承受的荷载标准值计算。

测区的砌体抗压强度平均值，应按下式计算：

$$f_{mi} = \frac{1}{n_1} \sum_{j=1}^{n_1} f_{mij} \qquad (4.25)$$

式中  $f_{mi}$——第 $i$ 个测区砌体的抗压强度平均值，MPa；

$n_1$——测区的测点数。

**（3）扁顶法**

扁顶法的试验装置是由扁式液压加载器及液压加载系统组成（如图 4.68）。试验时在待测砌体部位按所取试件的高度，在上下两端垂直于主应力方向沿水平灰缝将砂浆掏空，形成两个水平空槽，并将扁式加载器的液囊放入灰缝的空槽内。当扁式加载器进油时、液囊膨胀对砌体产生应力，随着压力的增加，试件受载增大，直到开裂破坏，由此求得槽间砌体的抗压强度。

**【释】**  扁式液压加载器（液压枕，如图 4.69）。扁顶应由 1mm 后合金钢板焊接而成，总厚度宜为 5mm～7mm，大面尺寸分别宜为 250mm×250mm、250mm×380mm、380mm×380mm、380mm×500mm。其中前两种可用于 240mm 厚墙体、后两种可用于370mm 厚墙体。

扁顶法除了可直接测量砌体的受压工作应力、抗压强度外，当在被试砌体部位布置应变测点进行应变量测时，尚可测量开槽释放应力、砌体的应力—应变曲线、砌体原始主应力值和弹性模量。

1) 测试部位

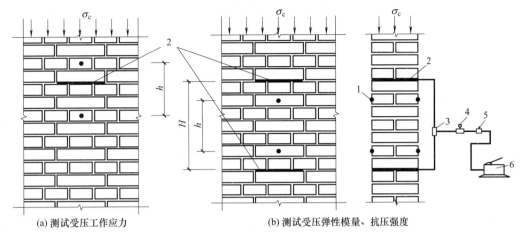

图 4.68　扁顶法测试装置与变形测点布置

1—变形量测脚标（两对）；2—扁式液压千斤顶；3—三通接头；

4—压力表；5—溢流阀；6—手动油泵；$H$—槽间砌体高度；$h$—脚标之间的距离

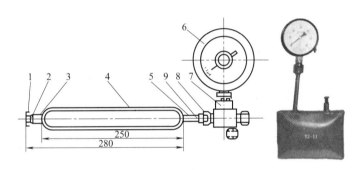

图 4.69　液压枕构造示意

1—放气螺钉；2—钢球；3—放气嘴；4—枕壳；5—紫铜管；6—压力表；7—注油三通；8—六角螺母；9—小管座

① 测试部位宜选在墙体中部距楼、地面 1m 左右的高度处；槽间砌体每侧的墙体宽度不应小于 1.5m。

② 同一墙体上，测点不宜多于 1 个，且宜选在沿墙体长度的中间部位；多于 1 个时，其水平净距不得小于 2.0m。

③测试部位不得选在挑梁下、应力集中部位以及墙梁的墙体计算高度范围内。

2）试验步骤

① 实测墙体的受压工作应力时，应符合下列要求。

在选定的墙体上，标出水平槽的位置并应牢固粘贴两对变形测量的脚标。脚标应位于水平槽正中并跨越该槽；脚标之间的标距应相隔四皮砖，宜取 250mm，试验前应记录标距值，精确至 0.1mm。

使用手持应变仪或千分表在脚标上测量砌体变形的初读数，应测量 3 次，并取其平均值。

在标出水平槽位置处，剔除水平灰缝内的砂浆。水平槽的尺寸应略大于扁顶尺寸。开凿时不应损伤测点部位的墙体及变形测量脚标。应清理平整槽的四周，除去灰渣。

使用手持式应变仪（如图 4.70）或千分表在脚标上测量开槽后的砌体变形值，待读数稳定后方可进行下一步试验工作。

在槽内安装扁顶，扁顶上下两面宜垫尺寸相同的钢垫板，并应连接试验油路。

图 4.70　手持式应变仪

正式测试前，应进行试加荷载试验，试加荷载值可取预估破坏荷载的 10%。检查测试系统的灵活性和可靠性，以及上下压板和砌体受压面接触是否均匀密实。经试加荷载，测试系统正常后卸荷，开始正式测试。

正式测试时，应分级加荷。每级荷载应为预估破坏荷载值的 5%，并应在 1.5~2min 内均匀加完，恒载 2min 后测读变形值。当变形值接近开槽前的读数时，应适当减小加荷级差，直至实测变形值达到开槽前的读数，然后卸荷。

② 实测墙内砌体抗压强度或弹性模量时，应符合下列要求。

在完成墙体的受压工作应力测试后，开凿第二条水平槽，上下槽应互相平行、对齐。当选用 250mm×250mm 扁顶时，两槽之间相隔 7 皮砖，净距宜取 430mm；当选用其他尺寸的扁顶时，两槽之间相隔 8 皮砖，净距宜取 490mm。遇有灰缝不规则或砂浆强度较高而难以凿槽的情况，可以在槽孔处取出一皮砖，安装扁顶时应采用钢制楔形垫块调整其间隙。

应按要求在上下槽内安装扁顶。

试加荷载，试加荷载值可取预估破坏荷载的 10%。检查测试系统的灵活性和可靠性，以及上下压板和砌体受压面接触是否均匀密实。经试加荷载，测试系统正常后卸荷，开始正式测试。

正式测试时，应分级加荷。每级荷载可取预估破坏荷载的 10%，并应在 1~1.5min 内均匀加完，然后恒载 2min。加荷至预估破坏荷载的 80% 后，应按原定加荷速度连续加荷，直至槽间砌体破坏。当槽间砌体裂缝急剧扩展和增多，油压表的指针明显回退时，槽间砌体达到极限状态。

当需要测定砌体受压弹性模量时，应在槽间砌体两侧各粘贴一对变形测量脚标，脚标应位于槽间砌体的中部。脚标之间相隔 4 条水平灰缝，净距宜取 250mm。试验前应记录标距值，精确至 0.1mm。按上述加荷方法进行试验，测量逐级荷载下的变形值。加荷的应力上限不宜大于槽间砌体极限抗压强度的 50%。

当槽间砌体上部压应力小于 0.2MPa 时，应加设反力平衡架，方可进行试验。反力平衡架可由四根钢拉杆和两块反力板组成。

③ 当仅需要测定砌体抗压强度时，应同时开凿两条水平槽，按上述要求进行试验。

3）试验记录

内容应包括描绘测点布置图、墙体砌筑方式、扁顶位置、脚标位置、轴向变形值、逐级荷载下的油压表读数、裂缝随荷载变化情况简图等。

4）数据分析

根据扁顶的校验结果，应将油压表读数换算为试验荷载值。

根据试验结果，按现行国家标准《砌体基本力学性能试验方法标准》的方法，计算砌体在有侧向约束情况下的弹性模量；当换算为标准砌体的弹性模量时，计算结果应乘以换算系数 0.85。

墙体的受压工作应力,等于实测变形值达到开凿前的读数时所对应的应力值。

槽间砌体的抗压强度、槽间砌体抗压强度换算为标准砌体的抗压强度、测区的砌体抗压强度平均值,应按原位轴压法中的相应提供的公式计算。

## 三、砌体中砂浆强度的检测

砌体中的砂浆不可能做成标准立方体(70.7mm×70.7mm×70.7mm)的试件,无法按常规方法试验。

### 1. 冲击法

根据《冲击法检测硬化砂浆抗压强度技术规程》YB 9248—1992,冲击法指在砌体上凿取一定数量的砂浆,加工成颗粒状(尺寸为10~12mm接近球形的粒料)砂浆试样,用冲击锤施加冲击功使之破碎。冲击将消耗一定的能量;砂浆粉碎后颗粒变小变细,其表面积增加。用测得的单位功表面积增量来确定砌体砂浆抗压强度的方法。

【释】 单位功表面积增量。在一定冲击作用下,砂浆颗粒增加的表面积 $\Delta A$ 与破碎功的增加量 $\Delta W$ 呈线性关系,而砂浆的抗压强度与单位功的表面积增量 $\Delta A/\Delta W$ 有定量关系,从而可以据此测得砂浆的强度。

【释】 冲击。试样置于冲击仪(如图4.71)料筒内受重锤垂直下落击打的过程。冲击次数即击打次数。

对冲击法检测硬化砂浆抗压强度的系统试验表明,当砂浆的实际强度低于2MPa或高于25MPa时,冲击法检测结果的离散性较大(即可靠性有所降低),因此采用冲击法检测砂浆的实际强度宜在2~25MPa范围内。

#### (1)检测原理

破碎物料所做的功,消耗在克服作用于物料质点间的内聚力上。内聚力的大小取决于物料块本身的性能和结构,也与结构中所形成的各种缺陷(可能是气孔或宏观的和微观的裂缝)有关。由于缺陷的存在,粒料块内部存在着脆弱的断面。当物料破碎时,外力首先使物料块的某些部分产生变形,外力超过强度极限以后,物料块就发生破裂,生成许多碎块,这时总是首先沿最脆弱的断面产生新的表面。当物料破碎到其平均粒度接近于缺陷的平均尺寸时,粒料中所包含的脆弱面大幅度减少,物料将变得越来越坚固。

按列宾捷尔提出的破碎功方程认为:破碎时所消耗的功,一部分使被破碎的物料块产生变形,并以热的形式散失于周围空间,另一部分则用于形成

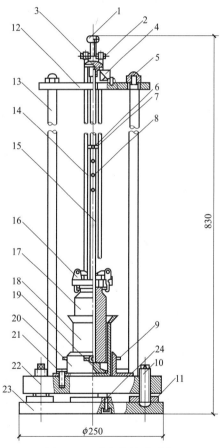

图4.71 冲击仪构造示意

1—把手;2—把手板;3—螺套;4—定位卡;
5—螺母;6—紧固螺钉;7—撞针;8—距标孔;
9—紧固螺栓;10—调整螺栓;11—压盖;
12—上托板;13—撑杆;14—提杆;
15—主导杆;16—卡爪;17—重锤;
18—料筒;19—冲击垫;20—套筒;
21,24—固定螺栓;22—下托板;23—底板

新的表面，变成固体的自由表面能，即破碎功等于以上两者之和。

当破碎比较大时，破碎后获得表面积很大的细粒产物。物料体积变形功耗与新生表面积的功耗比较起来显得很小，变形功就可以忽略不计，则破碎功与破碎过程中新生成的表面面积成正比（如图4.72）。

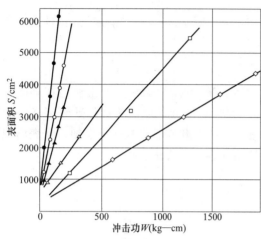

图4.72 不同强度硬化砂浆冲击
功耗与试料表面积的关系

【释】 破碎比。原材料的平均粒径与破碎后的平均粒径之比。

**（2）取样方法**

在指定的取样部位凿取砌体中的灰缝砂浆块状试料，试料的厚度不应小于10mm，平面各边尺寸不宜小于15mm，每份试料总量应不少于250g，不得使用落地砂浆。每份试料应单独包装，并注明工程名称，取样部位、时间及取样人姓名。各试料不得混淆。

将块状试料加工成尺寸为10～12mm接近球形的粒料，取10mm和12mm筛间的粒料作为试验用标准试样。每份试料制得的标准试样总量应不少于180g。潮湿的试样应在50～60℃温度烘烤2h，冷却后待用。

**（3）操作过程**

将制备好的标准试样分成三份，取其中一份称量（50±0.2）g，放入冲击仪料筒中，将料面大体整平，并放入冲击垫。

选择锤重和落锤高度，按规定顺序对试料进行冲击、筛分和称量。同时做好试验记录。

试料用砂子标准筛［孔径包括5、2.5（mm）圆孔筛和孔径为1.2、0.6、0.3、0.15（mm）的方孔筛并附有筛底和筛盖］在筛分机上筛分2分钟，分别称量各筛号上的筛余量。

试样的冲击、筛分和称量宜按下列击打制式进行：①估计强度为2～5MPa，按（1—2—2）制式；②估计强度为5～20MPa，按（2—4—4）制式。

【释】 击打制式。指对一份试样分三回施加冲击功，如（2—4—4）制式，即第一回击打2下，第二回再击打4下（累计6下），第三回击打4下（累计10下），每回击打后进行筛分，称量，以获得对应的三级累计冲击功作用下试样的表面积值。

试验操作过程可能造成试样的损失，如冲击过程中细颗粒试样飞散筒外，部分颗粒卡在筛网上，称量时未全部倒出，每回冲击结束后，料筒内的试样未能全部倒入筛子内等等。操作中造成试样的损失，会导致给出的强度值偏高，因此，试验操作务必认真细致，尽量减少物料损失，当发现物料损失大于要求（第一回冲击后质量差应小于0.1g，第三回冲击后累计质量差应小于0.5g），试验应重做。

数据整理：冲击功、试样的表面积、单位功表面积增量 $\Delta S / \Delta W$、砂浆试样的强度等数据，均按照《冲击法检测硬化砂浆抗压强度技术规程》YB 9248—1992中提供的公式计算。

**2. 推出法**

根据《砌体工程现场检测技术标准》GB/T 50315—2011中第9章规定，通过测定水平砂浆的抗剪强度推算其抗压强度。

## （1）检测原理

用小型推出装置（如图4.73），对砖砌体中处于统一边界条件下的一块丁砖，施加水平推力，剪切推出砖下的砂浆粘结层，测出所用推力，用以间接推算出砂浆抗压强度。

【释】 统一边界条件。是指欲被推出的砖的顶面及两侧的砂浆层，均已予清除的情况。（先用冲击钻及在图4.74所示A点打出约40mm的孔洞，再用特制金刚石锯将被推砖顶部A至B点的砂浆层锯掉，然后用扁铲插入上一层砂浆中轻轻撬动，使被推砖上部的两块顺砖脱落取下，形成一个断面为240mm×60mm的孔洞。最后再用锯将被推砖两侧竖向灰缝砂浆清除掉直至下皮砖顶面，被推砖承压面可采用砂轮磨平并清理干净。开洞及清缝时，不得扰动被推丁砖）

图4.73 推出仪

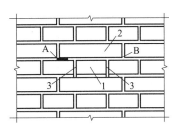

图4.74 试件加工步骤示意
1—被推丁砖；2—被取出的两块顺转；3—掏空的竖向灰缝

## （2）安装推出仪

用尺测量推出仪（如图4.75）前梁两端与墙面距离，使其误差小于3mm。传感器的作用点，在水平方向应位于被推丁砖中间，铅垂方向应距被推丁砖下表面之上15mm处。

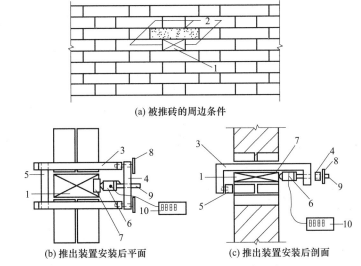

(a) 被推砖的周边条件

(b) 推出装置安装后平面    (c) 推出装置安装后剖面

图4.75 推出法的推出装置安装示意
1—被推出丁砖；2—被清除砖及砂浆竖缝；3—支架；4—前梁；5—后梁；6—传感器；7—垫片；
8—调平螺丝；9—传力丝扣；10—推出力显示器

## （3）手动加荷侧向推砖

旋转加荷螺杆对试件施加荷载，加荷速度宜控制在5kN/min。当被推丁砖和砌体之间发生相对位移，试件达到破坏状态。当砖被推出时，由高精度的荷载传感器通过仪表峰值显示器将力值显示出来，记录推出力 $N_{ij}$。

取下被推丁砖，用百格网测试砂浆饱满度 $B_{ij}$。

（4）数据分析

① 单个测区的推出力平均值，应按下式计算：

$$N_i = \xi_{2i} \frac{1}{n_1} \sum_{j=1}^{n_1} N_{ij} \qquad (4.26)$$

式中  $N_i$——第 $i$ 个测区的推出力平均值，kN，精确至 0.01kN；

$N_{ij}$——第 $i$ 个测区第 $j$ 块测试砖的推出力峰值，kN；

$\xi_{2j}$——砖品种的修正系数，对烧结普通砖，取 1.00，对蒸压（养）灰砂砖，取 1.14。

② 测区的砂浆饱满度平均值，应按下式计算：

$$B_i = \frac{1}{n_1} \sum_{j=1}^{n_1} B_{ij} \qquad (4.27)$$

式中  $B_i$——第 $i$ 个测区的砂浆饱满度平均值，以小数计；

$B_{ij}$——第 $i$ 个测区第 $j$ 块测试砖下的砂浆饱满度实测值，以小数计。

③ 测区的砂浆强度平均值，应按下列公式计算：

$$f_{2i} = 0.3 \left( \frac{N_i}{\xi_{3i}} \right)^{1.19} \qquad (4.28)$$

$$\xi_{3i} = 0.45 B_i^2 + 0.90 B_i \qquad (4.29)$$

式中  $f_{2i}$——第 $i$ 个测区的砂浆强度平均值，MPa；

$\xi_{3i}$——推出法的砂浆强度饱满度修正系数，以小数计，$\xi_{3i} = (1.25 B_i)^{-1}$。

当测区的砂浆饱满度平均值小于 0.65 时，不宜按上述公式计算砂浆强度，宜选用其他方法推定砂浆强度。

注意：对蒸压（养）灰砂砖墙体，$f_{2i}$ 相当于以蒸压（养）灰砂砖为底模的砂浆试块强度。

## 3. 点荷法

根据《砌体工程现场检测技术标准》GB/T 50315—2011，本方法是从砖墙中抽取砂浆片试样，采用本检测仪在砂浆片的大面上施加点荷载，测试其点荷载值，然后利用了砂浆的劈拉强度与抗压强度的关系换算为砂浆强度。仅限于推定烧结普通砖砌体中的砌筑砂浆强度。

### （1）制备试件

从每个测点处砖大面上剥离出砂浆大片。宜取出两个砂浆大片，一片用于检测，一片备用。

加工或选取的砂浆试件应符合下列要求：厚度为 5～12mm，预估荷载作用半径为 15～25mm，大面应平整，但其边缘不要求非常规则。在砂浆试件上画出作用点，量测其厚度，精确至 0.1mm。

### （2）测试步骤

在小吨位压力试验机（如图 4.76）上、下压板上分别安装上、下加荷头，两个加荷头应对齐。将砂浆试件水平放置在下加荷头上，上、下加荷头对准预先画好的作用点，并使上加荷头轻轻压紧试件（如图 4.77），然后缓慢匀速（控制试件在 1min 左右破坏）施加荷载至试件破坏，试件可能破坏成数个小块。记录荷载值，精确至 0.1kN。

【释】 加荷头。自制加荷装置作为试验机的附件，应符合下列要求：钢质加荷头是内角为 60°的圆锥体，锥底直径为 $\phi$40，锥体高度为 30mm，锥球高度为 3mm（如图 4.78）；其他尺寸

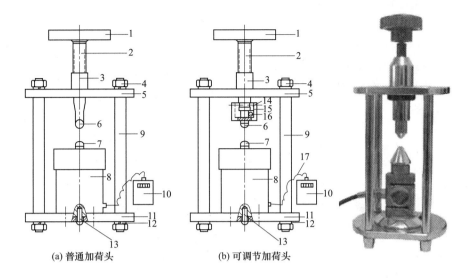

图 4.76　砌筑砂浆强度点荷测试仪

1—加荷手轮；2—螺杆；3—螺母；4—螺帽；5—支架上盖板；6、7—上下点荷式加荷头；8—压力传感器；9—立柱；
10—测力显示系统；11—底座；12—垫圈；13—固定螺钉；14—螺钉；15—固定环；16—止推轴承；17—导线

可自定。加荷头需 2 个。加荷头与试验机的连接方法，可根据试验机的具体情况确定，宜将连接件与加荷头设计为一个整体附件；在满足上款要求的前提下，也可制作其他专用加荷附件。

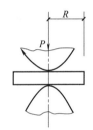

图 4.77　加荷头与砂浆饼试样对准压紧

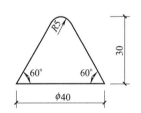

图 4.78　加荷头尺寸示意

将破坏后的试件拼接成原样，测量荷载实际作用点中心到试件破坏线边缘的最短距离即荷载作用半径，精确至 0.1mm。

【释】　试件拼接。一个试样破坏后，可能分成几个小块。拼合成原样，以荷载作用点的中心为起点，量测最小破坏线的直径的长度即作用半径，以及实际厚度。

**（3）数据分析**

砂浆试件的抗压强度换算值，应按下列公式计算：

$$f_{2ij} = (33.30\xi_{4ij}\xi_{5ij}N_{ij} - 1.10)^{1.09} \tag{4.30}$$

$$\xi_{4ij} = \frac{1}{0.05r_{ij} + 1} \tag{4.31}$$

$$\xi_{5ij} = \frac{1}{0.03t_{ij}(0.10t_{ij} + 1) + 0.40} \tag{4.32}$$

式中　$f_{2ij}$——第 $i$ 个测区第 $j$ 个测位的砂浆强度换算值，MPa；

　　　$N_{ij}$——点荷载值，kN；

$\xi_{4ij}$——荷载作用半径修正系数；

$\xi_{5ij}$——试件厚度修正系数；

$r_{ij}$——荷载作用半径，mm；

$t_{ij}$——试件厚度，mm。

测区的砂浆抗压强度平均值，应按下列公式计算：

$$f_{2i} = \frac{1}{n_1}\sum_{j=1}^{n_1} f_{2ij} \tag{4.33}$$

式中　$f_{2i}$——第 $i$ 个测区砂浆的抗压强度平均值，MPa。

## 第四节　钢结构事故检测

钢结构作为一种承重结构，由于其自重轻、强度高、塑性及韧性好、抗震性能优越、工业装配化程度高、综合经济效益显著、造型美观以及符合绿色建筑等众多优点，深受建筑师和结构工程师的青睐，被广泛应用于各类建筑中，尤其在大跨和超高层建筑领域显示出无与伦比的优势。但世界范围内钢结构的事故频繁发生，惨痛的教训一再重复。国内外大量文献统计资料表明，绝大多数事故发生在施工阶段到竣工验收前这段时间。

国内一般将钢结构事故分为两大类。一类是整体事故，包括结构整体和局部倒塌。另一类是局部事故，包括出现不允许的变形和位移，构件偏离设计位置，构件腐蚀丧失承载能力，构件或连接开裂、松动和分层。就其起因而言钢结构事故分类为材质事故、变形事故、脆性断裂事故、疲劳破坏事故、失稳破坏事故、锈蚀事故、火灾事故以及倒塌事故。

在钢结构事故检测中，钢结构构件中的型钢一般是由钢厂批量生产，并需有合格证明，因此材料的强度及化学成分是有良好保证的。其质量检测的重点在于加工、运输、安装过程中产生的偏差与误差；另外，由于钢结构的最大缺点是易于锈蚀，耐火性差，在钢结构工程中应重视涂装工程的质量检测。钢结构工程中主要的检测内容有：①构件平整度的检测；②构件表面缺陷的检测；③连接焊接、螺栓连接的检测；④钢材锈蚀检测；⑤防火深层厚度检测。如果钢材无出厂合格证明，或对其质量有怀疑，则应增加钢材的力学性能试验，必要时再检测其化学成分。本节重点讨论前三个检测内容。

## 一、构件平整度的检测

### 1. 水平构件的检测

梁和桁架构件的整体变形有平面内的垂直变形和平面外的侧向变形，因此要检测两个方向的平直度。

检查时，可先目测，发现有异常情况或疑点时，对梁、桁架可在构件支点间拉紧一根铁丝，然后测量各点的垂度与偏差。

也可使用水准仪测量。将标杆分别垂直立于梁、板等构件两端和跨中（如图 4.79），通过水准仪测出同一水准高度时标杆上的读数，扰度为 $f = f_0 - \dfrac{f_1 + f_2}{2}$，至少测 3 次，求平均值。

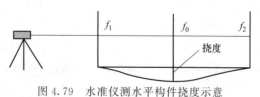

图 4.79　水准仪测水平构件挠度示意

## 2. 垂直构件的检测

柱的变形主要有柱身倾斜与挠曲。

对柱的倾斜可用经纬仪或铅垂检测，柱挠曲可在构件支点间拉紧一根铁丝或细线测量。

## 3. 杆件弯曲变形的检查

钢梁杆件发生弯曲、变形会产生附加力，受压杆件则要降低其对纵向挠曲的抵抗力。杆件是否平直，可用眼看检查，如有怀疑，再用靠尺或拉弦线在杆件两端拉紧，量出其至杆件中线各点的距离进行检验。

构件尺寸及平整度的检测每个尺寸在构件的 3 个部位量测，取 3 处的平均值作为该尺寸的代表值。

# 二、构件表面缺陷的检测

外观检查主要是发现焊缝表面的缺陷（如图 4.80）和尺寸上的偏差。这种检查一般是通过肉眼观察，借助标准样板、量规和放大镜等工具进行检测的、故有肉眼观察法或目视法之称，经验性较强。

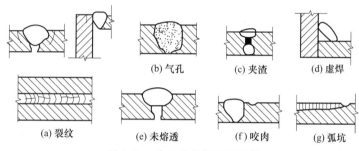

图 4.80　常见的焊缝缺陷示意

若焊缝表面出现缺陷，焊缝内部便有存在缺陷的可能。如焊缝表面出现咬边或满溢，则内部可能存在未焊透或未熔合；焊缝表面多孔，则焊缝内部亦可能会有气孔或非金属夹杂物存在。如疑有裂缝等缺陷，可采用涡流、磁粉和渗透等无损检测技术进行检测。

【释】　目测法。检查之前，必须将焊缝附近 10～20mm 基本金属上所有飞溅及其他污物清除干净，在清除焊渣时，要注意焊渣覆盖的情况。一般来说，根据熔渣覆盖的特征和飞溅的分布情况，可粗略地预料在该处会出现什么缺陷。主要用锤击法检查，即用包有橡皮的木槌轻轻敲击构件，如声音不脆、传音不匀、有突然中断等异常情况，提示应有裂缝。若尚不能肯定时，可用滴油方法检查，无裂缝处油渍边缘呈圆弧形扩散，有裂缝处油会渗入裂隙油渍边缘在裂缝位置呈直线状伸展。为进一步检查，还可在钢料表面清除旧油漆后涂上白铅油，经过使用震动后，如果构件原来有裂纹，白铅油上会有一条很规则的黑线。还可以用 10 倍放大镜观测等。

【例】　贴焊缝面的溶渣表面有裂纹痕迹，往往在焊缝中也有裂纹；若发现有飞溅成线状集结在一起，则可能固电流产生磁场磁化工件后，金属微粒堆积在裂纹上。因此，应在该处仔细地检查是否有裂纹。

【讨论】　钢构件容易发生裂纹的部位。①钢料边缘、钉孔周围、铆钉松动处、杆件断面变更处、削弱处以及弯曲部分之外凸面处；②构件连接处。如纵梁与横梁、横梁与主梁联结的角钢、横梁与主梁联结的肶板（牛腿）；③构件支座处，如钢板梁下翼缘靠近支点处；④柔性杆件及承受反复应力杆件的连接处；⑤经过烘烤、锤击、整直、电气焊等法修理加固过的地方。

### 1. 涡流检测原理及方法

电磁感应理论为涡流检测奠定了物理基础，涡流检测的物理变化过程一般是将一个交变电源施加在检测线圈上，供给其激励电流，使检测线圈周围建立一个交变磁场，通常称这个磁场为激励磁场或初级磁场。当导电体试件靠近激励磁场时，磁场通过电磁感应进入试件对其形成磁化并在试件内感应出涡流。与此同时，涡流又会在试件内及其周围建立一个交变磁场，这个磁场的交变频率与激励磁场的交变频率是相同的，通常将这个磁场称为涡流磁场或次级涡流磁场。

【释】 涡流。线圈通以交变电流，交变电流的流动将在线圈周围产生一个交变磁场，称为原磁场；当金属导体处在变化的磁场中或是在磁场中运动，由于电磁感应原理，在导体内产生漩涡状的电流（如图 4.81），称之为涡流。导体中的电特性（如电阻、磁导率等）变化时，引起涡流的变化，涡流产生反作用磁场，称为涡流磁场。

根据楞次定律可以确定，涡流磁场的变化方向与激励磁场刚好相反，因此涡流磁场起到了削弱并力图抵消激励磁场的作用，这种作用的程度取决于试件的材质、导磁和导电性能、涡流所流经路途上是否存在缺陷以及物理、化学等多种因素的影响。例如：在理想的试件中，在激励作用下试件内感应出的涡流流动呈现同一形状；但当试件上有缺陷，如裂纹时，就破坏了原来涡流流动的路径，使其发生畸形，导致涡流磁场也随之发生变化。

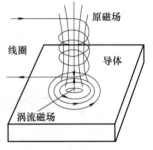

图 4.81　电磁线圈与涡流磁场示意

【释】 楞次定律。可概括表述为感应电流具有这样的方向，即感应电流的磁场总要阻碍引起感应电流的磁通量的变化。实质是产生感应电流的过程必须遵守能量守恒定律，如果感应电流的方向违背楞次定律规定的原则，那么永动机就是可以制成的。

借助于检测线圈或其他敏感元件，对涡流磁场是否发生畸变以及变化程度进行有效的检测，就能实现利用涡流对材料的无损检测目的。

【释】 检测线圈。分为放置式线圈、外通过式线圈、内穿过式线圈，如图 4.82。前者是轴线垂直放置于被检测板材试件表面，后两种是用来检测棒、管和线材的。

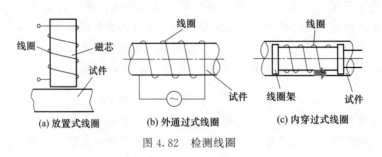

图 4.82　检测线圈

涡流检测的方法种类很多，根据不同的表现形式、工作方法原理以及针对不同检测对象、目的进行分类，常见类型及形式如下。

**（1）单频涡流检测**

以单一正弦波信号为激励源的检测工作方法，称为单频涡流法。它是目前质量检验中使用最广泛的一种。正弦交流信号源的工作频率一般为几百赫兹至几十万赫兹。采用这种方式工作较简单，主要用于检测表面或近表面缺陷。

**（2）多频涡流检测**

以多个单频正弦波信号同时激励或交替激励的检测工作方法，称为多频涡流法。这种方法可以获得较多的测试参数，有利于消除一些干扰因素的影响，提高测试结果的可靠性和准确性；但仪器设备较复杂，目前主要用于某些需要对缺陷进行准确定位定量分析或使用单频涡流受到限制的场合。

**（3）低频涡流检测**

应用频率很低的交变电源作激励信号的检测方法，称为低频涡流法。通常这种检测的工作频率为几赫兹至几十赫兹，其目的主要是降低表面效应的影响，增加透入深度，但检测灵敏度较低。

**2. 磁粉检测原理及方法**

借助外加磁场将待测试件（只能是铁磁性材料）进行磁化，被磁化后的试件上若不存在缺陷，则其各部位的磁特性基本一致且呈现较高的磁导率，而存在裂纹、气孔或非金属物夹渣等缺陷时，由于它们会在试件上造成气隙或不导磁的间隙，它们的磁导率远远小于无缺陷部位的磁导率，致使缺陷部位的磁阻大大增加，磁导率在此产生突变，试件内磁力线的正常传播遭到阻隔，根据磁连续性原理，这时磁化场的磁力线就被迫改变路径而逸出试件，并在试件表面形成漏磁场，如图 4.83 所示。

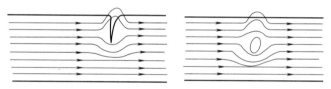

图 4.83　漏磁场的形成

【释】　漏磁场。当用磁化器磁化被测铁磁材料时，若材料的材质是连续、均匀的，则材料中的磁感应线将被约束在材料中，磁通是平行于材料表面的，几乎没有磁感应线从表面穿出，被检表面没有磁场。但当材料中存在着切割磁力线的缺陷时，材料表面的缺陷或组织状态变化会使磁导率发生变化，由于缺陷的磁导率很小，磁阻很大，使磁路中的磁通发生畸变，磁感应线会改变途径，除了一部分磁通直接通过缺陷或在材料内部绕过缺陷外，还有部分的磁通会离开材料表面，通过空气绕过缺陷再重新进入材料，在材料表面缺陷处形成漏磁场。

漏磁场的强度主要取决磁化场的强度和缺陷对于磁化场垂直截面的影响程度。利用磁粉或其他磁敏感元件，就可以将漏磁场给予显示或测量出来，从而分析判断出缺陷的存在与否及其位置和大小。

将铁磁性材料的粉末撒在试件上，在有漏磁场的位置磁粉就被吸附，从而形成显示缺陷形状的磁痕，能比较直观地检出缺陷。这种方法是应用最早、最广的一种无损检测方法。

【释】　磁粉。一般用工业纯铁或氧化铁制作，通常用四氧化三铁制成细微颗粒的粉末作为磁粉。磁粉可分为荧光磁粉和非荧光磁粉两大类，荧光磁粉是在普通磁粉的颗粒外表面涂上了一层荧光物质，使它在紫外线的照射下能发出荧光，主要的作用是提高了对比度，便于观察。

**（1）分类**

磁粉检测分干法和湿法两种。

① 干法：将磁粉直接撒在被测工件表面，为便于磁粉颗粒向漏磁场滚动，通常干法检测所用的磁粉颗粒较大，所以检测灵敏度较低。但是在被测试件不允许采用湿法与水或油接触时，如温度较高的试件，则只能采用干法。

② 湿法：将磁粉悬浮于载液（水或煤油等）之中形成磁悬液喷撒于被测试件表面，这时磁粉借助液体流动性较好的特点，能够比较容易地向微弱的漏磁场移动，同时由于湿法流动性好就可以采用比干法更加细的磁粉，使磁粉更易于被微小的漏磁场所吸附，因此湿法比干法的检测灵敏度高。

**（2）程序**

① 预处理：将构件表面的油脂、涂料以及铁锈等去掉，以免影响磁粉附着在缺陷上。

② 磁化：选用适当的磁化方法和磁化电流，接通电源，对构件进行磁化。

③ 施加磁粉：按所选的干法或湿法施加干粉或磁悬液。

④ 观察记录：用非荧光磁粉擦伤时，在光线明亮的地方，用自然光或灯光进行观察；用荧光磁粉擦伤时，则在暗室等暗处用紫外灯进行观察。

磁粉检测方法简单、实用，能适应各种形状和大小以及不同工艺加工制造的铁磁性金属材料表面缺陷检测，但不能确定缺陷的深度，而且由于磁粉检测目前还主要是通过人的肉眼进行观察，所以主要还是以手动和半自动方式工作，难于实现全自动化。

**3. 渗透检测原理及方法**

将一根内径很细的毛细管插入液体中，由于液体表面最小势能化特性和表面张力的作用，液体对管子内壁的润湿性不同，就会导致管内液面的高低不同，当液体的润湿性强时，则液面在管内上升高度较大，如图 4.84 所示，这就是液体的毛细现象。

液体对固体的润湿能力和毛细现象作用是渗透检测的基础。图 4.84 中的毛细管恰似暴露于试件表面的开口型缺陷，实际检测时，首先将具有良好渗透力的渗透液（如图 4.85）涂在被测试件表面，由于润湿和毛细作用，渗透液便渗入试件上开口型的缺陷当中，然后对工件表面进行净化处理，将多余的渗透液清洗掉，再在试件表面涂上一层显像剂，将吸引渗入并滞留在缺陷中的渗透液回渗到显像剂中，在一定的光源下（紫外线或白光）缺陷处的渗透液痕迹被显示（黄绿色荧光或鲜艳红色），就能得到被放大了的缺陷的清晰显示，从而检测出缺陷的形貌及分布状态，达到检测缺陷的目的。渗透检测法的检测原理如图 4.86 所示。

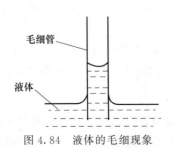

图 4.84　液体的毛细现象

图 4.85　渗透液

渗透检测可同时检出不同方向的各类表面缺陷，但是不能检出非表面缺陷以及用于多孔材料的检测。渗透检测的效果主要与各种试剂的性能、试件表面光洁度、缺陷的种类、检测温度以及各工序操作经验水平有关。

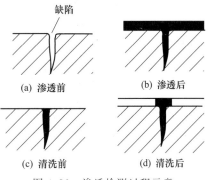

图 4.86 渗透检测过程示意

**（1）方法分类**

渗透检测方法主要分为着色渗透检测和荧光渗透检测两大类，这两类方法的原理和操作过程相同，只是渗透和显示方法有所区别。

着色渗透检测是在渗透液中掺入少量染料（一般为红色），形成带有颜色的浸透剂，经显像后，最终在工件表面形成以白色显像剂为背衬，以缺陷的颜色条纹所组成的彩色图案，在日光下就可以直接观察到缺陷的形状和位置。

荧光渗透检测是使用含有荧光物质的渗透液，最终在暗室中通过紫外光的照射，在工件上有缺陷的位置就发出黄绿色的荧光，显示出缺陷的位置和形状（如图 4.87）。由于荧光渗透检测比着色渗透检测对于缺陷具有更高的色彩对比度，使得人的视觉对于缺陷的显示痕迹更为敏感，所以，一般可以认为荧光法比着色法对细微缺陷检测的灵敏度高。

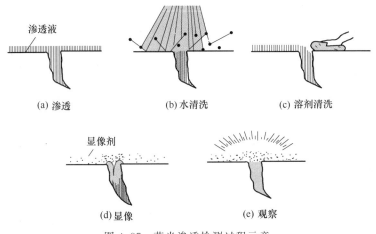

图 4.87 荧光渗透检测过程示意

【讨论】 着色法和荧光法选择。着色法只需在日光或白光下进行，在没有电源的场所也能工作；荧光法需要配备黑光灯和暗室，无法在没有电源及暗室的场合下工作。两种方法可以检测出表面张口的缺陷，但对埋藏缺陷或闭合型的表面缺陷无法检出。

**（2）基本操作步骤**

① 清洗和烘干：使用机械的方式（如打磨）或使用清洗剂（如机溶剂）以及酸洗、碱洗等方式将被测试件表面的氧化皮、油污等除掉；再将试件烘干，使缺陷内的清洗剂残留物挥发干净，这是非常重要的检测前提。

② 渗透：将渗透液涂敷在试件上，可以喷撒、涂刷等，也可以将整个试件浸入渗透液中，要保证欲检测面完全润湿。检测温度通常在 $5 \sim 50℃$ 之间。为了使渗透液能尽量充满缺陷，必须保证有足够的渗透时间。要根据渗透液的性能、检测温度、试件的材质和欲检测的缺陷种类的不同来设定恰当的渗透时间，一般要大于 $10\text{min}$。

③ 中间清洗去除多余的渗透液：完成渗透过程后，需除去试件表面所剩下的渗透液，并要使已渗入缺陷的渗透液保存下来。清洗方式为：对于水洗型渗透液可以用缓慢流动的水冲洗，时间不要过长，否则容易将缺陷中的浸透液也冲洗掉；对于不溶于水的渗透液，则需要先涂上一层乳化剂进行乳化处理，然后才能用水清洗，乳化时间的长短，以正好能将多余渗透液冲洗掉为宜；着色法最常用的渗透液要用有机溶剂来清洗。清洗过程完毕应使工件尽快干燥。

④ 显像：对完成上一工序的试件表面马上涂敷一层薄而均匀的显像剂或干粉显像材料进行显像处理，显像的时间一般与渗透时间相同。

⑤ 观察：显像剂施加后 7～60min 进行。着色检测，用眼目视即可；荧光检测，则要在暗室中借助紫外光源的照射，才能使荧光物质发出肉眼可见的荧光。

**（3）检测中的注意事项**

① 操作步骤中要注意清洗一定要干净，渗透时间要足够，乳化时间和中间清洗时间不能过长，显像涂层要薄而均匀且及时，否则都可能降低检测灵敏度。

② 检测温度高，则有利于改善渗透性能，提高渗透度；检测温度低则要适当延长渗透时间，才能保证渗透效果。

③ 渗透液的黏度要适中，当黏度过高时，渗透速度慢，但是有利于渗透液在缺陷中的保存，不易被冲洗掉；而粘度过低时的情况则恰恰相反，所以操作时应根据浸透液的性能来具体实施。

④ 由于某种原因造成显示结果不清晰，不足以作为检测结果的判定依据时，就必须进行重复检测，须将工件彻底清理干净再重复整个检测过程。

⑤ 渗透检测用的各种试剂多含有易挥发的有机溶剂且易燃，应注意采取防火以及适当通风、戴橡皮手套、避免紫外线光源直接照射眼睛等防护措施，以确保人身安全。

【讨论】 渗透探伤能检测出的缺陷的最小尺寸。是由探伤剂的性能、探伤方法、探伤操作的好坏和试件表面的状况等因素决定的，不能一概而论。一般能将深 0.02mm、宽 0.001mm 的缺陷检测出来。

## 三、构件连接的检测

整个钢结构需在结点处用连接将构件拼装成整体（如图 4.88），采用组合截面的钢构件需用连接将其组成部分即钢板或型钢连成一体。因此，钢结构连接好坏将直接影响钢结构的质量和经济。

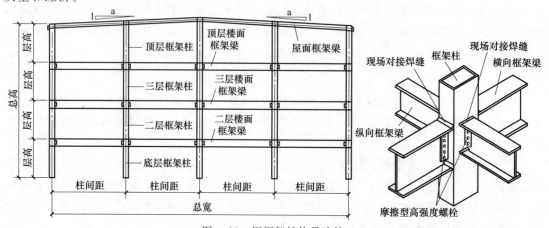

图 4.88 钢框架结构及连接

钢结构的连接方法，历史上曾用过销钉、螺栓、铆钉和焊缝等连接，其中销钉和铆钉连接在新建钢结构上使用很少。

### 1. 焊接连接

焊接是钢结构较为常见的连接方式，也是比较方便的连接方式。该方法对几何形体适应性强，构造简单，省材省工，易于自动化，工效高；但是焊接属于热加工过程，对材质要求高，对于工人的技术水平要求也高，焊接程序严格，质量检验工作量大。焊接方法种类很多，按焊接的自动化程度一般分为手工焊接、半自动焊接及自动化焊接。焊接连接的优点是不削弱截面、节省材料、构造简单、连接方便、连接刚度大、密闭性好，尤其是可以保证等强连接或刚性连接。

#### （1）焊接的形式

焊缝可以分为对接（平接）焊缝、角焊缝和顶接焊缝三大类（如图 4.89）。

图 4.89　三种焊接形式示意

① 对接焊缝：对接焊缝按受力与焊缝方向分直缝（作用力方向与焊缝方向正交）、斜缝（作用力方向与焊缝方向斜交）两类，如图 4.90。对接焊缝在焊接上处理形式如图 4.91 所示。对接焊缝的优点是用料经济、传力均匀、无明显的应力集中，利于承受动力荷载；但也有缺点，需剖口，焊件长度要精确。

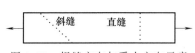

图 4.90　焊缝方向与受力方向示意

② 角焊缝：角焊缝按受力与焊缝方向（如图 4.92）分端缝（作用力方向与焊缝长度方向垂直，其受力后应力状态较复杂，应力集中严重，焊缝根部形成高峰应力，易于开裂，端缝破坏强度要高一些，但塑性差）、侧缝（作用力方向与焊缝长度方向平行，其应力分布简单些，但分布并不均匀，剪应力两端大，中间小，侧缝强度低，但塑性较好）。角焊缝在焊接形式上可以分为直角焊缝［如图 4.93 中（a）、（b）、（c）］和斜角焊缝［如图 4.93 中（d）、（e）、（f）］。直角焊缝一般采用（a）做法，但应力集中较严重，在承受动力荷载时采用（b）、（c）。斜角角焊缝主要用于钢管连接中。

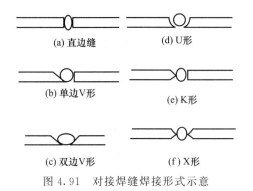

(a) 直边缝　　　(d) U形

(b) 单边V形　　(e) K形

(c) 双边V形　　(f) X形

图 4.91　对接焊缝焊接形式示意

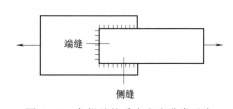

图 4.92　角焊缝按受力方向分类示意

#### （2）焊缝检查

主要检查焊缝是否有裂纹。重点检查部位如：①主梁与横梁、纵梁与横梁的连接处的母材及焊缝；②对接焊缝；③拉力及反复应力杆件上的焊缝及邻近焊缝热影响的钢材；④杆件断面变化及焊缝；⑤联结系节点、加劲肋、横隔板及盖板处理缝。检查方法如下。

① 目视法：观察焊缝及邻近漆膜状态，可疑处将漆膜除净，用 4～10 倍放大镜观察。

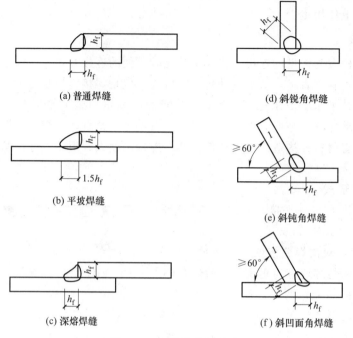

图 4.93　角焊缝类型示意

② 铲去表层金属法：将可疑处漆膜除净，用扁铲铲去一薄层金属裂纹处钢屑，即沿裂纹分开。但一次未发现裂纹，不得重铲。

③ 硝酸酒精浸蚀法：将可疑漆膜除净、打光、洗净、滴上浓度 5%～10% 的硝酸酒精，裂纹即显示。

④ 红色渗透液探伤和吸附液显示法：将可疑处漆膜除净、打光洗净后涂红色渗透液，10～15min 后洗净，涂白色吸附液，裂纹即显示红色。

对于内部缺陷检测有射线探伤、超声波探伤、磁粉探伤等方法。

【讨论】　焊缝探伤报告不符合要求。《钢结构工程施工质量验收规范》GB 50205—2001 中明确规定"对工厂制作焊缝，应按每条焊缝计算百分比"。但实际操作中，往往对二级焊缝的探伤检测，误以焊缝条数计算百分比。《规范》规定只有对现场安装焊缝，才能以焊缝条数作为基数抽查 20%。关于探伤的另外一个问题就是探伤检测单位缺少建设行政主管部门的资质认可，建设方有时委托其他行业如冶金、压力容器等方面的探伤人员出具报告，而他们又对钢结构工程焊缝探伤要求不甚熟悉，致使现场验收人员比较难作认可。为防止不符合要求的探伤报告的出现，工程管理人员必须加强对钢结构焊缝的认识。建筑钢结构中的焊缝可分三级：一级焊缝是全熔透的用于动载受拉等强的对接焊缝，二级焊缝是全熔透的静载受拉受压的等强焊缝和动载受压等强焊缝，三级焊缝则是不要求等强的常见角焊缝和组合焊缝。由于一级和二级焊缝内部质量的优劣是保证结构整体质量的根本，所以要求对一级和二级焊缝必须进行探伤检查，并且，一级和二级焊缝不得有表面气孔、夹渣、弧坑裂纹和电弧擦伤等缺陷，一级焊缝不得有咬边和未焊满等缺陷。当然，三级焊缝的这些缺陷亦应严格控制到符合规范要求。钢结构工程中焊接是非常关键的一环，对工程至关重要，其所需的理论实践知识非常见的钢筋混凝土等工程可比，因此焊工必须要有焊工上岗证才能从事相应的焊接操作，从事超声探伤的人员也应具有操作证。

## 2. 铆接

铆接与普通螺栓连接在受力效果上是相同的，只是施工方法的差异。该方法传力可靠，韧性和塑性好，质量易于检查，承受动力荷载时的抗疲劳性好，特别适用于重型和直接承受动力荷载的结构；但是由于铆接时必须进行钢板的搭接，其构造复杂，用钢量大，施工麻烦，噪音大，目前已很少采用。

【释】 铆钉连接。铆钉连接是将一端带有半圆形预制钉头的铆钉，将钉杆烧红后迅速插入连接件的钉孔中，然后用铆钉枪将另一端也打铆成钉头，以使连接达到紧固。

### （1）检查内容

由于铆接施工的不良，长期的运行以及养护不善，均会造成铆钉松动、烂头等不良状态。个别铆钉的松动，会影响其他部位的铆钉也松动。铆钉松动多了，各杆件的联结作用减弱，严重时构件会发生裂纹，影响结构安全。

检查松动铆钉，应特别注意一些部位，如：①纵梁与横梁及主梁与横梁的联结处，承受反复应力的杆件（如桁梁斜杆）节点；②纵梁或上承板梁上翼缘角钢的垂直肢上；③刚性较弱（长细比较大）的杆件联结处；④钢梁联结系的联结铆钉；⑤铆合过厚的地方；⑥由于节点下垂或铆钉大量松动而修理过的处所。

检查烂头铆钉应着重注意如：①上承板梁及纵梁上盖板（包括桥枕下面）的铆钉；②角落易积土积水部位的铆钉。

### （2）检查方法

检查不良铆钉的方法一般有眼看、听音及敲摸等。

① 眼看：铆钉头处有流锈痕迹或周围油漆有裂纹时，都是铆钉松动的现象，铆钉头与钢料不密贴、钉头飞边、缺边、裂纹、锈蚀烂头及歪斜等都可用眼看或用塞尺、钢尺及拉线检查。

② 听音：用 0.2～0.4kg 的检查小锤敲打钉头，如发出哑声或震动的响声时，即为铆钉松动。

③ 敲摸：用检查小锤敲打钉头时，手指按着另一端钉头或把手指摸在铆钉头的一边，从另一侧敲打，如果感到震手或铆钉颤动时，就是铆钉松动，这是最常见的检查方法。也可使用一根圆头棒，检查铆钉松动。敲打时把圆头棒贴紧被敲打的铆钉头的一侧，如果敲打时没有跳动，说明铆钉没有松动。

在检查铆钉时，如发现铆钉有松动、钉头裂纹浮离等不良状态时，应做好标记并进行更换，主要联结处的铆钉松动必须立即更换。铆钉偏心、烂头、过小等不良状态，应根据其不良程度再确定是否更换。

### 3. 螺栓连接

### （1）分类

螺栓连接又可以根据受力效果分为普通螺栓与高强螺栓两大类。

1）普通螺栓

这种方式装卸便利，设备简单，工人易于操作；但是对于该方法，螺栓精度低时不宜受剪，螺栓精度高时加工和安装难度较大。

普通螺栓是以承担剪力与拉力为传力方式的螺栓，可以分为精制（A、B，A级用于M24以下，B级用于M24以上）和粗制（C）两类。精制螺栓高，加工精度要求与成本较高，栓径与孔径之差为 0.5～0.8mm，使用在构件精度很高的结构，机械结构以及连接点仅用一个螺栓或有模具套钻的多个螺栓连接的可调节杆件（柔性杆）上。粗制螺栓相对较低，栓径与孔径之差为 1～1.5mm，用于抗拉连接、静力荷载下抗剪连接、加防松措施后受风振作用抗剪、可拆卸连接以及安装螺栓、与抗剪支托配合抗拉剪联合作用等。

从螺栓的受力分析（如图 4.94）可以看到，对于承担剪力的普通螺栓连接的构件，其受力有以下薄弱环节需要注意（如图 4.95）：①螺栓受剪并受侧向挤压作用，因此必须配置足够数量的螺栓以承担剪力；②钢板孔挤压，一般钢材与螺栓材料相同，如果螺栓可以承担挤压应力，钢材亦可；③钢材在螺栓削弱截面的拉力，要注意避免由于螺栓的削弱作用导致钢材被拉断；④钢材在螺栓孔到端部的剪切作用，会产生钢材的破孔；⑤当螺栓穿过的钢板过多时，在侧

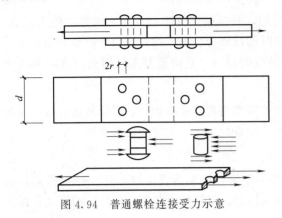

图 4.94　普通螺栓连接受力示意

向力的作用下，螺栓也会弯曲破坏。另外，使用连接板的，连接板也要注意以上作用。

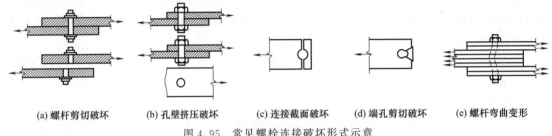

(a) 螺杆剪切破坏　　(b) 孔壁挤压破坏　　(c) 连接截面破坏　　(d) 端孔剪切破坏　　(e) 螺杆弯曲变形

图 4.95　常见螺栓连接破坏形式示意

2）高强螺栓

高强螺栓是在安装时将螺帽拧紧，使螺杆产生预拉力而压紧构件接触面，靠接触面的摩擦来阻止连接板相互滑移，以达到传递外力的目的。因此高强度螺栓的松动（即指其预拉力不足）是高强度螺栓的主要病害。其他病害有折断、锈蚀、磨损、裂纹等。此法加工方便，对结构削弱少，可拆换，能承受动力荷载，耐疲劳，塑性、韧性好摩擦面处理，安装工艺略为复杂，造价略高。高强螺栓按传力机理分摩擦型高强螺栓和承压型高强螺栓。这两种螺栓构造、安装基本相同。

摩擦型高强螺栓连接内力靠板间摩擦力传递（即将螺栓拧紧至一定程度，使螺栓杆产生一定的预拉力，将被连接之板束压紧，凭板与板间之摩擦力使板束起到互相连接传递杆件内力），以板束间的抗滑强度来表示。高强度螺栓本身主要承受拉力，不考虑受剪。在承受剪切时，以外剪力达到板件间可能发生的最大摩阻力为极限状态；当超过时板件间发生相对滑移，即认为连接已失效而破坏。所以螺杆与螺孔之差可达 1.5～2.0mm。

承压型高强螺栓传力特性是保证在正常使用情况下，剪力不超过摩擦力，与摩擦型高强螺栓相同。当荷载再增大时，连接板间将发生相对滑移，连接依靠螺杆抗剪和孔壁承压来传力，与普通螺栓相同。承压型连接在受剪时，则允许摩擦力被克服并发生板件间相对滑移，然后外力可以继续增加，并以此后发生的螺杆剪切或孔壁承压的最终破坏为极限状态。所以螺杆与螺孔之差略小些，为 1.0～1.5mm。

【讨论】 摩擦型和承压型高强螺栓对比。摩擦型高强螺栓的连接较承压型高强螺栓的变形小，承载力低，耐疲劳、抗动力荷载性能好。而承压型高强螺栓连接承载力高，但抗剪变形大，所以一般仅用于承受静力荷载和间接承受动力荷载结构中的连接。

（2）检查

螺栓连接缺陷检测包括摩擦面的检测、拧紧力的检查。

摩擦面的检测，应按《钢结构工程施工质量验收规范》GB 50205—2001 附录 B 中的规定，进行高强度螺栓连接摩擦面的抗滑移系数检验。

高强度螺栓的检查与检查铆钉的方法相同，高强度螺栓预拉力（紧固性）的测定有示功扳手测定法和应变仪测定法。进行复查。

**【释】** 示功扳手（如图 4.96）。当扳手达到一定的力矩时，带有声、光指示的扳手。

示功扳手测定法：先在螺杆、螺母相对位置处划一直线，用普通扳手将螺母松回 60°，再用示功扳手将螺母拧回原位，测定扭矩值。

应变仪测定法：在高强度螺栓杆端面和螺母的相对位置上划一直线，然后将其拆卸、除锈、除油后待用；在原栓孔处装上贴有电阻片的螺栓，测定所需要的初扭矩值（即螺栓预拉力 $N$ 和螺母转角的变化曲线成直线变化的最低值）和所需要的终拧螺母转角范围（包括预拉

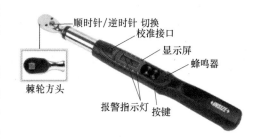

顺时针/逆时针 切换
校准接口
显示屏
蜂鸣器
棘轮方头
报警指示灯　按键

图 4.96　示功扳手

力损失，预拉力的损失规定为：M22 螺栓为 10kN；M24 螺栓为 15kN）；拆卸上述贴有电阻片的螺栓；将前述待用螺栓装上，进行初拧，使其达到上述测定的初拧扭矩值；测量螺栓杆端面和螺母上原划线间的角度，并与上述测定的螺母终拧转角范围比较，即可判明该螺栓是否欠拧或超拧。

### 4. 射钉、自攻螺钉连接

较为灵活，安装方便，构件无须预先处理，适用于轻钢、薄板结构不能受较大集中力。

**【释】** 自攻螺钉。螺纹表面具有较高的硬度（≥45HRC），故在连接时，先对被连接件制出螺纹底孔，再将自攻螺钉拧入被连接件的螺纹底孔中，可在被连接件的螺纹底孔中攻出内螺纹，从而形成连接。

## 四、漆膜厚度现场检测

漆膜厚度测试一般有杠杆千分尺法（如图 4.97）和磁性测厚仪（如图 4.98）法。下面介绍磁性测厚仪法的主要步骤。

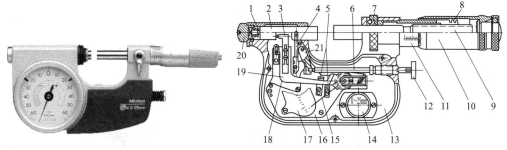

图 4.97　杠杆千分尺

1—螺旋弹簧；2—测砧；3—杠杆；4—球形端面销子；5—限制块；6—拨动杆；7—制动器；8—调节螺母；9—侧微螺杆；10—微分筒；11—固定套管；12—拨叉；13—尺架；14—表牌；15—指针；16—盖板；17—刻度盘；18—弹簧；19—杠杆；20—盖帽；21—压杆

图 4.98　磁性涂层测厚仪

① 磁性测厚仪（精确度为 $2\mu m$）调零、取出探头，插入仪器的插座上。将已打磨未涂漆的底板（与被测漆膜底材相同）擦洗干净，把探头放在底板上按下电钮，再按下磁芯，当磁芯跳开时，如指针不在零位，应旋动调零电位器，使指针回到零位，需重复数次。如无法调零，需更换新电池。

② 校正取标准厚度片放在调零用的底板上，再将探头放在标准厚度片上，按下电钮，再按下磁芯，待磁芯跳开后旋转标准钮，使指针回到标准片厚度值上，需重复数次。

③ 测量取距样板边缘不少于 1cm 的上、中、下三个位置进行测量。将探头放在样板上，按下电钮，再按下磁芯，使之与被测漆膜完全吸合，此时指针缓慢下降，待磁芯跳开表针稳定时，即可读出漆膜厚度值，取各点厚度的算术平均值为漆膜的平均厚度值。

## 五、钢材锈蚀的检测

钢结构在潮湿、存水和酸碱盐腐蚀性环境中容易生锈，锈蚀导致钢材截面削弱，承载力下降。钢材的锈蚀程度可由其截面厚度的变化来反应。检测钢材厚度（必须先除锈）的仪器有超声波测厚仪（如图 4.99）和游标卡尺。

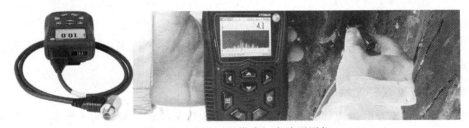

图 4.99　多重测量模式超声波测厚仪

超声波测厚仪采用脉冲反射波法。超声波从一种均匀介质向另一种介质传播时，在界面会发生反射，测厚仪可测出探头自发出超声波至收到界面反射回波的时间。超声波在各种钢材中的传播速度已知，或通过实测确定，由波速和传播时间测算出钢材的厚度，对于数字超声波测厚仪，厚度值会直接显示在显示屏上。

## 六、连接板的检查

检查内容包括：

① 检测连接板尺寸（尤其是厚度）是否符合要求；

② 用直尺作为靠尺检查其平整度；

③ 测量因螺栓孔等造成的实际尺寸的减小；

④ 检测有无裂缝、局部缺损等损伤。

## 第五节　建筑物的变形观测

建筑变形测量，对建筑的地基、基础、上部结构及其场地，受各种作用力而产生的形状或位置变化进行观测，并对观测结果进行处理和分析的工作。依据《建筑变形测量规范》JGJ 8—2007。

【释】 建筑变形。建筑的地基、基础、上部结构及其场地受各种作用力而产生的形状或位置变化现象。

【讨论】 哪些建筑应进行测量。在施工和使用期间应进行变形测量的情况有：
① 地基基础设计等级为甲级的建筑；
② 复合地基或软弱地基上的设计等级为乙级的建筑；
③ 加层、扩建建筑；
④ 受邻近深基坑开挖施工影响或受场地地下水等环境因素变化影响的建筑；
⑤ 需要积累经验或进行设计反分析的建筑。

## 一、建筑物的倾斜观测

建筑物倾斜是指建筑中心线或其墙、柱等，在不同高度的点对其相应底部点的偏移现象。

建筑物倾斜观测可用挂垂球法或经纬仪（如图 4.100）垂直投影法，通过对建筑物的四个阳角进行倾斜观测，然后综合分析得出整个建筑物的倾斜程度。

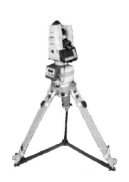

图 4.100 经纬仪

【例】 建筑物某阳角倾斜观测（如图 4.101），观测位置过近时可加装直角目镜，以利观测高处。用经纬仪由该阳角顶点 $M$ 向下投影得点 $N$，量出 $NN'$ 水平距离 $a$ 及经纬仪与 $M$、$N$ 点之夹角 $\alpha$，$MN=H$，经纬仪高度为 $H'$，经纬仪到建筑物间的水平距离为 $L$。

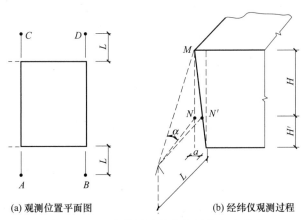

(a) 观测位置平面图　　　　(b) 经纬仪观测过程

图 4.101 经纬仪测建筑物倾斜的方法示意

则：
$$H = L \times tg\alpha$$

若建筑物的斜度为：
$$i = \frac{a}{H}$$

有建筑物该阳角的倾斜量：
$$\overline{\alpha} = i(H + H')$$

## 二、建筑物的沉降观测

建筑物沉降是指建筑地基、基础及地面在荷载作用下产生的竖向移动，包括下沉和上升。其下沉或上升值称为沉降量。根据建筑物设置的观测点与固定（永久性水准点）的测点进行观测，测其沉降程度用数据表达。水准测量采用Ⅱ级水准，视线长度宜为20～30m，视线高度不宜低于0.3m，采用闭合法。

【释】　观测点。测定建筑物或构筑物下沉的观测点，可根据建筑物的特点采用各种不同的类型。沉降观测标志的形式，目前使用的较多为：隐蔽螺栓式、L式、快速插入式等；观测点标志上部有突出的半球形或有明显的突出之处（如图4.102），观测点标志本身应牢固。沉降观测点应及时埋设，沉降观测点标志应安设稳定牢固，与柱身或墙保持一定距离，以保证能在标志上部垂直置尺。沉降观测点属于临时水准点，一般在观测完成后就不再使用了。

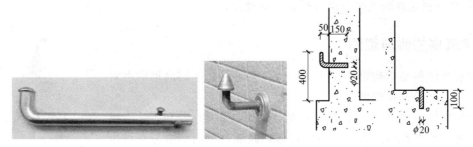

图4.102　L式观测标志

观测点的布置，应按能全面查明建筑物和构筑物基础沉降的要求，由设计单位根据地基的工程地质资料及建筑结构的特点确定。沉降观测标志埋设位置应视线开阔，没有遮挡，有良好的通视条件，如图4.103。

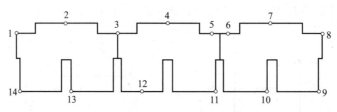

图4.103　建筑物外观测点布置示意

【例】　观测点布置。砖墙承重的各观测点，一般可沿墙的长度每隔8～12m设置一个，并应设置在建筑物上。当建筑物的宽度大于15m时，内墙也应在适当位置设观测点。框架式结构的建筑物，应在每一个桩基或部分桩基上安设观测点。具有浮筏基础或箱式基础的高层建筑，观测点应沿纵、横轴和基础（或接近基础的结构部分）周边设置。新建与原有建筑物的连接处两边，都应设置观测点。烟囱、水塔、油罐及其他类似的构筑物的观测点，应沿周边对称设置。

【释】　水准点。沉降观测水准基点（或称水准点）在一般情况下，可以利用工程标高定位时使用的水准点作为沉降观测水准基点。如水准点与观测的距离过大，为保证观测的精度，应在建筑物或构造物附近，另行埋设水准基点。建筑物和构筑物沉降观测的每一区域，为了相互检查、核对，必须有足够数量的水准点，按《工程测量规范》GB 50026—2007规定并不得少于3个。水准点应考虑永久使用，埋设坚固（不应埋设在道路、仓库、河岸、新填土、将建设或堆料的地方以及受震动影响的范围内），与被观测的建筑物和构筑物的间距为30～50m，水准点帽头宜用铜或不锈钢制成（如图4.104），如用普通钢代替，应注意防锈。水准点埋设须在基坑开挖前15天完成。水准基点可按实际要求，采用深埋式和浅埋式两种，但每一观测区域内，至少应设置一个深埋式水准点，用1:2的水泥砂浆锚固。

【例】 水准基点选位。可利用已有的、稳定性好的埋石点和墙脚水准点，也可以在该区域内基础稳定、修建时间长的建筑物上设置墙脚水准点。若区域内不具备上述条件，则可按相应要求，选在隐蔽性好且通视良好、确保安全的地方埋设基点。所布设的基点，在未确定其稳定性前，严禁使用。每

图4.104 水准点帽头

次都要测定基点间的高差，以判定它们之间是否相对稳定，并且基点要定期与远离建筑物的高等级水准点联测，以检核其本身的稳定性。

【释】 闭合法。测量路线为闭合水准线路（如图4.105），由已知点BM1经过一系列的未知高程点的水准测量后，又回到原已知点BM1，简称水准环线。闭合水准路线理论上的闭合差（各站观测高差的代数和）应该是零，如果不为零则表示各站观测高程存在误差。

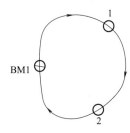

图4.105 闭合水准
线路示意

常用的沉降观测方法有水准测量（几何水准）方法、静力水准测量（利用连通管原理）、电磁波测距三角高程测量方法、传感器方法、高精度GPS测量等。

### 1. 建筑物的长期沉降观测

按《工程测量规范》GB 50026—2007要求，在一定时间范围内，对建筑物进行连续的沉降观测。

【讨论】 沉降观测的五定。①沉降观测依据的基准点、工作基点和被观测物上的沉降观测点，点位要稳定；②所用仪器、设备要稳定；③观测人员要稳定；④观测时的环境条件基本上要一致；⑤观测路线、镜位、程序和方法要固定。以上措施在客观上尽量减少观测误差的不定性，使所测的结果具有统一的趋向性，保证各次复测结果与首次观测的结果可比性更一致，使所观测的沉降量更真实。

观测的仪器主要是水准仪和水准尺（如图4.106）。一般要求在建筑物附近选择布置3个水准点。观测点的位置和数目应能全面反映建筑物的沉降情况，一般不少于6个，可沿建筑物四周每隔15～30m布置1个，且一般设在墙上。

【讨论】 沉降观测的周期。应能反映出建筑物的沉降变形规律，建（构）筑物的沉降观测对时间有严格的限制条件，特别是首次观测必须按时进行，否则沉降观测得不到原始数据，从而使整个观测得不到完整的观测结果。一般认为建筑在砂类土层上的建筑物，其沉降在施工期间已大部分完成，而建筑在黏土类土层上的建筑物，其沉降在施工期间只是整个沉降量的一部分，因而，沉降周期是变化的。根据工作经验，在施工阶段，观测的频率要大些，一般按3天、7天、15天确定观测周期，或按层数、荷载的增加确定观测周期，观测周期具体应视施工过程中地基与

图4.106 水准仪和水准尺

加荷而定。如暂时停工时，在停工时和重新开工时均应各观测一次，以便检验停工期间建筑物沉降变化情况，为重新开工后沉降观测的方式、次数是否应调整作判断依据。在竣工后，观测的频率可以少些，视地基土类型和沉降速度的大小而定，一般有一个月、两个月、三个月、半年与一年等不同周期。沉降是否进入稳定阶段，应由沉降量与时间关系曲线（如图4.107）判定。对重点观测和科研项目工程，若最后三个周期观测中每周期的沉降量不大于2倍的测量中误差，可认为已进入稳定阶段。一般工程的沉降观测，若沉降速度小于0.01～0.04mm/d，可认为进入稳定阶段，具体取值应根据各地区地基土的压缩性确定。

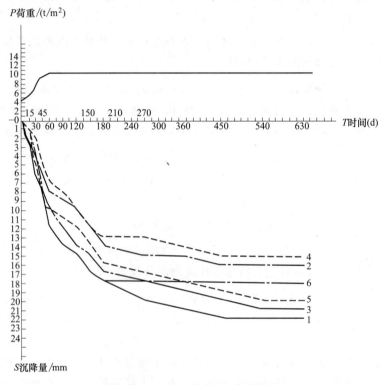

图 4.107　时间-荷载-沉降曲线图

【释】　沉降曲线图。绘制沉降曲线为沉降曲线图，沉降曲线分为两部分，即时间与沉降量关系曲线和时间与荷载关系曲线。

① 绘制时间与沉降量关系曲线。以沉降量 $s$ 为纵轴，以时间 $t$ 为横轴，组成直角坐标系。然后，以每次累积沉降量为纵坐标，以每次观测日期为横坐标，标出沉降观测点的位置。最后，用曲线将标出的各点连接起来，并在曲线的一端注明沉降观测点号码，这样就绘制出了时间与沉降量关系曲线。

② 绘制时间与荷载关系曲线。首先，以荷载为纵轴，以时间为横轴，组成直角坐标系。再根据每次观测时间和相应的荷载标出各点，将各点连接起来，即可绘制出时间与荷载关系曲线。

计算沉降量计算内容和方法如下：
① 计算各沉降观测点的本次沉降量：
沉降观测点的本次沉降量＝本次观测所得的高程－上次观测所得的高程
② 计算累积沉降量：

累积沉降量＝本次沉降量＋上次累积沉降量

将计算出的沉降观测点本次沉降量、累积沉降量和观测日期、荷载情况等记入"沉降观测表"中。

【讨论】 建筑物沉降分析时的"反例"。按正常思维理解，建筑物在加载过程中，随着上部荷载的不断增加，测点高程应为负值变化（即下沉）。但是，在对建筑物沉降观测资料的分析中，有时会出现沉降量为正（即上升）的现象。造成这种情况的原因有多种：①当变形量非常小，接近水准测量误差时，观测误差可以引起小数值的正值变化；②基准点不稳定，基准点下沉引起建筑物上沉降点上升现象；③沉降观测点都设置在建筑物结构体上，且为了方便立尺，水平方向距离墙体有一段距离，施工过程中可能会碰撞观测点，带入干扰，造成测点上升；④所监测建筑物由于周边更高大建筑的荷载增加，引起局部地层的受挤压而上升，带动地基上升，进而观测到正值变化。

### 2. 建筑物不均匀沉降观测

建筑物的不均匀沉降，除了可通过长期沉降观测方法计算得到外，还可通过下面方法得到。

① 由于在对实际建筑物进行现场检测时，不均匀沉降已经发生，故可先了解建筑物不均匀沉降的初步情况。

② 在已发生沉降量最大的地方及建筑物的阳角处，挖开覆土露出基础顶面作为观测点。

③ 布置水准仪在与两观测点等距离的地方，同时将水准尺放在观测点处的基础顶面，即可从同一水平的读数得知两观测点之间的沉降差。如此反复，便可得知其他任意两观测点间的沉降差。

④ 将以上步骤所得结果汇集整理，就可以得出建筑物当前不均匀沉降的情况。

## 【本章小结】

本章讨论了工程事故检测的概念、特点，事故检测与工程检测的区别。重点介绍了混凝土结构事故检测，包括混凝土裂缝、强度、内部缺陷，钢筋的位置、锈蚀程度等的常用检测原理和方法；砌体结构事故检测，包括材料强度、砌体强度、砌体裂缝、砌筑质量等常用检测原理和方法；建筑物的变形观测，包括运用测量知识测定建筑物倾斜、沉降等变形。介绍了各种测试基本过程和步骤，以及用到的常见仪器设备的原理、操作方法等。

## 【关键术语】

事故检测、裂缝、强度、内部缺陷、锈蚀、变形、检测原理、检测方法、检测仪器。

## 【知识链接】

国家质量监督检验检疫总局：http://www.aqsiq.gov.cn/
中国质量检验协会·中国质量网：http://www.chinatt315.org.cn
国家建筑工程质量监督检验中心：http://atj_54781.atobo.com.cn/
中国建筑科学研究院建筑工程检测中心：http://cabr-betc.com/

## 【习题】

1. 与常规的建筑结构构件的检测工作相比，对发生质量事故的结构进行检测有哪些特点？

**【参考答案】**

① 检测工作大多在现场进行，条件差，环境干扰因素多。

② 对发生严重质量事故的结构工程常常管理不善，经常没有完整的技术档案，有时甚至没有技术资料，因而检测工作要周到计划。有时还会遇到虚假资料的干扰，一定要慎重对待。

③ 对有一些强度检测常常要采用非破损或少破损的方法进行，因事故现场尤其是非倒塌事故一般不允许破坏原构件，或者从原构件上取样时只能允许有微破损，稍加加固可不影响结构承载力。

④ 检测数据要公正、可靠、经得起推敲。尤其是对于重大事故的责任纠纷，涉及法律责任和经济负担，为各方所重视，故所有检测数据必须真实、可信。

2. 如何检测混凝土结构中的钢筋实际应力？

**【参考答案】**

（1）测试部位的选择

一般选取构件受力最大的部位作为钢筋应力测试的部位，因为此部位的钢筋实际应力反映了该构件的承载力情况。

（2）测定步骤

① 凿出保护层、粘贴应变片：在所选部位将被测钢筋的保护层凿掉，使钢筋表层清洁并粘贴好测定钢筋应变的应变片。

② 消磨钢筋面积，测量钢筋应变：在与应变片相对的一侧用消磨的方法使被测钢筋的面积减小，然后用游标卡尺测其减小量，同时应变记录仪记录钢筋因面积变小而获得的应变增量 $\Delta\varepsilon_s$。

③ 根据规范上的公式计算钢筋实际应力。

④ 重复测试，得到理想结果：重复以上步骤。当两次消磨后得到的应力值很接近时，便可停止消磨测试而将此时应力值作为钢筋最终要求的实际应力值。

3. 桩基检测所用的高应变法、低应变法是什么意思？

**【参考答案】**

① 高应变法：用重锤冲击桩顶，实测桩顶附近传感器部位的速度和时程曲线，通过波动理论分析，对单桩竖向抗压承载力和桩身完整性进行判定的检测方法。

② 低应变法：采用低能量瞬态或稳态激振方式在桩顶激振，实测桩顶部的速度时程曲线或速度导纳曲线，通过波动理论分析或频域分析，对桩身完整性进行判定的检测方法。

桩身完整性：反映桩身截面尺寸相对变化、桩身材料密实性和连续性的综合定性指标。

桩身缺陷：使桩身完整性恶化，在一定程度上引起桩身结构强度和耐久性降低的桩身断裂、裂缝、缩径、加泥（杂物）、空洞、蜂窝、松散等物理现象。

4. 采用钻心法检测桩身混凝土完整性时，混凝土心样试件的截取应符合什么规定？当发现局部混凝土心样破碎，并对此有争议时，应采用什么方法来确定是桩身存在问题还是由于钻心水平导致心样破碎？

**【参考答案】**

（1）应符合规定

① 当桩长为 10～30m 时，每孔截取 3 组心样；当桩长小于 10m 时，可取 2 组，当桩长大于 30m 时，不少于 4 组。

② 上部心样位置距桩顶设计标高不宜大于 1 倍桩径或 1m，下部心样位置距桩底不宜大于 1 倍桩径或 1m，中间心样宜等间距截取。

③ 缺陷位置能取样时，应截取 1 组心样进行混凝土抗压试验。

④ 当同一基桩的钻心孔数大于一个，其中一孔在某深度存在缺陷时，应在其他孔内的该深度处截取心样进行混凝土抗压试验。

（2）应采用声波折射法

在钻孔中直接测试破碎心样位置的混凝土，并与孔中不破碎位置的混凝土进行对比测试，如果在两个位置测试到首波的声时、幅值、频率一致性较好，则证明破碎心样位置的混凝土质量没问题，否则心样破碎处的混凝土存在质量问题。

5. 建筑物沉降的长期观测注意事项？

**【参考答案】**

① 观测的仪器主要是水准仪。

② 一般要求在建筑物附近选择布置三个水准点。水准点的选择应注意：稳定性，即水准点高程无变化；独立性，即不受建筑物沉降的影响；同时还应注意应使观测方便。

③ 建筑物沉降观测点的位置和数目应能全面反映建筑物的沉降情况。观测点的数目一般不少于 6 个，通常沿建筑物四周每隔 15～30m 布置一个，且一般设在墙上，用角钢制成。

④ 水准测量采用二级水准，采用闭合法。

**【实际操作训练或案例分析】**

### 建筑安全检测

工程结构检测是结构可靠性鉴定与耐久性评估的手段和基础，结构鉴定是结构加固设计的依据，因此工程结构检测是结构鉴定与加固的前提，结构检测鉴定分为安全性、耐久性、可靠性检测鉴定，抗震鉴定等。

① 当遇到下列情况之一时，应对既有建筑结构现状缺陷和损伤、结构构件承载力、结构变形等涉及结构性能的项目进行检测：

a. 建筑结构安全鉴定；

b. 建筑结构抗震鉴定；

c. 建筑大修前的可靠性鉴定；

d. 建筑改变用途、改造、加层或扩建前的鉴定；

e. 建筑结构达到设计使用年限要继续使用的鉴定；

f. 受到灾害、环境侵蚀等影响建筑的鉴定；

g. 对既有建筑结构的工程质量有怀疑或争议。

【例】 某小区住宅楼结构安全性检测鉴定。该住宅楼为一幢地下一层、上部六层的砖混结构建筑物，建于2007年。由于目前房屋部分楼板和墙体出现裂缝（如图4.108），为了确定该建筑物现状能否满足正常安全使用要求，对该住宅楼主体结构现状进行结构安全性检测鉴定，为该房屋能否安全使用提供相关依据。

墙体开裂 卫生间顶棚存在渗漏痕迹

现浇板混凝土爆裂 楼面板开裂

图4.108 某住宅楼质量问题是否影响结构安全性需检测

【例】 火灾后房屋安全检测。苏州市某保温材料厂3、4号房，均为二层框架结构建筑，现浇板楼面板；屋面结构为琉璃瓦、油毡、木望板、混凝土檩条、混凝土梁。后发生了火灾，导致该两幢建筑有不同程度的过火及损伤现象（如图4.109）。为确定该建筑主体结构能否继续安全使用，对该保温材料厂3号房、4号房进行结构检测，给房屋安全鉴定提供有关数据。

图4.109 框架过火后损伤现场

② 当遇到下列情况之一时，应进行建筑结构工程质量的检测：

a. 涉及结构安全的试块、试件以及有关材料检验数量不足；

b. 对施工质量的抽样检测结果达不到设计要求；

c. 对施工质量有怀疑或争议，需要通过检测进一步分析结构的可靠性；

d. 发生工程事故，需要通过检测分析事故的原因及对结构可靠性的影响。

【例】 步行街结构安全性检测鉴定。该建筑物为一幢五层砖混结构房屋，上部结构由砖墙与钢筋混凝土梁、柱共同承重，现浇钢筋混凝土楼板、屋盖。混凝土采用自拌混凝土。根据业主介绍"该工程施工至一定阶段后，停滞了约3年后方继续施工"。且该建筑物主体工程竣工后，发现部分混凝土梁、板构件存在开裂现象，故业主在底层框架部分增加了部分混凝土柱。为确定该建筑物是否满足正常使用要求，对该建筑物进行结构安全性检测鉴定（如图 4.110）。

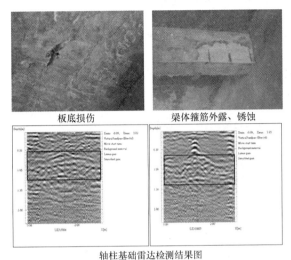

板底损伤　　　　　　　　梁体箍筋外露、锈蚀

轴柱基础雷达检测结果图

图 4.110　结构开裂情况及检测情况

**【例】** 某批建筑施工质量检测鉴定。某研究院的人防地下室、研发楼、实验楼、培训楼进行检测鉴定，评价该批建筑的施工质量（如图 4.111）。检测内容主要包括：混凝土抗压强度检测，混凝土构件配筋检测，结构损伤检查，地下室外墙防水检查。

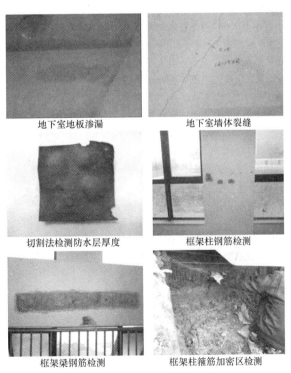

地下室地板渗漏　　　　　　地下室墙体裂缝

切割法检测防水层厚度　　　　框架柱钢筋检测

框架梁钢筋检测　　　　框架柱箍筋加密区检测

图 4.111　施工质量问题及检测情况

# 参 考 文 献

[1]  吴佳晔. 土木工程检测与测试. 北京：高等教育出版社，2015.

[2]  梁军. 建筑物检测分析与加固处理. 北京：中国建材工业出版社，2001.

[3]  许兰. 质量事故分析. 北京：中国环境科学出版社，1998.

[4]  邵英秀，张青. 建筑工程质量事故分析. 北京：机械工业出版社，2003.

[5]  罗福午. 建筑工程质量缺陷事故分析及处理. 武汉：武汉理工大学出版社，1999.

[6]  罗福午. 建筑结构缺陷事故的分析及防治. 北京：清华大学出版社，1996.

[7]  谢征勋，罗章. 工程事故分析与工程安全. 北京：北京大学出版社，2006.

[8]  余斌等. 建筑工程质量事故分析与处理. 北京：人民交通出版社，2007.

[9]  张建东，（日）版本一马. 建筑施工安全与事故分析·日本工程实例. 北京：中国建筑工业出版社，2009.

[10]  王金荣. 安全常识. 北京：中国轻工业出版社，2009.

[11]  中华人民共和国建筑法（2011年修订）.（主席令46号）

[12]  中华人民共和国安全生产法（2014年第二次修订）.（主席令12届第13号）

[13]  中华人民共和国刑法（2015年修订）.（主席令第83号）

[14]  中华人民共和国城乡规划法（2015年修订）.（主席令第74号）

[15]  中华人民共和国标准化法.（主席令七届第11号）

[16]  建设工程质量管理条例.（国务院令第279号）

[17]  建设工程安全生产管理条例.（国务院令第393号）

[18]  生产安全事故报告和调查处理条例.（国务院令第493号）

[19]  建设工程勘察设计管理条例（2015年修订）.（国务院令第293号）

[20]  关于投资体制改革的决定. 国发［2004］20号

[21]  关于印发清理规范投资项目报建审批事项实施方案的通知. 国发［2016］29号

[22]  危险性较大的分部分项工程安全管理办法.（住建部建质［2009］87号）

[23]  职业健康检查管理办法.（国家卫生和计划生育委员会令第5号-2015年5月1日起施行）

[24]  关于做好房屋建筑和市政基础设施工程质量事故报告和调查处理工作的通知.（建质［2010］111号）

[25]  生产安全事故报告和调查处理条例.（2007年6月1日起施行）

[26]  关于印发中小企业划型标准规定的通知.（工信部联企业〔2011〕300号）

[27]  统计上大中小微型企业划分办法.（国统字［2011］75号）

[28]  职业健康检查管理办法.（国家卫生和计划生育委员会令第5号-2015年5月1日起施行）

[29]  危险性较大的分部分项工程安全管理办法.（建质［2009］ 87号）

[30]  GB 50068—2001 建筑结构设计可靠度统一标准.

[31]  GBT 50504—2009 民用建筑设计术语标准.

[32]  JGJ 130—2011 建筑施工扣件式钢管脚手架安全技术规范.

[33]  GB 15831—2006 钢管脚手架扣件.

[34]  JGJ 80—2016 建筑施工高处作业安全技术规范.

[35]  JGJ 130—2011 建筑施工扣件式钢管脚手架安全技术规范.

[36]  GBZ 188—2014 职业健康监护技术规范.

[37]  GB 50021—2001 岩土工程勘察规范（2009版）.

[38]  GB 50003—2011 砌体结构设计规范.

[39]  GB 50009—2012 建筑结构荷载规范.

[40]  GB 50011—2010 建筑抗震设计规范.

[41]  GB 50010—2010 混凝土结构设计规范.

[42]  GB 50203—2011 砌体结构工程施工质量验收规范.

[43]  JGJ/T 104—2011 建筑工程冬期施工规程.

[44]  GBZ 188—2014 职业健康监护技术规范.

[45]  GB 50202—2002 建筑地基基础工程施工质量验收规范.

[46]  JGJ 46—2005 施工现场临时用电安全技术规范.

［47］ JGJ 33—2012 建筑机械使用安全技术规程.

［48］ JGJ/T 23—2011 回弹法检测混凝土抗压强度技术规程.

［49］ GB/T 9138—2015 回弹仪.

［50］ CECS 21—2000 超声法检测混凝土缺陷技术规程.

［51］ CECS 02—2005 超声回弹综合法检测混凝土抗压强度技术规程.

［52］ JGJ/T 208—2010 后锚固法检测混凝土抗压强度技术规程.

［53］ CECS 69—2011 拔出法检测混凝土强度技术规程.

［54］ CECS 278—2010 剪压法检测混凝土抗压强度技术规程.

［55］ CECS 03—2007 钻芯法检测混凝土强度技术规程.

［56］ JGJ/T 152—2008 混凝土中钢筋检测技术规程.

［57］ SL 352—2006 水工混凝土试验规程.

［58］ GB/T 50344—2004 建筑结构检测技术标准.

［59］ GB/T 50129—2011 砌体基本力学性能试验方法标准.

［60］ GB/T 50315—2011 砌体工程现场检测技术标准.

［61］ JGJ/T 136—2001 贯入法检测砌筑砂浆抗压强度技术规程.

［62］ YB 9248—92 冲击法检测硬化砂浆抗压强度技术规程.

［63］ GB 50205—2001 钢结构工程施工质量验收规范.

［64］ JGJ 8—2007 建筑变形测量规范.

［65］ GB 50026—2007 工程测量规范.

［66］ JG/T 372—2012 建筑变形缝装置.

［67］ 14J936 变形缝建筑构造.

［68］ ISO9000 质量管理体系——基础和术语.